Mathematik Primarstufe und Sekundarstufe I + II

Herausgegeben von
Friedhelm Padberg, Universität Bielefeld, Bielefeld
Andreas Büchter, Universität Duisburg-Essen, Essen

Die Reihe „Mathematik Primarstufe und Sekundarstufe I + II" (MPS I+II), herausgegeben von Prof. Dr. Friedhelm Padberg und Prof. Dr. Andreas Büchter, ist die führende Reihe im Bereich „Mathematik und Didaktik der Mathematik". Sie ist schon lange auf dem Markt und mit aktuell rund 60 bislang erschienenen oder in konkreter Planung befindlichen Bänden breit aufgestellt. Zielgruppen sind Lehrende und Studierende an Universitäten und Pädagogischen Hochschulen sowie Lehrkräfte, die nach neuen Ideen für ihren täglichen Unterricht suchen.

Die Reihe MPS I+II enthält eine größere Anzahl weit verbreiteter und bekannter Klassiker sowohl bei den speziell für die Lehrerausbildung konzipierten Mathematikwerken für Studierende aller Schulstufen als auch bei den Werken zur Didaktik der Mathematik für die Primarstufe (einschließlich der frühen mathematischen Bildung), der Sekundarstufe I und der Sekundarstufe II.

Die schon langjährige Position als Marktführer wird durch in regelmäßigen Abständen erscheinende, gründlich überarbeitete Neuauflagen ständig neu erarbeitet und ausgebaut. Ferner wird durch die Einbindung jüngerer Koautorinnen und Koautoren bei schon lange laufenden Titeln gleichermaßen für Kontinuität und Aktualität der Reihe gesorgt. Die Reihe wächst seit Jahren dynamisch und behält dabei die sich ständig verändernden Anforderungen an den Mathematikunterricht und die Lehrerausbildung im Auge.

Elisabeth Rathgeb-Schnierer ·
Charlotte Rechtsteiner

Rechnen lernen und Flexibilität entwickeln

Grundlagen – Förderung – Beispiele

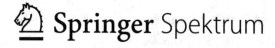

Elisabeth Rathgeb-Schnierer
Universität Kassel
Kassel, Deutschland

Charlotte Rechtsteiner
Pädagogische Hochschule Ludwigsburg
Ludwigsburg, Deutschland

Mathematik Primarstufe und Sekundarstufe I + II
ISBN 978-3-662-57476-8   ISBN 978-3-662-57477-5 (eBook)
https://doi.org/10.1007/978-3-662-57477-5

Die Deutsche Nationalbibliothek verzeichnet diese Publikation in der Deutschen Nationalbibliografie; detaillierte bibliografische Daten sind im Internet über http://dnb.d-nb.de abrufbar.

Springer Spektrum

Verantwortlich im Verlag: Ulrike Schmickler-Hirzebruch

Springer Spektrum ist ein Imprint der eingetragenen Gesellschaft Springer-Verlag GmbH, DE und ist ein Teil von Springer Nature.
Die Anschrift der Gesellschaft ist: Heidelberger Platz 3, 14197 Berlin, Germany

Hinweis der Herausgeber

Dieser Band von Elisabeth Rathgeb-Schnierer und Charlotte Rechtsteiner thematisiert vielseitig und aspektreich das Flexible Rechnen in der Grundschule. Der Band erscheint in der Reihe *Mathematik Primarstufe und Sekundarstufe I + II*. In dieser Reihe eignen sich insbesondere die folgenden Bände zur Vertiefung unter mathematikdidaktischen sowie mathematischen Gesichtspunkten:

- P. Bardy: Mathematisch begabte Grundschulkinder – Diagnostik und Förderung
- C. Benz/A. Peter-Koop/M. Grüßing: Frühe mathematische Bildung
- M. Franke/S. Reinhold: Didaktik der Geometrie in der Grundschule
- M. Franke/S. Ruwisch: Didaktik des Sachrechnens in der Grundschule
- K. Hasemann/H. Gasteiger: Anfangsunterricht Mathematik
- K. Heckmann/F. Padberg: Unterrichtsentwürfe Mathematik Primarstufe, Band 1
- K. Heckmann/F. Padberg: Unterrichtsentwürfe Mathematik Primarstufe, Band 2
- F. Käpnick: Mathematiklernen in der Grundschule
- G. Krauthausen: Digitale Medien im Mathematikunterricht der Grundschule
- G. Krauthausen: Einführung in die Mathematikdidaktik – Grundschule
- F. Padberg/C. Benz: Didaktik der Arithmetik
- P. Scherer/E. Moser Opitz: Fördern im Mathematikunterricht der Primarstufe
- A.-S. Steinweg: Algebra in der Grundschule
- M. Helmerich/K. Lengnink: Einführung Mathematik Primarstufe – Geometrie
- T. Leuders: Erlebnis Arithmetik
- F. Padberg/A. Büchter: Einführung Mathematik Primarstufe – Arithmetik
- F. Padberg/A. Büchter: Vertiefung Mathematik Primarstufe – Arithmetik/Zahlentheorie
- F. Padberg/A. Büchter: Elementare Zahlentheorie

Bielefeld/Essen
Juni 2018

Friedhelm Padberg
Andreas Büchter

Einleitung

Stephan (7 Jahre) ist Schüler einer zweiten Klasse. Während eines individuellen Gesprächs zur Lernstandbestimmung beschäftigt er sich im schulischen Kontext zum ersten Mal mit Subtraktionsaufgaben im Zahlenraum bis 100 (Rathgeb-Schnierer 2004a). Auf dem Tisch liegen viele verschiedene Aufgaben und Stephan soll sich eine auswählen, die er lösen möchte. Er nimmt die Aufgabe „31 − 29" und erklärt: „*Die ist ganz leicht.*" Daraufhin greift er zu Papier und Bleistift und notiert seine Rechenschritte wie in Abb. 1. Zuerst schreibt er die Ausgangsaufgabe ohne Ergebnis auf, dann notiert er die Aufgaben „9 − 1 = 8" und „30 − 20 = 10", anschließend fasst er seine beiden Ergebnisse in der Gleichung 31 − 29 = 18 zusammen und ganz am Ende ergänzt er die 18 bei der zuerst geschriebenen Aufgabe.

Stephans Vorgehen lässt sich aufgrund seiner Notation sehr gut nachvollziehen: Er zerlegt Minuend und Subtrahend in Zehner und Einer und subtrahiert diese getrennt voneinander. Durch die Zerlegung vereinfacht er die Aufgabe, sodass er im ersten Rechenschritt nur im Zahlenraum bis Zehn rechnen muss und im zweiten Rechenschritt eine Aufgabe mit Zehnerzahlen hat. Diese kann wiederum leicht gelöst werden, vorausgesetzt, Stephan verfügt über Analogiewissen und hat die Aufgabe „3 − 2" automatisiert. Selbst dann, wenn Stephan Aufgaben noch zählend lösen würde, stellt die Zerlegung eine Vereinfachung dar, weil dadurch weniger Zählschritte notwendig sind. Genau genommen hat Stephan bei jedem Teilschritt ein richtiges Ergebnis ermittelt. Dass er am Ende dennoch zum falschen Ergebnis 18 kommt, würden wir wahrscheinlich nicht auf seine Rechenfertigkeiten zurückführen. Vielmehr lässt sich hier ein rational begründbarer Fehler vermuten (Spiegel 1996): Stephan kennt sich mit Additionsaufgaben aus und weiß, dass er bei diesen Summanden flexibel zerlegen, tauschen und verknüpfen kann und am Ende dann die Teilergebnisse addieren muss. Dieses Wissen überträgt er auf die Subtraktionsaufgabe

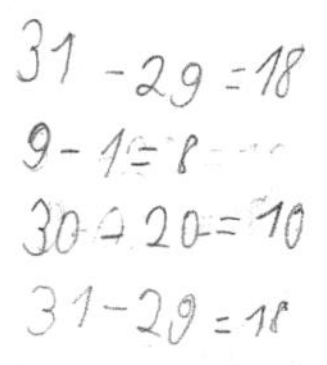

Abb. 1 Stephan löst die Aufgabe „31 − 29". (Rathgeb-Schnierer 2004a, 235)

„31 – 29", vermutlich deshalb, weil er mit den spezifischen Gesetzmäßigkeiten dieser Operation im höheren Zahlenraum eben noch nicht vertraut ist.

Dass Schülerinnen und Schüler beim Lösen mehrstelliger Additions- und Subtraktionsaufgaben die Zerlegung in Zehner und Einer – also die Lösungsmethode „Stellenwerte extra" (Abschn. 2.1.1.1) – präferieren, ist allen Lehrerinnen und Lehrern bekannt. Diese Lösungsmethode, die bei Additionsaufgaben prinzipiell immer herangezogen werden kann, ist für viele Subtraktionsaufgaben nicht adäquat und birgt sogar Schwierigkeiten.

Warum zerlegt Stephan die Aufgabe spontan in Zehner und Einer? Dieses Vorgehen entspringt vermutlich dem ureigenen Bedürfnis, sich beim Aufgabenlösen auf bekanntem Terrain zu bewegen und das Vorgehen zu nutzen, bei dem man sich sicher fühlt.

Überraschend ist der weitere Verlauf des Gesprächs: Nachdem Stephan den Lösungsweg und das Ergebnis notiert hat, legt er seinen Bleistift aus der Hand und schaut auf sein Blatt. Nach einer kurzen Pause sagt er: *„Aber eigentlich ist das zwei."* Verblüfft von dieser Aussage frage ich, welches Ergebnis denn nun richtig sei: achtzehn oder zwei. Vermutlich ahnen Sie schon, was Stephan mir antwortet, voller Überzeugung sagt er: *„Achtzehn, weil ich das gerechnet habe."*

Der kurze Gesprächsausschnitt regt zum Nachdenken an und es drängen sich zwei wesentliche Fragen auf: Warum hat Stephan die Nähe von Minuend und Subtrahend nicht gleich erkannt und für das Lösen der Aufgabe genutzt? Warum traut er, nachdem er die spezifischen Merkmale erkannt und damit die Differenz gesehen hat, seinem augenblicklichen Sehen des Ergebnisses nicht? Stephan ist vielmehr davon überzeugt, dass sein mehrschrittiger Rechenweg, der ihm ja auch einige Anstrengung abforderte, zum richtigen Ergebnis führen muss. In Stephans Verhalten zeigt sich genau das, was der Mathematiker Karl Menninger schon in der ersten Hälfte des 20. Jahrhunderts gefordert hat:

> Diese Faustregel lehrt dich, die Zahlen vor dem Rechnen a n z u s c h a u e n, und das ist das Wichtigste, wenn du ein guter Rechner werden willst! Aber wie wenige tun das! Sie gehen blindlings auf die Zahlen los, fahren ihre Kanonen genau so gut gegen Zahlenelefanten auf wie gegen Zahlenmäuschen, die sie, wenn sie nur s e h e n wollten, im Nu erledigten. Nur der lernt vorteilhaft rechnen, der diesen **Zahlenblick** entwickelt (Menninger 1940, 10 f.; Hervorhebungen im Original).

Auch Stephan fährt zunächst seine „Kanone" des mehrschrittigen Zerlegens gegen ein „Zahlenmäuschen" auf. Aber für ein paar kurze Augenblicke wird bei ihm das sichtbar, was Menninger „Zahlenblick" nennt: Stephan schaut die Aufgabe an und sieht die Differenz. Allerdings trägt dieses spontane Sehen nicht so weit zu vertrauen, dass das Ergebnis richtig sein muss. Vielmehr traut er seiner aufwändigen Vorgehensweise, die er vermutlich Schritt für Schritt gelernt hat. Hiermit stellt Stephan ganz und gar keinen Einzelfall dar. Ergebnisse verschiedener Forschungsarbeiten zeigen deutlich, dass Kinder insbesondere nach dem Lernen von Verfahren diese inadäquat und unreflektiert nutzen, also unflexibel handeln (Kap. 3). Dieses Verhalten von Schülerinnen und Schülern deckt sich nicht mit dem zentralen Ziel des Mathematikunterrichts im Bereich „Zahlen und Operationen", das spätestens seit Beginn des 21. Jahrhunderts unumstritten ist.

The emphasis in teaching arithmetic has changed from preparation of disciplined human calculators to developing children's abilities as flexible problem solvers (Anghileri 2001, 79).
Der Schwerpunkt im Mathematikunterricht hat sich insofern geändert, dass es nicht mehr um die Bereitstellung disziplinierter menschlicher Rechenmaschinen geht, sondern um die Entwicklung flexibler Rechenkompetenzen (Übersetzung der Autoren).

Grundschülerinnen und Grundschüler sollen solide Rechenfertigkeiten entwickeln, aber es reicht nicht aus, sie zu disziplinierten Rechnern zu erziehen. Vielmehr geht es darum, bei allen Kindern flexible Rechenkompetenzen zu entwickeln. Diese setzen ein solides Zahl- und Operationsverständnis voraus, ebenso wie das Verständnis von strategischen Werkzeugen. Dem Mathematikunterricht in der Grundschule – und folglich allen Lehrerinnen und Lehrern, die Mathematik unterrichten – kommt damit eine verantwortungsvolle Aufgabe zu: Es geht darum, *alle* Kinder bei diesem Lernprozess adaptiv zu begleiten.

Fragen

Wie kann Rechnenlernen gestaltet werden, damit alle Kinder nicht nur solide Fertigkeiten erwerben, sondern flexible Rechenkompetenzen entwickeln?

Dies ist die Kernfrage des Arithmetikunterrichts der Grundschule, aus der sich verschiedene andere Fragen ergeben. Im vorliegenden Buch wird diesen zunächst allgemein und dann bezogen auf die Rechenoperationen Addition und Subtraktion detailliert nachgegangen. Die Überlegungen und Antworten umfassen allgemeine theoretische Grundlagen, stoffdidaktische Aspekte sowie konkrete Aktivitäten und Ausführungen zur unterrichtspraktischen Umsetzung.

Fragen

Wie lernen Kinder und wie lernen sie Rechnen?

Dies ist die Leitfrage des ersten Kapitels. Sie wird zunächst auf der Grundlage verschiedener konstruktivistischer Sichtweisen diskutiert. Dabei kristallisiert sich heraus, dass sich Lernen in einem aktiven Prozess vollzieht, dessen zentrales Ziel darin liegt, dass die Lernenden Verständnis entwickeln. Vor dem Hintergrund dieses Ziels werden zunächst allgemeine Anforderungen für die Gestaltung des Lernens abgeleitet.
Während die Überlegungen zum Lernen von Kindern im ersten Teil des Kapitels zunächst allgemeiner Natur sind, werden diese im zweiten Teil im Hinblick auf das Rechnenlernen konkretisiert. Hierbei stehen zunächst verschiedene praktizierte Zugänge im Fokus, die sich in Schulbüchern und in der didaktischen Literatur finden lassen: das Rechnenlernen über Beispiel- und Musterlösungen sowie der Ansatz des Rechnenlernens auf eigenen Wegen, der in den letzten Jahren zunehmend diskutiert wird. Das Rechnenlernen auf eigenen Wegen wird im zweiten Teil des Kapitels differenziert ausgearbeitet und dabei insbesondere zwei Fragen nachgegangen: Wie entwickeln sich Rechenwege von Kindern?

Und welche Rolle kommt hierbei dem kommunikativen Austausch und der Lernumgebung zu?

Was passiert eigentlich beim Rechnen und was genau bedeutet flexibles Rechnen?

Tanja (7 Jahre) ist in derselben zweiten Klasse wie Stephan. Sie wählt in dem Gespräch zur Lernstandsbestimmung die Aufgabe „46 − 19" und sagt:

T: *Ähm 46 (.) minus (..) neun − nein, minus sechs mach ich jetzt − und dann sind das ja 40, und dann minus 3 sind s i e b e n u n d dreißig − und dann noch minus 10 sind 27.*

Rechnen scheint eine ganz einfache Sache zu sein. Da wird einem Kind (oder auch einem Erwachsenen) eine Rechenaufgabe gestellt und nach einer gewissen Zeit nennt das Kind das − im besten Fall korrekte − Ergebnis.

Was aber passiert in der Zwischenzeit? Wie genau kommt das Kind zu diesem Ergebnis? Dieser Prozess des Rechnens und die dabei involvierten Ebenen werden im ersten Teil des zweiten Kapitels anhand von Kinderlösungen veranschaulicht. Beim Rechnen kommen zunächst unterschiedliche Formen zum Tragen, die auch explizit im Curriculum der Grundschule verankert sind: das Kopfrechnen, das halbschriftliche Rechnen und das schriftliche Rechnen. Aber allein dadurch, dass ein Kind eine halbschriftliche Methode nutzt, kann es noch keine Lösung zu einer Aufgabe ermitteln. Hierfür sind konkrete Lösungswerkzeuge notwendig, die nicht davon abhängen, ob eine Aufgabe im Kopf oder schriftlich gerechnet wird. Lösungswerkzeuge sind das Zählen, das Auswendigwissen und sogenannte strategische Werkzeuge. Wie diese Lösungswerkzeuge beschaffen sind und in einem kindlichen Lösungsprozess sichtbar werden, wird am Ende der theoretischen Ausführungen zum Rechnen an verschiedenen Rechenwegen konkretisiert. Dabei wird deutlich, dass die Ebenen im Lösungsprozess eine Möglichkeit darstellen, die von Kindern artikulierten Rechenwege zu ergründen und in ihrer Komplexität zu verstehen.

Im zweiten Teil dieses Kapitels wird dann der Blick auf das flexible Rechnen gerichtet. Was bedeutet flexibles Rechnen und wie kann flexibles Rechnen gefördert werden? Auch wenn Einigkeit darüber herrscht, dass im Mathematikunterricht der Grundschule flexible Rechenkompetenzen gefördert werden sollen, so ist dennoch häufig nicht klar, was darunter verstanden wird, wie flexibles Rechnen gefördert werden kann und wann damit begonnen werden sollte. Geht es in erster Linie darum, Kindern verschiedene strategische Werkzeuge zu vermitteln, sodass sie in der Lage sind, beim Lösen einer Aufgabe die passenden zu nutzen? Oder können strategische Werkzeuge erst dann adäquat genutzt werden, wenn die Kinder einen Blick für Merkmale und Beziehungen entwickelt haben und diesen − ganz anders als Stephan es tut − auch in den Lösungsprozess mit einbeziehen. Auf der Grundlage aktueller Forschung und verschiedener theoretischer Perspektiven wird das dem Buch zugrunde liegende Verständnis von flexiblem Rechnen entfaltet.

Fragen
Wie kann Rechnen entwickelt und flexibles Rechnen gefördert werden?

Das dritte Kapitel greift diese beiden Fragen auf. Rechnen bei Kindern zu entwickeln bedeutet zunächst, sie bei ihrem zählenden Zugang zu Aufgaben abzuholen. Die zentrale Herausforderung besteht dann darin, sie im Laufe des ersten Schuljahrs bei der Ablösung des zählenden Rechnens zu begleiten. Das Ziel ist die Entwicklung eines verständnisvollen und flexiblen Umgangs mit Zahlen und Aufgaben sowie die Automatisierung des kleinen Einspluseins. Den Sprung vom Zählen zum Rechnen schaffen die Kinder nur dann, wenn sie ein solides Zahl- und Operationsverständnis sowie strategische Werkzeuge entwickeln. Genau diese Entwicklungsbereiche werden im dritten Kapitel vor dem Hintergrund der Zahlenblickschulung ausführlich beschrieben.

Das Konzept der Zahlenblickschulung, das zu Beginn des Kapitels dargelegt wird, bietet die Möglichkeit, das Rechnenlernen von Anfang an mit der Entwicklung flexibler Rechenkompetenzen zu verknüpfen. Es geht also nicht darum, erst das Rechnen zu festigen und dann Flexibilität zu fördern, sondern es geht vielmehr um die Verzahnung beider Aspekte. Dies geschieht durch gezielte Aktivitäten, die die Beschäftigung mit den relevanten Inhalten so anregen, dass kontinuierlich Merkmale und Beziehungen in den Blick gerückt werden. Ziel dieser Aktivitäten ist es, alle Kinder damit zu fördern.

Fragen
Wie können Kinder bei der Entdeckung der Welt der Zahlen begleitet werden?

Ausgehend vom Konzept der Zahlenblickschulung werden im vierten Kapitel Aktivitäten zum Aufbau des Zahlbegriffs vorgestellt: zunächst Aktivitäten für das erste Schuljahr und darauf aufbauend solche für weiterführende Klassenstufen. Die Aktivitäten beziehen sich inhaltlich auf alle Bereiche, die für die Entwicklung des Zahlbegriffs notwendig sind: also das Erfassen, Darstellen und Zerlegen von Anzahlen, das Ordnen und Verorten von Zahlen sowie das Umgehen mit Stellenwerten. Sie sind so konzipiert, dass die Kinder immer dazu angeregt werden, Merkmale und Beziehungen in den Blick zu nehmen.

Am Beispiel „Zahlzerlegung mit der Schüttelschachtel" lassen sich die Besonderheiten der Zahlenblickschulung gut veranschaulichen. Schüttelschachteln sind in vielen Klassenzimmern zu finden. Sie werden zur Zerlegung von Anzahlen und damit zur Förderung des Teile-Ganzes-Konzepts verwendet. Die Arbeit mit Schüttelschachteln motiviert die Kinder sehr, da durch das Schütteln ganz zufällig unterschiedliche Zerlegungen einer Zahl entstehen und diese als Zahlensatz oder auch als Punktebild notiert werden können. Mit der Schüttelschachtel können alle möglichen Zerlegungen zu verschiedenen Anzahlen im Zahlenraum gefunden und damit die Basisfakten im Zahlenraum bis Zehn entwickelt werden.

Bei der Arbeit mit den Schüttelschachteln steht das Finden der verschiedenen Zerlegungen im Vordergrund. Wie die Kinder dabei vorgehen, d. h. wie sie die Anzahl der

Abb. 2 Zahlzerlegung mit der
Schüttelschachtel

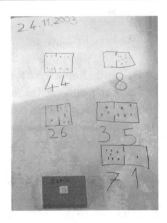

Bohnen oder Muggelsteine auf jeder Seite der Schachtel bestimmen, ist nicht von Bedeutung. Sobald aber auf einer Seite eine größere Anzahl an Bohnen oder Muggelsteinen
liegt, lässt sich diese nur zählend bestimmen, da alle auf einem Haufen liegen. Mit dem
Ziel, den Blick für Merkmale und Beziehungen zu schärfen und vom zählenden Rechnen
abzulösen, wird vor dem Hintergrund der Zahlenblickschulung bei der Arbeit mit Schüttelschachteln großer Wert auf die Art der Anzahlbestimmung, die Beziehungen zwischen
der Zahl und ihren Zerlegungen sowie zwischen den Zerlegungen gelegt. Deshalb werden
die Kinder zunächst dazu angeregt, zu schütteln und dann die Anzahl auf jeder Seite so
zu gruppieren, dass sie auf einen Blick erkannt werden kann. In Bengüls Dokumentation
(Abb. 2) wird überwiegend sehr schön sichtbar, wie sie die geschüttelten Anzahlen gruppiert hat, um sie dann quasi-simultan erfassen zu können. Im weiteren Verlauf werden
dann die unterschiedlichen Zerlegungen strukturiert und in Beziehung zueinander und zur
zerlegten Zahl gesetzt.

In Kapitel vier sind vielfältige Aktivitäten beschrieben und anhand von Bildern und
Schülerdokumenten veranschaulicht. Dabei wird immer explizit herausgearbeitet, welcher
Aspekt der Zahlenblickschulung vor allem zum Tragen kommt und worin sich dieser zeigt.
Durch eine Zusammenstellung von Impulsen und Fragestellungen wird transparent, wie
die Kinder zum Erkunden von Merkmalen und Beziehungen angeregt werden können. Im
Rahmen einer didaktischen Reflexion erfolgt die Darlegung der Hintergründe und Ziele einer jeden Aktivität sowie von Variationsmöglichkeiten. Dabei spielen Schülerdokumente
eine wesentliche Rolle, um zum einen die jeweiligen Lernchancen bei Kindern unterschiedlicher Lernvoraussetzungen zu beleuchten und zum anderen die Beobachtungsmöglichkeiten bei der Aktivität zu beschreiben.

Fragen

Wie können Kinder bei der Strukturierung der Welt der Zahlen begleitet werden?

Analog zum vierten Kapitel gibt das fünfte einen breiten Einblick in Aktivitäten zur
Ablösung vom zählenden Rechnen und zum weiterführenden Rechnen. Vorgestellt werden

grundlegende materialgestützte Aktivitäten zum Rechnenlernen und Aufgabenformate, bei denen das Entdecken und Nutzen von Zahl- und Aufgabenbeziehungen im Vordergrund steht. Allen gemein ist, dass der Rechendrang aufgehalten werden soll. So spielt beispielsweise das Format des Aufgabensortierens sowohl bei der Ablösung vom zählenden Rechnen als auch beim weiterführenden Rechnen eine tragende Rolle. Bei allen Aktivitäten und Aufgabenformaten wird gezeigt, dass sie an unterschiedlichen Stellen des Lernprozesses immer wieder aufgenommen werden können und die Auseinandersetzung mit einem Sachverhalt auf unterschiedlichen Niveaus ermöglichen.

Insgesamt stellen alle in diesem Buch vorgestellten Aktivitäten zur Entwicklung des Zahlbegriffs und des Rechnenlernens ein kohärentes Konzept für das additive Rechnen in den ersten drei Schuljahren dar. Sie wurden von uns in verschiedenen Schulklassen erprobt. Ihnen liegt die Idee der natürlichen Differenzierung zugrunde und damit ein Unterrichtsansatz, der von einem gemeinsamen Lerngegenstand ausgeht und dennoch die Balance zwischen eigenen Lernwegen und sozialem Austausch schafft.

Fragen

Wie kann das Rechnenlernen im Unterricht gestaltet werden?

Der Frage nach der Umsetzung im Unterricht ist das sechste Kapitel gewidmet. In einem kurzen theoretischen Abschnitt wird diskutiert, ob und wie Kinder eigenständig und doch miteinander lernen können. Dabei kommt insbesondere auch der Aspekt des Mathematiklernens in heterogenen Lerngruppen in den Blick.

Mathematisch ergiebige Lernangebote, die natürliche Differenzierung implizieren, ermöglichen das Lernen ausgehend vom gemeinsamen Gegenstand, wobei jedes Kind auf seinem Niveau arbeiten kann. Aufzuzeigen, wie solche Lernangebote konkret gestaltet und welche Lernprozesse dadurch bei allen Kindern angeregt werden können, ist unsere Intention im letzten Kapitel.

Aus diesem Grund wählten wir aus den im vorangegangenen Kapitel vorgestellten Aktivitäten sechs verschiedene aus und entwickelten daraus Lernangebote, die wir in unterschiedlichen Klassen mit besonderer Heterogenität erprobten. Die zahlreichen Schülerdokumente veranschaulichen, wie Kinder auf unterschiedlichen Schwierigkeitsniveaus arbeiten und wie sie in ihrem Lernprozess voranschreiten.

Nicht nur die Lernangebote, sondern alle im Buch vorgestellten Aktivitäten wurden von uns in unterschiedlichen Lernkontexten erprobt: sowohl im schulischen Mathematik-

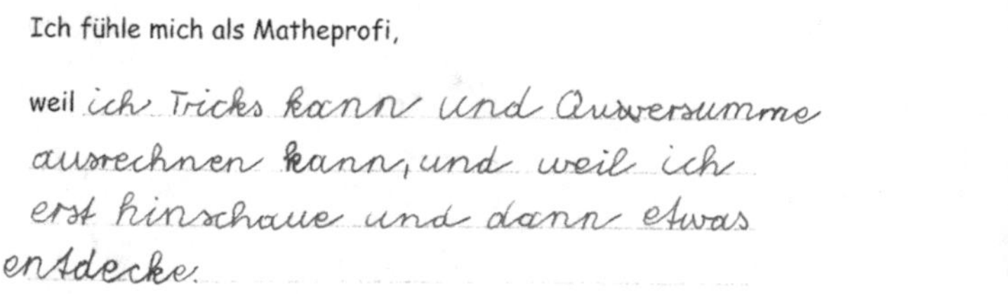

Abb. 3 Fehmke (Klasse 2) fühlt sich als Matheprofi. (Rathgeb-Schnierer 2006c, 7)

Ich fühle mich als Matheprofi,

weil ich Tricks kann und Quersumme ausrechnen kann, und weil ich erst hinschaue und dann etwas entdecke.

unterricht als auch im Rahmen der Förderung von Kindern mit Lernschwierigkeiten in Mathematik. Besonders die Lernprozesse dieser Kinder haben uns immer wieder überrascht und davon überzeugt, dass alle Kinder rechnen lernen, Flexibilität entwickeln und auf ihrem eigenen Weg und entsprechend ihren individuellen Lernvoraussetzungen zu „Matheprofis" werden können. Besonders schön ist es, wenn die Kinder selbst ihre Fortschritte sehen und diese wie Fehmke (Klasse 2) in eigenen Worten beschreiben können (Abb. 3).

Inhaltsverzeichnis

Teil I
Flexibles Rechnen theoretisch begründen

Hintergründe des Rechnenlernens

Fragen

Wie kann flexibles Rechnen bei Grundschulkindern entwickelt werden?

An diese zentrale Frage schließen sich viele weitere an, denen wir im Laufe des Buches nachgehen wollen. In diesem ersten Kapitel wird der Blick zunächst allgemein auf das Lernen gerichtet, um aus den theoretischen Überlegungen Merkmale für gelingende Lernprozesse abzuleiten. Daran anschließend werden verschiedene, in der Unterrichtspraxis verankerte Zugänge zum Rechnenlernen vorgestellt. Der Schwerpunkt liegt hierbei auf dem Ansatz der eigenständigen Rechenwegsentwicklung und der damit verbundenen Möglichkeit zur Förderung von Flexibilität.

1.1 Lernen verstehen

From the constructivist perspective, learning is not a stimulus-response phenomenon. It requires self-regulation and the building of conceptual structures through reflection and abstraction (von Glasersfeld 1995, 14).

Aus konstruktivistischer Perspektive ist Lernen kein Reiz-Reaktions-Schema. Es erfordert Selbstregulation und das Bilden von begrifflichen Strukturen durch Nachdenken und Abstraktion.

Fragen

Wie lernen Kinder und wie kann das Lernen angeregt und begleitet werden?

In den letzten 30 Jahren haben sich die Antworten auf diese Fragen stark verändert. Diese Veränderungen wurden von unterschiedlichen konstruktivistischen Sichtweisen entscheidend beeinflusst. Vor diesem Perspektivenwechsel herrschte im Wesentlichen die Annahme vor, dass sich Lernprozesse linear, systematisch und weitgehend rezeptiv vollziehen und dem Lernenden selbst dabei eine passive Rolle zukommt. Die Lehrperson hatte

© Springer-Verlag GmbH Deutschland, ein Teil von Springer Nature 2018
E. Rathgeb-Schnierer und C. Rechtsteiner, *Rechnen lernen und Flexibilität entwickeln*,
Mathematik Primarstufe und Sekundarstufe I + II,
https://doi.org/10.1007/978-3-662-57477-5_1

in diesem Prozess die Aufgabe, Wissen zu vermitteln und den Lernprozess zu kontrollieren (Reinmann-Rothmeier und Mandl 1997). Implizit wurde also davon ausgegangen,
dass Wissen über Veranschaulichung oder Sprache von der Lehrperson in die Köpfe der
Lernenden übertragen werden kann, vorausgesetzt, der Lerninhalt wird adressatengerecht
aufbereitet und präsentiert.

1.1.1 Konstruktivistische Sichtweisen

Die unterschiedlichen konstruktivistischen Sichtweisen, die in den letzten Jahren die Vorstellungen von Lehren und Lernen stark geprägt haben (detaillierter Überblick in Rathgeb-Schnierer 2006a) haben eine gemeinsame Grundlage: das „Primat der *Konstruktion*"
(Reinmann-Rothmeier und Mandl 1997, 366; Hervorhebungen im Original). Das Lernen
wird dementsprechend als aktiver Prozess der Wirklichkeitskonstruktion (Wissenskonstruktion) verstanden, bei dem den Lernenden keine passive Rolle mehr zukommt. Sie sind
vielmehr herausgefordert, sich mit der Umwelt beziehungsweise mit Sachverhalten aktiv
auseinanderzusetzen, dabei neues Wissen zu konstruieren und dieses in vorhandene Wis-
sensnetzwerke einzubinden (Siebert 1999). Selbst das Nachahmen, das konstruktivistisch
betrachtet nicht dem Lernen gleichkommt, ist kein passiver Vorgang, da Nachahmung
eine innere „Nach-Konstruktion" darstellt (Bauersfeld 2000). Der Lehrperson kommt in
diesem aktiven Konstruktionsprozess eine ganz andere Aufgabe zu als die der Wissens-
vermittlung und der Wissenskontrolle. Vielmehr hat sie die Aufgabe, durch kognitive
Aktivierung Lernprozesse zu initiieren, die Lernenden mit diagnostischem Blick zu begleiten und den Prozess durch Impulse, Fragestellungen und Anregungen zu unterstützen
(Schnebel 2014).

Lernen als individuelle Wissenskonstruktion stellt den gemeinsamen Nenner der unterschiedlichen konstruktivistischen Ansätze dar, von denen nachfolgend drei Richtungen
kurz skizziert werden.

Radikaler Konstruktivismus

Die von Glasersfeld (1987) als *radikaler Konstruktivismus* bezeichnete Erkenntnistheorie
hat sich „im Verlauf der 80er Jahre zur wichtigsten konstruktivistischen Referenzposition
entwickelt" (Duit 1995, 908) und wurde somit Motor für die starke Ausbreitung dieses
Gedankenguts, das zum Perspektivenwechsel führte. Aufbauend auf einer langen philoso-
phischen Tradition (Schmidt 1988) kamen in den 60er Jahren entscheidende Impulse aus
der Neurobiologie hinzu (Hoops 1998; Müller 1996a). Durch die Entdeckung des Ner-
vensystems als in sich geschlossen und selbstreferenziell (Manturana 1988) wurde die
„behavioristische Input-Output-Theorie" (Hejl 1988, 308 f.) infrage gestellt. Der radikale Konstruktivismus bricht mit Konventionen, indem Wissensentwicklung auf individuell
konstruierte Erfahrungsrealität bezogen wird und nicht auf die interne Abbildung einer
äußeren Realität (von Glasersfeld 1987). In diesem Sinne ist der radikale Konstruktivismus als Wissenstheorie zu verstehen, deren Interesse der Frage gilt, wie Wissen gewonnen

wird. Wissen wird dabei „nicht nur als Ergebnis, sondern auch als Tätigkeit" (von Glasersfeld 1998, 43) verstanden.

Sozialkonstruktivistische Ansätze

Die verschiedenen sozialkonstruktivistischen Ansätze erheben nicht den Anspruch einer Erkenntnistheorie. Alle gehen sie der Frage nach, wie gesellschaftliches Wissen produziert und weitergegeben wird (Gerstenmaier und Mandl 1995). Anknüpfend an die Position des radikalen Konstruktivismus sehen sie den Erwerb von Wissen nicht passiv, sondern als aktiven, individuellen Konstruktionsprozess. Individuelle Wissenskonstruktion ist aber immer an die Interaktion mit dem sozialen Umfeld gekoppelt und beide Aspekte bedingen sich gegenseitig (Ernest 1994). Lernen wird als sozial bedingter Prozess der „Bedeutungszuschreibung" (Siebert 1999, 19) verstanden, die nicht ausschließlich individuell erfolgt, sondern innerhalb von Lerngruppen ausgehandelt wird. Dementsprechend ist der Lernprozess von sozialen Kontextbedingungen abhängig (Möller 2000; Harries und Spooner 2000; Ernest 1991). In diesem Prozess hat die Kommunikation der Lernenden eine zentrale Funktion (Bauersfeld 2000). Die Kommunikation, die nicht nur die gesprochene Sprache meint, sondern alle „Dimensionen des gegenseitigen Wahrnehmens und Deutens" (Bauersfeld 2000, 122) einschließt, ist das Medium der gemeinsamen Bedeutungsaushandlung. Das Aushandeln von Bedeutungen beruht auf den subjektiven Erfahrungen der Lernenden. Aushandlungsprozesse erfordern und fördern sprachliche Kompetenzen, Selbstreflexion und die Bewusstheit eigener Konstruktionen.

Konstruktivistische Ansätze der Kognitionspsychologie

Konstruktivistische Ansätze der Kognitionspsychologie grenzen sich von behavioristischen Theorien ab, da sie Wissenserwerb nicht als Akt der passiven Informationsaufnahme betrachten. Zwar knüpfen sie nicht an die erkenntnistheoretischen Annahmen des radikalen Konstruktivismus an, teilen aber die Grundannahme der aktiven und individuellen Wissenskonstruktion (Möller 2000; Müller 1996b).

Die Ansätze der „situierten Kognition" sind im Hinblick auf das Lernen und Lehren besonders relevant (Reinmann-Rothmeier und Mandl 1997, 368). Lernen wird hier als ein von der Situation abhängiger Prozess verstanden, das heißt, der Lernende konstruiert sein Wissen in der Auseinandersetzung mit den materiellen Lernbedingungen und der sozialen Umwelt (Gerstenmaier und Mandl 1995). Ansätze der situierten Kognition betrachten „Wissen in einer Gesellschaft immer [als] ‚geteiltes' Wissen" (Möller 2000, 6; Anführungszeichen im Original). Aus der Situiertheit des Lernens und seiner Kontextabhängigkeit folgt, dass das Denken und Handeln der Lernenden nur im entsprechenden Kontext verstanden werden kann. Wird Lernen vom sozialen und situativen Kontext abgekoppelt, so bleibt „ein erlerntes Wissen ‚träge', oberflächlich und damit lebenspraktisch nicht verfügbar" (Siebert 1999, 20; Anführungszeichen im Original).

Fragen

Lässt sich die eingangs gestellte Frage aufgrund der bisherigen Betrachtungen beantworten?

Kurz zusammengefasst sieht eine Antwort wie folgt aus: Kinder lernen, indem sie sich aktiv mit für sie bedeutsamen Sachverhalten auseinandersetzen und ihre Erfahrungen darüber mit Mitlernenden austauschen. Der Lehrperson kommen hierbei drei zentrale Aufgaben zu:

1. sinnstiftende Lernangebote, die inhaltlich herausfordernd und kommunikationsanregend sind, auszuwählen und zu gestalten.
2. die Beschäftigung der Schülerinnen und Schüler mit den Lernangeboten beobachtend – mit diagnostischem Blick – zu begleiten, um Einblicke in das Denken der Kinder (ihre Lernstände, Konzepte und Fehlkonzepte) zu bekommen.
3. das Lernen der Kinder auf der Basis ihrer Beobachtungen adäquat zu unterstützen, indem sie individuell angepasst Impulse und Hilfen gibt sowie die Kinder immer wieder zum Austausch und Weiterdenken anregt (Kap. 4 und 5).

1.1.2   Verstehen als zentrales Ziel des Lernprozesses

Mit der im vorangegangenen Absatz veränderten Sichtweise auf Lehren und Lernen hat sich auch die Zielperspektive gewandelt: Das Lernen ist in erster Linie nicht mehr auf das korrekte Ausführen von Prozeduren oder die fehlerfreie Wiedergabe von Wissen ausgerichtet, vielmehr steht das Verstehen im Zentrum des Lernprozesses (Dubs 1995). Dieses Verstehen kann sich dann entwickeln, wenn der Lernende in der aktiven Auseinandersetzung mit seiner physikalischen und sozialen Umwelt neue Wissenselemente in sein vorhandenes Wissensnetz integriert oder bislang vorhandene Wissenselemente modifiziert; dabei geht es um das „Schaffen *neuer*, weiter als bisher greifender Zusammenhänge" (Hörmann 1983, 18; Hervorhebung im Original).

Fragen

Was bedeutet Verstehen bezogen auf das Mathematiklernen?

Fragen

Hat ein Kind die Dinge verstanden, wenn es eine Aufgabe korrekt lösen kann?

Rechenfertigkeiten, die sich augenscheinlich im korrekten Lösen von Aufgaben zeigen, sind kein Indiz für Verständnis. Lehtinen (1994) betont, dass dieser Rückschluss nicht möglich ist, da Grundoperationen auch ohne mathematisches Denken und Verstehen durchgeführt werden können. Das bedeutet, wenn ein Kind eine Rechenoperation richtig ausführen kann, darf nicht automatisch davon ausgegangen werden, dass es diese verstanden hat.

Auf die Frage, was Verstehen von Mathematik bedeutet und worin es sich manifestiert, wenn nicht in der korrekten Lösung von Aufgaben, geben Carpenter und Lehrer folgende Antwort:

> Understanding is not an all-or-none phenomenon. Virtually all complex ideas or processes can be understood at a number of levels and in quite different ways. [...] As a consequence, we characterize understanding in terms of mental activity that contributes to the development of understanding rather than as a static attribute of an individual's knowledge (Carpenter und Lehrer 1999, 20).

In dieser Antwort spiegelt sich die Akzentverschiebung wider, die sich innerhalb der Pädagogischen Psychologie vollzog (Aeschbacher 1994). War früher das Verstehen das Endprodukt eines erfolgreich durchlaufenen Lernprozesses, so hat sich dieser „Endproduktcharakter" deutlich gewandelt: Verstehen wird nicht mehr als Alles-oder-nichts-Phänomen am Ende eines Lernprozesses beschrieben, sondern als Prozess des Kompetenzerwerbs selbst (ebd.). Innerhalb dieses Prozesses kann sich Verstehen auf verschiedenen Stufen und in unterschiedlicher Art und Weise entwickeln. Verstehen ist keine statische Eigenschaft individuellen Wissens, die gelehrt werden kann, sondern ein Entwicklungsprozess, der sich auf der Basis eigener geistiger Aktivität und Erfahrung vollzieht. Verstehen kann somit nicht gelehrt werden (Carpenter und Lehrer 1999; Wittmann 1991), sondern „im persönlichen Dialog mit der Sache schafft der Lernende einen ganz persönlichen Verstehenszusammenhang" (Gallin und Ruf 1998a, 41).

> Verstehen heißt dann mehr als das nachvollziehen, was andere erkannt haben. Es bedeutet vor allem eigenständig erfahren, erkennen und begreifen, wie Elemente zueinander in Beziehung stehen, und zwar in Auseinandersetzung mit der Sache selbst und mit den sachkundigen Lehrenden (Beck et al. 1994, 207).

Verstehen bedeutet also die Beziehungen zwischen den Dingen zu erfahren, zu erkennen und zu begreifen und aufgrund dieser Erfahrungen das eigene Wissensnetz zu erweitern oder umzustrukturieren.

Der Begriff des Verstehens kann mit dem Begriff des konzeptuellen Wissens in Verbindung gebracht werden, welches durch Beziehungshaltigkeit gekennzeichnet ist. In der mathematikdidaktischen Diskussion über die Entwicklung mathematischen Wissens findet man die Unterscheidung von konzeptuellem und prozeduralem Wissen (Übersicht in Baroody 2003). Bezogen auf das Mathematiklernen wurde lange Zeit die Diskussion dahingehend geführt, ob das Erlernen von Prozeduren oder die Entwicklung von Konzepten im Vordergrund stehen sollte. Diese Diskussion hat zwischenzeitlich eine deutliche Schwerpunktverschiebung erfahren: Es geht nicht mehr um die Reihenfolge und damit die Priorität der beiden Wissensformen, sondern es steht die Frage nach den Beziehungen zwischen prozeduralem und konzeptuellem Wissen im Vordergrund (Hiebert und Lefevre 1986; vgl. auch Baroody 2003).

Prozedurales Wissen schließt die Kenntnis mathematischer Symbole, die Regeln zum Umgang mit diesen Symbolen sowie die Kenntnis von Prozeduren mit ein. Baroody (2003, 12) beschreibt prozedurales Wissen als Wissen, „that involves knowing *how*" (ebd.; Hervorhebung im Original). Das Wissen um die Hintergründe und die Bedeutung der Symbole und Prozeduren gehört nicht zum prozeduralen Wissen (Gerster und Schultz 1998).

Konzeptuelles Wissen wird definiert als zusammenhängendes Wissensnetz, welches sich durch die Verbindung von neuer Information mit bereits bekannter oder durch die Verbindung von Einzelfakten entwickelt (Baroody 2003). Es ist gekennzeichnet durch Einblicke in und das Verstehen von Hintergründen. Baroody beschreibt dieses Wissen als „knowledge that involves understanding *why*" (Baroody 2003,12; Hervorhebung im Original). Die Entwicklung des konzeptuellen Wissens kann nicht abgekoppelt von Einsicht und Verständnis stattfinden, da das Herstellen von Beziehungen Verstehen bedeutet und der Grad des Verstehens durch die „Anzahl und die Stärke der Verbindungen in einem Netzwerk von Informationsbestandteilen" (Gerster und Schultz 1998, 30) bestimmt werden kann. Prozedurales Wissen kann dagegen auswendig gelernt und vom Verständnis abgekoppelt werden.

Beide Wissensaspekte sind für das Mathematiklernen gleichermaßen bedeutend (Stern 2003):

> Metaphorically speaking, conceptual knowledge is the semantics of mathematics and procedural knowledge is the syntax (Hiebert und Wearne 1986, 201).

Im Mathematikunterricht der Grundschule wird jedoch nach wie vor häufig dem prozeduralen Wissen eine größere Bedeutung zugeschrieben als dem konzeptuellen Wissen (Hahn 2006). Das Ausführen von Rechenprozeduren oder das Einprägen des kleinen Einspluseins und Einmaleins nehmen im Mathematikunterricht der Grundschule häufig weitaus mehr Raum ein als das Hinterfragen dieser Prozeduren und das Erforschen von Zusammenhängen (Gerster und Schultz 1998). Tätigkeiten wie Auswendiglernen, Üben und Wiederholen führen zwar durch Routinebildung zu einer gewissen Rechenfertigkeit, die aber nicht mit dem Verstehen von Mathematik gleichgesetzt werden kann. Rechenfertigkeiten stellen „eine eng begrenzte Kompetenz dar, die viel eher Können als Wissen ist und mit Verstehen nichts zu tun hat" (von Glasersfeld 1997, 167).

Fragen

Wie kann die Entwicklung mathematischen Verstehens im Unterricht gefördert werden?

Carpenter und Lehrer (1999, 20 ff.) beschreiben fünf mentale Aktivitäten, die diese Entwicklung fördern:

- Beziehungen konstruieren, indem neue Ideen, Entdeckungen und Lösungswege mit bereits vorhandenem Wissen verknüpft und dadurch bedeutungsvoll werden,
- mathematisches Wissen in der Auseinandersetzung mit geeigneten Aufgaben- und Problemstellungen entwickeln,

- Erfahrungen und Wissen reflektieren,
- Ideen und Zugangsweisen artikulieren,
- Mathematik auf eigenen Wegen lernen.

1.1.3 Lernen als Wechsel oder Ausdifferenzierung von Konzepten

Aus konstruktivistischer Perspektive bedeutet Lernen die aktive Weiterentwicklung und Ausdifferenzierung vorhandenen Vorwissens und die Einbindung neuer Wissenselemente in das individuelle Wissensnetz. Dieser Prozess kann kontinuierlich oder diskontinuierlich verlaufen (Duit 1995). Bei kontinuierlichem Verlauf werden vorhandene Vorstellungen erweitert und ausdifferenziert. Bei einem diskontinuierlichen Verlauf werden dagegen bestehende Vorstellungen revidiert. Diskontinuierliche Verläufe werden häufig mit dem Begriff „Konzeptwechsel" („conceptual change") (Duit 1995, 914) in Verbindung gebracht, wobei dieser Terminus in der Literatur nicht eindeutig verwendet wird (ebd.).

In ersten Ansätzen wird der durch einen kognitiven Konflikt ausgelöste Konzeptwechsel im Sinne eines Wechsels von Alltagskonzepten zu wissenschaftlichen Vorstellungen verstanden (Duit 1995, 915). Von Möller (1997) wird der Terminus des Konzeptwechsels und dessen Bedingungen ausgeweitet: Es geht nicht um die Auflösung von Alltagsvorstellungen, sondern um deren Ausdifferenzierung und Weiterentwicklung. Ziel hierbei ist die Erkenntnis, dass die wissenschaftlichen Vorstellungen in bestimmten Bereichen tragfähiger sind. Ausdifferenzierung und Weiterentwicklung eines Konzepts bedürfen nicht nur eines kognitiven Konflikts, sondern entsprechender sozialer und emotionaler Bedingungen.

Die Theorie des „conceptual change" beschreibt den Lernprozess in Anlehnung an Piaget (Duit 1995): Geleitet vom individuellen Bedürfnis, das innere Gleichgewicht zu erhalten, reagiert das lernende Individuum auf einen kognitiven Konflikt, indem die neuen Erfahrungen entweder in die vorhandenen Strukturen eingeordnet oder diese grundlegend verändert werden. Im ersten Fall der Wissensausdifferenzierung wird von „weichen" Konzeptwechseln, im zweiten Fall der Wissensumstrukturierung von „harten" Konzeptwechseln gesprochen (Möller 2000, 5).

Posner, Strike, Hewson und Gertzog (1982) untersuchten die Voraussetzungen für einen Konzeptwechsel im Bereich der naturwissenschaftlichen Vorstellungen und setzen folgende Bedingungen für den Konzeptwechsel bei Lernenden voraus (vgl. dazu auch Möller 2000):

- die Unzufriedenheit mit vorhandenen Vorstellungen, wenn diese nicht ausreichen, um neue Probleme zu lösen.
- Die neue Vorstellung muss einleuchtend sein.
- Ein neues Konzept muss im Hinblick auf die ausstehende Lösung von Problemen plausibel erscheinen.
- Ein neues Konzept muss sich im Hinblick auf die Lösung neuer Fragen als tragfähig erweisen.

Die für die Weiterentwicklung naturwissenschaftlicher Vorstellungen relevanten Konzeptwechsel spielen beim Mathematiklernen wahrscheinlich keine so große Rolle. Vielmehr geht es im mathematischen Lernprozess um die Weiterentwicklung, Ausdifferenzierung und Verfeinerung von Konzepten sowie um deren Vernetzung (Schütte 2008). Dieser Prozess wird durch mathematische Tätigkeiten angeregt, bei denen das Erkennen, Herstellen und Nutzen von Beziehungen und Strukturen erforderlich ist.

1.1.4 Lernen gestalten

Fragen

Welche Schlüsse lassen sich aus den vorangegangenen Überlegungen für die Gestaltung mathematischer Lernprozesse ziehen?

Vor der Beantwortung dieser Frage sei noch einmal der Hinweis gegeben, dass es sich bei den kurz skizzierten konstruktivistischen Ansätzen um Erkenntnistheorien handelt, aus denen sich keine Unterrichtsmethoden ableiten lassen (Dinter 1998; Ernest 1994). Das heißt, es kann nicht von dem konstruktivistischen Unterricht oder der konstruktivistischen Didaktik gesprochen werden. Wohl aber können auf Grundlage der konstruktivistischen Erkenntnistheorien Merkmale nachhaltiger Lernprozesse formuliert werden, die auch im Hinblick auf die Lernprozessgestaltung aussagekräftig sind. In diesem Sinne sind die nachfolgenden Überlegungen nicht als Lehrmethoden zu verstehen, sondern als Hinweise darauf, wie gute Bedingungen für die Anregung subjektiver Konstruktionen geschaffen werden können (vgl. dazu Bauersfeld 2000).

Eine einheitliche Antwort auf die eingangs gestellte Frage lässt sich auf der Grundlage der verschiedenen konstruktivistischen Ansätzen nicht geben. Der gemeinsame Kern besteht darin, dass Lehren und Lernen nicht nach dem Prinzip des „Vermittelns und Aufnehmens" (Terhart 1999, 637) gestaltet werden kann. Der Grund dafür liegt in der Natur des Wissens. Wissen ist nie abgeschlossen, sondern stellt immer Interimswissen dar, welches sich permanent im Kreislauf von individuellen Konstruktions- und sozialen Aushandlungsprozessen entwickelt und weiterentwickelt. Eine direkte Steuerung von Lernen ist aus konstruktivistischer Perspektive nicht möglich, wohl aber dessen Anregung: Lernprozesse können in einer anregenden Atmosphäre gelingen, in der Lernende selbstständig ihre Lernwege beschreiten können und in der das „Ko-Konstruieren und Rekonstruieren" (ebd.) in „sozialen und situativen Kontexten" (ebd.) möglich ist.

In Anlehnung an verschiedene Autoren können vier Hauptmerkmale für das Gelingen von Lernprozessen formuliert werden (Duit 1995; Dubs 1995; Gerstenmaier und Mandl 1995; Möller 1999):

- Eigenaktivität und individuelle Lernwege anregen,
- Lernprozesse situativ verankern,
- Kooperation und Kommunikation fordern und fördern,
- Selbststeuerung und Selbstregulierung des Lernens ermöglichen.

1.2 Rechnenlernen verstehen

Das Rechnenlernen und die Entwicklung flexibler Rechenkompetenzen sind zentrale Ziele des Mathematikunterrichts in der Grundschule. In jeder Klassenstufe stehen diesbezüglich unterschiedliche Schwerpunkte und damit verbundene Herausforderungen an.

Im ersten Schuljahr geht es um die Entwicklung des Zahlbegriffs, des Operationsverständnisses und strategischer Werkzeuge (Abschn. 3.2): Ziel der Klasse 1 ist die Ablösung vom Zählen, die Grundlegung strategischer Werkzeuge, des Stellenwertverständnisses durch Bündelungsaktivitäten, des Operationsverständnisses der Addition und Subtraktion sowie um die (weitgehende) Automatisierung der Grundaufgaben im Zahlenraum bis 20. Alle diese inhaltlichen Aspekte werden mit Aktivitäten verknüpft, die die Schulung des Zahlenblicks intendieren (Kap. 3, Abschn. 4.1 und 5.1). Auf diese Weise kann die Entwicklung flexibler Rechenkompetenzen von Anfang an gefördert werden (Kap. 2). Alle genannten Aspekte sind zentrale Voraussetzungen, um im erweiterten Zahlenraum bis 100 verständnisorientiert, sicher und flexibel rechnen zu lernen.

Das zweite Schuljahr umfasst den Ausbau eines umfassenden Zahlbegriffs im erweiterten Zahlenraum, wobei der Festigung des in Klasse 1 angebahnten Stellenwertverständnisses eine zentrale Rolle zukommt. Zudem wird das Operationsverständnis beim additiven Rechnen vertieft und beim multiplikativen Rechnen aufgebaut (Tipps zum Weiterlesen). Eine wichtige Rolle nimmt das additive Rechnen im Zahlenraum bis 100 ein. Da die Zahlen nun größer sind, wird die den Kindern aus Klasse 1 bekannte Form des Kopfrechnens durch das sogenannte halbschriftliche Rechnen erweitert. Mit dem halbschriftlichen Rechnen werden die Kinder mit einer neuen Artikulationsform konfrontiert. Während in Klasse 1 die Darstellung am Arbeitsmittel sowie die mündliche Kommunikation die Artikulationsmedien darstellten, kommt nun die Notation von Rechenschritten, Zwischenergebnissen oder vollständigen Rechenwegen hinzu (Abschn. 1.2.2.2). Mit dem größeren Zahlenraum ist aber nicht nur eine neue Artikulationsform verbunden; die additive Verknüpfung zweistelliger Zahlen stellt die Kinder vor die Herausforderung, dass sie mit Aufgaben konfrontiert werden, die nicht mehr in ihr Repertoire der automatisierten Aufgaben gehören. Nun geht es darum, dass sie die in Klasse 1 entwickelten Basisfakten und strategischen Werkzeuge nutzen und geschickt kombinieren, um im erweiterten Zahlenraum zu rechnen. Damit dies flexibel gelingen kann, ist das Erkennen und Nutzen von Zahl- und Aufgabenmerkmalen und -beziehungen eine entscheidende Voraussetzung.

Im dritten Schuljahr wird nun der kumulative Aufbau des (Zahlen-)Rechnens (Schütte 2008) mit dem Ausbau des Zahlenraums bis 1000 weitgehend abgeschlossen. Mit der Einführung der schriftlichen Additions- und Subtraktionsverfahren lernen die Kinder eine weitere – die letzte – Form des Rechnens kennen und das bisherige Zahlenrechnen wird um das Ziffernrechnen erweitert. Voraussetzungen für eine verständnisbasierte Entwicklung des Ziffernrechnens sind ein voll ausgeprägtes Stellenwertverständnis, die Automatisierung des kleinen Einspluseins und Einmaleins sowie die vollständige Entwicklung strategischer Werkzeuge. Erst wenn all diese Voraussetzungen gegeben sind, kann es gelingen, dass Kinder die schriftlichen Verfahren verstehen, diese aufgabenadäquat einsetzen können und damit nicht als Lösungsweg für alle Aufgaben nutzen. Selter

(2000) hat gezeigt, dass die Einführung der schriftlichen Verfahren immer mit der Gefahr verbunden ist, dass diese nicht adäquat genutzt, sondern unabhängig von der Aufgabenstellung präferiert werden. Um dem entgegenzuwirken, schlägt Schütte (2004a) ein Hinauszögern der Einführung zugunsten des halbschriftlichen Rechnens und der Schulung des Zahlenblicks vor (detaillierte Ausführungen zur Schulung des Zahlenblicks finden sich in Kap. 3).

Da wir mit diesem Buch auf das Rechnenlernen und die Entwicklung flexibler Rechenkompetenzen beim additiven Rechnen fokussieren, liegt der Schwerpunkt zunächst auf den ersten beiden Schuljahren und dem Aufbau des Zahlenrechnens. Daran anschließend wird der Blick auf das dritte Schuljahr gerichtet und die Entwicklung des Zahlbegriffs im erweiterten Zahlenraum ebenso dargestellt wie das weiterführende Rechnen. In Anlehnung an Schütte (2008) sehen wir den kumulativen Aufbau des flexiblen Rechnens in diesen Schuljahren verortet. Im vierten Schuljahr liegt ein besonderer Schwerpunkt im Sachrechnen und daneben erfolgt die Hinführung zu den schriftlichen Verfahren der Multiplikation.

▶ **Tipps zum Weiterlesen** Auf die Entwicklung des multiplikativen Rechnens werden wir in diesem Buch nicht weiter eingehen. Zur vertieften Auseinandersetzung mit dieser Thematik empfehlen wir folgende Literatur:

- Gaidoschik, M. (2014). *Einmaleins verstehen, vernetzen, merken. Strategien gegen Lernschwierigkeiten.* Seelze: Kallmeyer.
- Padberg, F. & Benz, C. (2011). *Didaktik der Arithmetik* (4. erweiterte, stark überarbeitete Auflage). Heidelberg: Spektrum Akademischer Verlag.
- Ruwisch, S. (2014). „Mal kann ich auch schon." *Die Grundschulzeitschrift, 280,* 46–49.
- Gasteiger, H. & Paluka-Grahm, S. (2013). Strategieverwendung bei Einmaleinsaufgaben – Ergebnisse einer explorativen Interviewstudie. *Journal für Mathematik-Didaktik, 34*(1), 1–20.

Einen Überblick über die Leitidee Zahlen und Operationen und damit die inhaltlichen Aspekte des Rechnenlernens findet sich bei:

- Schuler, S. (2015): Zahlen und Operationen. In Leuders, J. & Philipp, K. (Hrsg.). *Mathematik – Didaktik für die Grundschule* (12–43). Berlin: Cornelsen.

1.2.1 Zugänge zum Rechnenlernen

Wie oben beschrieben, sind die Entwicklung des Zahlbegriffs und die Entwicklung des Operationsverständnisses zentrale Voraussetzungen für das Rechnenlernen. Zu beiden Bereichen existieren ausdifferenzierte Theorien (z. B. Aebli 1978; Gerster und Schultz 1998;

Bönig 1993; siehe Details in Kap. 3). Zur Frage, wie Rechenwege von Kindern entwickelt werden können, finden sich in der Literatur verschiedene mehr oder weniger allgemeine Theorien. Zudem wird bei der Betrachtung unterschiedlicher Schulbücher deutlich, dass durchaus unterschiedliche Ansätze verfolgt werden, die implizit auf verschiedene Vorstellungen über das Rechnenlernen hindeuten.

Baroody (2003) gibt einen Überblick über Theorien zum Mathematiklernen, aus denen sich auf einer eher allgemeinen Ebene Aussagen zur Gestaltung des Rechnenlernen ableiten lassen. Eine Antwort darauf, wie sich das Rechnenlernen konkret vollzieht und wie Kinder ihre Rechenwege von ersten individuellen Zugängen zum flexiblen und adaptiven Handeln entwickeln, geben sie nicht. Er beschreibt zunächst Theorien, die er als frühe Sichtweisen bezeichnet und die sich zwischen den beiden Polen Rechnenlernen als Erwerb von Fertigkeiten und als Aufbau von konzeptuellem Wissen ansiedeln lassen: die „Drill Theory" (ebd., 4), die „Meaning Theory" (ebd., 6) und die „Incidental Learning Theory" (ebd., 7).

- Die *Drill Theory* basiert auf assoziativen Lerntheorien und das Ziel des Mathematikunterrichts ist hier die Sicherung mechanischer Fertigkeiten, die durch intensives repetitives Üben erreicht werden kann. Die grundlegende Annahme ist dabei, dass Kinder durch Nachahmung, Simulation und entsprechende Reaktion lernen. Und der Unterrichtsstil, der aus dieser Theorie resultiert, besteht darin, durch direkte Instruktion und mechanische Übung prozedurales Wissen zu entwickeln.
- Die *Meaning Theory* ist dadurch gekennzeichnet, dass Mathematik als ein Netz von Ideen, Prinzipien und Prozessen betrachtet wird, das von Lernenden durchdrungen und verstanden werden kann. Hier liegt der Schwerpunkt auf der Entwicklung konzeptionellen Wissens. Rechnenlernen wird im Kontext dieser Theorie nicht mehr als mechanischer Akt des Auswendiglernens von Zahlensätzen betrachtet, sondern dem Automatisieren geht das Verstehen von Prinzipien und Zusammenhängen voran.
- Mit der *Incidental Learning Theory* ist die völlige Freiheit des Lernens verknüpft und den Kindern soll der Freiraum zur eigenständigen Erkundung der Welt und ihrer Gesetze eingeräumt werden. Mathematiklernen resultiert aus der natürlichen Neugierde der Kinder und Instruktion ist im Unterricht nicht vorgesehen. Dieser theoretische Ansatz entspricht dem, was Schütte (2004b, 133) als „Selbstelaborierungsansatz" bezeichnet; es werden entsprechend anregende Lernumgebungen vorbereitet und dann wird nicht weiter in den Lernprozess eingegriffen.

Die aktuelle Diskussion zur Gestaltung des Rechnenlernens bewegt sich längst nicht mehr in der oben beschriebenen Dichotomie. Aktuelle Ansätze betonen die gleichzeitige Entwicklung von konzeptionellem Wissen und Fertigkeiten, verbunden mit dem zentralen Ziel der Entwicklung flexibler Rechenkompetenzen (z. B. Anghileri 2001; Selter 2000, 2009; Rathgeb-Schnierer 2010b, 2011a, 2014a, 2014b; Schütte 2004a).

Mit dem Ziel, die Entwicklung flexibler Rechenkompetenzen verstärkt im Mathematikunterricht zu fördern, fordert Selter (2003a), dass

- das mündliche und halbschriftliche Rechnen den Schwerpunkt im Mathematikunterricht darstellen,
- die eigenen Vorgehensweisen und Notationen der Kinder im Unterricht stärker betont werden,
- verschiedene Lösungsmethoden im Unterricht behandelt und die Reflexion über geeignete Lösungsmethoden angeregt werden.

In diesen Forderungen spiegeln sich viele Aspekte der mathematikdidaktischen Diskussion in den letzten Jahren des 20. Jahrhunderts wider:

Die 90er Jahre waren von der Diskussion um die Schwerpunktverschiebung vom schriftlichen zum halbschriftlichen Rechnen geprägt (Wittmann und Müller 1990, 1992; Krauthausen 1993). Parallel dazu wurde die inhaltliche Öffnung des Mathematikunterrichts immer stärker gefordert (Freudenthal 1991; Wittmann 1996), die individuellen und informellen Vorgehensweisen von Kindern rückten immer mehr ins Blickfeld des didaktischen Interesses (Hengartner 1999; Selter 1994; Selter und Spiegel 2000) und damit verbunden wurde das Rechnenlernen auf eigenen Wegen zunehmend betont.

Die Argumente zur Begründung der Zurückstellung schriftlicher Verfahren und der Verstärkung des kopf- und halbschriftlichen Rechnens (gestützten Kopfrechnens) haben sich im Laufe der Diskussion gewandelt. Während Krauthausen (1993) die Schwerpunktverschiebung noch mit den Argumenten „Einsicht und Verständnis" untermauerte, wurde zu Beginn des 21. Jahrhundert damit die Förderung flexibler Rechenkompetenzen in Verbindung gebracht (Selter 2003b). Die Diskussion ging sogar noch einen Schritt weiter: Schütte (2004a) und Rathgeb-Schnierer (2006a) betonen, dass das halbschriftliche Rechnen im Hinblick auf die Entwicklung flexibler Rechenkompetenzen ambivalent zu betrachten ist und dass mit dieser Rechenform allein noch keine Flexibilität entwickelt werden kann, sondern es weiterer dezidierter Maßnahmen bedarf (Kap. 2, 4 und 5).

Die kurz skizzierten Entwicklungen machen die aktuelle Zielrichtung des Rechnenlernens deutlich. Wie genau das Rechnenlernen angeregt und unterstützt werden kann, darauf finden sich in der mathematikdidaktischen Literatur und in Schulbüchern unterschiedliche Hinweise.

1.2.1.1 Rechnenlernen durch Musterlösungen

Beim Rechnenlernen durch Musterlösungen werden den Kindern zunächst eine oder mehrere Musterlösungen nacheinander präsentiert. Ihre Aufgabe besteht darin, diese anhand vorgegebener Übungsaufgaben nachzuvollziehen und sich einzuprägen. Es erfolgt keine Reflexion darüber, welcher Rechenweg für eine bestimmte Aufgabe geeignet ist. In der Regel wurde bei dieser Vorgehensweise der Schwerpunkt auf Rechenwege gelegt, die auf der „klassischen" Zerlegung über den Zehner (Hunderter) basieren, da diese Methode für jede Aufgabe anwendbar ist. Das Lernen über Musterlösungen war bis zur Jahrtausend-

1   Schreibe immer zwei ähnliche Aufgaben dazu.
    a)   27 + 48   b)   56 + 29   c)   18 + 54   d)   35 + 47   e)   28 + 43
        127 + 48   156 + 29   418 + 54   135 + 47   528 + 43
        327 + 48   256 + 29   218 + 54   335 + 47   228 + 43

2   Rechne in Schritten.
    a) 328 + 54   b) 748 + 36   c) 916 + 57
        564 + 17   425 + 45   144 + 28
        345 + 38   849 + 37   535 + 36

2 a)	3 2 8 + 5 4 = 3 8 2
	3 2 8 + 5 0 = 3 7 8
	3 7 8 + 4 = 3 8 2

Abb. 1.1 Rechnenlernen durch Musterlösungen. (Versin et al. 2014, 34)

wende der durchaus gängige Ansatz und lässt sich in Schulbüchern dieser Zeit über alle Klassenstufen und Rechenoperationen hinweg finden (vgl. Abb. 1.1).

1.2.1.2   Rechnenlernen durch Beispiellösungen

In den Handbüchern zum Mathematikunterricht vertreten Wittmann und Müller (1990, 1992) einen Ansatz, der sich dem Rechnenlernen auf der Basis von Beispiellösungen zuordnen lässt. Insbesondere im Bereich des halbschriftlichen Rechnens arbeiten die beiden Didaktiker die verschiedenen Lösungsmethoden, ihre Notationsmöglichkeiten und die Umsetzung im Unterricht differenziert heraus. Sie betonen, dass es nicht darum geht, dass alle Kinder alle Methoden fließend beherrschen, sondern dass sie lernen, diese entsprechend ihrer eigenen Möglichkeiten und Vorlieben zu nutzen. Das Ziel der von Wittmann und Müller vorgestellten Übungen liegt darin, dass die Lösungsmethoden bewusst genutzt und eine Diskussion über die unterschiedlichen Rechenwege angeregt wird.

Der Ansatz des Rechnenlernens durch Beispiellösungen (Abb. 1.2) hat in den letzten Jahren das Rechnenlernen über eine Musterlösung deutlich in den Hintergrund gerückt. Er lässt sich daran erkennen, dass den Schülerinnen und Schülern gleichzeitig verschiedene Lösungsmethoden als Beispiellösungen präsentiert und sie selbst aufgefordert werden, eine auszuwählen. Das Nachdenken und die Diskussion über die Adäquatheit der einzelnen Lösungsmethoden wird teilweise, jedoch nicht in allen Schulbüchern ausdrücklich angeregt.

Abb. 1.2 Rechnenlernen durch Beispiellösungen. (Rinkes et al. 2015, 32)

1.2.1.3 Rechnenlernen auf eigenen Wegen

Dieser Ansatz unterscheidet sich von den vorangegangenen dadurch, dass die Schülerinnen und Schüler bei der Hinführung zum Rechnen in einem unbekannten Zahlenraum oder einer unbekannten Rechenoperation zunächst einmal angeregt werden, eigene Lösungswege zu erproben und sich über ihre verschiedenen Vorgehensweisen auszutauschen (Abb. 1.3). Dabei wird durch geeignete Fragen und Impulse das Nachdenken über verschiedene Lösungswege sowie deren Eignung für bestimmte Aufgaben angeregt. Eine wesentliche Rolle im Prozess des Rechnenlernens spielen die Fragen, mit denen die Kinder zur Reflexion über eigene und fremde Vorgehensweisen herausgefordert werden, beispielsweise: Wie würdest du diese Aufgabe lösen? Warum bist du so vorgegangen? Wie hat dein Nachbar gerechnet? Verstehst du die Lösungswege deiner Mitschüler? Kannst du noch einen anderen Lösungsweg finden? Welcher Lösungsweg passt deiner Meinung nach am besten zur Aufgabe?

Der Ansatz des Rechnenlernens auf eigenen Wegen hat in den letzten Jahren innerhalb der didaktischen Diskussion zunehmend an Bedeutung gewonnen (Schütte 2004a). Ganz allgemein kann er mit der Aussage von Hengartner (1999, 12) gefasst werden: „Individuelle Vielfalt zulassen statt verbindliche Lösungswege vermitteln". Dass dieser Ansatz seit der Jahrtausendwende für das Mathematiklernen im Allgemeinen und das Rechnenlernen im Konkreten immer wichtiger wurde, lässt sich einerseits an der Zunahme der

Abb. 1.3 Rechnenlernen auf eigenen Wegen. (Wittmann und Müller 2014, 52)

Veröffentlichungen erkennen, die sich mit informellen Lösungswegen von Kindern be-schäftigen und der Frage nachgehen, wie diese erfasst, analysiert und interpretiert werden können (z. B. Benz 2005; Fast 2016; Haberzettl 2016; Hengartner 1999; Lorenz 1997b, 1998, 2002; Schütte 2004a; Selter 1994; Selter und Spiegel 2000).

Aber nicht nur individuelle informelle Lösungswege von Kindern waren ein wichtiges Thema in den letzten Jahren, sondern auch die Klärung der Frage, wie Unterricht und so-mit Lerngelegenheiten gestaltet werden können, damit die informellen und eigenständig entwickelten Lösungswege von Kindern eine zentrale Rolle im Lernprozess darstellen. Die im Zuge dieser Diskussion entwickelten Unterrichtsansätze verfolgen im Kern alle dieselbe Idee: Es geht darum, das Lernen auf eigenen Wegen anzuregen, indem die Kinder durch mathematisch ergiebige, offene Aufgabenstellungen zur eigenständigen Auseinan-dersetzung mit einem Sachverhalt und zum Austausch herausgefordert werden (Kap. 6).

Obgleich die informellen Lösungswege von Kindern beim Rechnenlernen und deren Einbindung im Unterricht in den letzten Jahren sichtbar an Bedeutung gewannen, gibt es nach wie vor kaum ausgearbeitete kohärente Theorien dazu, wie sich die Rechenwege der Kinder entwickeln.

1.2.2   Hintergründe zur eigenständigen Rechenwegsentwicklung

Im Rahmen einer Forschungsarbeit entwickelten wir ein Modell, mit dem sich die eigenständige Rechenwegsentwicklung von Kindern theoretisch fassen lässt (Rathgeb-Schnierer 2006a). Dieses Modell (Abb. 1.4) ist handlungsleitende Grundlage für alle weiteren inhaltlichen Ausführungen und Schwerpunktsetzungen und wird hier deshalb detailliert dargestellt. Ausgehend von einer konstruktivistisch motivierten Perspektive wird die Rechenwegsentwicklung als Prozess der eigenständigen Entwicklung und Ausdifferenzierung von Vorgehensweisen beim Lösen von Aufgaben verstanden. Dieser erstreckt sich von ersten individuellen Zugangsweisen in einem bestimmten Zahlenraum bis hin zum flexiblen Rechnen in diesem. Die Rechenwegsentwicklung vollzieht sich in einem wechselseitigen Prozess der individuellen Konstruktion von Rechenwegen und deren Austausch. Auch wenn dieser Prozess nicht direkt plan- und steuerbar ist, so wird er dennoch vom situativen Kontext entscheidend geprägt. Das bedeutet, er kann durch die Auswahl entsprechender Lernangebote, gekoppelt mit einer adaptiven und kognitiv anregenden Lernbegleitung, angeregt und unterstützt werden.

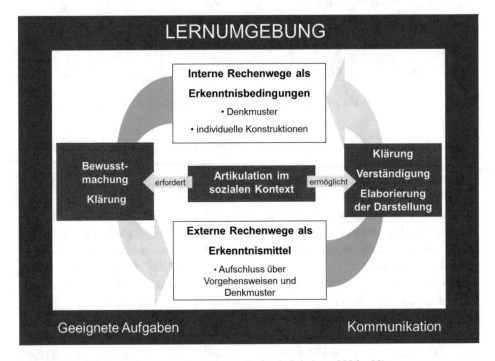

Abb. 1.4 Modell der Rechenwegsentwicklung. (Rathgeb-Schnierer 2006a, 88)

1.2.2.1   Rechenwege als Erkenntnisbedingung und Erkenntnismittel

Die kindereigenen Rechenwege spielen im Prozess des Rechnenlernens eine entscheidende Rolle und ihnen kommt in zweifacher Hinsicht eine bedeutende Funktion zu: Angelehnt
an die von Hoffmann (2001a) formulierte semiotische Theorie des Lernens können sie
gleichzeitig als zentrale Erkenntnisbedingungen (im Sinne von „internen" Rechenwegen)
und als zentrale Erkenntnismittel (im Sinne von „externen" artikulierten Rechenwegen)
auftreten.

Rechenwege als Erkenntnisbedingungen

Jeder Lernprozess ist von verschiedenen Faktoren beeinflusst, die die individuelle Wissenskonstruktion und damit den Lernzuwachs und Erkenntnisgewinn entscheidend bestimmen. Diese Faktoren sind sowohl externer Natur, also unabhängig vom lernenden Individuum, als auch interner Natur, dementsprechend abhängig vom lernenden Individuum.
Unabhängige Einflussfaktoren sind beispielsweise die Zusammensetzung der Lerngruppe
und die ausgewählten Lernangebote. Abhängige Einflussfaktoren stellen beispielsweise
die emotionale und kognitive Disposition sowie die Vorkenntnisse dar.

Mit Erkenntnisbedingungen sind individuelle, kognitive Bedingungen gemeint, die die
Wissenskonstruktion wesentlich beeinflussen und prägen. Bezogen auf die internen Rechenwege sind darunter innere Strukturen zu verstehen, deren Aufbau eine vom individuellen Vorwissen geprägte Konstruktionsleistung darstellt (Einsiedler 1996). In diesem
Sinne sind interne Rechenwege alle auf das Lösen von Aufgaben bezogenen Wissenselemente und kognitiven Möglichkeiten, über die der Lernende zu einem gewissen Zeitpunkt
verfügt. Diese internen Rechenwege werden in dem Moment mobilisiert, wenn der Lernende vor der Herausforderung steht, eine Aufgabe zu lösen, die nicht auswendig gewusst
wird oder für die kein fertiges Lösungsschema vorliegt (vgl. Kompetenzbegriff von Max
1997). Konkret kann man sich den Vorgang der Mobilisierung der internen Rechenwege
wie folgt veranschaulichen: Wenn das Kind vor der Herausforderung steht, eine Aufgabe
zu lösen, mobilisiert es in der spezifischen Situation die ihm zur Verfügung stehenden
individuellen Wissensressourcen. Dies bedeutet, es nutzt und kombiniert ihm bekannte Lösungswerkzeuge (Abschn. 2.2) mit dem Ziel, das Ergebnis der Aufgabe zu finden.
Dieses Nutzen und Kombinieren der in der Situation zur Verfügung stehenden Lösungswerkzeuge entspricht den internen Rechenwegen. In diesem Verständnis stellen die internen Rechenwege insofern die zentralen Erkenntnisbedingungen dar, als sie einerseits
Ausgangspunkt des Lernprozesses sind und andererseits innerhalb dieses Prozesses weiterentwickelt werden. Die internen Rechenwege – im Sinne von momentan zur Verfügung
stehenden individuellen Wissensressourcen in diesem Bereich – ermöglichen somit den
Lernprozess, begrenzen ihn aber auch (Hoffmann 2001a). Im Prozess der Entwicklung
von Rechenwegen geht es vorrangig darum, die internen Rechenwege (individuellen Wissensressourcen) auszubauen und zu optimieren, damit sie in der Anforderungssituation
mobilisiert werden können und sich entsprechend in der Performanz der Kinder zeigen.

Rechenwege als Erkenntnismittel

Fragen

Wie kommt es nun dazu, dass die internen Rechenwege im Sinne innerer Strukturen und kognitiver Möglichkeiten weiterentwickelt werden?

Bei dieser Weiterentwicklung der internen Rechenwege spielt die Artikulation eine zentrale Rolle. Wenn Kinder ihre internen Rechenwege artikulieren, werden diese für sie selbst und für das Umfeld sichtbar. Dies kann durch unterschiedliche Formen der Darstellung erfolgen, wie beispielsweise der Notation des Lösungsweges, der Erklärung am Anschauungsmittel oder auf bildhafter Ebene. Artikulierte Rechenwege können insofern als Repräsentanten der momentan zur Verfügung stehenden Erkenntnisbedingungen und kognitiven Möglichkeiten angesehen werden (Hoffmann 2001a, 2001b). Sie ermöglichen Einblicke in den momentanen Lernstand des Kindes, indem sie zeigen, welche Lösungswerkzeuge es nutzt, sowie möglicherweise auf die den Lösungsprozess stützenden Referenzen hinweisen (Abschn. 2.1). Artikulierte Rechenwege können aber nicht nur Indikatoren für die zur Verfügung stehenden Erkenntnisbedingungen sein, vielmehr kann die Artikulation von Rechenwegen an sich den Lernprozess in verschiedener Hinsicht voranbringen: Um die Rechenwege für andere verständlich darzustellen, müssen zunächst einmal die eigenen Gedanken geklärt und bewusst gemacht werden, erst danach ist die Artikulation möglich. Durch die Artikulation können die Rechenwege selbst wieder zu Gegenständen der Beobachtung, des Experimentierens und der Kommunikation werden und in diesem Sinne Erkenntnismittel darstellen. Erkenntnismittel deshalb, weil sich Schülerinnen und Schüler über die artikulierten Rechenwege austauschen und mit ihnen auseinandersetzen können. Die Auseinandersetzung mit den artikulierten Rechenwegen im sozialen Kontext ermöglicht eine Weiterentwicklung der individuellen internen Rechenwege und somit eine Erweiterung der kognitiven Möglichkeiten und individuellen Wissensressourcen.

1.2.2.2 Artikulation als zentraler Baustein der Rechenwegsentwicklung

Lernen als menschliche Grundbefindlichkeit zeigt unter der semiotischen Perspektive seinen Erfolg durch das Verfügen über neue Zeichen an (Bauersfeld und Seeger 2003, 29).

Versteht man in Anlehnung an Hoffmann (2001b) unter Zeichen all das, was Menschen in unterschiedlichsten Formen „zum Ausdruck bringen" (ebd., 295), so können artikulierte Rechenwege als Zeichen verstanden werden und die Veränderung und Weiterentwicklung von artikulierten Rechenwegen als Indikator für das Weiterschreiten im Lernprozess. Wie oben schon angedeutet und im Modell explizit sichtbar, stellt die Artikulation von Rechenwegen einen zentralen und unverzichtbaren Baustein im Rahmen der eigenständigen Rechenwegsentwicklung dar (Abb. 1.5). Die artikulierten Rechenwege können hierbei zwei verschiedene Funktionen einnehmen: Einmal sind sie Repräsentanten der internen

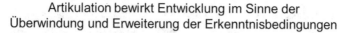

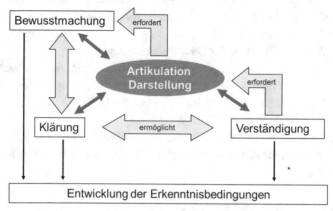

Abb. 1.5 Funktion der Artikulation im Lernprozess. (Rathgeb-Schnierer 2006a, 91)

Rechenwege und diesbezüglich Indikatoren für die momentan zur Verfügung stehenden Erkenntnisbedingungen – in diesem Sinne lässt sich Artikulation als Medium der Beobachtung verstehen. Zum anderen sind sie Triebfeder des Lernprozesses, indem im Prozess der Darstellung Gedanken geklärt und dann die artikulierten Rechenwege selbst wieder zum Gegenstand des Lernprozesses werden – in diesem Sinne lässt sich Artikulation als Medium der Entwicklung verstehen.

Artikulation als Medium der Entwicklung
Die Artikulation eines Rechenweges ist nur dann möglich, wenn der Lernende zuvor über seine eigene Vorgehensweise nachgedacht und sich diese bewusst gemacht hat: Wie bin ich vorgegangen? Erscheint mir meine Vorgehensweise schlüssig? Habe ich an einer Stelle noch Probleme? Wie kann ich meine Vorgehensweise meinem Gegenüber erklären? Dieser Prozess der Bewusstmachung des eigenen Denkens ist ein wichtiger Schritt im Erkenntnisprozess (Selter 1995b), da er zur Klärung der Gedanken beitragen und in dieser Hinsicht den Lernprozess voranbringen kann. Voraussetzung für die Bewusstmachung und Klärung ist das Einnehmen einer Metaperspektive, die das kritische und prüfende Betrachten der eigenen Vorgehensweise aus einer gewissen Distanz ermöglicht. Dieses distanzierte Beobachten des eigenen Tuns verstehen wir als notwendige Voraussetzung für das Verstehen dessen, was man tut, und somit als eine Triebfeder für das Weiterschreiten im Lernprozess. Die Bewusstmachung des eigenen Denkens und die Klärung der Gedanken können allgemein durch die Herausforderung zur Darstellung (Artikulation) angeregt werden. Dies kann bereits dadurch erfolgen, dass der Lernende dazu aufgefordert wird, seine Vorgehensweisen auf einem Blankoblatt oder in einem Lerntagebuch zu dokumentieren. Eine besondere Bedeutung kommt unseres Erachtens der Artikulation im sozialen Kontext zu. Im sozialen Kontext erfolgt die Darstellung von Rechenwegen vor

dem Hintergrund, dass sie von einem Gegenüber verstanden werden soll. Dieses Ziel des Verstandenwerdens erfordert einerseits eine präzise Darstellung, andererseits die wechselseitige Aushandlung der Bedeutung des Dargestellten. Dieser Aushandlungsprozess kann wiederum zur Bewusstmachung und Klärung der eigenen Denkmuster und Vorgehensweisen sowie zur Weiterentwicklung der Darstellung beitragen.

Die Artikulation von Rechenwegen erfordert das Innehalten, das Beobachten und die Reflexion des eigenen Tuns. Dabei werden metakognitive Kompetenzen gefordert und gefördert – in diesem Zusammenhang insbesondere die Fähigkeit zur „prozeduralen Metakognition" (Sjuts 2003, 18).

Aus der Perspektive der Lernenden ist mit der Artikulation im Lernprozess immer die Möglichkeit der Weiterentwicklung im Sinne der Überwindung und Erweiterung der Erkenntnisbedingungen verbunden.

Artikulation als Medium der Beobachtung

Aus der Perspektive der Lehrerinnen und Lehrer beziehungsweise all derjenigen, die Lernprozesse begleiten, kommt der Artikulation eine weitere wichtige Aufgabe zu: Sie ermöglicht einen Einblick in Vorgehensweisen und kann diesbezüglich eventuell auch Aufschlüsse über damit verbundene innere Strukturen und Denkmuster geben.

Kompetenzen und Entwicklungsprozesse sind nicht direkt sicht- und beobachtbar; sie zeigen sich nur mittelbar in der Performanz in Verknüpfung mit konkreten Anforderungssituationen. Das Erfassen von Lernprozessen setzt also in irgendeiner Form die Artikulation von Denkprozessen und Vorgehensweisen voraus. Vor diesem Hintergrund kann man die Artikulation von Rechenwegen als Medium der Beobachtung (und somit auch der Diagnostik) bezeichnen, da nur durch die Darstellung interne Prozesse extern sichtbar werden können (Abb. 1.6). Dabei eröffnen sich durch die Artikulation von Rechenwegen zwei Möglichkeiten für die Beobachtung und Analyse des Lernprozesses:

- Erstens können die artikulierten Rechenwege Aufschluss über die genutzten Lösungswerkzeuge geben und zeigen, an welcher Stelle ein Kind zählt, sich auf automatisierte Aufgaben stützt oder strategische Werkzeuge heranzieht (Abschn. 2.1.2). Ebenso eröffnen sie möglicherweise Einblicke in den Referenzkontext: Stützt sich der Lösungsweg auf ein gelerntes Verfahren oder auf erkannte Merkmale und Beziehungen (Abschn. 2.2.3)? Wichtig ist hierbei zu bedenken, dass artikulierte Rechenwege kein direktes Abbild der internen Denkprozesse des Kindes sind. Diese können nur durch interpretative Rekonstruktion erschlossen werden, die allerdings der subjektiven Bedeutungszuweisung des Zuhörers unterliegt. Im günstigsten Fall schafft die Rekonstruktion eine Annäherung an die Vorgehensweisen und Denkmuster des Kindes. Das heißt, die Vorgehensweisen und Denkmuster die wir aufgrund eines dargestellten Rechenwegs vermuten, entsprechen tatsächlich dem, was sich das Kind gedacht hat.
- Zweitens kann die Art und Weise der Darstellung, also die Artikulation selbst, Aufschlüsse über den Lernprozess ermöglichen. Geht man davon aus, dass sich das Fortschreiten im Lernprozess an der Veränderung des Zeichenrepertoires zeigt (Bauersfeld

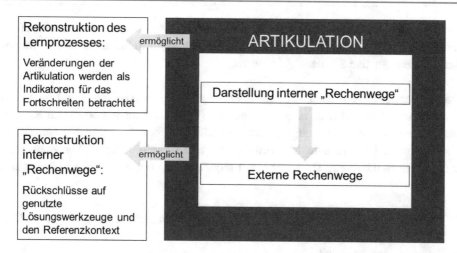

Abb. 1.6 Funktion der Artikulation für die Beobachtung und Analyse des Lernprozesses. (Rathgeb-Schnierer 2006a, 92)

und Seeger 2003), dann können Veränderungen bei den artikulierten Rechenwegen als Indikatoren für den Lernprozess betrachtet werden. Das bedeutet: Neue Artikulations-formen (wie beispielsweise eine Zeichnung, eine neue Form der Notation o. Ä.) oder Modifikationen bisheriger Artikulationen können ein Hinweis auf das Fortschreiten im Lernprozess, also eine Weiterentwicklung der Lösungswerkzeuge sein. Aus dieser Per-spektive stellt die Artikulation von Rechenwegen eine wichtige Voraussetzung dar, um Einblicke in individuelle Lernprozesse und Lernfortschritte zu gewinnen.

Artikulationsformen
Die Artikulation von Rechenwegen kann in unterschiedlichen Formen erfolgen. Und wenn man Kinder auffordert, ihre Vorgehensweise darzustellen, dann zeigen sich hierbei drei Varianten: Rechenwege können verbal, bildlich oder schriftlich (in Schriftsprache oder mathematischer Sprache) artikuliert werden. Jede dieser Artikulationsformen ist kontext-gebunden (Was teile ich wem mit und warum?) und somit von Routinen, Adressaten und intendierter Funktion abhängig. Allerdings beeinflussen auch individuelle Kompetenzen die genutzte Artikulationsform. Dies zeigte sich in einer Untersuchung mit Schülerinnen und Schülern des zweiten Schuljahrs (Rathgeb-Schnierer 2006a). In dieser Studie wur-den im Laufe eines Schuljahrs drei verschiedene Interviews durchgeführt, bei denen die Kinder unter anderem die Aufgabe hatten, ihre Rechenwege zu artikulieren. Während der Interviews wurden sowohl verbale als auch schriftliche Artikulationsformen genutzt. Zu Beginn der Untersuchung fiel es den Kindern generell schwer, ihre Rechenwege zu ex-plizieren, wobei sich eindeutig zeigte, dass die verbale Form bevorzugt wurde: Im ersten und zweiten Interview (Anfang und Mitte des Schuljahrs) erzählten viele Kinder ihre Vor-gehensweise und notierten diese erst nach ausdrücklicher Aufforderung. Auffällig waren hierbei die Unterschiede zwischen der verbalen und der notierten Form: Beim Erzählen

der Rechenwege tauchten immer wieder Rechenschritte auf, die in den Notationen fehlten. Die bildliche Darstellung von Rechenwegen wurde im Rahmen der Interviews von den Schülerinnen und Schülern nicht genutzt.

Rechenwege erzählen Die beschriebene Präferenz, Vorgehensweisen beim Lösen einer Aufgabe verbal mitzuteilen, zeigt sich auch bei Tanja (Anfang Klasse 2). Im Rahmen eines Interviews hat sie die Aufgabe, aus zweistelligen Subtraktionsaufgaben eine auszuwählen, die sie lösen möchte. Sie wird explizit dazu aufgefordert, ihre Vorgehensweise aufzuschreiben oder zu erzählen. Sie wählt spontan die Aufgabe 31 − 29 und äußert sich wie folgt:

T: (lacht) *Die bring ich jetzt schon raus: eins. (…) Nein, irgendwie kommt mir das – (…)*
31 (…) – irgendwie kommt es mir eher wie zwei vor.
I: *Kannst du das erklären?*
T: (lacht) *Da, da kann, da, da, hab ich ja erst die (zeigt auf die Zahl 31) die Runde hab*
ich erst gesehen und dann hab ich, bin ich auf zwei gekommen.

Aufgrund des Interviewausschnitts, in dem Tanja ihren Rechenweg beschreibt, lässt sich der dahinterliegende interne „Rechenweg" zwar nicht eindeutig sicher rekonstruieren, aber es sind Vermutungen über Lösungswerkzeuge und den Referenzkontext möglich. Tanja wählt die Aufgabe und äußert unmittelbar, dass sie das Ergebnis schnell finden kann. Aufgrund dessen lässt sich zumindest annehmen, dass sie den Subtrahenden nicht sukzessive vom Minuenden abgezogen hat: Ein solches Vorgehen – ganz gleich ob stellenweise oder schrittweise umgesetzt – hätte vermutlich mehr Zeit in Anspruch genommen. Sowohl der Zeitfaktor als auch die Sprachwahl in der ersten Aussage deuten darauf hin, dass Tanja eher die spezifischen Zahlen- und Aufgabenmerkmale in den Blick nimmt; ob sie nun die Nähe der 31 zur 30 nutzt oder die Nähe von Minuend und Subtrahend, lässt sich nicht sagen. Ihre zweite Aussage stützt diese Annahme. Aufgrund ihrer Erklärung könnte man vermuten, dass Tanja insbesondere den Minuenden in den Blick nimmt, ihn zur Zehnerzahl verändert und daran anknüpfend das Ergebnis sieht. Dies würde auch erklären, warum sie spontan das Ergebnis „eins" nennt.

Auch wenn sich aus der verbalen Darstellung von Tanja ihre Vorgehensweise nicht eindeutig bestimmen lässt, so wird doch eines deutlich: Es wäre für Tanja schwierig geworden, ihren Lösungsweg zu notieren, da sie sich auf die spezifischen Zahl- und Aufgabenmerkmale stützt und es hierfür für sie keine Notationsform gibt.

Rechenwege bildlich darstellen Das Visualisieren von Rechenwegen auf der ikonischen Ebene wird im Rechenlernprozess häufig als Zwischenschritt zwischen der Handlung und der Notation des Zahlensatzes genutzt. Besonders im Kontext des Aufbaus von Operationsverständnis spielt die bildliche Darstellung eine wichtige Rolle (Bönig 1993; Padberg

Abb. 1.7 Bildliche Darstellung
eines Rechenwegs

und Benz 2011). Operationsverständnis zeigt sich in der Fähigkeit des flexiblen Überset-
zens zwischen den Repräsentationsebenen (Gerster und Schultz 1998) und deshalb liegt
der Förderung des Operationsverständnisses die zentrale Idee zugrunde, jeden Zahlensatz
als Protokoll einer Handlung zu verstehen (Schütte 2004b). Dieses Protokoll der Handlung
kann sowohl ikonisch als auch symbolisch erfolgen. Nicht nur im Kontext des Operationsverständnisses spielen ikonische Darstellungen von Rechenwegen eine Rolle, sie können
auch zur Begründung herangezogen werden. So lässt sich beispielsweise an der abgebildeten Zwanzigerfeldkarte ganz schnell zeigen, warum $7 + 6$ von der Verdopplungsaufgabe
$6 + 6$ abgeleitet werden kann.

Vor diesem Hintergrund lässt sich erklären, warum die bildliche Darstellung von Rechenwegen in vielen Schulbüchern der ersten beiden Schuljahre eine zentrale Rolle spielt
und Kinder explizit aufgefordert werden, Aufgabenlösungen erst bildlich und danach symbolisch zu dokumentieren (Abb. 1.1, 1.3).

Wenn Kinder spontan oder nach Aufforderung ihre Rechenwege artikulieren, ist die
bildliche Darstellung allerdings nicht das vorrangige Mittel der Wahl (Rathgeb-Schnierer
2006a). Im Rahmen der oben genannten Untersuchung haben die Kinder bildliche Darstellungsformen (Abb. 1.7) spontan ausschließlich zu Beginn des zweiten Schuljahrs genutzt,
zu einem Zeitpunkt, als das additive Rechnen im Zahlenraum bis 100 in der Schule noch
nicht explizit thematisiert war.

Rechenwege notieren Notieren Kinder spontan ihre Rechenwege, so tauchen verschiedene Formen auf: Notationen in Schriftsprache (Abb. 1.8), rein symbolische Notationen
(Abb. 1.9) und solche, in denen Schriftsprache mit mathematischen Ausdrücken gemischt
wird (Abb. 1.10).

Der Notation von Rechenwegen kommt beim Rechnenlernen im erweiterten Zahlenraum – also ab dem zweiten Schuljahr – eine ganz besondere Bedeutung zu (vgl. Carpenter
und Lehrer 1999; Schütte 2004a; Thompson 1994).

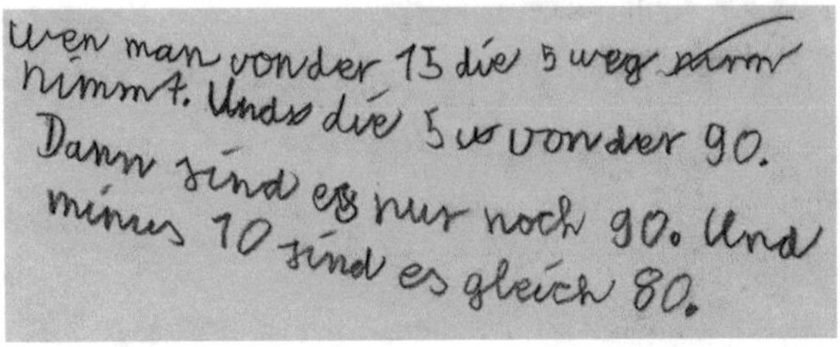

Abb. 1.8 Rechenwege in Schriftsprache. (Rathgeb-Schnierer 2006a, 289)

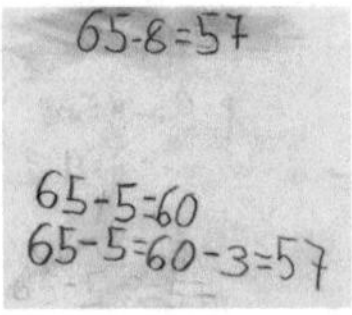

Wen man von der 13 die 5 weg nimmt. Und die 5 von der 90. Dann sind es nur noch 90. Und minus 10 sind es gleich 80.

Abb. 1.9 Rechenwege symbolisch notiert

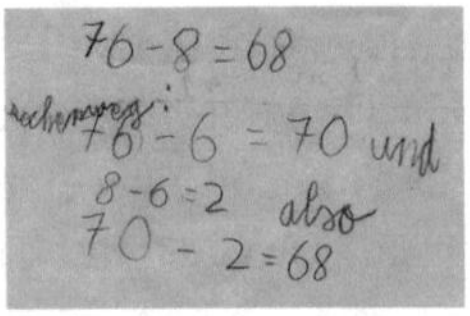

65-8=57

65-5-60
65-5-60-3=57

Abb. 1.10 Schriftsprachliche und symbolische Notation

76-8=68
Rechenweg: 76-6 = 70 und
8-6=2 also
70 - 2=68

Während das additive Rechnen im 1. Schuljahr (Einspluseins) zum Kopfrechnen gehört, betreten wir mit dem additiven Rechnen im 2. Schuljahr den Bereich des sogenannten **halb-schriftlichen Rechnens**. Dies bedeutet, daß die jetzt komplizierten Additions- und Sub-traktionsaufgaben in leichtere Teilaufgaben zerlegt und Rechenschritte sowie Teilergebnisse schriftlich festgehalten werden, bis am Schluß das Ergebnis ermittelt ist (Wittmann und Mül-ler 1990, 82).

Dies hängt unmittelbar mit der Schwerpunktverschiebung vom schriftlichen zum halb-schriftlichen Rechnen in den 90er Jahren zusammen. Da bis heute die Notation von Re-chenwegen einen festen Bestandteil insbesondere im Curriculum des zweiten und dritten Schuljahrs darstellt, wird diese Artikulationsform nachfolgend noch einmal dezidiert in den Blick genommen.

Notation von Rechenwegen

Notations [...] can provide a common basis for discussion, and they can help students to clarify their thinking. Notations thus play a dual role, first, as a window (for teachers and others) into the evolution of student thinking and, second, as a tool for thought. Notations are records that communicate about thinking. Appropriate notational systems allow students to articulate their thinking in very precise ways, and the precision demanded by the notational system can make students sharpen their thinking so that it can be articulated (Carpenter und Lehrer 1999, 29).

Die wichtige Rolle der Notation begründen Carpenter und Lehrer dadurch, dass Rechenwegsnotationen sowohl ein Medium der Entwicklung als auch ein Medium der Beobachtung darstellen (s. o.). Medium der Entwicklung dahingehend, dass die Notation das Klären und Darstellen des eigenen Denkens erfordert und dieses somit nach außen sichtbar und zum Gegenstand der Diskussion werden kann. Medium der Beobachtung deshalb, weil sie für Lehrpersonen – sinngemäß übersetzt – einen Einblick in das Denken der Kinder ermöglichen.

Im Zitat von Carpenter und Lehrer sind implizit alle drei Funktionen der Rechenwegsnotation enthalten, die wir bei einer Untersuchung mit Schülerinnen und Schülern des zweiten Schuljahrs anhand von Interviews empirisch erfassen konnten (Rathgeb-Schnierer 2006a): die Hilfsfunktion, die Mitteilungsfunktion und die Darstellungsfunktion.

Die *Hilfsfunktion* ist immer dann zu erkennen, wenn Kinder die Notation von sich aus direkt zum Lösen einer Aufgabe heranziehen und durch das Notieren der gesamte Lösungsprozess gestützt wird. Diese Funktion kommt auch in Schulbuchwerken der Rechenwegsnotation zu. Hier geht es allerdings nicht darum, dass der Lösungsprozess gestützt wird, sondern mehr darum, dass ein notierter Rechenweg als Musterlösung fungiert und somit eine Schablone liefert, die auf weitere Aufgaben angewendet werden kann.

Mitteilungsfunktion bedeutet, dass Kinder Rechenwege von sich aus notieren, um einem Gegenüber ihr Denken und ihre Vorgehensweisen zu erklären.

Die *Darstellungsfunktion* hat ebenso wie die Mitteilungsfunktion das Ziel, Rechenwege für den Austausch darüber sichtbar zu machen. Die Darstellungsfunktion haben wir insofern von der Mitteilungsfunktion unterschieden, als sie nicht vom Kind selbst ausgeht, sondern dieses im Anschluss an die Lösung einer Aufgabe dazu aufgefordert wird, seinen Rechenweg zu notieren.

Schütte (2004a) bezeichnet die Rechenwegsnotation „als Vehikel zum Erwerb von Rechenstrategien" (ebd., 130) und beschreibt unterschiedliche Funktionen, die damit verknüpft sind: Wenn ein notierter Rechenweg in einem Schulbuch die Rolle einer Musterlösung einnimmt, spricht sie von *Anleitungsfunktion*. Im Sinne von Beispiellösungen haben notierte Rechenwege Modellcharakter und sollen Schülerinnen und Schüler zum Reflektieren über Lösungswege und zum Finden eigener Lösungswege auffordern (Aufforderungscharakter). Darüber hinaus können Rechenwegsnotationen sowohl Merkhilfen darstellen (entspricht der *Hilfsfunktion*) als auch die Grundlage für den Austausch sein (entspricht der *Mitteilungsfunktion*).

Schütte (2004a) betont aber auch die Ambivalenz, welche die Notation von Rechenwegen für den Prozess der Rechenwegsentwicklung birgt: Im Prozess der Notation sowie in der Kommunikation über notierte Rechenwege liegt die Möglichkeit, Lösungswege weiterzuentwickeln, und das Experimentieren mit Rechenwegsnotationen kann prozedurale Metakognition fördern (Schütte 2004a). Allerdings bedeutet Rechenwegsnotation „die Fixierung in Zeichensequenzen (beispielsweise Gleichungsdarstellungen)", durch welche die Denkmöglichkeiten kanalisiert und damit eingeschränkt werden (ebd., 146).

Diese von Schütte (2004a) allgemein diskutierte ambivalente Rolle der Rechenwegs-notation bei der Entwicklung flexibler Rechenkompetenzen konnte in der oben genannten Studie bestätigt und konkretisiert werden (Rathgeb-Schnierer 2006a). Im Rahmen der Interviews ließen sich bei den Schülerinnen und Schülern im Laufe des zweiten Schuljahrs ganz verschiedene Aspekte bezüglich der Rechenwegsnotationen beobachten, die die ambivalente Rolle sichtbar machen (ebd., 288). Nachfolgend werden drei dieser Aspekte anhand konkreter Beispiele detailliert erläutert:

- Rechenwegsnotationen können eine Stütze im Lösungs- und Lernprozess darstellen.
- Rechenwegsnotationen können das Denken der Kinder festlegen und somit aufgaben-adäquates Handeln einschränken.
- Flexible und komplexe Lösungsvorgänge lassen sich nur schwer notieren und Rechen-wegsnotationen können solch flexible Lösungsvorgänge geradezu hemmen.

Notation stützt Inwiefern die Rechenwegsnotation eine Stütze beim Lösen von Aufga-ben darstellen kann, lässt sich am Beispiel von Michael (Klasse 2 im April) zeigen. Im Rahmen eines Interviews werden Michael verschiedene Subtraktionsaufgaben im Zah-lenraum bis 100 vorgelegt und er kann sich aussuchen, welche er davon lösen möchte. Michael beginnt mit der Aufgabe „46 − 19", schaut diese eine Weile an (32 Sekunden) und nennt das Ergebnis 27. Nachdem ihn die Interviewerin nach seinem Vorgehen gefragt hat, erklärt er seinen Rechenweg wie folgt:

M: *Okay. Ich hab n e u n – äh, also (.) 10 minus 40 (..) ja dann gibt's 30* (zeigt jeweils
   auf die entsprechende Ziffer der Aufgabenkarte).
I: *Mhm.*
M: *Und dann (.) nur noch 9 minus 30 (..) gibt, äh (.)* (leiser), *keine Ahnung, warte anders
   (...). 36 minus 9 –* (zeigt)
I: (leise) *Mhm.*
M: *– minus 6* (eher gesagt?) *gibt 30* (zeigt).
I: *Mhm.*
M: *Und dann noch 3 von den (.) 30 weg* (zeigt auf die 6), *gibt dann einfach (.) 27.*

Im Anschluss an die Erklärung wird Michael aufgefordert, seinen Rechenweg zu no-tieren. Diese Notation (Abb. 1.11) deckt sich exakt mir der vorangegangenen Erklärung.

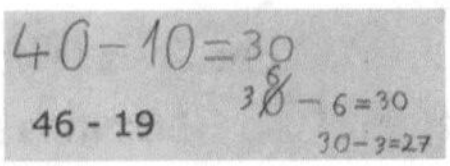

Abb. 1.11 Michaels Notation zur Aufgabe „46 − 19". (Rathgeb-Schnierer 2006a, 230)

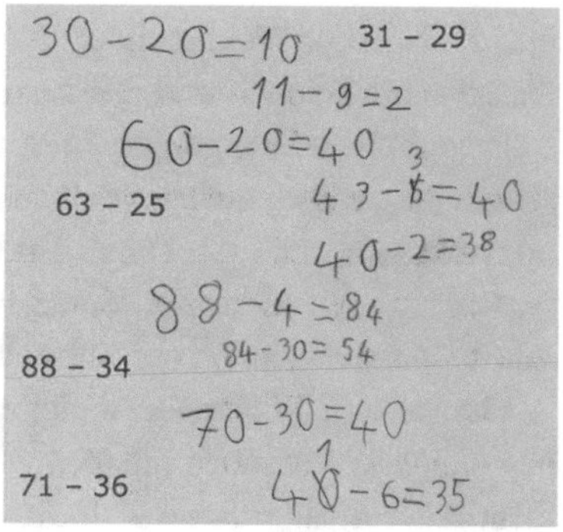

Abb. 1.12 Michaels Notationen im weiteren Interviewverlauf. (Rathgeb-Schnierer 2006a, 230)

$$30 - 20 = 10 \qquad 31 - 29$$
$$11 - 9 = 2$$
$$60 - 20 = 40$$
$$63 - 25 \qquad 43 - 3 = 40$$
$$40 - 2 = 38$$
$$88 - 4 = 84$$
$$88 - 34 \qquad 84 - 30 = 54$$
$$70 - 30 = 40$$
$$71 - 36 \qquad 40 - 6 = 35$$

Wie bei der vorangegangenen verbalen Erklärung des Rechenwegs beginnt Michael auch hier seinen zweiten Rechenschritt mit der Zahl 30, korrigiert dies aber, indem er die Null streicht und die sechs Einer notiert.

Bei den folgenden beiden Aufgaben („31 − 29" und „63 − 25") notiert Michael seinen Rechenweg parallel zum Lösen (Abb. 1.12). Er nutzt die Notation als Lösungshilfe, orientiert sich an den Rechenschritten, die er bei der ersten Aufgabe aufgeschrieben hat, und überträgt diese auf die beiden folgenden Aufgaben. Besonders auffällig ist die Art und Weise, in der Michael seinen zweiten Rechenschritt platziert: Er übernimmt die Darstellung aus der ersten Aufgabe, in der er den zweiten Rechenschritt genau unter dem Ergebnis des ersten Rechenschritts notierte. Diese Darstellungsform nutzt er bei allen Aufgaben mit Zehnerübergang, bei denen er den Rechenweg auch jeweils parallel zum Lösen der Aufgabe notiert.

Bei der Aufgabe „88 − 34", die er zwischen den Aufgaben „63 − 25" und „71 − 36" gelöst hat, weicht Michael von seinem üblichen Vorgehen ab:

M: (schaut kurz über alle Aufgaben und fixiert dann „88 − 34" (21 sec); nimmt den Bleistift und setzt zum Schreiben an (3 sec)).
54 gibt das (zeigt auf die Aufgabe).

Wie bei den Aufgaben zuvor setzt er zunächst zum Schreiben an, unterbricht dann aber, nennt nach kurzer Zeit das Ergebnis und kann erklären, wie er dieses gefunden hat:

I: *Ach, das weißt du schon. Wie hast du das so schnell herausgefunden?*
M: *Hm. Einfach weil die 4* (zeigt auf die 4 der Aufgabenkarte), *ja, äh, die Hälfte ist* (zeigt auf die 8), *gibt das ja 4.*
I: *Mhm.*
M: *Und da* (zeigt zuerst auf die 8 dann auf die 3) *gibt's 5.*

Aufgrund von Michaels Erklärung lässt sich vermuten, dass die von ihm erkannten Zahleigenschaften der Grund sind, warum er von seinem bisherigen Vorgehen abweicht und die Notation nicht mehr als Stütze für den Lösungsprozess nutzt. Möglicherweise hat die erkannte Doppel- und Halbbeziehung der Zahlen 8 und 4 zur Veränderung seines Lösungsvorgehens beigetragen. Im Anschluss an seine Erklärung wird Michael aufgefordert, seinen Rechenweg aufzuschreiben (Darstellungsfunktion). Die dabei entstandene Notation deckt sich nicht mit seiner Erklärung, die auf das Nutzen von Zahlbeziehungen und Analogiewissen hindeutet. Seine Rechenwegsnotation zeigt hingegen ein Zerlegen und schrittweises Abziehen des Subtrahenden (vgl. nachfolgenden Abschnitt).

Gerade weil Michael nach der ersten Rechenwegsnotation bei der Aufgabe „46 – 19" alle weiteren Aufgaben mit Zehnerunterschreitung parallel zum Lösen notiert und dabei identisch vorgeht, drängt sich die Vermutung auf, dass diese von ihm eigenständig entwickelte Notationsform sein Lösungsvorgehen bei diesem spezifischen Aufgabentypus stützt. Dass er dann bei einer Aufgabe ohne Zehnerunterschreitung („88 – 34") keine Notation mehr nutzt, zeigt aber, dass er sich durch die Notation nicht auf ein bestimmtes Vorgehen festlegen lässt.

Notation legt fest Im Gegensatz zu Michael deutet sich bei Saba (April, Klasse 2) eine Festlegung durch die Rechenwegsnotation an.

Zu Beginn des Interviews löst Saba die Aufgabe „46 – 19" und notiert parallel dazu ihre Vorgehensweise wie folgt: $40 – 10 = 30 – 9 = 21 – 6 = 15$. Saba subtrahierte zunächst also die Zehner und danach sukzessive beide Einer. Nachdem die Aufgabe noch einmal mit Material gelegt wird, erkennt sie ihren Fehler und verbessert die Notation, indem sie aus dem letzten Minuszeichen ein Pluszeichen macht, die 15 durchstreicht und 27 darüber schreibt. Ob sie die Hintergründe des verbesserten Rechenwegs versteht, wird nicht deutlich, wenngleich diese Notationsform bei allen weiteren Aufgaben auftaucht (Abb. 1.13). So entsteht zunächst der Eindruck, als würde die erste Form eine Hilfe beim Lösen der weiteren Aufgaben darstellen. Allerdings ist auch denkbar, dass gerade diese Notationsform Sabas Denken und Handeln zu sehr bindet: Zwar hat sie mithilfe dieser Notation eine Vorgehensweise gefunden, die ihr Sicherheit gibt, allerdings hält sie sich strikt an diese, auch wenn sie bei den Aufgaben „31 – 29" und „88 – 34" eher umständlich erscheint.

Abb. 1.13 Sabas Rechenwege. (Rathgeb-Schnierer 2006a, 291)

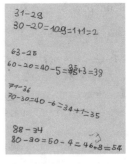

Notation schränkt flexibles Rechnen ein In verschiedenen Forschungsarbeiten konnte gezeigt werden, dass kindereigene Lösungswege von unterschiedlichen Faktoren abhängig sind. Neben der jeweiligen Rechenoperation und dem Lösungskontext (Blöte et al. 2000; Torbeyns et al. 2009b) sind vor allem aufgabenspezifische Merkmale wie die Eigenschaften der vorliegenden Zahlen und deren Beziehungen ein zentraler Einflussfaktor, insbesondere dann, wenn Kinder flexibel rechnen (Heirdsfield und Cooper 2002; Rathgeb-Schnierer 2006a, 2010a; Rechtsteiner-Merz 2013). Das Charakteristikum flexibler Rechenwege liegt darin, dass Zahl- und Aufgabenmerkmale sowie deren Beziehungen im Lösungsprozess erkannt werden und die verwendeten strategischen Werkzeuge unmittelbar auf ihre spezifischen Eigenschaften und Beziehungen abgestimmt sind (Rathgeb-Schnierer 2006a). Das bedeutet aber auch, dass flexible Rechenwege häufig nicht den in der Literatur dargestellten Lösungsmethoden des Zahlenrechnens (Abschn. 2.1.1.1.2) entsprechen, die durch einen linearen Ablauf hintereinander ausgeführter Rechenschritte gekennzeichnet sind. Eher fallen sie durch ein unsystematisches, sprunghaftes Erscheinungsbild auf, aufgrund dessen geschlossen werden kann, dass flexible Rechenwege eben keine linearen Wege darstellen, bei denen einzelne Rechenschritte systematisch hintereinander abgéarbeitet werden. An Katharinas Erklärung zum Vorgehen bei der Aufgabe „46 − 19" (Juli, Klasse 2) kann die Charakteristik flexibler Rechenwege veranschaulicht werden:

K: (schaut Aufgabe „46 − 19" (23 sec) an)
I: *Schwierig?*
K: *Mm, jetzt weiß ich das Ergebnis: 27.*
I: *Und wie hast du das rausgefunden?*
K: *Da hab ich erstmal minus 10 …*
I: *Mhm.*
K: *36 plus 1 und dann noch 36 (…) 36 minus (..) minus wieder 10 und dann hab ich*
       sechsund- und noch plus 1, dann ich siebenund- weil da hab ich ne, ich hab dann nicht
       mehr die 36, sondern die 37 plus 10 und minus 10, dann hab ich 27 raus.

Aufgrund der ersten drei Äußerungen von Katharina könnte vermutet werden, dass sie den Subtrahenden zerlegt und dann sukzessive vom Minuenden abzieht (also 46 − 10 − 9 bzw. 46 − 10 − 6 − 3). In der weiteren Erklärung wird aber deutlich, dass Katharina so nicht vorgegangen ist. Sie subtrahiert zunächst die Zehn und gleicht dann aus, indem sie anschließend die Eins addiert. Aus diesem Vorgehen ist zu erkennen, dass Katharina den Subtrahenden zunächst zerlegt und dann die Zehnernähe der Neun zur Vereinfachung nutzt. Dies deutet auf ein sehr bewegliches Handeln hin, das sich direkt auf die vorliegenden Zahlenmerkmale bezieht. Warum sie den Subtrahenden zunächst zerlegt und nicht die Neunzehn zur nächsten Zehnerzahl verändert, bleibt offen. Möglicherweise erkennt sie die Zehnernähe erst nach der Zerlegung, wodurch sich dieses Vorgehen erst im Prozess der Lösung entwickelt.

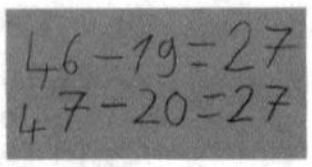

Abb. 1.14 Simones Rechenwegsnotation. (Rathgeb-Schnierer 2006a, 281)

An dem Lösungsvorgehen von Katharina kann die Darstellungsproblematik flexibler Rechenwege verdeutlicht werden. Eben weil es sich um gleichzeitig ablaufende, auf dem Erkennen spezifischer Aufgabeneigenschaften beruhende Lösungsvorgänge handelt, stellen sich zwei entscheidende Fragen: Wie können solche Lösungsvorgänge dargestellt werden, wenn die Darstellung einer chronologischen Reihenfolge bedarf? Und ist es möglich, dass die Aufforderung zur Darstellung solche Lösungsvorgänge geradezu verhindern könnte? Der bewegliche Umgang mit Zahlen, der flexiblen Rechenwegen zugrunde liegt, ist sprachlich schwer und schriftlich kaum darzustellen. Insbesondere bei der Notation gehen die charakteristischen Eigenschaften verloren, weil ein dynamischer Prozess in ein statisches und lineares Produkt gefasst werden muss. Sichtbar wird dies auch bei Simones Lösungsweg (Juli, Klasse 2) (Abb. 1.14):

S: *Die Aufgabe* (46 − 19) *habe ich in die Trickkiste getan, weil wenn ich da, ähm, wenn ich da plus mach,* (zeigt auf die Aufgabe), *dann hab ich 20 und da 47 und dann ist die leichter zum Rechnen.*

Wie an den beiden Beispielen deutlich wird, zeichnen sich flexible Rechenwege dadurch aus, dass sie eben keine linearen Wege sind, bei denen Rechenschritte systematisch hintereinander ausgeführt werden. Die spezifischen Zahl- und Aufgabenbeziehungen, die bei flexiblen Rechenwegen mit entsprechenden strategischen Werkzeugen verknüpft werden, lassen sich in der symbolischen Zahlensprache kaum notieren. Wenn flexible Rechenwege so schwer zu notieren sind, stellt sich für den Prozess des Rechnenlernens natürlich auch die Frage, wie sich die Rechenwegsnotation auf die Entwicklung von Flexibilität auswirkt.

Zusammenfassung

Rolle der Notation beim Rechnenlernen

Die ambivalente Rolle der Notation von Rechenwegen wurde durch die vorangegangenen Beispiele verdeutlicht. Einerseits handelt es sich hierbei um ein starkes Werkzeug, mithilfe dessen nicht nur der singuläre Lösungsprozess, sondern der gesamte Lernprozess beim Zahlenrechnen im erweiterten Zahlenraum gestützt werden kann. Andererseits kann Rechenwegsnotation den Lernprozess aber auch behindern, nämlich immer dann, wenn eine bestimmte Notationsform im Sinne eines Verfahrens zum stereotypen Lösen von Aufgaben herangezogen wird. Dort, wo dies geschieht, findet eine Normierung statt, durch die das Zahlenrechnen im erweiterten Zahlenraum, verknüpft mit der Notation von Rechenwegen, nicht nur seiner eigentlichen Intention entfremdet, sondern auch den damit verbundenen Möglichkeiten beraubt wird (Bauer 1998). Rechenwegsnotation kann Lösungswege stützen, eine Grundlage für den Austausch von und die Reflexion über Rechenwege darstellen sowie einen Einblick in das Denken der Kinder ermöglichen – auch wenn letzterer immer nur eingeschränkt sein kann. Allerdings können Notationsformen auch zur Schablone werden, die dazu führt, dass immer dieselben Lösungswerkzeuge herangezogen und diese nicht auf die spezifischen Zahl- und Aufgabenmerkmale abgestimmt werden.

Wie wir eingangs anhand des Modells zur Rechenwegsentwicklung gezeigt haben, ist die Artikulation von Rechenwegen ein zentraler Baustein für das Rechnenlernen. In Schulbuchwerken findet sich im Vergleich zu anderen Artikulationsformen häufig ein deutlicher Schwerpunkt bei der Notation von Rechenwegen. Aufgrund deren ambivalenter Rolle insbesondere für die Entwicklung flexibler Rechenkompetenzen wird die Notwendigkeit deutlich, einen veränderten Umgang mit Rechenwegsnotationen anzustreben. Sie sollten nicht mehr in Form von Muster- oder Beispiellösungen der präferierte methodische Weg zum Rechnenlernen im erweiterten Zahlenraum darstellen, sondern als Werkzeug verstanden werden, das in einer bestimmten Phase des Lernprozesses förderlich sein kann. Das Ziel beim Rechnenlernen sollte darin bestehen, Kinder einerseits zur Entwicklung eigener Notationsformen anzuregen und sie andererseits bei der Entwicklung eines reflektierten Umgangs mit Rechenwegsnotationen zu unterstützen (Rathgeb-Schnierer 2006a). Um dies zu erreichen, fordert Schütte (2004a) die Zurückstellung von Rechenwegsnotationen, verbunden mit einer Akzentverschiebung beim Rechnen:

> Wurde bisher für mehr halbschriftliches Rechnen gegenüber dem schriftlichen Rechnen argumentiert, [...] so soll hier dafür plädiert werden, Aufgabenformaten, die den „Zahlenblick" schulen, mehr Raum zu geben und dem halbschriftlichen Rechnen vorzuschalten (Schütte 2004a, 146 f.).

Ein zentrales Ziel beim Rechnenlernen besteht unseres Erachtens darin, den Zahlenblick der Kinder zu schulen (Kap. 3), sodass sie in jeder Hinsicht aufgabenadäquat handeln können. Flexibles Rechnen umfasst die Fähigkeit, Formen des Rechnens und Lösungswerkzeuge vor dem Hintergrund der erkannten Zahl- und Aufgabenmerkmale nutzen zu können. Bezüglich der Rechenwegsnotation bedeutet aufgabenadäquates Handeln abschätzen zu können, bei welchen Aufgaben die Rechenwegsnotation hilfreich ist und an welcher Stelle sie nicht benötigt wird.

Ein flexibler Rechner zeichnet sich also nicht dadurch aus, dass die Notation nicht mehr benötigt wird, sondern dadurch, dass sie aufgabenadäquat genutzt werden kann: nämlich für solche Aufgaben, „die nicht mit ‚Zahlenblick‘ und damit mit ‚Rechentrick‘ gelöst werden können" (Schütte 2004a, 146).

1.2.2.3 Lernumgebung als alles entscheidender Rahmen

Im vorgestellten Modell zur Rechenwegsentwicklung wird deutlich, dass es sich hierbei um einen aktiven Prozess der Wissensgenerierung handelt, der sich im Kreislauf von eigenständiger Konstruktion, Reflexion und Austausch vollzieht. In diesem zyklischen Prozess spielen die kindereigenen Rechenwege und deren Artikulation eine zentrale Rolle. Aus den geschilderten Vorstellungen zur Entwicklung von Rechenwegen ergeben sich Konsequenzen für die Gestaltung der Lernumgebung, die die entscheidende Rahmenbedingung für den Lernprozess darstellt: Sie muss so gestaltet sein, dass durch geeignete Aufgaben zum einen eigenständige Rechenwege gefordert und gefördert sowie zum anderen die Kommunikation darüber angeregt wird.

Geeignete Aufgaben

> In general, tasks that can be solved in a variety of different ways can lead to productive discussions as the children listen to and attempt to make sense of each other's solution methods. Such discussions create opportunities for problem solving of another type, as children compare and contrast different solution methods and make decisions about how to formulate and reformulate explanations of their thinking and how to pose questions and challenges to others (Yackel 2001, 22).

Die Antwort auf die Frage nach geeigneten Aufgaben liegt auf der Hand: Wenn Kinder eigene Lösungswege entwickeln und sich darüber austauschen sollen, dann setzt dies Problem- und Aufgabenstellungen voraus, die vielfältige eigene Wege zulassen und anregen und dadurch den Austausch darüber herausfordern.

In den letzten Jahren wurde bezogen auf den Mathematikunterricht die Frage nach einer guten Aufgaben- und Unterrichtskultur breit diskutiert (z. B. Hengartner et al. 2006; Krauthausen und Scherer 2014; Leuders und Philipp 2015; Rathgeb-Schnierer und Rechtsteiner-Merz 2010; Rathgeb-Schnierer und Schütte 2011; Schütte 2008). Bezogen auf die Aufgabenkultur wurde darüber nachgedacht, wie Aufgaben gestaltet sein sollen, damit zwei Aspekte möglich werden: die aktive und nachhaltige Auseinandersetzung der Kinder mit Mathematik sowie die Förderung allgemeiner mathematischer Kompetenzen. In der Literatur wird inzwischen eine Vielzahl solcher Aufgaben beschrieben (z. B. in Walther et al. 2008) und unterschiedliche Begriffe für diese genutzt. Bezeichnet werden sie beispielsweise als *gute Aufgaben* (Walther 2004; Ruwisch 2003), *offene Aufgaben* (Rasch 2007a, 2007b), *(substanzielle) Lernumgebungen* (Hengartner et al. 2006; Hirt und Wälti 2008; Wittmann 1998; Wollring 2009), *offene Lernangebote* (Schütte 2001, 2008) oder *mathematisch ergiebige Lernangebote* (Rathgeb-Schnierer und Rechtsteiner-Merz 2010) – und diese Liste ist noch keineswegs vollständig. Die Bezeichnungen sind also vielfältig; die mit diesen „guten Aufgaben" verbundenen Merkmale und Ziele stimmen aber im Wesentlichen überein (Huhmann und Spiegel 2016). Ihre allgemeinen Gestaltungsmerkmale fassen Krauthausen und Scherer (2014) wie folgt zusammen: Gute Aufgaben ...

- sind flexibel im Hinblick auf Variation und damit wird entsprechend dem Spiralprinzip eine Anpassung an verschiedene Anforderungen in unterschiedlichen Jahrgangsstufen ermöglicht.

- sind von mittlerer Komplexität und ermöglichen dadurch verschiedene Zugänge auf unterschiedlichen Schwierigkeitsniveaus.
- decken inhaltliche und allgemeine Ziele des Mathematikunterrichts ab.
- haben eine klare fachliche Rahmung und sind mathematisch reichhaltig.

Abgesehen von den unterschiedlichen Bezeichnungen werden mit dieser Art von Aufgaben von der Sache her dieselben Ziele verfolgt: Durch mathematisch gehaltvolle Aufgaben- und Problemstellungen werden Schülerinnen und Schüler kognitiv aktiviert und zum aktiven Mathematiktreiben angeregt, das weit über das Entwickeln einfacher Routinen hinauszielt (Ruwisch 2003). Diese Aufgaben ermöglichen individuelle Zugänge und intendieren das Erkunden mathematischer Gesetzmäßigkeiten und Zusammenhänge.

Auch in den von Schütte (2001, 2008) beschriebenen offenen Lernangeboten, spiegeln sich die genannten Merkmale wieder. Da wir uns an diese Begrifflichkeit anlehnen (Kap. 6), wird sie an dieser Stelle kurz erläutert. Schütte wählt diese Bezeichnung, um die speziellen Merkmale sprachlich zu fassen: Der Ausdruck *offen* impliziert, dass keine Lösungswege vorgeschrieben sind und diese entsprechend den individuellen Dispositionen der Lernenden entwickelt werden können. Die Bezeichnung *Lernangebot* verdeutlicht, dass es sich um ein konkretes Angebot handelt, das sich auf einen bestimmten Themenbereich bezieht und somit das Arbeiten an einem gemeinsamen Lerngegenstand ermöglicht. Bei offenen Lernangeboten ist somit der thematische Rahmen vorgegeben, was aber nicht heißt, dass alle Kinder dadurch im Gleichschritt lernen – ganz im Gegenteil: Die Offenheit für eigene Lernwege wird durch eine selbstdifferenzierende Aufgabenstellung gewährleistet, die den Lernenden eine Auseinandersetzung auf unterschiedlichen Schwierigkeitsniveaus ermöglicht (Rathgeb-Schnierer und Rechtsteiner-Merz 2010; vgl. natürliche Differenzierung Kap. 6). Der gemeinsame thematische Rahmen ist die notwendige Voraussetzung für Kommunikation (Kap. 6).

▶ **Tipps zum Weiterlesen**

- Krauthausen, G. & Scherer, P. (2014). Natürliche Differenzierung im Mathematikunterricht. Konzepte und Praxisbeispiele aus der Grundschule. Seelze: Kallmeyer in Verbindung mit Klett.
- Rasch, R. (2007). Offene Aufgaben für individuelles Lernen im Mathematikunterricht der Grundschule. Aufgabenbeispiele und Schülerbearbeitungen, 1/2. Seelze: Lernbuchverlag bei Friedrich.
- Rasch, R. (2007). Offene Aufgaben für individuelles Lernen im Mathematikunterricht der Grundschule: Aufgabenbeispiele und Schüleranleitungen, 3/4. Seelze: Lernbuchverlag bei Friedrich.
- Rathgeb-Schnierer, E. & Rechtsteiner-Merz, Ch. (2010). Mathematiklernen in der jahrgangsübergreifenden Eingangsstufe. Gemeinsam, aber nicht im Gleichschritt. München: Oldenbourg.
- Ruwisch, S. & Peter-Koop, A. (Hrsg.) (2003). Gute Aufgaben im Mathematikunterricht der Grundschule. Offenburg: Mildenberger.

- Walther, G., Selter C. & Neubrand, J. (2008). Die Bildungsstandards Mathematik. In Walther, G., van den Heuvel-Panhuizen, M., Granzer, D. & Köller, O. (Hrsg.). Bildungsstandards für die Grundschule: Mathematik konkret (16–41). Berlin: Cornelsen Verlag.
- Walther, G. (2004). SINUS-Transfer Grundschule – Mathematik. Modul G 1: Gute und andere Aufgaben. Kiel: IPN.

Kommunikation

Für unsere schulischen Lehr-Lern-Prozesse hat [...] die Kommunikation im Klassenzimmer eine Schlüsselfunktion: Gemeint ist nicht Sprache im engeren Sinne, sondern eine Kultur des wechselseitigen Bemühens um Verstehen und Verstanden werden (Bauersfeld 2002, 12).

Kommunikation im Sinne von Bauersfeld birgt großes Potenzial, um die Entwicklung von Rechenwegen voranzubringen. Durch die Aufforderung, ihre Lösungswege zu artikulieren und auszutauschen, werden Kinder auch auf ganz unterschiedliche Weise gefordert: Damit ein Kind sich über seine Rechenwege mit anderen austauschen kann, muss es sich zunächst seiner eigenen Vorgehensweise bewusst werden und diese klären. Das bedeutet, es steht vor der Herausforderung, sich entweder direkt beim Lösen einer Aufgabe zu beobachten oder seine Lösungsschritte im Anschluss an den Lösungsprozess noch einmal zu rekonstruieren. In beiden Fällen ist ein Zugang zum eigenen Denken unumgänglich. Die Kinder müssen also in der Lage sein, eine Metaperspektive einzunehmen, und sich sozusagen beim Denken beobachten (Schütte 2002a). In diesem Beobachtungs- beziehungsweise Rekonstruktionsprozess steckt Potenzial zur (Weiter-)Entwicklung, indem durch auftretende Unstimmigkeiten und Widersprüche das Überdenken und Verändern der eigenen Vorgehensweise angeregt wird.

Das Klären der eigenen Gedanken ist ein notwendiger, aber nicht hinreichender Schritt zur Kommunikation. Ein weiterer wesentlicher Schritt besteht darin, die eigenen Gedanken zu ordnen; erst dann können sie für andere verständlich dargestellt werden. Darstellen bedeutet, die internen Prozesse in Zeichen (Sprache und Symbole) zu übertragen und dadurch diese Prozesse für Außenstehende sichtbar zu machen. Die große Herausforderung hierbei ist, dass interne Prozesse nicht zwangsläufig konstant, linear und zeitlich hintereinander, sondern häufig sprunghaft und zeitgleich ablaufen. Die sprachliche oder symbolische Darstellung erfordert aber geradezu eine chronologische und lineare Anordnung; und vor dem Austausch muss ein Übersetzungsprozess geleistet werden, der zunächst der Ordnung der Gedanken bedarf.

Zusammengefasst bedeutet dies, dass der Austausch und die Verständigung über Rechenwege nur dann möglich sind, wenn Schülerinnen und Schüler zuvor über ihre eigenen Vorgehensweisen und Lösungswege intensiv nachgedacht haben. Beim Austausch selbst müssen sich die Kinder dann auf Anregungen und Fragen der Mitschülerinnen und Mitschüler einstellen. Sie sind herausgefordert, ihre Vorgehensweise zu begründen, eventuell zu rechtfertigen und mit den Vorgehensweisen der anderen Kinder zu vergleichen. Auch die „Zuhörer" können durch die vorgetragenen Lösungswege und Argumente in zweierlei Hinsicht zum Nachdenken über ihre eigenen Vorstellungen angeregt werden: Stimmen die Lösungsvorschläge mit den eigenen überein, werden die Kinder bestärkt. Widersprechen die diskutierten Lösungsvorschläge den eigenen Vorstellungen, dann treten kognitive Konflikte auf, die die Reflexion über die eigenen Lösungsansätze, deren Veränderung sowie die Entwicklung neuer Einsichten anregen können (Lorenz 2002; Nührenbörger und Schwarzkopf 2010). Während des gesamten Kommunikationsprozesses sind also alle Beteiligten permanent zum Nach- und Überdenken ihrer Vorgehensweisen herausgefordert. Aus dieser Herausforderung zur Reflexion kann eine vertiefte Durchdringung eines gegebenen Sachverhalts resultieren.

Das Lernen im diskursiven Austausch birgt Potenzial und fordert die Lernenden in vielerlei Hinsicht heraus. Zu den oben genannten Aspekten kommen noch zwei weitere hinzu: Ein Austausch über Rechenwege erfordert entsprechende fachliche und sprachliche Darstellungsmittel (Götze 2015) und eine adäquate Begleitung durch die Lehrperson.

Werden im Mathematikunterricht geeignete Aufgaben- und Problemstellungen umgesetzt, so ergeben sich verschiedene Möglichkeiten zur Kommunikation (Kap. 6). Sie kann implizit bei der individuellen Auseinandersetzung mit Sachverhalten stattfinden und explizit in verschiedenen Unterrichtsphasen integriert werden. Über den Unterricht hinaus können auch die schriftlichen Eigenproduktionen Impulse für das Austauschen und Weiterdenken sein.

► **Leseempfehlungen zum Thema „Kinder reden über Mathematik"**

- Götze, D. (2007). Mathematische Gespräche unter Kindern. *Zum Einfluss sozialer Interaktion von Grundschulkindern beim Lösen komplexer Aufgaben.* Hildesheim: Franzbecker.
- Götze, D. (2015). *Sprachförderung im Mathematikunterricht.* Berlin: Cornelsen Verlag Scriptor.
- Nührenbörger, M., & Schwarzkopf, R. (2010). Die Entwicklung mathematischen Wissens in sozial-interaktiven Kontexten. In Böttinger, C., Bräuning, K., Nührenbörger, M., Schwarzkopf, R. & Söbbeke, E. (Hrsg.), *Mathematik im Denken der Kinder. Anregungen zur mathematikdidaktischen Reflexion* (73–82). Seelze: Klett/Kallmeyer.
- Schütte, S. (2002). Das Lernpotenzial mathematischer Gespräche nutzen. *Grundschule, 3* (2002), 16–18.

Zeitschriften:

- Kinder im Gespräch über Mathematik. *Die Grundschulzeitschrift*, 222/223, 2009.
- Sprachförderung. *Grundschule Mathematik*, Heft 39, 2013.

Flexibles Rechnen konzeptualisieren

2

2.1 Rechnen verstehen

Im Zusammenhang mit additivem Rechnen wird eine Vielzahl von Begriffen nahezu selbstverständlich, aber häufig nicht einheitlich verwendet. So beispielsweise der Begriff „Rechenmethoden", der sowohl für individuelle Vorgehensweisen beim Lösen von Aufgaben (Plunkett 1987, 43) als auch für die drei unterschiedlichen Formen des Rechnens (schriftlich, halbschriftlich und mündlich) herangezogen wird (Selter 2000, 228; Krauthausen 1993, 189). Insbesondere der Begriff der „Strategie" wird häufig und mit unterschiedlicher Bedeutung genutzt (Rathgeb-Schnierer 2006a). Padberg und Benz (2011) verwenden ihn in einer generellen Weise für die gesamten Vorgehensweisen beim Zahlenrechnen und schließen dabei sowohl die sogenannten operativen und heuristischen Strategien (Radatz et al. 1996) als auch die sogenannten Lösungsmethoden des halbschriftlichen Rechnens im Hunderterraum mit ein (Selter 2000; Radatz et al. 1998). Scherer und Moser Opitz (2010) unterscheiden zwischen festgelegten und informellen beziehungsweise individuellen Rechenstrategien, wobei ihre Ausführungen so verstanden werden könnten, dass die festgelegten den gängigen Verfahren gleichkommen. Hess (2012, 244) nutzt den Begriff der „privaten Rechenverfahren" im Zusammenhang mit mathematischen Strategien der Kinder.

Mit dem Ziel, eine gemeinsame Sprach- und Verständnisbasis zu schaffen, stellen wir nachfolgend ein Modell zu den Ebenen des Rechenprozesses (Rathgeb-Schnierer 2011a) vor. Entlang der unterschiedlichen Ebenen, die den Rechenprozess determinieren, werden zentrale Aspekte des Rechnens aufgearbeitet und dabei das jeweilige Verständnis der verwendeten Begriffe geklärt. Daran anschließend zeigen wir auf, wie das Modell zur Analyse kindereigener Rechenwege herangezogen werden kann und somit eine Grundlage darstellt, das Rechnen von Kindern differenziert zu betrachten und zu verstehen.

© Springer-Verlag GmbH Deutschland, ein Teil von Springer Nature 2018
E. Rathgeb-Schnierer und C. Rechtsteiner, *Rechnen lernen und Flexibilität entwickeln*,
Mathematik Primarstufe und Sekundarstufe I + II,
https://doi.org/10.1007/978-3-662-57477-5_2

2.1.1 Prozess des Rechnens

Was genau passiert beim Rechnen? Wie findet ein Kind das Ergebnis einer Aufgabe?

Wenn wir die notierten Rechenwege der Zweitklässler betrachten (Abb. 2.1), dann geben diese nur sehr begrenzt Aufschluss darüber, wie eine Aufgabe tatsächlich gelöst wurde. Eindeutig zu erkennen ist, dass Andrew einen schriftlichen Algorithmus nutzt und die anderen Kinder halbschriftlich oder im Kopf rechnen:

- Lisa betrachtet die Stellenwerte getrennt und macht dann aber den Fehler, dass sie nicht nur den Einer des Subtrahenden, sondern auch noch den Einer des Minuenden abzieht. Ein durchaus rational zu begründender Fehler (Spiegel 1996), der zu Beginn der zweiten Klasse häufig vorkommt: Kinder übertragen die ihnen bekannte Regel der Addition (alle Zahlen werden addiert: „46 + 19" wird gelöst durch $40 + 20 + 6 + 9$) auf Subtraktionsaufgaben (alle Zahlen werden subtrahiert: „46 − 19" wird gelöst durch $40 − 10 − 6 − 9$).
- Veronika geht schrittweise vor, indem sie den Subtrahenden in Zehner und Einer zerlegt und diese sukzessive vom Minuenden abzieht. Ihre Notation entspricht genau ihrem Vorgehen, aber durch die Notation am Stück wird das Gleichheitszeichen nicht korrekt genutzt.

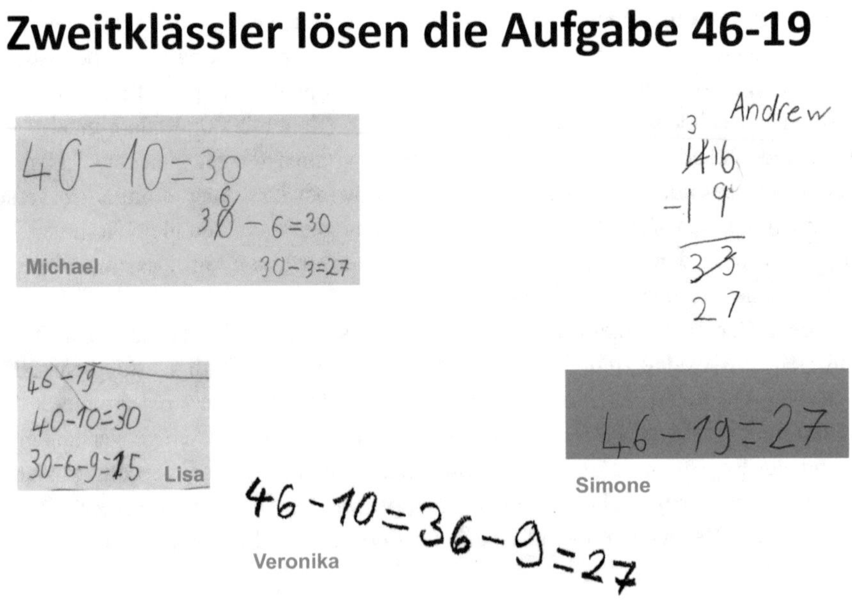

Abb. 2.1 Zweitklässler lösen die Aufgabe „46 − 19". (Rathgeb-Schnierer 2014a, 29)

- Michael stützt sich auf eine sogenannte Mischform (Abschn. 2.2.2): Erst subtrahiert er die Zehner und vor seinem zweiten Rechenschritt addiert er zunächst den Einer des Minuenden und zerlegt den Einer des Subtrahenden so, dass er beim Abziehen zur Zehnerzahl kommt. Im dritten Schritt wird dann der verbleibende Teil des Einers subtrahiert.
- Simones Vorgehensweise lässt sich nicht rekonstruieren, da sie ausschließlich den Zahlensatz notiert hat.

Je nachdem, wie differenziert die Kinder ihre Vorgehensweise notieren, lassen sich die einzelnen Rechenschritte mehr oder weniger gut erkennen. Was in keinem Beispiel zu erkennen ist – selbst wenn verschiedene Rechenschritte aufgeschrieben wurden –, sind die Lösungswerkzeuge, auf die sich die Kinder stützen. Das heißt: Keine Notation, und sei sie noch so detailliert, gibt Aufschluss darüber, wie die einzelnen Teilschritte konkret gelöst wurden. Nehmen wir beispielsweise den Teilschritt $40 - 10 = 30$, den Lisa notiert hat. An diesem Teilschritt wird zwar sichtbar, dass Lisa in der Lage ist, 40 minus 10 korrekt zu lösen, nicht aber, wie sie zur Lösung kam. Hat sie die Aufgabe „$40 - 10$" gezählt oder auswendig gewusst oder über die Aufgabe „$4 - 1$" erschlossen und sich dabei auf ihr Wissen um die dekadische Analogie gestützt?

Fragen

Wie genau sind die Kinder vorgegangen?

Diese Frage lässt sich – wie im vorherigen Abschnitt erörtert – auf der Grundlage notierter Rechenwege nur eingeschränkt beantworten. Viele verschiedene Autoren haben sich mit Vorgehensweisen beim additiven Rechnen beschäftigt (z. B. Benz 2007; Krauthausen 1993; Radatz et al. 1998; Selter 2000; Threlfall 2009; Wittmann 1999). In dieser Literatur wird deutlich, dass sich Kategorien zur Einordnung der verschiedenen Rechenwege entwickeln lassen, der Prozess des Rechnens aber wesentlich komplexer ist (als in diesen Kategorien sichtbar wird) und verschiedene Ebenen darin eine Rolle spielen. Um diesen Prozess des Rechnens auszudifferenzieren und die verschiedenen Ebenen sichtbar zu machen, haben wir auf der Grundlage von Literatur und vielfältiger Analysen von kindereigenen Rechenwegen den Prozess des Rechnens als Mehrebenenmodell (Rathgeb-Schnierer 2011a; Rathgeb-Schnierer und Green 2013) beschrieben (Abb. 2.2).

Das Lösen von Aufgaben stellt ein komplexes Zusammenspiel verschiedener Ebenen dar. Den einzelnen Ebenen kommen nicht nur unterschiedliche Rollen zu, sie weisen zudem auch noch verschiedene Explikationsgrade auf, sind also in unterschiedlicher Weise sicht- und beobachtbar. Immer dann, wenn eine Aufgabe von einem Kind gelöst wird, sind jedoch alle drei Ebenen involviert. Nachfolgend werden die einzelnen Ebenen beschrieben und jeweils an Beispielen veranschaulicht.

Abb. 2.2 Ebenen im Lösungsprozess. (Rathgeb-Schnierer 2011a, 16)

2.1.1.1 Formen des Rechnens

Beim additiven und multiplikativen Rechnen lassen sich verschiedene Formen unterscheiden (Wittmann 1999): das Kopfrechnen (mündliches Rechnen), das halbschriftliche Rechnen, das schriftliche Rechnen sowie das Rechnen mit dem Taschenrechner.

2.1.1.1.1 Kopfrechnen

Das Kopfrechnen bezieht sich nicht nur auf die Aufgaben des kleinen Einspluseins und Einmaleins, bei denen unter anderem auch das Ziel der Automatisierung verfolgt wird (Krauthausen 1993), sondern auch auf bestimmte Aufgaben eines erweiterten Zahlenraums (Plunkett 1987). Der Automatisierung sollte die Entwicklung des Zahlbegriffs vorausgehen, also ein grundlegender Aufbau von Zahlvorstellungen (Wittmann 1999). Zahlvorstellungen sind Voraussetzung für verständnisgeleitetes Kopfrechnen. Dieses ist für Aufgaben erforderlich, bei denen nicht auf automatisierte Rechensätze zurückgegriffen werden kann und das Lösen die Zerlegung der Zahlen erfordert. Kennzeichnend für das Kopfrechnen ist die Ermittlung des Ergebnisses im Kopf, selbst wenn die Aufgabe nicht in einem Schritt gelöst werden kann, sondern die Zerlegung in Teilaufgaben nötig ist (ebd., 89); hierbei sind vielfältige Vorgehensweisen denkbar.

Seit den 90er Jahren hat sich im Hinblick auf die Relevanz der einzelnen Formen des Rechnens im Mathematikunterricht eine deutliche Schwerpunktverschiebung in Richtung des Kopf- und halbschriftlichen Rechnens vollzogen (Krauthausen 1993), wobei folgende Argumente für die Verstärkung des Kopfrechnens angeführt werden (Beishuizen 2001):

- Kinder sind sich ihrer Vorgehensweise beim Kopfrechnen bewusster als bei einem schriftlichen Verfahren.
- Der Umgang mit Zahlen und Rechenoperationen wird beim Kopfrechnen deutlicher.

- Die unterschiedlichen Vorgehensweisen beim Kopfrechnen ermöglichen den wechselseitigen Austausch und die Diskussion.
- Durch die Möglichkeit des interaktiven Lehrens im Bereich des Kopfrechnens kann das Bewusstsein für adäquate und inadäquate Vorgehensweisen geschult werden.
- Im Zusammenhang mit wachsendem Können ist es möglich, die Kopfrechenmethoden weiterzuentwickeln und dem entsprechenden Können anzupassen.

2.1.1.1.2 Halbschriftliches Rechnen

Das halbschriftliche Rechnen ist eine Form, die auf der geschickten Zerlegung oder Veränderung einer Aufgabe in Verbindung mit der Notation von Rechenschritten oder Zwischenergebnissen beruht (Wittmann und Müller 1992). Der Begriff „halbschriftlich" deutet nicht auf die Verwandtschaft mit einem schriftlichen Verfahren hin, sondern bezieht sich auf die Notation, die den Prozess des Rechnens stützt. Deshalb wird diese Form des Rechnens in der Literatur zuweilen auch als „gestütztes Kopfrechnen" (Radatz et al. 1998, 42) oder „Rechnen mit Notation von Zwischenschritten" (Schütte 2004a, 132) bezeichnet.

Das halbschriftliche Rechnen zählt ebenso wie das Kopfrechnen zum Zahlenrechnen. Ergebnisse werden im Kopf schrittweise ermittelt, indem Zahlen zerlegt, Rechengesetze genutzt und Teilschritte notiert werden (Wittmann 1999). Wird das halbschriftliche Rechnen auf eine bestimmte Methode beschränkt, die den Schülerinnen und Schülern in Form einer Musterlösung gelehrt wird, so verfällt es dem „Sog der Verfahrenslastigkeit" (Bauer 1998, 188) und verliert damit seinen eigentlichen Charakter. Werden beim halbschriftlichen Rechnen dagegen vielfältige Lösungswege angeregt, können viele der oben genannten positiven Aspekte des Kopfrechnens auch auf das halbschriftliche Rechnen übertragen werden (Kap. 1).

Lösungsmethoden beim halbschriftlichen Rechnen

Wittmann und Müller (1990) sowie Radatz et al. (1998) bezeichnen die zentralen Methoden des halbschriftlichen Rechnens als *Lösungsmethoden*. Analysiert man die vielfältigen Lösungswege, die Kinder bei Additions- und Subtraktionsaufgaben im Zahlenraum bis 100 zeigen, lassen sich genau diese zentralen Lösungsmethoden herausarbeiten (Wittmann und Müller 1990). Selter (2000, 231) bezeichnet diese als „Hauptstrategien des Zahlenrechnens".

In der mathematikdidaktischen Literatur des deutschsprachigen Raums findet sich die nachfolgend angeführte Klassifizierung der zentralen Lösungsmethoden des Zahlenrechnens (Wittmann und Müller 1992; Padberg und Benz 2011; Radatz et al. 1998; Selter 2000). Im internationalen Kontext sind unterschiedliche Klassifikationssysteme dieser Lösungsmethoden (Tab. 2.1) zu finden (Übersicht bei Threlfall 2002).

Selter (2000) schlägt noch eine weitere Lösungsmethode vor (Tab. 2.2) und begründet dies damit, dass sie von Kindern häufig verwendet wird (Selter 2003a).

Die beschriebenen Lösungsmethoden stellen grobe Kategorien dar, in die sich die beim halbschriftlichen Rechnen notierten Vorgehensweisen klassifizieren lassen. Die Lösungswege von Kindern sind in der Realität wesentlich vielfältiger und komplexer, sie

Tab. 2.1 Lösungsmethoden des halbschriftlichen Rechnens

Lösungsmethode	Addition 67 + 28	Subtraktion 71 − 36
Stellenwerte extra	60 + 20; 7 + 8; 80 + 15	70 − 30; 1 − 6; 40 − 5
Schrittweise	67 + 20; 87 + 8	71 − 30; 41 − 6
Hilfsaufgabe	67 + 30; 97 − 2	71 − 40; 31 + 4
Vereinfachen	65 + 30	70 − 35
Ergänzen		36 + … = 71

Tab. 2.2 Weitere Lösungsmethode des halbschriftlichen Rechnens

Lösungsmethode	Addition 67 + 28	Subtraktion 71 − 36
	60 + 20; 80 + 7; 87 + 8	70 − 30; 40 + 1; 41 − 6

lassen sich mit diesen Lösungsmethoden ausschließlich oberflächlich klassifizieren (Selter 2003a).

Die Lösungsmethoden beschreiben, wie eine nicht automatisierte Aufgabe aus dem erweiterten Zahlenraum so verändert wird, dass sie gelöst werden kann. Sie selbst sind noch keine Lösungswerkzeuge. Das heißt, die Veränderung der Aufgabe „67 + 28" zu „65 + 30" führt nicht automatisch zum Ergebnis. Genau an dieser Stelle kommt die Ebene der unterschiedlichen Lösungswerkzeuge ins Spiel (Abb. 2.2). Das Ergebnis der vereinfachten Aufgabe „65 + 30" lässt sich beispielsweise finden, indem

- in Zehnerschritten vorwärts gezählt wird (Zählen als Lösungswerkzeug): Fünfundsiebzig, Fünfundachtzig, Fünfundneunzig.
- zunächst 60 + 30 durch Rückgriff auf die Analogieaufgabe gelöst und dann noch 5 addiert wird (strategische Werkzeuge und Basisfakten als Lösungswerkzeug).
- …

Ebenso verhält es sich, wenn die Lösungsmethode „Stellenwerte extra" genutzt und die Summanden in ihre Stellenwerte 60 + 20 + 7 + 8 zerlegt werden. Durch die Zerlegung (die auch ein strategisches Werkzeug darstellt) in verschiedene Rechenschritte – erst Zehner, dann Einer – wird die Aufgabe zwar leichter, aber die Lösung nicht automatisch erschlossen; hierfür sind wiederum die konkreten Lösungswerkzeuge nötig.

Die in der Literatur vorgestellten Lösungsmethoden sind unseres Erachtens „Vereinfachungsmethoden". Das heißt, durch die Nutzung von strategischen Werkzeugen (Abschn. 3.2.3) werden Aufgaben des erweiterten Zahlenraums so verändert, dass sie leichter zu lösen sind. Um die Aufgabe zu lösen und das Ergebnis zu finden, sind diese „Vereinfachungsmethoden" nicht hinreichend, außerdem werden konkrete Lösungswerkzeuge gebraucht.

2.1.1.1.3 Schriftliches Rechnen

Im Gegensatz zu den beiden oben beschriebenen Formen zählt das *schriftliche Rechnen* nicht mehr zum Zahlenrechnen: es wird ausschließlich mit Ziffern agiert und das Ergebnis – vorgegebenen Regeln folgend – auf der Basis der Systematik des Stellenwertsystems ermittelt (Krauthausen 1993; Wittmann 1999). Schriftliches Rechnen folgt eindeutig beschriebenen Verfahren (Algorithmen), die in ihrer Abfolge festgelegt sind und für spezielle Fälle Gültigkeit besitzen (Krauthausen und Scherer 2007). Wird der Algorithmus korrekt durchgeführt und in den einzelnen Stellenwerten kein falsches Ergebnis ermittelt, führt dieser nach einer bestimmten Anzahl von Schritten zur Lösung. Die Automatisierung des Einspluseins und Einmaleins ist eine wichtige, aber keine zwangsläufige Voraussetzung für das schriftliche Rechnen; ist diese nicht gegeben, ermitteln Kinder das Ergebnis teilweise auch zählend. Ein dezidierter Zahlbegriff ist also nicht zwingend notwendig (Wittmann 1999; Krauthausen und Scherer 2007).

Da die schriftlichen Rechenverfahren nach vorgegebenen klaren Regeln erfolgen, wird auch von Standard- oder Normalverfahren gesprochen (Plunkett 1987; Krauthausen 1993). Die verschiedenen schriftlichen Verfahren sind detailliert nachzulesen bei Padberg und Benz (2011).

Zusammenfassung

Formen des Rechnens

Die drei beschriebenen Formen des Rechnens zeigen, auf welche Weise Additions- und Subtraktionsaufgaben von Grundschulkindern gelöst werden können: durch Kopfrechnen, durch Kopfrechnen gekoppelt mit der Notation einzelner Rechenschritte beziehungsweise der Zwischenergebnisse (halbschriftliches Rechnen) oder durch das Nutzen schriftlicher Verfahren. All die genannten Formen sind im Lösungsprozess sehr gut sichtbar, reichen allerdings nicht aus, um das Ergebnis zu einer Aufgabe zu finden. Umgekehrt sind sie auch nicht ausreichend, um das konkrete Vorgehen beim Lösen einer Aufgabe zu erfassen.

Betrachten wir den notierten Rechenweg von Andrew in Abb. 2.3: Er ist ein Zweitklässler aus Charlotte (North Carolina, USA). Aufgrund seiner Notation lässt sich die von ihm genutzte Form des Rechnens eindeutig identifizieren. Er nutzt den schriftlichen Algorithmus, was in dieser Klassenstufe für deutsche Kinder ungewöhlich, für einen Zweitklässler aus den USA aber durchaus üblich ist. Aufgrund der Notation lassen sich Teile seiner Vorgehensweise erkennen. Andrew scheint zunächst die Differenz der Zehner und Einer gebildet zu haben, was ihn zum Ergebnis 33 führt. Aufgrund der Verbesserung ist anzunehmen, dass er seinen Fehler bemerkt hat. Warum dies der Fall ist, lässt sich anhand des notierten Lösungswegs nicht sagen. Wohl aber lässt sich aus der Notation rekonstruieren, dass er im weiteren Lösungsvorgehen auf das Entbündeln als Übertragstechnik zurückgegriffen hat (Padberg und Benz 2011). Er arbeitet ausschließlich im Minuenden, entbündelt einen Zehner und notiert die verbleibenden drei Zehner in der Zehnerspalte und die dazu entstandenen zehn Einer in der Einerspalte. Ebenso wird deutlich, dass er mit dieser Entbündelungstechnik zum korrekten Ergeb-

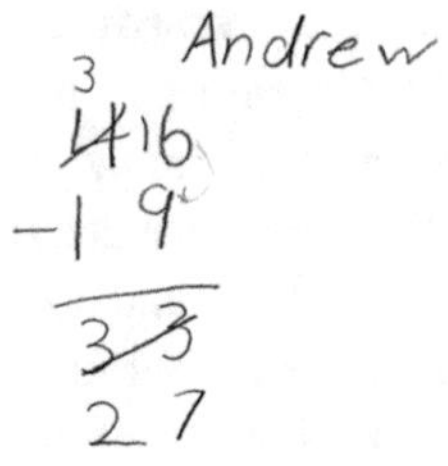

Abb. 2.3 Andrew (Klasse 2)
löst die Aufgabe „46 − 19".
(Rathgeb-Schnierer 2014a, 29)

nis kommt. Was bei Andrews notiertem Rechenweg aber nicht sichtbar wird, sind die genutzten Lösungswerkzeuge.

Fragen

Wie geht Andrew bei der Subtraktion „16 − 9" vor? Welche Lösungswerkzeuge nutzt er hierbei?

Diese Fragen sind nicht eindeutig zu beantworten, da er verschiedene Optionen hat, aber keine in der Notation sichtbar wird: Er könnte beispielsweise …

- das Ergebnis der jeweiligen Teilaufgaben zählend ermitteln, wobei sowohl das Rückwärtszählen in Einer- oder Zweierschritten als auch das Vorwärtszählen vom Subtrahenden aus möglich ist.
- den Subtrahenden (die Neun) zerlegen und schrittweise abziehen: erst bis zur Zehn und dann weiter (16 − 6 − 3).
- zunächst die für ihn möglicherweise einfachere Aufgabe „16 − 10" lösen und dann entsprechend ausgleichen (16 − 9 = 16 − 10 + 1).
- sich auf die möglicherweise automatisierte Halbierungsaufgabe stützen und darüber auf das Ergebnis von „16 − 9" schließen.
- die Differenz durch Ergänzen ermitteln (z. B. zählend oder in Teilschritten).
- die Umkehraufgabe (9 + … = 16) automatisiert haben.
- …

Dieselben Fragen stellen sich auch bezogen auf das Ergebnis in der Zehnerspalte. Wahrscheinlich nehmen wir wie selbstverständlich an, dass Andrew bei der Aufgabe „3 − 1" auf Basisfakten zurückgreift, aber er könnte auch gezählt haben.

Andrews notierter Rechenweg gibt Einblicke in die von ihm genutzte Form – er rechnet schriftlich. Der Referenzkontext und die Lösungswerkzeuge lassen sich nicht direkt erschließen. Auch wenn sich Andrew offensichtlich auf einen Algorithmus stützt, lässt sich nicht sagen, ob er beim Addieren in den einzelnen Stellenwerten mechanisch vorgeht oder sich an Aufgabenmerkmalen und -beziehungen orientiert. Auch die genutzen Lösungswerkzeuge, die für den Lösungsprozess zentral sind, lassen sich nicht direkt erkennen.

2.1.1.2 Referenzen

Fragen

Worauf stützt sich ein Kind beim Rechnen? Welche Erfahrungen liegen dem Vorgehen zugrunde?

Jeder Lösungsprozess wird gestützt durch bestimmte Erfahrungen, die im Modell (Abb. 2.2) „Referenzen" genannt werden. Ein gelerntes Verfahren, das im Sinne eines fertigen Lösungsrezepts mechanisch abgearbeitet wird, kann ebenso die Referenz eines Lösungsprozesses darstellen wie erkannte Merkmale und Beziehungen. Beim Lösen von Aufgaben kann also verfahrensorientiert oder beziehungsorientiert vorgegangen werden.

Auf welche Referenzen sich Kinder beim Rechnen stützen, hängt unmittelbar davon ab, welche Erfahrungen sie beim Rechnenlernen gemacht haben. Erfolgt das Rechnenlernen über Musterlösungen, ist anzunehmen, dass sich Kinder beim Rechnen auf diese Musterlösungen stützen und eher verfahrensorientiert agieren (Beishuizen und Klein 1997). Stehen beim Rechnenlernen die kindereigenen Rechenwege verknüpft mit dem Blick auf Zahl- und Aufgabeneigenschaften sowie Zahl- und Aufgabenbeziehungen im Zentrum, dann werden sich die Kinder beim Rechnen eher auf diesen Referenzkontext stützen (Rechtsteiner-Merz 2013). Die Referenzen eines Lösungsprozesses sind geprägt von eigenen Erfahrungen und somit wesentlich vom erlebten Mathmatikunterricht.

Ob Kinder beim Lösen von Aufgaben verfahrens- oder beziehungsorientiert vorgehen, ist nicht immer einfach herauszufinden. Auch wenn die Notation auf eine schriftliche oder halbschriftliche Form hinweist, können die einzelnen Rechenschritte dennoch auf Zahl- und Aufgabenbeziehungen beruhen.

Tanja (Klasse 2) löst die Aufgabe „46 − 19" ohne etwas zu notieren und erzählt:

Tanja: *Ähm 46 (.) minus (..) 9 − nein, minus 6 mach ich jetzt (...) und dann sind das ja 40, und dann minus 3 sind s i e b e n u n d dreißig, und dann noch minus 10 sind 27.*

Aufgrund von Tanjas ganz präziser Beschreibung lassen sich die einzelnen Schritte ihres Vorgehens gut rekonstruieren: Sie zerlegt den Subtrahenden und zieht ihn sukzessive vom Minuenden ab. Stützt sich Tanja hierbei auf ein gelerntes Verfahren (weil sie in der Schule das schrittweise Subtrahieren im Zahlenraum bis 100 in Form einer Musterlösung gelernt hat) und agiert sie verfahrensorientiert? Oder liegen erkannte Merkmale und Beziehungen (sie sieht, dass der Einer im Subtrahenden größer ist als der Einer im Minuenden, und geht deshalb schrittweise vor) dem Lösungsweg zugrunde und Tanja agiert beziehungsorientiert? Aufgrund des explizierten Lösungsweges lässt sich der Referenzkontext nicht erschließen. Ebenso werden die Lösungswerkzeuge nicht sichtbar, die Tanja nutzt, um das Ergebnis der Aufgaben „46 − 6" und „40 − 3" zu ermitteln: Hat sie gezählt, Basisfakten oder strategische Werkzeuge genutzt?

2.1.1.3 Lösungswerkzeuge

Die konkrete Lösung einer Aufgabe vollzieht sich weder auf der Ebene der Formen noch auf der Referenzebene. Sie erfolgt, indem ein Kind – egal ob es schriftlich, halbschriftlich oder im Kopf rechnet – vor dem Hintergrund seiner Erfahrungen (Referenz-)Lösungswerkzeuge nutzt und kombiniert. Unabhängig von der Rechenoperation lassen sich die zur Verfügung stehenden Lösungswerkzeuge beim Rechnen in drei verschiedene Kategorien einteilen (Gaidoschik 2010; Radatz et al. 1996; Rechtsteiner-Merz 2013): das Zählen, der Rückgriff auf Basisfakten und das Nutzen von strategischen Werkzeugen. Beim Lösen einer Aufgabe kann ein Lösungswerkzeug genutzt oder können mehrere kombiniert werden.

2.1.1.3.1 Zählen

Zählen ist eine Fähigkeit, die in der frühkindlichen Entwicklung automatisch ausgebildet wird, und aus diesem Grund stellt das Zählen die erste Zugangsweise junger Kinder zum Lösen einfacher additiver Aufgaben dar. In der Regel sind Kinder am Ende der Kita-Zeit in der Lage, einfache Additions- und Subtraktionsaufgaben zählend zu lösen (Dornheim 2008; Hasemann und Gasteiger 2014; Krajewski 2003; Padberg und Benz 2011). Somit ist das Zählen ein Lösungswerkzeug, das den meisten Kindern zu Schulbeginn vertraut ist. Das bedeutet allerdings nicht, dass alle Kinder einer ersten Klasse dieses Lösungswerkzeug gleichermaßen nutzen, denn die Vorgehensweisen beim Zählen können unterschiedlich elaboriert sein. Diese heterogenen Voraussetzungen bedeuten aber keinesfalls, dass das Zählen als Lösungswerkzeug mit Erstklässlern explizit trainiert werden sollte, bevor mit der Entwicklung strategischer Werkzeuge begonnen wird (Gaidoschik et al. 2015). Vielmehr kann die Entwicklung des zählenden Rechnens zu diesem Zeitpunkt als natürliche Entwicklung angesehen werden, die nicht weiter verfolgt werden sollte.

Die Zählstrategien werden in der Literatur zunächst in zwei Kategorien eingeteilt: Count-all-Strategien (Alleszählen) und Count-on-Strategien (Weiterzählen) (Fuson 1982). Für Addition und Subtraktion lassen sich diese zentralen Kategorien wie nachfolgend dargestellt ausdifferenzieren (Hasemann und Gasteiger 2014; Padberg und Benz 2011; Radatz et al. 1996):

- Vollständiges Abzählen (Alleszählen): Die Summe einer Aufgabe wird hierbei ermittelt, indem beide Summanden vollständig gezählt werden – zunächst wird der erste Summand zählend erfasst und dann um den zweiten Summanden weitergezählt. Diese Vorgehensweise entspricht dem frühesten Zugang, Aufgaben zählend zu lösen, und ist ohne Stützung auf abzählbare Materialien kaum möglich.
- Weiterzählen: Alle Strategien des Weiterzählens haben gemeinsam, dass die Kinder den einen Summanden einer Aufgabe als Einheit erfassen und von diesem aus weiterzählen (Fuson 1982). Das Weiterzählen kann dabei auf unterschiedliche Weise erfolgen: vom ersten Summanden aus, vom größeren Summanden aus (Carpenter und Moser 1982) oder vom größeren Summanden aus in größeren Schritten (Thompson 2008).

- Rückwärtszählen: Eine Subtraktionsaufgabe kann durch Rückwärtszählen gelöst werden, indem entweder der Subtrahend als eine gegebene Anzahl von Schritten interpretiert und rückwärtsgezählt oder beim Minuenden gestartet und bis zum Subtrahenden rückwärtsgezählt wird, was der Differenzbildung entspricht.
- Vorwärtszählen: Das Vorwärtszähen zur Lösung einer Subtraktionsaufgabe, ausgehend vom (kleineren) Subtrahenden bis zum (größeren) Minuenden, entspricht dem Ergänzen.

Die große Herausforderung des Mathematikunterrichts im ersten Schuljahr besteht nun darin, die Kinder bei der Ablösung vom Zählen zu begleiten, indem durch gezielte Aktivitäten die Entwicklung von Lösungswerkzeugen angeregt wird, die nicht auf Zählen basieren (Gaidoschik 2010; Gerster und Schultz 1998; Kaufmann und Wessolowski 2006; Lorenz 2003; Rechtsteiner-Merz 2013; Rechtsteiner 2017a; Wartha und Schulz 2014). Die Ablösung vom „Zählen" zugunsten der Nutzung von Basisfakten oder strategischer Werkzeuge beim Lösen von Aufgaben ist deshalb so entscheidend, weil eine Verhaftung im Zählen sozusagen eine Sackgasse beim Rechnenlernen darstellt (Gaidoschik 2006, 2010; Gerster 2007). Das liegt nicht nur daran, dass . . .

- stereotypes Zählen einen Rückgriff auf auswendig gelernte Zahlensätze überlagert und damit diese nur langsam entwickelt werden.
- Zählen das Arbeitsgedächtnis immens belastet und die Fehleranfälligkeit hoch ist.

Die wohl größte Problematik des Zählens ist darin zu sehen, dass Kinder, die im Zählen verhaftet bleiben, nicht in der Lage sind, Beziehungen und Zusammenhänge zu erkennen und zu nutzen, und ihnen damit die entscheidende Voraussetzung fehlt, um zum Rechnen zu kommen und flexible Rechenkompetenzen zu entwickeln (Rechtsteiner-Merz 2013).

2.1.1.3.2 Basisfakten

Zu den Basisfakten gehören die (Grund-)Aufgaben des kleinen Einspluseins und Einmaleins. Man bezeichnet sie deshalb als Basisfakten, weil es sich um Aufgaben handelt, die im Laufe des Rechenlernprozesses automatisiert werden. Diese automatisierten Aufgaben (Basisfakten) stellen in zweierlei Hinsicht ein tragfähiges Lösungswerkzeug beim Rechnen dar: zum einen als unabhängiges Werkzeug, und zwar immer dann, wenn eine Aufgabe komplett automatisiert wurde. Zum anderen in Kombination mit strategischen Werkzeugen immer dann, wenn eine komplexe Aufgabe durch Zerlegung oder Ableitung auf eine automatisierte Aufgabe zurückgeführt und diese dann als Grundlage zum Lösen genutzt wird. Die Kombination des Rückgriffs auf Basisfakten mit der Nutzung eines strategischen Werkzeugs (Ableitung von einer bekannten Aufgabe) wird in der nachfolgenden Erklärung einer Erstklässlerin deutlich:

Und das (7 + 6) gibt 13, weil 6 + 6 zwölf ist, und dann eins mehr.

Der Abruf von Basisfakten wird in der von Gray (1991) veröffentlichten Hierarchie von Lösungswegen als der schnellste und bevorzugte beschrieben. Auch Rechtsteiner-Merz (2013) ordnet bezogen auf Klasse eins diejenigen Kinder dem Typus des „Experten" zu, die alle Grundaufgaben automatisiert haben und dieses Wissen flexibel auf den höheren Zahlenraum übertragen können.

Der Erwerb der Basisfakten wurde lange Zeit ausschließlich im Zusammenhang mit einem memorierenden Lernen gesehen (Baroody 2003). Dieser Ansatz hat sich in den letzten Jahren gewandelt: Die Aneignung von Basisfakten – im Sinne der zunehmenden Automatisierung von Grundaufgaben – wird eingebunden in Aktivitäten zur Entwicklung von Zahl- und Operationsverständnis und zur Entwicklung strategischer Werkzeuge (Abschn. 2.1.1.3.3). Die Entwicklung strategischer Werkzeuge und die Automatisierung von Grundaufgaben bedingen sich wechselseitig: Strategische Werkzeuge können nur dann gezielt genutzt werden, wenn ein Rückgriff auf Basisfakten und Zahlzerlegungen möglich ist. Somit stellt die Entwicklung strategischer Werkzeuge eine Motivation zur Automatisierung der Grundaufgaben dar (Gerster 1994; Gaidoschik 2010). Dieser Zusammenhang ist ein starkes Argument dafür, die Automatisierung von Grundaufgaben und die Entwicklung strategischer Werkzeuge von Anfang an durch gezielte Aktivitäten parallel zu fördern (Baroody 2003; Schütte 2008; Rathgeb-Schnierer 2011b; Rechtsteiner-Merz 2011a; Wittmann und Müller 1990; Verschaffel et al. 2009), und eben nicht zunächst ausschließlich die Automatisierung der Basisfakten im Blick zu haben (Geary 2003).

2.1.1.3.3 Strategische Werkzeuge

Strategische Werkzeuge kommen dann als Lösungswerkzeug zum Tragen, wenn eine Aufgabe nicht zählend oder durch Rückgriff auf Basisfakten gelöst wird. Sie sind mentale Hilfsmittel, um Aufgaben auf der Basis mathematischer Gesetze so zu verändern, dass sie auf bekannte Aufgaben zurückgeführt und von diesen aus abgeleitet werden können. Mit den strategischen Werkzeugen sind zwei grundlegende Ideen verknüpft (Rechtsteiner-Merz 2013, 25): das Zerlegen und (Neu-)Zusammensetzen sowie das Nutzen einer Hilfsaufgabe. Diese auf Ableitung beruhenden Lösungswerkzeuge (das Nutzen von Hilfsaufgaben) werden in der Literatur häufig als heuristische oder operative Strategien bezeichnet (Radatz et al. 1996).

Wir nutzen den Begriff „strategische Werkzeuge" (Rathgeb-Schnierer 2006a, 56) weil es sich hierbei nicht um abgeschlossene Strategien im Sinne eines kompletten Lösungsvorgehens handelt. Strategische Werkzeuge stellen vielmehr einzelne Bausteine dar, die im Lösungsprozess – abhängig von der jeweiligen Aufgabe – miteinander kombiniert werden (vgl. Abschn. 2.1.2).

Zu den strategischen Werkzeugen gehören das Zerlegen und Zusammensetzen von Aufgaben, das regelgestützte Verändern von Aufgaben sowie das Nutzen von Nachbaraufgaben und Analogien (Rechtsteiner-Merz 2013, 25).

Zerlegen und Zusammensetzen

Zerlegen und Zusammensetzen kann in einzelne Stellenwerte oder auch innerhalb eines Stellenwerts erfolgen; dabei gibt es für diese Zerlegungen viele verschiedene Möglichkeiten (Tab. 2.3 und 2.4). Ziel des Zerlegens ist es, die Aufgabenkomplexität so zu verringern, dass die Teilaufgabe entweder auswendig gewusst oder unter Einbezug eines weiteren strategischen Werkzeugs gelöst werden kann. Teilweise nutzen Grundschulkinder das Zerlegen und Zusammensetzen auch, um einzelne Teilaufgaben zählend lösen zu können (was im Sinne der Ablösung vom zählenden Rechnen so nicht erwünscht ist).

Das Zerlegen und Zusammensetzen ist ein strategisches Werkzeug, das generell bei jedem Aufgabentyp und in jedem Zahlenraum genutzt werden kann. Allerdings stellt dieses Werkzeug bei Aufgaben mit Über- oder Unterschreitung der Stellenwerte (Zehner, Hunderter, ...) eine große Herausforderung dar. Hier reicht es nämlich nicht aus, in die einzelnen Stellenwerte zu zerlegen, vielmehr muss innerhalb der entsprechenden Stellen zusätzlich noch einmal nach bestimmten Regeln (bis zum nächsten Zehner, Hunderter, usw.) zerlegt oder verändert werden. Insbesondere bei Subtraktionsaufgaben mit Unterschreitung ist die Zerlegung von Minuend und Subtrahend, verbunden mit dem Rechnen

Tab. 2.3 Beispiele für das Zerlegen und Zusammensetzen von Aufgaben im Zahlenraum bis 20 (Kap. 3)

Addition	Subtraktion
Zerlegen eines Summanden und Ergänzen bis zur Zehn $7 + 5 = 7 + 3 + 2 = 10 + 2$ Der zweite Summand wird so zerlegt, dass damit die Ergänzung zur Zehn vorgenommen werden kann. Dieses Vorgehen ist komplex und erfordert vielfältige Kompetenzen: Die Differenz von Sieben bis Zehn muss erschlossen werden können. Die Zerlegungen des zweiten Summanden müssen bekannt sein, um die zur Differenz passende Zerlegung zu finden. Die einzelnen Teilaufgaben müssen zusammengefasst werden können.	*Zerlegen des Subtrahenden und schrittweises Subtrahieren* $12 - 5 = 12 - 2 - 3 = 10 - 3$ Das Prinzip ist dasselbe wie bei der Addition: Es wird der Subtrahend so zerlegt, dass zunächst bis zum vollen Zehner und dann weiter gerechnet wird. Der erste Rechenschritt fällt leichter als bei der Addition, da er aufgrund des Aufbaus der zweistelligen Zahlen offensichtlich ist. Anschließend muss der Subtrahend entsprechend zerlegt und dann von der Zehn abgezogen werden. Hierfür ist es wiederum nötig, die Zerlegungen der Zehn zu kennen ($7 + 3 = 10$ also ist $10 - 3 = 7$).
„Kraft der Fünf" – *Zerlegen beider Summanden* $6 + 6 = 1 + 5 + 5 + 1 = 2 + 10$ Beide Summanden werden in $5 + \ldots$ zerlegt – in diesem Fall in $5 + 1$. Dadurch entsteht die neue Teilaufgabe $5 + 5$, die von Beginn an sehr schnell zum Repertoire der automatisierten Aufgaben gehört. Auf diesem strategischen Werkzeug basiert das rechnerische Lösen der Verdopplungsaufgaben.	*„Kraft der Fünf"* – *Zerlegen des Minuenden* $12 - 5 = 10 - 5 + 2$ Stützend auf die sogenannte „Kraft der Fünf" wird die Fünf von der Zehn subtrahiert, was der Halbierungsaufgabe entspricht. Hierfür wird der Minuend in $10 + 2$ zerlegt.

Tab. 2.4 Beispiele für das Zerlegen und Zusammensetzen von Aufgaben im erweiterten Zahlenraum

Addition	Subtraktion
Zerlegung beider Summanden $56 + 28 = 50 + 20 + 6 + 4 + 4$ Durch die Zerlegung beider Summanden in Zehner und Einer lässt sich bei der Addition der Zehner die dekadische Analogie $(5 + 2)$ nutzen und somit eine automatisierte Aufgabe. Die Einer werden noch weiter zerlegt, sodass die Zehnersumme $(6 + 4)$ genutzt wird. $56 + 28 = 50 + 20 + 5 + 5 + 1 + 3$ Bei dieser Zerlegung wird zunächst genauso vorgegangen wie oben, allerdings wird dann bei der Zerlegung der Einer die „Kraft der Fünf" genutzt.	*Zerlegung von Minuend und Subtrahend* $87 - 52 = 80 - 50 + (7 - 2)$ Durch das Zerlegen von Minuend und Subtrahend entstehen zwei einfache Aufgaben, sofern die erste Teilaufgabe auf $8 - 5$ zurückgeführt werden kann. Bei den Einern entsteht nun aber das Problem, dass diese nicht beide subtrahiert werden dürfen, sondern das Kind im Blick haben muss, welcher Einer vom Minuenden und welcher vom Subtrahenden stammt. $82 - 57 = 80 - 50 - 7 + 2$ (oder $80 - 50 + 2 - 7$) Durch die Zerlegung von Minuend und Subtrahend kann die Subtraktion der Zehnerzahlen auch hier mithilfe der dekadischen Analogie auf eine automatisierte Aufgabe zurückgeführt werden. Bei den Einern entsteht nun aber ein weiteres Problem: Durch die Zehnerunterschreitung geraten die Kinder beim Lösen der einzelnen Teilaufgaben in den Bereich der negativen Zahlen. Dies führt häufig dazu, dass die Einer getauscht werden und somit Fehler entstehen.
Zerlegung eines Summanden $54 + 27 = 54 + 20 + 6 + 1$ Auch bei der Zerlegung von nur einem Summanden kann die dekadische Analogie für den ersten Rechenschritt herangezogen werden, selbst wenn das für Kinder an dieser Stelle nicht so offensichtlich ist wie bei zwei Zehnerzahlen. Der zweite Rechenschritt entspricht dann der Ergänzung zum nächsten Zehner.	*Zerlegung des Subtrahenden* $82 - 57 = 82 - 50 - 2 - 5$ Wird nur der Subtrahend zerlegt, ist der Lösungsprozess weniger fehleranfällig als bei der erstgenannten Zerlegung. Allerdings tendieren Kinder weniger zu dieser Zerlegung, da der Rückgriff auf die „kleine Aufgabe $8 - 5$" weitaus weniger naheliegend scheint. Die zweite Zerlegung der Einer wird so vorgenommen, dass zunächst bis zum vollen Zehner gerechnet werden kann.

Abb. 2.4 Fehler von Stephan und Lisa (Klasse 2). (Stephan in Rathgeb-Schnierer 2004a, 235)

in den einzelnen Stellenwerten, für Grundschulkinder sehr herausfordernd und fehleranfällig (Padberg und Benz 2011; Selter 2000). Hierbei können zwei Arten von Fehlern auftreten: Entweder bilden die Kinder ohne Beachtung von Minuend und Subtrahend die Differenz beider Zahlen ($31 - 29 = 18$) (Abb. 2.4); oder es wird nach dem Zerlegen in einzelnen Stellenwerte alles von der größten Zahl abgezogen ($63 - 25 = 32$).

Nutzen von Hilfsaufgaben

Regelgestütztes Verändern von Aufgaben Diese Veränderungen (Tab. 2.5) stützen sich auf verschiedene mathematische Gesetze und haben zum Ziel, die Aufgaben zu vereinfachen, ohne eine Veränderung des Ergebnisses zu bewirken.

Tab. 2.5 Beispiele für das regelgestützte Verändern von Aufgaben

Addition	Subtraktion
Summanden vertauschen $2 + 67 = 67 + 2$ Hintergrund dieses Werkzeugs ist das für die Addition gültige Kommutativgesetz. Kinder nutzen dieses Werkzeug häufig schon im kleinen Zahlenraum, um sich dadurch das Lösen einer Aufgabe zu erleichtern: beispielsweise weil dann um weniger Schritte weitergezählt oder beim Zerlegen zum Zehner weniger ergänzt werden muss. Auch bei der oberen Aufgabe, kann das Tauschen der Summanden eine Erleichterung darstellen: beispielsweise weil dadurch die „kleine", bereits automatisierte Aufgabe „6 + 2" deutlicher sicht- und damit nutzbar wird. Das Vertauschen der Summanden ist ein strategisches Werkzeug, das ausschließlich in Kombination mit anderen zur Lösung einer Aufgabe führt (Kap. 3).	*Umkehraufgabe nutzen* $503 - 499 = \ldots \rightarrow 499 + \ldots = 503$ Das Nutzen der Umkehraufgabe beruht auf dem Zusammenhang der Operationen Addition und Subtraktion. Die oben genannte Aufgabe wird durch die Umkehrung wesentlich erleichtert, da Zehner- und Hunderterunterschreitung vermieden werden. Als Lösungsmöglichkeit bietet sich nun das Ergänzen (eventuell auch in zwei Schritten) an.
Gegensinniges Verändern $48 + 37 = 50 + 35$ $699 + 342 = 700 + 341$ Entsprechend dem Gesetz der Konstanz der Summe kann jeder Summenterm ohne Einfluss auf die Gesamtsumme verändert werden, wenn ein Summand um eine bestimmte Anzahl erhöht und der andere entsprechend verringert wird. Dieses Werkzeug bietet sich bei Additionsaufgaben an, bei denen einer der beiden Summanden in der Nähe einer Zehnerzahl (Hunderter-, Tausenderzahl) liegt. Je nach Aufgabe kann dieses Werkzeug auch geschickt bei Fünferzahlen (oder deren Vielfachen) genutzt werden. Durch das Verändern der Aufgabe wird ein zuvor notwendiger Zehner- beziehungsweise Hunderterübergang hinfällig und die Aufgabe somit wesentlich einfacher.	*Gleichsinniges Verändern* $91 - 46 = 90 - 45$ $783 - 598 = 785 - 600$ Das gleichsinnige Verändern beruht auf dem Gesetz der Konstanz der Differenz. Dieses besagt, dass jede Subtraktionsaufgabe ohne Einfluss auf die Differenz verändert werden kann, wenn Minuend und Subtrahend um denselben Betrag erhöht oder verringert werden. Dieses strategische Werkzeug bietet sich dann an, wenn Minuend oder Subtrahend in der Nähe einer Zehnerzahl (Hunderter-, Tausenderzahl) liegt. Die Vereinfachung durch das gleichsinnige Verändern liegt wiederum im Wegfallen der Unterschreitung von Zehner oder Hunderter. Allerdings bringt eine Veränderung des Subtrahenden zu einer Zehnerzahl (Hunderter-, Tausenderzahl) eine wesentlich größere Vereinfachung mit sich als die des Minuenden.

Tab. 2.6 Beispiele für das Nutzen von Nachbaraufgaben und Analogien

Addition	Subtraktion
Nachbaraufgaben nutzen	*Nachbaraufgaben nutzen*
- 58 + 27 wird mithilfe von 58 + 30 oder 60 + 27 gelöst.	- 345 − 137 wird mithilfe von 345 − 140 gelöst.
- 325 + 327 wird mithilfe von 325 + 325 gelöst. In beiden Beispielen wird die ursprüngliche Aufgabe mit einer bekannten Aufgabe, die in der Nähe liegt, in Verbindung gebracht und von dieser auf das Ergebnis geschlossen. Beim zweiten Beispiel könnte dies wie folgt erfolgen: Wenn die Aufgabe 325 + 325 die Summe 650 hat, dann muss die Summe von 325 + 327 um zwei größer sein.	- 88 − 45 wird mithilfe von 88 − 44 gelöst. Beim oberen Beispiel (345 − 137) ist die Hilfsaufgabe (345 − 140) so gewählt, dass aufgrund der Konstellation von Minuend und Subtrahend das Ergebnis schnell zu überblicken und auf dieser Basis dann die ursprüngliche Aufgabe zu lösen ist.
Analogien nutzen	*Analogien nutzen*
400 + 200 = 600, weil 4 + 2 = 6.	98 − 6 = 92, weil 8 − 6 = 2.

Nachbaraufgaben und Analogien nutzen

Das Nutzen von Nachbaraufgaben (Tab. 2.6) unterscheidet sich vom regelgerechten Verändern einer Aufgabe. Hier wird eine verwandte, einfachere Aufgabe für das Lösen genutzt, indem man von deren Ergebnis auf das Ergebnis der gesuchten Aufgabe schließt. Die Nachbaraufgabe stellt immer eine bekannte Aufgabe dar, die in der Nähe der Ausgangsaufgabe liegt, jedoch nicht unbedingt der direkte Nachbar sein muss und deren Ergebnis gewusst oder schnell ermittelt werden kann. Das Nutzen von Nachbaraufgaben erfordert – wie alle anderen strategischen Werkzeuge auch – einen Blick für Zahl- und Aufgabenmerkmale sowie Zahlbeziehungen. Erst wenn ein Kind darüber verfügt, ist ihm bewusst, welche Aufgabe hilfreich sein kann.

Eingangs haben wir darauf hingewiesen, dass strategische Werkzeuge keine fertigen, in sich geschlossenen Lösungsmethoden, sondern Bausteine darstellen. So kann beispielsweise das Zerlegen und Neu-Zusammensetzen einer Aufgabe mit zweistelligen Zahlen allein noch nicht zur Lösung beitragen. Das Zerlegen ist vielmehr ein Werkzeug, das, kombiniert mit weiteren strategischen Werkzeugen oder dem Rückgriff auf Basisfakten, zur Lösung der Aufgabe führt (Tab. 2.4). Strategische Werkzeuge zeichnen sich dadurch aus, dass sie aufgabenunabhängig genutzt und flexibel kombiniert werden können (Rathgeb-Schnierer 2006a).

Zusammenfassung

Prozess des Rechnens

Werfen wir noch einmal einen Blick auf den Rechenweg, den Tanja erklärt (Abschn. 2.1.1.2), und versuchen die genutzten Lösungswerkzeuge zu rekonstruieren: Deutlich wird, dass Tanja den Subtrahenden im Hinblick auf den Minuenden geschickt zerlegt – erst in Zehner und Einer, dann den Einer so, dass sie 46 − 6 − 3 rechnen kann. Es scheint so, dass Tanja $46-6$ auswendig weiß und bei $40-3$ ein wenig nachdenken muss. Welche Lösungswerkzeuge sie für $40-3$ konkret nutzt, wird nicht eindeutig sichtbar. Sie könnte die Aufgabe zählend gelöst haben. Sie könnte aber auch auf die dekadische Analogie zurückgegriffen und $10-3$ über die automatisierte Zehnerzerlegung erschlossen haben. Aufgrund des lang gezogenen Aussprechens der „s i e b e n u n ddreißig" würden wir Zweiteres vermuten. Zum letzten Rechenschritt $37-10$ nennt sie so umgehend ein Ergebnis, dass wir keinesfalls das Zählen als Lösungswerkzeug annehmen, sondern eher davon ausgehen, dass sie die dekadische Analogie mit Zerlegen und Zusammensetzen kombiniert.

Fragen

Warum sind wir so detailliert auf die Frage „Was passiert beim Rechnen?" eingegangen? Weshalb reichen aus unserer Perspektive die in der Literatur beschriebenen Lösungsmethoden zur Analyse kindereigener Vorgehensweisen nicht aus?

Die Komplexität des Lösungsprozesses, die selbst einfachsten Aufgaben zugrunde liegt, lässt sich durch die Lösungsmethoden (stellenweise, schrittweise usw.) nicht hinreichend beschreiben. Wenn Kinder Aufgaben lösen, dann werden in jedem Lösungsprozess die verschiedenen Ebenen kombiniert. In welcher Weise diese Kombination erfolgt, hängt von den Kompetenzen des einzelnen Kindes ab. Das heißt, der Mikroblick auf die Vorgehensweisen der Kinder ist notwendig, um einen Einblick in das Denken der Kinder zu bekommen und ihre Kompetenzen zu erfassen. Das vorgestellte Modell stellt eine Basis dar, um die Vorgehensweisen von Kindern beim Rechnen detailliert zu analysieren und somit ihre Kompetenzen zu erfassen. Letztendlich lässt sich mit Blick auf den Referenzkontext auch erschließen, ob ein Kind über flexible Rechenkompetenzen verfügt oder nicht (Kap. 3).

2.1.2 Rechenwege von Kindern erfassen und verstehen

Simone (S) und Michael (M) lösen am Ende des zweiten Schuljahrs die Aufgabe „$71-36$" auf ganz unterschiedliche Weise. Das vorgestellte Modell bietet die Möglichkeit, die beiden Lösungswege gezielt zu analysieren und bezüglich der Formen, der Lösungswerkzeuge und der Referenzen Annahmen aufzustellen und Aussagen zu treffen:

Simone löst die Aufgabe „$71-36$"

S: (Nimmt die Aufgabe „$71-36$") *Und da mach ich bei der 70 tu ich eins weg, dann sind's 70 minus 36 das ist vier – (…) 40 – (…) – 70 minus 30 ist 40 minus 6 ist 34 plus 1 ist 35.*

Michael löst die Aufgabe „71 – 36"

M: *Also da* (nimmt die Aufgabe „71 – 36" und legt sie rechts neben sich auf den Tisch), *da mach ich jetzt die 70 minus 35 drauf – draus, und dann weiß ich's Ergebnis gleich.*

I: *Und warum?*

M: *Weil dann hab ich hier* (nimmt den Bleistift und zeigt damit auf die 36) *35, und 35 ist die Hälfte von 70, und dann hab ich hier* (zeigt mit dem Bleistift auf die 71) *noch ne 70.*

(**I** ist die Interviewerin.)

Analyse der Formen des Rechnens

Auf der Ebene der Formen lassen sich die beiden Lösungswege eindeutig zuordnen. Da beide Kinder keine Rechenwegsnotation vornehmen, ist davon auszugehen, dass sie sich auf die Form „Kopfrechnen" stützen.

Analyse der Lösungswerkzeuge

Die Lösungswerkzeuge sind schon weitaus schwieriger zu erfassen, da sie nicht zwangsläufig direkt sichtbar sind. Aufgrund von Simones Äußerungen lässt sich erkennen, dass sie die Aufgabe im ersten Schritt vereinfacht, indem sie die Zehner-Einer-Zahl 71 zur nächsten Zehnerzahl verändert und dann versucht, die Nachbaraufgabe „70 – 36" zu lösen. Da ihr dies nicht auf Anhieb gelingt, nutzt sie das strategische Werkzeug „Zerlegen" und kommt so zu der für sie einfacheren Aufgabe „70 – 30". Ob sie sich bei der Ergebnisfindung auf die dekadische Analogie, gekoppelt mit der automatisierten Aufgabe „7 – 3" stützt, kann nicht direkt erschlossen werden. Allerdings lässt die umgehende und schnelle Nennung des Ergebnisses vermuten, dass Simone diese beiden Lösungswerkzeuge kombiniert. Ihr weiteres Vorgehen besteht darin, dass sie die Sechs von der 40 subtrahiert und am Ende um den veränderten Minuenden ausgleicht. Auch hier kann wiederum nur aufgrund der Kürze der Zeit vermutet werden, dass Simone nicht zählend vorgeht, sondern sich in irgendeiner Form auf Basisfakten stützt. Dabei wird wiederum nicht deutlich, ob sie 40 minus 6 als Ganzes automatisiert hat ober ob sie von der automatisierten Aufgabe „10 – 6" auf das Ergebnis der Aufgabe „40 – 6" schließt.

Bei Michael werden andere Lösungswerkzeuge sichtbar als bei Simone. Michael vereinfacht sich die Ausgangsaufgabe, indem er das strategische Werkzeug des gleichsinnigen Veränderns heranzieht. Danach muss er laut eigener Aussage nicht mehr rechnen, sondern sieht das Ergebnis sofort. Dieses sofortige Sehen kann er durch die spezifischen Zahlbeziehungen begründen, also durch die Doppelt-halb-Beziehung von 70 und 35.

Referenzen

Die Frage, ob sich die Kinder bei ihrem Vorgehen an einem Verfahren orientieren oder auf erkannte Merkmale und Beziehungen stützen, lässt sich in beiden Fällen unterschiedlich gut beantworten. Bei Michaels Erklärung wird deutlich, dass sein Vorgehen auf die spezifische Aufgabe ausgerichtet ist. Es ist anzunehmen, dass er bei der Ausgangsaufgabe „71 − 36" die Zehnernähe des Minuenden sieht und deshalb die Aufgabe durch gleichsinniges Verändern entsprechend vereinfacht. Aufgrund seiner weiteren Vorgehensweise ist zu vermuten, dass er in der Ausgangsaufgabe auch schon die Doppelt-halb-Beziehung erkannte. Seine Begründung für das unmittelbare Sehen des Ergebnisses lässt keinen Zweifel daran, dass er hier auf alle Fälle nicht verfahrensorientiert, sondern beziehungsorientiert agiert.

Bei Simone lässt sich der Referenzkontext nicht so einfach erschließen und es könnte durchaus sein, dass sie bei Minusaufgaben immer so vorgeht, den Minuenden zur Zehnerzahl zu verändern, und das nicht nur hier der Fall ist, weil sie die Zehnernähe gesehen hat. Letztlich kann man aufgrund der einen Erklärung von Simone zu keiner Aussage diesbezüglich kommen, ob sie sich auf ein gelerntes Verfahren stützt, das sie stereotyp anwendet, oder ob ihr Vorgehen auf die spezifischen Aufgabenmerkmale ausgerichtet ist. Um dies zu erfassen, müsste man sie entweder fragen, warum sie die Eins wegnimmt, oder ihr verschiedene Aufgaben desselben Typs vorlegen und schauen, ob sie unabhängig von den Merkmalen der einzelnen Aufgaben immer gleich vorgeht.

An den beiden Beispielen haben wir gezeigt, wie anhand des Modells ein differenzierter Blick auf die Rechenwege von Kindern möglich wird und dieses das Verstehen der kindereigenen Rechenwege unterstützen kann.

2.2 Flexibles Rechnen verstehen

2.2.1 Forschungsüberblick

In der Forschung lassen sich viele Studien zur Entwicklung flexibler Rechenkompetenzen finden. Sie setzen sich mit dieser Thematik auf ganz unterschiedlichen Ebenen und mit verschiedenen Zielperspektiven auseinander. Im Folgenden wird versucht, diese Studien zu gliedern, um einen strukturierten Überblick zu ermöglichen. Gleichzeitig erhebt die Darstellung jedoch keinen Anspruch auf Vollständigkeit.

Lösungswerkzeuge und Formen

Betrachtet man die halbschriftlichen Lösungswege von Drittklässlern bei Subtraktionsaufgaben, die das Ergänzen nahelegen, zeigt sich Folgendes: Kinder nutzen nicht zwingend die aus fachdidaktischer Perspektive naheliegenden Strategien (Torbeyns et al. 2009b).

Auch auf der Ebene der Formen können Veränderungen im Lösungsverhalten festgestellt werden. Selter (2000) untersuchte das Lösungsverhalten von Drittklässlern nach der
Einführung der schriftlichen Rechenverfahren. Dabei zeigte sich, dass die Kinder nach deren Einführung überwiegend Algorithmen nutzen, selbst bei Aufgaben, die schneller und
einfacher im Kopf gelöst werden könnten (beispielsweise 401 − 399). Dieses Ergebnis be-
stätigte sich auch in der sogenannten Tiger-Studie von Grüßing et al. (2013). Auch hier
änderte sich das Lösungsverhalten der Kinder nach Einführung der schriftlichen Algorithmen: Selbst Kinder, die zuvor flexible Rechenkompetenzen zeigten, griffen vermehrt auf
schriftliche Rechenverfahren zurück. Allerdings zeigte sich diesbezüglich ein Einfluss des
Unterrichts.

Einflussfaktoren auf Lösungswege
In verschiedenen Studien (Blöte et al. 2001; Peltenburg et al. 2011; Rathgeb-Schnierer
2006a) wird deutlich, dass die *Wahl des Rechenwegs von Zahl- und Aufgabenmerkmalen*
abhängt. Das bedeutet, dass der Lösende im Prozess abhängig von der Art der Aufgabe die Lösungswerkzeuge nutzt. So kann es beispielsweise sein, dass bei der Aufgabe
„798 − 395" die Nähe zur 800 oder 400 wahrgenommen wird oder aber die Halb-doppel-Situation ins Auge fällt. Eine weitere Möglichkeit ist eine Kombination verschiedener
strategischer Werkzeuge: Das Kind zerlegt zunächst Minuend und Subtrahend und löst
die Aufgabe „700 − 300". Im weiteren Verlauf erkennt es auf einmal die Nähe der verbleibenden Zehner-/Einerzahlen (98 − 95) und löst die Aufgabe über das Erkennen des
Unterschieds. Je nachdem, welches Merkmal wahrgenommen wird, wird ein anderer Lösungsweg genutzt. Dabei wird deutlich, dass nicht nur das *Kennen einzelner Strategien*
erforderlich ist, sondern daneben auch die *Fähigkeit, diese entsprechend anpassen und
kombinieren zu können*, unabdingbar ist (Macintyre und Forrester 2003; Selter 2009).

In der Studie von Rathgeb-Schnierer (2006a) wurde deutlich, dass die Rechenwege von
Kindern von *verschiedenen Einflussfaktoren* abhängig sind (Abschn. 2.2.4):

- Zum einen spielt das Verfügen über strategische Werkzeuge natürlich eine Rolle.
- Außerdem zeigt sich auch, dass eine umfassende Zahlbegriffsentwicklung und Operationsverständnis zentrale Rollen spielen.
- Hinzu kommt die Zahlwahrnehmung im Lösungsprozess. Damit ist die Wahrnehmung
  von Zahl- und Aufgabenmerkmalen gemeint.
- Außerdem ist der Lösungsweg stark vom Lösungskontext abhängig. Dabei lassen sich
  individuelle Präferenzen der Lösenden feststellen.

Außerdem weist eine jüngere Studie (Rathgeb-Schnierer und Green 2015) darauf hin,
dass die Ausprägung flexibler Rechenkompetenzen auch vom Zeitpunkt im Lernprozess
abhängig ist. Es zeigte sich, dass Viertklässler deutlich flexibler agierten als jüngere Schülerinnen und Schüler in der zweiten Klasse.

Einfluss von Unterricht

In der Studie von Benz (2007) wurden 120 Schülerinnen und Schüler im Verlauf der zweiten Klasse zu Beginn, in der Mitte und am Ende des Schuljahres interviewt. Dabei zeigte sich unter anderem, dass die Schülerinnen und Schüler vor der Behandlung der Strategien im Unterricht durchaus Kombinationen unterschiedlicher strategischer Werkzeuge nutzen. Nach der Einführung von Strategien im Sinne von Musterlösungen verliert sich dieser kreative Zugang dann jedoch wieder und die Kinder greifen auf die erlernten Lösungswege zurück. Während in der Studie von Benz nach der Einführung *verschiedener* Strategien noch unterschiedliche Wege genutzt werden, zeigen zahlreiche Studien, dass die vorrangige Einführung *eines Hauptlösungsweges* dazu führt, dass die Kinder nahezu ausschließlich diesen nutzen – auch wenn anschließend weitere Strategien eingeführt werden (Blöte et al. 2000; Heirdsfield und Cooper 2002; Klein und Beishuizen 1998; Torbeyns et al. 2009a).

Betrachtet man die Entwicklung flexibler Rechenkompetenzen bei Kindern mit guten mathematischen Lernvoraussetzungen, so wird deutlich, dass diese unabhängig von ihrem Mathematikunterricht zu flexiblen Rechnern werden (Heinze et al. 2009; Torbeyns et al. 2009a). Ungeklärt ist hier allerdings, ob auch diese Kinder von einem diesbezüglich anregenden Unterricht profitieren und ihre flexiblen Vorgehensweisen noch weiter ausbauen können.

Fragen

Wie aber sehen förderliche Unterrichtsansätze aus?

Rathgeb-Schnierer (2006a) untersuchte die Rechenwegsentwicklung von Kindern im Laufe des zweiten Schuljahrs. Der Arithmetikunterricht wurde in dieser Zeit auf der Grundlage der Zahlenblickschulung konzipiert (Kap. 3). Die Ergebnisse zeigten, dass „Rechenwege [...] abhängig [sind] von der Zahlwahrnehmung im Lösungskontext" (ebd., 296). Daraus lässt sich ableiten, dass die Entwicklung von flexiblen Rechenwegen unmittelbar mit der Entwicklung für Zahl- und Aufgabenmerkmalen einhergehen muss, was die Schulung des Zahlenblicks ermöglicht (ebd.).

Grüßing, Schwabe, Heinze und Lipowsky (2013) untersuchten die Entwicklung flexibler Rechenkompetenzen bei 235 Drittklässlern. Dabei wurden drei unterschiedlich Unterrichtsansätze beobachtet: 79 Schülerinnen und Schüler erhielten 16 Unterrichtsstunden zur Förderung flexibler Rechenkompetenzen durch sogenannte „forschende Unterrichtsansätze". Damit war verbunden, dass Zahl- und Aufgabenmerkmale betrachtet, verschiedene Strategien oder strategische Werkzeuge entwickelt, ausprobiert und diskutiert wurden. Diese Gruppe wurde noch einmal unterteilt in zwei unterschiedliche forschende Unterrichtsansätze:

- Der erste Ansatz fokussierte auf die Entwicklung und Diskussion verschiedener Strategien, wobei anschließend verschiedene Hauptstrategien herausgearbeitet und geübt wurden.

- Im zweiten Ansatz wurde der Blick auf Zahl- und Aufgabenmerkmale gerichtet und dabei verschiedene strategische Werkzeuge und Lösungswege diskutiert. Dieser Unterricht entspricht der hier im Buch vorgestellten Zahlenblickschulung (Kap. 3).

Im Unterricht der Kontrollgruppe (162 Kinder) wurde zunächst eine Strategie als Hauptstrategie herausgearbeitet und später durch weitere mögliche Strategien ergänzt.

Die Ergebnisse der Studie ermöglichen erste Antworten auf die Frage, welche Unterrichtsansätze förderlich sein können:

Es zeigt sich, dass beide forschenden Unterrichtsansätze dem traditionellen Unterrichtskonzept deutlich überlegen waren (Grüßing et al. 2013), was auch noch zu einem späteren Zeitpunkt im Follow-up-Test sichtbar war. Nach Einführung der schriftlichen Rechenverfahren wurde der Abstand zwar geringer, war jedoch noch immer vorhanden. Die Autorinnen und Autoren schließen daraus, dass Kinder von beiden forschenden Unterrichtsansätzen profitieren können und diese deutlich förderlicher sind als traditionelle Unterrichtskonzepte. Interessant dabei ist, dass auch die Häufigkeit der Lösungsrichtigkeit mit der Entwicklung flexibler Rechenkompetenzen steigt und nicht, wie häufig vermutet, weniger wird (ebd.).

Vergleicht man nun die beiden forschenden Unterrichtsansätze miteinander, so zeigt sich, dass das Konzept der Zahlenblickschulung, in dem der Blick auf Zahl- und Aufgabenmerkmale gerichtet wird und davon ausgehend eigene Lösungswege entwickelt, diskutiert und verglichen werden, längerfristig nachhaltiger ist (Heinze et al. 2015). Kinder, die mithilfe der Schulung des Zahlenblicks unterrichtet wurden (Kap. 3), zeigten in einem Follow-up-Test nach acht Monaten noch immer flexiblere Rechenwege als diejenigen, bei denen die Einführung verschiedener Strategien im Vordergrund stand.

Deutlich wurde in dieser Studie jedoch auch, dass die Lehrkraft für die Entwicklung flexiblen Rechnens eine zentrale Rolle spielt (Heinze et al. 2015): Sie muss zum Austausch über Lösungswege anregen (Abschn. 2.2.4) sowie dabei die Kinder kognitiv aktivieren und zum Nachdenken über ihr eigenes Denken und das der anderen ermutigen (Abschn. 2.2.4).

Die Entwicklung flexibler Rechenkompetenzen bei leistungsschwachen Kindern

Fragen

Wie aber sieht dies bei Kindern aus, die Schwierigkeiten beim Rechnenlernen zeigen? Können und sollen diese Kinder flexible Rechenkompetenzen entwickeln?

Diese Frage wird sowohl im schulischen Alltag als auch in der Mathematikdidaktik kontrovers diskutiert. Studien, die keine spezifische Intervention betrachten, kommen zu anderen Ergebnissen als solche, die durch gezielten Unterricht die Anregung flexibler Rechenkompetenzen intendieren.

Torbeyns et al. (2005) untersuchten bei 83 Schülern am Ende der ersten Klasse die jeweils genutzten Rechenstrategien. Dabei unterschieden sie zwischen hoch- und durchschnittlich begabten sowie schwachen Kindern. Bei Aufgaben, die das Lösen über Fast-Verdopplung nahelegen, lösten 50 % aller Kinder mit Schwierigkeiten die Aufgaben ausschließlich durch Ergänzen zur Zehn, während nur etwa 10 % der anderen beiden Gruppen ausschließlich diese Strategie nutzten (ebd.). Es zeigte sich, dass die Lösungsrichtigkeit bei allen drei Gruppen ungefähr gleich groß war. Jedoch war zu erkennen, dass die Strategie durch Ergänzen zur Zehn weniger fehleranfällig war als das Fast-Verdoppeln, da die Kinder beim Fast-Verdoppeln häufig eins addierten, statt zu subtrahieren oder umgekehrt (beispielsweise $7 + 6 = 7 + 7 + 1 = 15$) (ebd., 11 f.). Die Lösungsgeschwindigkeit der Kinder unterschied sich deutlich: Schwächere Kinder benötigten wesentlich mehr Zeit als die guten und durchschnittlichen Kinder.

In einer anderen Untersuchung von Torbeyns et al. (2009b) mit Drittklässlern unterschiedlicher Leistungsgruppen zeigten sich allerdings nach der Behandlung der Strategien im Unterricht keine signifikanten Unterschiede zwischen den drei Leistungsgruppen: weder im Strategierepertoire noch bei der Verteilung der Strategien noch in der Effizienz oder Adäquatheit. In allen Gruppen orientierten sich die Kinder allerdings weniger an Zahl- und Aufgabenbeziehungen als daran, ob es sich um eine Additions- oder Subtraktionsaufgabe handelte. Hilfsaufgaben wurden häufiger bei der Subtraktion genutzt.

Dieses Bild bestätigt sich auch bei Studien, in denen die Entwicklung flexibler Rechenkompetenzen gezielt angeregt wurde (Baroody 2003; Peltenburg et al. 2011; Moser Opitz 2001; Rechtsteiner-Merz 2013; Van den Heuvel-Panhuizen 2008; Werner und Klein 2012):

In der Untersuchung von Peltenburg et al. (2011) zeigte sich, dass auch Kinder mit Lernschwierigkeiten spontan und nach der Behandlung im Unterricht auf verschiedene Strategien zurückgreifen (in dem Fall der Unterschiedsberechnung bei der Subtraktion wie beispielsweise: $31 - 29 = \rightarrow 29 + \ldots = 31$).

Moser Opitz (2001) untersuchte, wie sich die mathematischen Fähigkeiten leistungsschwacher Kinder entwickeln, die während des ersten Schuljahres mit der Konzeption „mathe 2000" unterrichtet wurden. Es erwies sich, dass diese Kinder im Vergleich zu Kindern mit traditionellem Unterricht in verschiedenen Bereichen deutlich bessere Leistungen entwickeln konnten. Dieser Unterschied wurde insbesondere auch im Hinblick auf die Ablösung vom zählenden Rechnen deutlich.

Auch in unserer Studie (Rechtsteiner-Merz 2013) wurde sichtbar, dass Erstklässler, die Schwierigkeiten beim Rechnenlernen zeigen, durchaus flexible Rechenkompetenzen entwickeln können. Allerdings war dies nur dann der Fall, wenn sie während des gesamten ersten Schuljahres im Mathematikunterricht gezielte Aktivitäten zur Zahlenblickschulung erhielten.

Von Januar der ersten bis Oktober der zweiten Klasse wurden die Lernprozesse von insgesamt 20 schwachen Kindern aus acht Klassen beobachtet. In fünf dieser Klassen (12 Kinder) setzten die Lehrkräfte während des gesamten ersten Schuljahres in mindestens einer Stunde des regulären Mathematikunterrichts Aktivitäten zur Schulung des Zahlenblicks ein. In den anderen drei Klassen (8 Kinder) wurde zwar keine Zahlenblickschulung durchgeführt, jedoch ein guter Mathematikunterricht sichergestellt. Im Rahmen der Datenanalyse konnten Deutungshypothesen entwickelt werden (Rechtsteiner-Merz 2013), von denen zwei hier ausführlicher vorgestellt werden. Sie beziehen sich alle auf Kinder, die zunächst Schwierigkeiten beim Rechnenlernen zeigten:

> Die Schulung des Zahlenblicks ermöglicht die Entwicklung flexibler Rechenkompetenzen. Aktivitäten zur Schulung des Zahlenblicks sind eine wesentliche Voraussetzung für das Rechnenlernen und die Entwicklung flexibler Rechenkompetenzen (ebd., 282).

Die Schulung des Zahlenblicks ermöglicht die Entwicklung flexibler Rechenkompetenzen.

Bis zu Beginn der zweiten Klasse ließen sich zwei Gruppen einteilen: erstens eine Gruppe von Kindern, die die Aufgaben noch immer überwiegend zählend lösten, auch wenn sie hin und wieder ein strategisches Werkzeug oder Fakten nutzten. Zweitens eine Gruppe von Kindern, die das Rechnen erlernt hatten. Die rechnenden Kinder wiederum ließen sich unterscheiden in diejenigen, die einen Blick für Beziehungen zeigten und flexibel vorgingen, und jene, die mechanisch rechneten.

Die Entwicklungsverläufe machten deutlich, dass die Kinder ohne Aktivitäten zur Zahlenblickschulung entweder beim zählenden Rechnen blieben oder unflexibel mechanisch rechneten. Diese Ergebnisse entsprechen zunächst den oben beschriebenen von Torbeyns et al. (2005). Spannend jedoch wird es, wenn man jene Kinder betrachtet, die während des gesamten ersten Schuljahres durch gezielte Aktivitäten zur Zahlenblickschulung angeregt wurden: Ausnahmslos alle nutzten zu Beginn der zweiten Klasse überwiegend Zahl- und Aufgabenbeziehungen. Dieser auffallende Unterschied in der Entwicklung lässt sich nur durch das schulische Setting der Zahlenblickschulung erklären (Rechtsteiner-Merz 2013).

Aktivitäten zur Schulung des Zahlenblicks sind eine wesentliche Voraussetzung für das Rechnenlernen und die Entwicklung flexibler Rechenkompetenzen.

In der Studie von Torbeyns et al. (2005) zeigte sich, dass durchschnittlich und überdurchschnittlich begabte Kinder auch ohne gezielten Mathematikunterricht flexible Rechenkompetenzen entwickeln können, was allerdings den schwächeren Kindern nicht möglich ist. Diese Beobachtung deutet darauf hin, dass höher begabte Kinder auch ohne gezielte Aktivitäten Zahl- und Aufgabenbeziehungen entwickeln. Schwächere Kinder hingegen, die keine Aktivitäten zur Zahlenblickschulung erhielten, entwickelten in unserer Studie von sich aus keinen Blick dafür (Rechtsteiner-Merz 2013). Sie benötigen Förderung durch Aktivitäten, die gezielt ihren Blick auf diese Zusammenhänge lenken.

Betrachtet man die Entwicklungsverläufe der Kinder im Hinblick auf die Ablösung vom zählenden Rechnen, so wird deutlich, dass für Kinder mit Schwierigkeiten diese Ablösung ohne gezielte Aktivitäten zur Schulung des Zahlenblicks eine kaum überwindbare Hürde darstellte. Dementsprechend konnten sie natürlich auch keine flexiblen Rechenkompetenzen entwickeln. Im Gegensatz dazu lösten sich jedoch die Kinder, deren Blick kontinuierlich auf Beziehungen gelenkt wurde, vom Zählen ab und entwickelten sich darüber hinaus fast ausschließlich zu flexiblen Rechnern (Rechtsteiner-Merz 2013).

2.2.2 Verschiedene theoretische Sichtweisen

Fragen

Was meinen wir eigentlich, wenn wir von flexiblem Rechnen sprechen?

Die Antwort auf diese Frage scheint auf den ersten Blick einfach zu sein. Wir würden sicher dann ein Kind als flexibel bezeichnen, wenn es verschiedene Lösungswerkzeuge (Abschn. 2.1.1.3) kennt und beim Lösen von Aufgaben strategische Werkzeuge und Basisfakten so kombiniert und nutzt, dass es zum korrekten Ergebnis kommt.

Fragen

Was verstehen Sie unter flexiblem Rechnen?

Antworten von Lehramtsstudierenden

Flexibles Rechnen bedeutet für mich, dass Schülerinnen und Schüler mit dem schnellsten Rechenweg zum Ergebnis gelangen und Zusammenhänge der Zahlen dabei im Blick haben (L.W.).

Ein flexibler Rechner ist für mich ein Kind, das verschiedene Rechenstrategien kennt und diese plausibel einsetzt. Das heißt, es kann argumentieren, warum es genau diesen einen Lösungsweg für den besten hält. Zudem spielt der Faktor Zeit dabei eine gewisse Rolle. Der geschickteste Lösungsweg ist auch meist der schnellste (K.H).

Ein flexibler Rechner beherrscht mehrere strategische Werkzeuge, mit denen er Aufgaben lösen kann, wobei er immer das jeweils passende Werkzeug für die zu lösende Aufgabe nutzt (T.K.).

Flexibles Rechnen ist für mich die Fähigkeit, eine Aufgabe auf die für mich geschickteste Weise zu lösen. Je mehr Rechenstrategien mir bekannt sind, desto mehr Lösungswege stehen mir bereit und desto flexibler bin ich (W.S.).

Für mich ist flexibles Rechnen die Fähigkeit, aufgabenadäquat Rechentechniken (strategische Werkzeuge) anzuwenden. Also je nach Aufgabentyp beziehungsweise in Abhängigkeit von Zahlbeziehungen eine Aufgabe geschickt berechnen zu können. Unerlässlich für flexibles Rechnen ist Beweglichkeit im Denken und auch die Kompetenz, gegebenenfalls (je nach Lösungsprozess) einen ursprünglich beschrittenen Weg abzubrechen und in anderer Richtung weiterzudenken (C.S.).

Beim Blick auf die verschiedenen Forschungsarbeiten (Abschn. 2.2.1) zeigt sich ein ähnliches Bild wie in den Antworten der Lehramtsstudierenden. Es gibt keineswegs ein einheitliches Verständnis davon, was flexibles Rechnen bedeutet. Vielmehr existieren viele verschiedene Definitionen – Star und Newton (2009, 558) sprechen in diesem Zusammenhang von einem „irgendwie verwirrenden Feld" („somewhat confusing terrain"). So wird flexibles Rechnen zum Beispiel verstanden als

- das Wissen über verschiedene Lösungsmethoden, verbunden mit der Fähigkeit, für jede Aufgabe die am besten passende auszuwählen.

  We choose to navigate through this somewhat confusing terrain by [...] defining flexibility as knowledge of multiple solutions as well as the ability and tendency to selectively choose the most appropriate ones for a given problem and a particular problem-solving goal (Star und Newton 2009, 558).

- als Dualität von Flexibilität und Adaptivität, wobei sich die Flexibilität auf das Nutzen verschiedener Strategien bezieht und die Adaptivität auf die Fähigkeit, eine für die gegebene Aufgabe passende auszuwählen.

  In the present article, we will, henceforth, use the dual term „flexibility/adaptivity" as the overall term, „flexibility" for the use of multiple strategies, and „adaptivity" for making appropriate strategy choices (Verschaffel et al. 2009, 337 f.).

- die Wahl der Strategie, die für das Kind am schnellsten zu einer korrekten Lösung der Aufgabe führt.

  First [...] we employed the definition of strategy flexibility as choosing among different strategies simply on the basis of the characteristics of the task, i. e. as using the compensation strategy on problems with a unit digit 8 or 9. Second, we also applied a more sophisticated definition wherein strategy flexibility is conceived as selecting the strategy that brings the child most quickly to an accurate answer to the problem (Torbeyns et al. 2009b, 583).

- das vielfältige Nutzen von Lösungswerkzeugen in Abhängigkeit von den erkannten Zahlbeziehungen und Aufgabenmerkmalen.

  In this way, flexible mental calculation can be seen as an individual and personal reaction with knowledge, manifested in the subjective sense of what is noticed about the specific problem. As a result of this interaction between noticing and knowledge each solution „method" is in a sense unique to that case, and is invented in the context of the particular calculation – although clearly influenced by experience (Threlfall 2002, 42; Anführungszeichen im Original).

  Flexibles Rechnen setzt das Erkennen spezifischer Aufgabenmerkmale sowie die Nutzung dieser Merkmale beim Lösen einer Aufgabe voraus. Beides hängt unmittelbar mit den Kompetenzen des Lösenden zusammen: Er muss die Aufgabe betrachten, die Merkmale erkennen und über die notwendigen strategischen Werkzeuge verfügen, um adäquat agieren zu können (Rathgeb-Schnierer 2006a, 60).

Trotz der unterschiedlichen Sichtweisen lassen sich in allen Definitionen gemeinsame Ideen bezüglich des flexiblen Rechnens finden: Flexibles Rechnen ist generell mit dem Kennen verschiedener Lösungswerkzeuge verbunden und mit der Fähigkeit, diese beim Lösen von Aufgaben adäquat zu nutzen. Kurz gefasst heißt das, dass im Lösungsprozess aufgabenadäquat gehandelt wird. Und genau in diesem Punkt sind auch die Unterschiede der verschiedenen Definitionen zu finden, welche dann wiederum Auswirkungen auf die Vorstellung haben, wie flexibles Rechnen am besten gefördert werden kann.

Fragen

Was genau wird unter aufgabenadäquatem Handeln verstanden und woran kann dieses festgemacht, also erkannt werden?

Mit Fokus auf dem Verständnis und der Identifikation von Aufgabenadäquatheit hat Rechtsteiner-Merz (2013) die unterschiedlichen Sichtweisen systematisch analysiert und zwei grundsätzlich verschiedene Zugänge herausgearbeitet: Zum einen wird Aufgabenadäquatheit erkannt über die Passung von Lösungsweg und Aufgabencharakteristik, die sich in der Nutzung der passenden Lösungswerkzeuge (1) und der Lösungsgeschwindigkeit sowie Korrektheit zeigen kann (2). Zum anderen wird aufgabenadäquates Handeln in Verbindung mit dem Referenzkontext gebracht (3).

1. Lösungsweg und Aufgabencharakteristik: Dieser Ansatz geht davon aus, dass sich flexibles Rechnen in der Nutzung des am besten zur Aufgabe passenden Lösungswegs zeigt. Hier liegt die Annahme zugrunde, dass zu jeder Aufgabe genau ein Lösungsweg normativ bestimmt werden kann, der am besten passt, und dieser im Lösungsprozess bewusst oder unbewusst gewählt wird (Blöte et al. 2000; Klein und Beishuizen 1998; Star und Newton 2009). Man geht also zunächst davon aus, dass Aufgaben mit denselben strukturellen Merkmalen ein ganz bestimmter Lösungsweg (im Sinne einer bestimmten Kombination von Lösungswerkzeugen) zugeordnet werden kann (Tab. 2.7). Flexibles Rechnen im Sinne von aufgabenadäquatem Handeln zeigt sich dementsprechend dann, wenn beim Lösen dieser Aufgaben genau diese Lösungswerkzeuge genutzt werden (Tab. 2.8).
   Im Zusammenhang mit diesem Ansatz drängen sich verschiedene Fragen zur kritischen Reflexion auf.

Fragen

- Ist es möglich, zu allen Aufgaben beziehungsweise Typen von Aufgaben die am besten passenden Lösungswerkzeuge zu finden (Tab. 2.7)?
- Wie wird die Entscheidung getroffen, wenn sich das passende Lösungswerkzeug nicht eindeutig erschließt (z. B. böte sich bei 37 − 19 sowohl die Nutzung der Nachbaraufgabe als auch das gleichsinnige Verändern zu 38 − 20 an) (Tab. 2.7)?
- Kann auch dann noch von flexiblem Rechnen gesprochen werden, wenn zwar die passenden Lösungswerkzeuge genutzt werden, dies aber auf Basis einer mechanisch gelernten Verfahrensweise erfolgt? Das Kind nutzt beispielsweise bei der Aufgabe „37 − 19" die Nachbaraufgabe „37 − 20", weil es gelernt hat: Immer wenn eine Neun vorkommt, rechne ich mit der Zehnerzahl.

2. Lösungsgeschwindigkeit und Korrektheit: Auch dieser Ansatz ist – zwar nicht explizit, aber implizit – mit der Passung von Aufgabencharakteristik und Lösungswerkzeug

Tab. 2.7 Aufgabenmerkmale und Beispiele für mögliche Lösungswerkzeuge

Strukturelles Merkmal	Mögliche Lösungswerkzeuge
Neunerzahl im Subtrahend/Summand $37-19$ $526-299$ $45+39$ $345+149$	Nachbaraufgabe: $37-20+1$ $526-300+1$ $45+40-1$ $345+150-1$ Gleichsinniges bzw. gegensinniges Verändern: $38-20$ $527-300$ $44+40$ $344+150$
Zahlennähe von Minuend und Subtrahend $81-78$ $486-481$	Nutzung der Umkehraufgabe (Ergänzen): $78+3$ $481+5$ Gleichsinniges Verändern: $80-77$ $83-80$ $485-480$ $490-485$

Tab. 2.8 Lösungswerkzeuge für die Aufgabe „403 − 398"

Erkanntes Merkmal	Mögliches Lösungswerkzeug
Zehnernähe des Minuenden	Nachbaraufgabe: $403-400+2$ Gleichsinniges Verändern: $(403+2)-(398+2)$
Nähe von Minuend und Subtrahend	Umkehraufgabe/Ergänzen: $398+2+3$

verbunden. Es wird davon ausgegangen, dass sich flexibles Rechnen im Sinne des aufgabenadäquaten Handelns im schnellen und korrekten Lösen einer Aufgabe zeigt, wenn sie mit der passenden Strategie gelöst wird (Torbeyns et al. 2009b). Das heißt umgekehrt: Genau dann, wenn eine Aufgabe mit den zur Aufgabencharakteristik passenden Lösungswerkzeugen gerechnet wurde, kann sie schnell, mit möglichst wenigen Schritten (Star und Newton 2009) und richtig gelöst werden.

3. Referenzkontext: Bei diesem Ansatz wird von aufgabenadäquatem Handeln dann gesprochen, wenn ein Lösungsprozess nicht verfahrensorientiert abläuft, sondern die Orientierung an den in der Aufgabe gegebenen Merkmalen und Beziehungen die Nutzung der Lösungswerkzeuge beeinflusst (Threlfall 2002, 2009; Rathgeb-Schnierer 2010a, 2011a; Rathgeb-Schnierer und Green 2013). Je nachdem, welche Merkmale erkannt werden, können sich die genutzten Lösungswerkzeuge für ein und dieselbe Aufgabe unterscheiden.

Diese drei verschiedenen Ansätze, flexibles Rechnen im Sinne aufgabenadäquaten Handelns zu verstehen und zu identifizieren, lassen sich mit dem zuvor dargestellten Modell der Ebenen im Lösungsprozess (Abb. 2.2) verknüpfen (Rechtsteiner-Merz 2013). Die ersten beiden Ansätze beziehen sich jeweils auf eine einzelne Ebene, hauptsächlich auf die der Lösungswerkzeuge. Flexibles Rechen wird darüber identifiziert, ob Lösungswerkzeuge oder eventuell Rechenformen so genutzt werden, dass sie zu entsprechenden Aufgaben passen. Beim letzten Ansatz wird dagegen auf das wechselseitige Zusammenwirken zweier Ebenen fokussiert: die Ebene der Lösungswerkzeuge und die Ebene der Referenzen. Es wird nur dann von flexiblem Rechnen gesprochen, wenn Lösungswerkzeuge abhängig von erkannten Zahl- und Aufgabenmerkmalen sowie der Aufgabe inhärenten Beziehungen genutzt werden.

Bei den ersten beiden Ansätzen spielt der Referenzkontext keine Rolle. Das heißt, es wird nicht darauf geschaut, vor welchem Hintergrund die Lösungswerkzeuge genutzt werden, die zur Aufgabe passen und zu einer schnellen und korrekten Lösung führen. Es ergibt also keinen Unterschied, ob Kinder Lösungswerkzeuge anwenden, weil sie ein entsprechendes Verfahren gelernt haben (z. B. bei einer Neunerzahl kann immer eine Nachbaraufgabe genutzt werden) oder weil sie die inhärenten Aufgabenmerkmale erkannt haben und die Lösungswerkzeuge daran anpassen. Der dritte Ansatz unterscheidet sich diesbezüglich deutlich: Hier wird nur dann von Flexibilität gesprochen, wenn eine verfahrensorientierte Herangehensweise ausgeschlossen werden kann und deutlich wird, dass erkannte Merkmale die Lösung beeinflussten. Ein guter Indikator für Flexibilität ist hierbei, wenn die Lernenden die Hintergründe ihres Tuns beschreiben und die Nutzung eines Lösungswerkzeugs begründen können (Rathgeb-Schnierer 2006a; Rechtsteiner-Merz 2013), wie es in nachfolgendem Gespräch zwischen Michael und der Lehrerin zu sehen ist.

Michael löst die Aufgabe „46 – 19"

Im Rahmen eines Interviews beschäftigt sich Michael (Ende Klasse 2) mit verschiedenen Subtraktionsaufgaben. Er wurde aufgefordert, die Aufgaben, die einzeln auf Karten notiert sind, erst einmal anzuschauen und dann zu lösen.

M: *Gucken wir uns die an* (nimmt die Aufgabe „46 – 19" und legt sie rechts von sich auf den Tisch). *Also da könnt – die könnt' ich jetzt eigentlich gut mit einem Trick rechnen.*

L: *Mhm.*

M: *Dann – das macht dann – das macht* (zeigt auf die 19) *– 20 könnt' ich da draus machen und das ist dann eine 47* (zeigt auf die 46).

L: *Mhm.*

M: *47 minus 20 ist 27.*

L: *Mhm. Was bringt dir der Trick?*

M: *Da hab ich dann hier 'nen Zehner* (zeigt auf die 19) *und dann hab ich sogar den –*
   den Zehner „20" und das ist die Hälfte von 40 (zeigt auf die 46) *und dann ist's*
   ganz leicht.

L: *Mhm. Bist du dir sicher, dass mit dem Trick wirklich dasselbe Ergebnis rauskommt*
   wie bei 46 – 19?

M: *Ja, weil wenn ich bei beiden 1 höher mach, (. . .) dann gibt's gleiche Ergebnis.*

L: *Mhm, das hast du ja super erklärt.*

M: *Oder wenn ich bei beiden 1 weniger mach.*

L: *Mhm.*

M: *Weil wenn ich beim – beim einen 2 weniger mach und beim andern ist's 1, dann*
   geht's nicht.

L: *Mhm. Und warum machst du jetzt hier bei beiden Zahlen eins mehr und nicht bei*
   beiden eins weniger?

M: *Weil bei beiden eins weniger, dann hätte ich die 45, aber 'ne Zehnerzahl bringt*
   noch mehr.

Die unterschiedlichen Sichtweisen auf flexibles Rechnen führen nicht nur zu verschiedenen Forschungsinteressen und Forschungszielen, sondern vor allem auch zu
unterschiedlichen Schwerpunktsetzungen bei der Förderung flexibler Rechenkompetenzen (Rechtsteiner-Merz 2015a). Mit dem Blick auf die Ebene der Lösungswerkzeuge ist
die Förderung auf das Erkunden unterschiedlicher Lösungswerkzeuge und die Diskussion
über deren Passung ausgerichtet (z. B. Selter 2003a; Lorenz 2006; Wittmann und Müller
1992). Werden die Referenzen mit in Betracht gezogen, spielt es eine entscheidende Rolle, ob Aufgaben- und Zahlenmerkmale sowie Aufgaben- und Zahlbeziehungen erkannt
und im Lösungsprozess genutzt werden. Konsequenterweise wird hier bei der Förderung
nicht nur auf Lösungswerkzeuge fokussiert, sondern vor allem der Blick auf Aufgaben-,
Term- und Zahlmerkmale sowie deren Beziehungen gerichtet (z. B. Rathgeb-Schnierer
2014a; Rechtsteiner-Merz 2011a; Schütte 2002a, 2002b, 2008; siehe auch Kap. 3).

2.2.3 Flexibles Rechnen beschreiben

Im vorangegangenen Abschnitt klang bereits an, dass die Art und Weise der Förderung unmittelbar mit dem Verständnis von flexiblem Rechnen zusammenhängt. Deshalb ist es uns
wichtig, vor den Überlegungen zur Förderung unser Verständnis von flexiblem Rechnen
transparent zu machen.

▶ **Flexibles Rechnen** Flexibles Rechnen bedeutet aufgabenadäquates Handeln, das sich
im vielfältigen Nutzen von Lösungswerkzeugen in Abhängigkeit von erkannten Merkmalen und Beziehungen zeigt. Das heißt, beim Lösen einer Aufgabe werden Aufgabenmerkmale erkannt und dieses Erkennen hat Einfluss darauf, welche Lösungswerkzeuge
genutzt und kombiniert werden. Das aufgabenadäquate Handeln beinhaltet die Aspekte

„Flexibilität" und „Adaptivität": Flexibilität im Sinne des Kennens, beweglichen Nutzens und Kombinierens verschiedener Lösungswerkzeuge, sowie Adaptivität im Sinne des situationsspezifischen Anpassens der genutzten Lösungswerkzeuge auf die in der Aufgabe gegebenen und wahrgenommenen Merkmale.

(Rathgeb-Schnierer 2006a, 2010a, 2011a; Rathgeb-Schnierer und Green 2013; Rechtsteiner-Merz 2013; Rechtsteiner und Rathgeb-Schnierer 2017; Threlfall 2002, 2009)

Lösungswerkzeuge und Referenzkontext
Unser Verständnis bezieht die Ebene der Lösungswerkzeuge ebenso mit ein wie die Ebene der Referenzen. Das bedeutet, dass die „Zahlwahrnehmung im Lösungskontext" (Rathgeb-Schnierer 2006a, 273), also das Betrachten einer Aufgabe aus der Metaperspektive und das Erkennen der innewohnenden Merkmale und Beziehungen, der entscheidende Faktor für flexibles Rechnen darstellt.

Fragen
Worauf stützt sich der Lösungsprozess eines Kindes?

Diese Frage ist unseres Erachtens ganz entscheidend, wenn es um die Beurteilung flexibler Rechenkompetenzen geht. Eben weil es einen entscheidenden Unterschied darstellt, ob ein Kind beim Kopfrechnen oder halbschriftlichen Rechnen verfahrensorientiert ist oder Merkmale und Beziehungen nutzt, wie dies im nachfolgenden Beispiel der Fall ist.

Simone löst die Aufgabe „46 − 19"
Simone löst am Ende der zweiten Klasse die Aufgabe „46 − 19" und erklärt während des Lösungsprozesses:

S: *Wenn ich da plus mach* (zeigt auf die Aufgabe), *dann hab ich 20 und da 47 und dann ist die leichter zum Rechnen.*
I: *Welche Aufgabe rechnest du denn dann?*
S: *47 − 20. Dann kommt 26 (.) nee 27.*
I: *Und du bist jetzt ganz sicher, dass bei 47 − 20 das Gleiche rauskommt wie bei 46 − 19?*
S: *Ja, weil … äh … ich plus eins dazugenommen habe, und dann ist da mehr und ich nehme da mehr weg.*

Simone löst die Aufgabe im Kopf und nutzt dabei verschiedene Lösungswerkzeuge: Mithilfe des strategischen Werkzeugs „gleichsinnigen Verändern" wird die Ausgangsaufgabe zunächst vereinfacht und es entsteht die Aufgabe „47 − 20". Diese wird vermutlich durch eine Kombination von Analogiewissen und Rückgriff auf Basisfakten gelöst, indem sie über die automatisierte Aufgabe „4 − 2" durch Kombination mit ihrem Analogiewissen auf „40 − 20" und dann „47 − 20" schließt. Da sie ihr Vorgehen begründen kann, ist anzunehmen, dass sie sich nicht auf ein mechanisch genutztes Verfahren stützt, sondern das Erkennen und Nutzen von Aufgabenmerkmalen und Zahlbeziehungen die Referenz ist.

Um Flexibilität beim Rechnen zu beurteilen, ist es unseres Erachtens nicht ausreichend, zu schauen, ob ein Kind beim Rechnen verschiedene Lösungswerkzeuge nutzt. Dies könnte es ja auch tun, weil ihm jemand verschiedene „Tricks" rezeptartig beigebracht hat, wie beispielsweise:

- Immer wenn du mit Zehnerzahlen rechnest, lass einfach die Null weg und hänge sie am Ende wieder an.
- Immer wenn du eine Neunerzahl siehst, rechne mit der nächsten Zehnerzahl.
- Immer wenn die Aufgabe einen Zehnerübergang hat, rechne erst bis zum entsprechenden Zehner und dann weiter.
- …

Es ist zu eng gedacht, wenn flexibles Rechnen auf das Kennen verschiedener Lösungswege (die immer aus einer Kombination von Lösungswerkzeugen bestehen) reduziert wird, die schnell und korrekt angewendet werden können. Dieses Verständnis schließt nämlich nicht aus, dass dem Lösungsprozess ein gelerntes Verfahren zugrunde liegt. Gerade das aber meint flexibles Rechnen im Sinne von aufgabenadäquatem Handeln unseres Erachtens nicht. Vielmehr zeigt es sich im Erkennen und Nutzen aufgabenbezogener Eigenschaften und Beziehungen (Threlfall 2002, 2009; Rathgeb-Schnierer 2014b).

Es geht nicht darum, dass der eine passende Lösungsweg für eine Aufgabe gefunden wird, denn diesen einen passenden Weg gibt es häufig nicht (Tab. 2.7). Ebenso lässt sich aufgrund einer korrekt gelösten Aufgabe nicht beurteilen, ob ein Kind aufgabenadäquat handelt. Vielmehr ist der Blick auf das Vorgehen beim Rechnen zu richten – also auf den Lösungsprozess. Hierbei stellen sich folgende Fragen:

- Erkennt ein Kind Zahlen- und Aufgabenmerkmale?
- Werden dementsprechend strategische Werkzeuge genutzt?
- Werden strategische Werkzeuge innerhalb eines Lösungsweges kombiniert?
- Werden Lösungswege begründet?

Bei Simones Lösungsweg (s. o.) kann darauf geschossen werden, dass sie all das tut, was aufgabenadäquates Handeln ausmacht. Letztendlich zeigt sich dies vor allem darin, dass sie ihr Vorgehen begründen kann.

Flexible Rechenwege hängen nicht nur unmittelbar mit den spezifischen Zahlen- und Aufgabenmerkmalen zusammen, sondern insbesondere auch mit den Kompetenzen der Lernenden, die durch geeignete Aktivitäten zu entwickeln sind (Kap. 4 und 5).

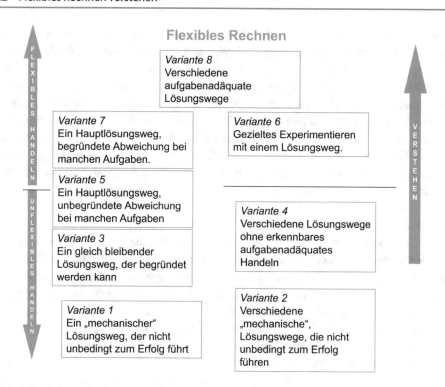

Abb. 2.5   Varianten im Lösungsverhalten. (Rathgeb-Schnierer 2006a, 271)

Ausprägungen von flexiblem Rechnen

In einer qualitativ explorativen Studie (Rathgeb-Schnierer 2006a) konnte gezeigt werden, dass flexibles Rechnen kein „Alles-oder-nichts-Phänomen" ist, sondern sich langsam entwickelt und sich im Lösungsverhalten der Kinder in verschiedenen Ausprägungen zeigen kann (Abb. 2.5).

Erste Anzeichen von flexiblem Handeln zeigen sich bereits dann, wenn Kinder von einem präferierten und verstandenen Lösungswerkzeug abweichen und bei Aufgaben mit offensichtlichen Merkmalen Lösungswerkzeuge nutzen, die an diese Merkmale angepasst sind (Variante 5). Der höchste Ausbildungsgrad mit uneingeschränkt flexiblen Rechenkompetenzen innerhalb eines bestimmten Zahlenraums ist dann vorhanden, wenn Formen des Rechnens und Lösungswerkzeuge – strategische Werkzeuge und der Rückgriff auf Basisfakten – begründet, flexibel kombiniert und aufgabenadäquat eingesetzt werden (Variante 8). Ist dies der Fall, kann man bezogen auf einen bestimmten Zahlenraum und die entsprechenden Rechenoperationen vom flexiblen Rechner sprechen. Eine Ausnahme stellt der Zahlenraum bis 20 dar: Hier ist der höchste Ausprägungsgrad durch ein hohes Maß an Automatisierung gekennzeichnet.

Rechtsteiner-Merz (2013) hat in einer Studie die Entwicklung flexibler Rechenkompetenzen von Erstklässlern mit Schwierigkeiten beim Rechnenlernen untersucht und eine

Typologie zum flexiblen Rechnen in Klasse 1 erarbeitet (ebd., 241 ff.). Im Hinblick auf die Ausbildungsgrade flexiblen Rechnens zeigt sich, dass es in der ersten Klasse neben dem Typus des *flexiblen Rechners* auch noch den des *Experten* gibt. Der *flexible Rechner* zeichnet sich durch den vorwiegenden Einsatz strategischer Werkzeuge im kleinen Zahlenraum aus, die teilweise auch auf den erweiterten Zahlenraum übertragen werden können. Zuweilen findet auch ein Rückgriff auf Basisfakten statt, aber wesentlich seltener, als dies beim sogenannten *Experten* der Fall ist. Der *Experte* hat die Aufgaben des kleinen Einspluseins weitgehend automatisiert. Sein erworbenes Wissen über Zahl- und Aufgabenmerkmale sowie über strategische Werkzeuge kann er eigenständig im erweiterten Zahlenraum bis 100 nutzen und damit die Aufgaben ausrechnen (ebd.).

Merkmale von flexiblen Rechnern
In der Literatur werden vielfältige Merkmale beschrieben, die im Lösungsverhalten von flexiblen Rechnern zu beobachten sind (Heirdsfield und Cooper 2002; Rathgeb-Schnierer 2006a, 2010a). Diese können umgekehrt als Indikatoren genutzt werden, um den Entwicklungsstand von Kindern im Hinblick auf flexibles Rechnen einzuschätzen. Je mehr dieser Merkmale im Lösungsverhalten eines Kindes zu erkennen und je stärker sie ausgeprägt sind, umso eindeutiger kann von einem flexiblen Rechner in einem bestimmten Kontext gesprochen werden. Die beschriebenen Merkmale beziehen sich auf inhaltliche, affektive und metakognitive Kompetenzen.

Flexible Rechner zeichnen sich aus durch (Heirdsfield und Cooper 2002; Rathgeb-Schnierer 2006a, 2010a; Threlfall 2002):

- Zahlwissen
- Schätzkompetenz
- Zahlverständnis
- Operationswissen
- Erkennen von Aufgabenunterscheiden, Zahleigenschaften und Zahlbeziehungen
- Nutzen von Zahl- und Aufgabeneigenschaften sowie Beziehungen beim Lösen von Aufgaben
- Kennen, Verstehen und beweglicher Einsatz von strategischen Werkzeugen
  ***
- Einschätzung der Passung eines Lösungswegs
- Darstellung von Lösungswegen
- Begründen von Lösungswegen
  ***
- Positives Selbstbild bezüglich der eigenen mathematischen Fähigkeiten
- Positive Einstellung zum Fach

Diese unterschiedlichen Merkmale, durch die sich flexible Rechner auszeichnen, geben im Umkehrschluss insbesondere Hinweise darauf, welche Kompetenzen im Hinblick auf flexibles Rechnen zu fördern sind.

2.2.4 Flexibles Rechnen fördern

Fragen

Wie kann flexibles Rechnen gefördert werden?

Diese Frage umfasst zwei Aspekte: den Blick auf die zu fördernden Kompetenzen und die Art und Weise, wie die Förderung aufgebaut wird. Die Beantwortung hängt, wie oben bereits erwähnt, unmittelbar mit dem Verständnis von flexiblem Rechnen zusammen. Bei der Darstellung der verschiedenen Sichtweisen wurde deutlich, dass sie sich auf unterschiedliche Ebenen im Lösungsprozess beziehen (Abb. 2.2). Genau daraus resultieren zwei verschiedene Förderansätze (Rechtsteiner-Merz 2013, 2015a): einmal Förderung mit Blick auf die Lösungswerkzeuge und einmal mit Blick auf den Referenzkontext. Beide Förderansätze unterscheiden sich bezüglich der zu fördernden inhaltlichen Kompetenzen nicht wesentlich. Sie fokussieren beide auf die Entwicklung von Zahl- und Operationswissen, die Entwicklung strategischer Werkzeuge und den Austausch über Lösungswege. Ebenso betonen beide Ansätze, dass die Entwicklung flexibler Rechenkompetenzen ein langfristiger, kumulativer Prozess ist und flexibles Rechnen nicht kurzfristig gelehrt werden kann.

Der zentrale Unterschied liegt in der Reihenfolge und der Schwerpunktsetzung (Rechtsteiner-Merz 2015a):

- Förderansätze mit Blick auf die flexible und sichere Nutzung von Lösungswerkzeugen stellen das Erlernen dieser in den Mittelpunkt. Zuerst werden verschiedene strategische Werkzeuge kennengelernt und geübt und dann darüber diskutiert, welche Vorgehensweise für eine Aufgabe am besten passt (z. B. Klein und Beishuizen 1998; Blöte et al. 2000; Lorenz 2006, 2007a; Star und Newton 2009; Verschaffel et al. 2009).
- Förderansätze mit Blick auf den Referenzkontext legen von Anfang an den Schwerpunkt auf das Entdecken und Erkennen von Zahl-, Term- und Aufgabenbeziehungen in Verknüpfung mit der Entwicklung eines umfassenden Zahlbegriffs und strategischer Werkzeuge (Schütte 2002a, 2002b, 2008; Rathgeb-Schnierer 2006a, 2008, 2011c, 2014a; Rechtsteiner-Merz 2011a, 2013; Schuler 2015).

Voraussetzungen für flexibles Rechnen

Aus den vielfältigen Forschungsarbeiten zum flexiblen Rechnen, die in den letzten beiden Jahrzehnten durchgeführt wurden, können eindeutig Voraussetzungen für das flexible Rechnen formuliert werden (Abb. 2.6), aus denen sich konkrete Hinweise für die Förderung ableiten lassen.

Flexibles Rechnen erfordert grundsätzlich ...

- ein fundiertes Wissen über Zahlen und Rechenoperationen: Das bedeutet einen umfassenden Zahlbegriff (Kap. 3) und ein ausgeprägtes Operationsverständnis (Heirdsfield und Cooper 2002, 2004; Hope 1987; Rechtsteiner 2017a; Threlfall 2002).

Voraussetzungen für flexibles Rechnen

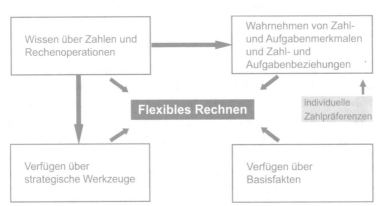

Abb. 2.6 Voraussetzungen für flexibles Rechnen. (Rathgeb-Schnierer 2011a, 22)

- die Automatisierung der Basisfakten: Das bedeutet, das Auswendigwissen möglichst vieler Grundaufgaben des kleinen Einspluseins und Einmaleins (z. B. Gaidoschik 2010, 2014; Gerster 2007; Rechtsteiner-Merz 2015b; Rechtsteiner und Sprenger 2018).
- das Verfügen über strategische Werkzeuge: Dies impliziert das flexible Zerlegen und Zusammensetzen von Zahlen sowie das Nutzen von Hilfsaufgaben, also das regelgestützte Verändern von Aufgaben sowie das Nutzen von Analogiewissen (Threlfall 2002; Rathgeb-Schnierer 2006a, 2011c; Rechtsteiner-Merz 2013).
- das Wahrnehmen von Zahl- und Aufgabenmerkmalen sowie deren Beziehungen: Im Lösungsprozess werden aufgabenspezifische Merkmale sowie Zahlbeziehungen erkannt und strategische Werkzeuge im Hinblick auf die wahrgenommenen Aufgabenmerkmale und Zahlbeziehungen genutzt (Macintyre und Forrester 2003; Rathgeb-Schnierer 2004a, 2005, 2006a, 2010a, 2011a; Rechtsteiner-Merz 2013; Rechtsteiner und Rathgeb-Schnierer 2017; Schütte 2004a; Threlfall 2009).

Darüber hinaus setzt flexibles Rechnen eine gewisse Haltung im Umgang mit Aufgaben voraus. Diese ist nicht vom sofortigen Ausrechnen, sondern vom Betrachten und Erkennen von Merkmalen innerhalb einer Aufgabe und zwischen Aufgaben geprägt. Diese Haltung explizit anzubahnen, ist ein grundlegendes Ziel, wenn die Förderung flexibler Rechenkompetenzen angestrebt wird (Häsel-Weide 2014; Rathgeb-Schnierer 2010a, 2011a; Rechtsteiner-Merz 2011a, 2013; Schütte 2004a). Mit einer solchen Haltung lassen sich auch Aufgabenschwierigkeiten sowie passende Formen und Lösungswerkzeuge adäquat einschätzen.

Folgerungen für die Förderung

Eigenständige Rechenwege werden nicht nur vom Wissen über strategische Werkzeuge, Zahlen und Rechenoperationen beeinflusst, sondern hängen insbesondere mit der momentanen Zahlwahrnehmung im Lösungskontext zusammen (Rathgeb-Schnierer 2006a, 277).

Die Relevanz der „Zahlwahrnehmung im Lösungskontext" für das flexible Rechnen wurde in den letzten Jahren immer deutlicher. Dies hängt zum einen mit entsprechenden Forschungsarbeiten zusammen, die ganz klar zeigten, dass Lösungswege in erster Linie eben nicht von Aufgabentypen (z. B. Addition von zweistelligen Zahlen mit bzw. ohne Zehnerübergang) abhängen, sondern vielmehr von speziellen Merkmalen einer Aufgabe (Blöte et al. 2000; Torbeyns et al. 2009b), die im Lösungskontext erkannt werden (Rathgeb-Schnierer 2006a, 2010a). Zum anderen verdeutlicht die Forschungsarbeit von Rechtsteiner-Merz (2013) die Notwendigkeit der Zahlwahrnehmung nochmals in einem anderen Kontext. Sie zeigt, dass gerade Kinder mit Lernschwierigkeiten ohne das Erkennen und Nutzen von Aufgabenmerkmalen und Zahlbeziehungen die Ablösung vom zählenden Rechnen nicht leisten, geschweige denn flexible Rechenkompetenzen entwickeln können.

Die dargestellten Voraussetzungen für flexibles Rechnen geben einen Hinweis darauf, welche Kompetenzen im Mathematikunterricht zu fördern sind und welche Art von Aktivitäten im Unterricht zum Tragen kommen sollte. Grundsätzlich ist es wichtig, alle vier Bereiche zu fördern (Abb. 2.6). Besonderes Augenmerk sollte unseres Erachtens auf dem Bereich des Wahrnehmens von Zahl- und Aufgabenmerkmalen sowie deren Beziehungen liegen. Dieser Bereich kann durch kontinuierliche Schulung des Zahlenblicks (Schütte 2002a, 2008; Rechtsteiner-Merz 2011a, 2013) gefördert werden. Zahlenblickschulung zielt darauf ab, dass bei allen Aktivitäten zur Zahlbegriffsentwicklung, zur Ablösung des zählenden Rechnens und zum weiterführenden Rechnen der Blick auf Merkmale und Beziehungen von Zahlen und Aufgaben gelenkt wird (Kap. 3).

▶   **Praxisorientierte Lesetipps zur Förderung flexibler Rechenkompetenzen**

- Die Grundschulzeitschrift: Flexibles Rechnen, 1999 (125)
- Die Grundschulzeitschrift: Zahlensinn, 2006 (191)
- Die Grundschulzeitschrift: Lernwege Mathematik, 2010 (240)
- Die Grundschulzeitschrift: Vom Zählen zum Rechnen, 2011 (280 f.)
- Die Grundschulzeitschrift: Flexibles Rechnen, 2014 (280)
- Grundschule Mathematik: Flexibles Rechnen: Addieren und Subtrahieren, 2006 (11)
- Fördermagazin: Mathe üben, 2015 (4)

Zusammenfassung

Förderung flexibler Rechenkompetenzen

Sowohl das aufgezeigte Verständnis von flexiblem Rechnen als auch der kurze Überblick über die Voraussetzungen für flexibles Rechen geben Hinweise auf die Förderung
im Unterricht. Wenn flexibles Rechnen bedeutet, dass Lösungswerkzeuge vor dem Hintergrund der erkannten Aufgabenmerkmale und Zahlbeziehungen genutzt und kombiniert werden, dann ist es grundsätzlich wichtig, im Mathematikunterricht alle vier oben
genannten Bereiche zu fördern. Die Kernidee des flexiblen Rechnens besteht allerdings
darin, die spezifischen Merkmale einer Aufgabe (ihre Zahleigenschaften und -bezie-
hungen) zu erkennen und für den Lösungsprozess zu nutzen. Deshalb kommt der Förderung des Wahrnehmens von Zahl-, Term- und Aufgabenbeziehungen hier eine ganz
besondere Bedeutung zu. In aktuellen Schulbüchern wird nach wie vor der Schwerpunkt auf die Bereiche Zahl- und Operationswissen, Automatisierung von Basisfakten
und Entwicklung strategischer Werkzeuge gelegt. Ganz anders sieht dies im Rahmen
der von Schütte (2004a, 2008) entwickelten und von uns (Rechtsteiner-Merz 2013) aus-
differenzierten Konzeption zur „Schulung des Zahlenblicks" aus. Zahlenblickschulung
meint einen langfristigen Prozess, der sich inhaltlich auf die Entwicklung des Zahlbegriffs sowie das Rechnen bezieht und sich über die gesamte Grundschulzeit erstreckt.
Die Grundprinzipien dieser Konzeption liegen darin, dass ...

- Aufgaben nicht sofort gerechnet, sondern im Hinblick auf ihre spezifischen Merkmale, ihre Struktur und die Beziehung zu anderen Aufgaben betrachtet werden.
- der Aufbau metakognitiver Kompetenzen gefördert wird, indem die Kinder durch
  gezielte Impulse und Fragestellungen zum Nachdenken über mathematische Inhalte,
  über Hintergründe sowie über ihr eigenes Denken angeregt werden.

Die Aktivitäten zur Zahlenblickschulung umfassen „Tätigkeiten zum Sehen, Sortieren und Strukturieren von Anzahlen, Termen und Aufgaben", wobei immer deren
Beziehungen im Zentrum der Auseinandersetzung stehen (Rechtsteiner-Merz 2013,
103).

Was Zahlenblick bedeutet und wie dieser Zahlenblick geschult werden kann, wird
im nächsten Kapitel ausführlich dargestellt.

Zahlenblickschulung als Konzeption zur Entwicklung und Förderung flexiblen Rechnens bei allen Kindern

3

In Kap. 2 wurde dargestellt, was unter flexiblem Rechnen verstanden werden kann. Wird dabei der Blick neben den Lösungswerkzeugen auch auf den Referenzrahmen gerichtet, so bedeutet dies für dessen Förderung unweigerlich, dass die Entwicklung eines Blicks für Zahl-, Term- und Aufgabenbeziehungen zentral sein muss. Die Konzeption der Schulung des Zahlenblicks fokussiert von der ersten Klasse an bei der Auseinandersetzung mit den arithmetischen Inhalten auf die Entwicklung von Zahl- und Aufgabenmerkmalen. Wie genau dies aussehen kann und was unter „Zahlenblick" genau zu verstehen ist, wird in diesem Kapitel beschrieben.

3.1 Hintergründe zur Zahlenblickschulung

3.1.1 Definition „Zahlenblick"

Im Kontext des Begriffs „Zahlenblick" finden sich in der Literatur verschiedene Begriffe wie „number sense" bzw. „Zahlensinn" oder „structure sense" bzw. „Struktursinn". Zudem wird in der Unterrichtspraxis und in Lehrwerken im Zusammenhang mit dem schnellen Erfassen von Punktebildern häufig der Begriff „Blitzblick" verwendet (Gaidoschik 2016; Rechtsteiner-Merz 2011a). Da diese Begriffsvielfalt immer wieder zu Verwechslungen führt, ist zunächst also eine Begriffsklärung wichtig. Um deutlich zu machen, was wir unter „Zahlenblick" verstehen, werden nachfolgend die verschiedenen Begriffe beleuchtet und voneinander abgegrenzt.

„Number sense" oder „Zahlensinn"
Der Begriff „number sense" wird in verschiedenen Fachrichtungen wie der Kognitions- und Entwicklungspsychologie, aber auch in der Fachdidaktik genutzt. Je nach Fachgebiet werden unterschiedliche Sichtweisen damit verbunden. Entsprechend unterschiedlich sind auch die Definitionen (Berch 2005).

© Springer-Verlag GmbH Deutschland, ein Teil von Springer Nature 2018
E. Rathgeb-Schnierer und C. Rechtsteiner, *Rechnen lernen und Flexibilität entwickeln*,
Mathematik Primarstufe und Sekundarstufe I + II,
https://doi.org/10.1007/978-3-662-57477-5_3

... that number sense reputedly constitutes an awareness, intuition, recognition, knowledge, skill, ability, desire, feel, expectation, process, conceptual structure, on mental number line. Possessing number sense ostensibly permits one to achieve everything from understanding the meaning of numbers to developing strategies for solving complex math problems; from making simple magnitude comparisons to inventing procedures for conducting numerical operations; and from recognizing gross numerical errors to using quantitative methods for communicating, processing, and interpreting information. With respect to its origins, some consider number sense to be part of our genetic endowment, whereas others regard it as an acquired skill set that develops with experience (Berch 2005, 333 f.).

Ein grundlegender Unterschied im Verständnis von Zahlensinn liegt bei den einzelnen Domänen in der Frage, wie und wann Zahlensinn entsteht: Ist er angeboren? Entwickelt er sich in einem natürlichen Prozess während des Heranwachsens? Oder sollte er in der Schule explizit angeregt werden?

In der kognitiven Entwicklungspsychologie wird der Begriff Zahlensinn in Verbindung mit angeborenen mathematischen Fähigkeiten genutzt, wie beispielsweise der Unterscheidung von Mengen und der Anordnung von Zahlen. Empirisch erfasst wird dies anhand des sogenannten „Distanzeffekts" (van Eimeren und Ansari 2009), auch „Größeneffekt" (Buckley und Gillmann 1974 nach Schweiter und von Aster 2005, 38) genannt. Dieser beschreibt die Dauer, die benötigt wird, um Größenunterschiede von Zahlen zu erfassen, und wird unmittelbar mit dem semantischen mathematischen Modul im Triple-Code-Modell von Dehaene (1992) in Verbindung gebracht. Treten hier Störungen auf, so wird von einem Verlust des Zahlensinns im Sinne einer angeborenen Fähigkeit gesprochen (Dehaene 1999; Wilson und Dehaene 2007).

Aus fachdidaktischer Perspektive wird Zahlensinn häufig als Fähigkeit gesehen, die sich bereits ab der frühen Kindheit auf natürliche Weise entwickelt und durch Einflüsse unterstützt werden kann. Diese Entwicklung vollzieht sich auch bei Kindern, die zunächst wenig Sinn für Beziehungen aufweisen (Gersten und Chard 1999).

Most children acquire this conceptual structure informally through interactions with parents and siblings before they enter kindergarten (Gersten und Chard 1999, 20).

Was allerdings genau unter Zahlensinn zu verstehen ist, kann auch aus fachdidaktischer Perspektive nicht abschließend geklärt werden. Innerhalb der Definitionen lassen sich ganz unterschiedliche Ebenen finden: In einigen werden arithmetische Inhalte wie ein umfassender Zahlbegriff und Operationsverständnis als *number sense* angesehen. Andere Definitionen umfassen ebenfalls die oben genannten Aspekte und ergänzen das Nutzen strategischer Werkzeuge (Sayers und Andrews 2015). Dem gegenüber stehen Beschreibungen, in denen nicht die arithmetischen Inhalte als solche als *number sense* angesehen werden, sondern vielmehr der flexible Umgang mit Strategien und das Nutzen von Beziehungen (Almeida und Bruno 2015; Lorenz 1997a).

Während es sich aus kognitionspsychologischer Sicht um angeborene Kompetenzen handelt, wird in den ganz unterschiedlichen fachdidaktischen Sichtweisen deutlich, dass

Zahlensinn als eine Kompetenz gesehen wird, die erlernbar ist und somit entwickelt werden kann. In den NCTM Standards von 1989 zeigen sich beide Aspekte:

> Number sense is an intuition about numbers that is drawn from all the varied meanings of numbers. It has five components:
>
> 1. *Developing number meanings.* [...]
> 2. *Exploring number relationships with manipulatives.* [...]
> 3. *Understanding the relative magnitude of numbers.* [...]
> 4. *Developing intuitions about the relative effect of operating on numbers.* [...]
> 5. *Developing referents for measures of common objects and situations in their environment.*
>
> (NCTM 1989, 39 f.; Hervorhebung im Original)

Dieses Zitat macht deutlich, dass Zahlensinn intuitiv ist, jedoch durch Aktivitäten zur Zahlbegriffsentwicklung (auch mit Anschauungsmitteln) und dabei insbesondere zum Verständnis von Zahlbeziehungen (weiter-)entwickelt werden kann. Das bedeutet, dass die Entwicklung von Zahlensinn kein eigenständiges Thema ist, sondern sich beim Arbeiten mit den Inhalten aus dem Bereich der Zahlbegriffsentwicklung kontinuierlich vollzieht. Entscheidend hierbei ist die Art und Weise der Auseinandersetzung mit diesen Inhalten.

> As such, number sense is not so much a specific topic to be taught, as an aspect that permeates the entire approach to teaching (Verschaffel und De Corte 1996, 109).

Greeno (1991) beschreibt Zahlensinn als umfassende Kompetenz, die sich auf drei Aspekte bezieht: flexibles Rechnen, Überschlagen von Ergebnissen und Abschätzen von Anzahlen. Hierfür sieht er die Entwicklung eines umfassenden Zahlbegriffs als Grundlage, die im Unterricht angeregt werden kann. Seine Definition von Zahlensinn fasst er in eine Metapher:

> People with number sense know where they are in the environment, which things are nearby, which things are easy to reach from where they are, and how routes can be combined flexibly to reach other places efficiently. They also know how to transform the things in the environment to form other things by combinations, separations, and other operations (Greeno 1991, 185).

Es wird deutlich, dass das Verständnis von Zahlensinn sehr vielfältig ist. Es reicht von der angeborenen Fähigkeit basaler mathematischer Vorstellungen über die Beschreibung von inhaltlichen Herausforderungen auf dem Weg zum Rechnenlernen bis hin zur erlernten Fähigkeit eines flexiblen Umgangs mit Zahlen.

„Structure sense" oder Struktursinn

Auch mit dem Begriff „Struktursinn" werden sowohl angeborene beziehungsweise im frühkindlichen Alter natürlich entwickelte Fähigkeiten als auch durch (schulische) Anregung erlernte Kompetenzen verbunden. Im Kontext der frühen Entwicklung spricht Lüken von „early structure sense" (2012, 221) als Teil des Zahlensinns. Unter diesem frühkindlichen Struktursinn versteht sie verschiedene Fähigkeiten, die für die frühe mathematische Entwicklung wichtig sind:

- … die Wiedererkennung einer Anordnung als bereits bekanntes Muster oder Struktur (z. B. Würfelbilder, Fingermuster, …), insbesondere das Wiedererkennen eines bekannten Musters in seiner einfachsten Form und als Teil einer komplexen Anordnung;
- das Aufteilen eines Musters in Teile (Struktureinheiten);
- das Erkennen wechselseitiger Verbindungen, Beziehungen und Zusammenhänge zwischen den Struktureinheiten (z. B. Finden von Regelmäßigkeiten, Entdecken von Ähnlichkeiten/Unterschieden …);
- das Integrieren der Struktureinheiten und Betrachten des Musters als Ganzes (z. B. um seine Mächtigkeit zu bestimmen, es fortzusetzen, …) (Lüken 2010, 576).

Bei Lüken (2012) liegt der Fokus auf dem frühkindlichen Bereich. Sie fasst Struktursinn als Teil des Zahlensinns und beschreibt diesen als eine angeborene oder sich natürlich entwickelnde Kompetenz, die bei Schulanfängern unterschiedlich differenziert vorhanden ist. Dabei stellt sie dessen Wichtigkeit für das mathematische Lernen heraus und weist darauf hin, dass „einige Kinder bei der Weiterentwicklung ihres Struktursinns Unterstützung und Förderung benötigen" (ebd., 222). Linchevski und Livneh (1999) betonen die Entwicklung von „structure sense" als dringliches Ziel in der Sekundarstufe. Ihre Studie macht deutlich, dass Struktursinn für die Betrachtung algebraischer Zusammenhänge unumgänglich ist und in der Schule kontinuierlich entwickelt werden sollte:

> Undoubtedly, students must be exposed to the structure of algebraic expressions. However, it must be done in a way that enables them to develop *structure sense*. This means that they will be able to use equivalent structures of an expression flexibly and creatively (Linchevski und Livneh 1999, 191; Hervorhebung im Original).

Auch in Verbindung mit dem Begriff Struktursinn wird deutlich, dass dieser als Oberbegriff für vieles genutzt wird. Die Abgrenzungen zum Konstrukt *„number sense"* sind laut den Autoren schwierig. Damit wird deutlich, dass die eindeutige Klärung eine Herausforderung darstellt.

Zahlenblick

Fragen

Worin unterscheidet sich nun das Verständnis von „Zahlenblick" gegenüber den Begriffen „Zahlensinn" oder „Struktursinn"?

Wird „Zahlensinn" mit einem tiefen Verständnis von Zahlen und deren Beziehungen (wie bei Greeno 1991; Lorenz 1997a) verbunden und „Struktursinn" als (algebraischer) Blick für Muster und Zusammenhänge (wie bei Linchevski und Livneh 1999) verstanden, so deckt sich dies weitestgehend mit der Definition von „Zahlenblick" nach Schütte (2004a, 2008), Rathgeb-Schnierer (2008) und Rechtsteiner-Merz (2011a, 2013).

Ganz im Sinne des Wortes selbst liegt es nahe, den „Zahlenblick" als besonderen Blick für Zahlen zu verstehen (Rathgeb-Schnierer 2008, 10).

Schütte (2004a) beschreibt das Verfügen über einen Zahlenblick als die Fähigkeit, „Beziehungen augenblicklich" (ebd., 143) zu erkennen, zu nutzen sowie damit verbunden Zahlen geschickt zerlegen und neu zusammensetzen zu können. Wie Threlfall (2002) spricht sie in diesem Kontext von einer „situationsbezogene[n], aufgabenspezifische[n] Herangehensweise" (Schütte 2004a, 143), in der das Erkennen von Zahleigenschaften und -beziehungen sowie von Aufgabeneigenschaften und -beziehungen genutzt wird.

Der Zahlenblick soll helfen, verallgemeinerbare Aspekte in Situationen zu erkennen, Strukturähnlichkeiten zwischen bereits gelösten und neuen Aufgaben zu entdecken und strategische Vorgehensweisen zu übertragen (Schütte 2008, 103).

Damit verbindet Schütte, dass Beziehungen zwischen Aufgabenmerkmalen geknüpft und für das Rechnen genutzt werden können. Beispielsweise erkennen Kinder häufig relativ früh, dass die Aufgabe „5 + 6" aus 5 + 5 abgeleitet werden kann. Warum aber ist dies möglich und gibt es auch andere Aufgaben, bei denen genauso vorgegangen werden kann? Damit an dieser Stelle der Lösungsweg nicht nur an diesem einen Beispiel betrachtet wird, ist es hilfreich, das Aufgabenmerkmal der Fastverdopplung zu betrachten und auf andere Aufgaben wie „6 + 7" oder „8 + 7" zu übertragen. Damit werden allgemeinere – also algebraische – Aspekte sichtbar und die Aufgaben lassen sich so nach ihren Merkmalen strukturieren.

An dieser Stelle wird die Verbindung zum oben ausgeführten Struktursinn sichtbar und damit verbunden eine enge Beziehung zum algebraischen Denken (Akinwunmi 2012; Steinweg 2013): Beim rechnerischen Lösen von Aufgaben sowie bei arithmetischen Strukturbetrachtungen müssen Beziehungen zwischen Zahlen, Termen und Aufgaben erkannt und genutzt werden. Dabei werden andere algebraische Ausdrücke entwickelt, wie beispielsweise wenn aus 7 + 6 der neue Zahlensatz 7 + 3 + 3 oder 6 + 6 + 1 entsteht. Gleiches geschieht auch, wenn durch Ableiten in einem Aufgabenformat Muster fortgesetzt werden, wie dies zum Beispiel bei den schönen Päckchen der Fall ist (Wittmann und Müller 2012a) (Abschn. 5.1.3). Die Entwicklung algebraischen Denkens findet also implizit weit vor der „eigentlichen" Buchstabenalgebra statt, nämlich sobald es nicht nur um das arithmetische Lösen von Aufgaben geht, sondern auch um das Sehen und Nutzen von Zusammenhängen (Akinwunmi 2017; Gray und Tall 1994; Rechtsteiner-Merz 2013; Steinweg 2013).

Über Zahlenblick zu verfügen, bedeutet also: Ich sehe eine Aufgabe und erkenne entweder Beziehungen zu anderen vorliegenden Aufgaben, die ich bereits gerechnet habe, oder kann innerhalb dieser einen Aufgabe besondere Merkmale erkennen, die mir beim Lösen helfen. Bei der Aufgabe „851 − 426" zum Beispiel könnte eine Halb-doppel-Situation erkannt werden, die beim Lösen genutzt werden kann.

3.1.2   Schulung des Zahlenblicks

Beobachtet man Erwachsene beim Rechnen von Aufgaben, so zeigt sich, dass diese häufig sehr mechanisch immer wieder auf den gleichen Rechenweg zurückgreifen. Wenige andere wiederum sehen Zusammenhänge zwischen Aufgaben und können Aufgabenmerkmale beim Rechnen nutzen. Es scheint so, als würden manche Erwachsene über den Blick für Aufgaben- und Zahlenmerkmale verfügen, anderen ist er völlig fremd.

> **Fragen**
> Ist Zahlenblick erlernbar?

In verschiedenen Studien (Heinze et al. 2015; Rathgeb-Schnierer 2006a; Rechtsteiner-Merz 2013) wurden mit Kindern gezielte Aktivitäten zur Schulung des Zahlenblicks durchgeführt. Dabei zeigte sich, dass nahezu alle Grundschüler, unabhängig von der Klassenstufe und von ihren Leistungen, einen Blick für Zahlen entwickeln konnten (Abschn. 2.2.1).

> **Fragen**
> Wie kann die Schulung des Zahlenblicks für alle Kinder gestaltet werden?

In der Literatur lässt sich von unterschiedlichen Autoren die Forderung finden, den Rechendrang der Kinder aufzuhalten und zunächst ihren Blick auf Zusammenhänge und Strukturen zu lenken. Damit einher geht stets der Gedanke, den Automatismus des einfachen „Loszurechnens" zu unterbrechen und dadurch leichter ein aufgabenadäquates Handeln zu ermöglichen.

Stern (1992) führt aus, dass Kinder eher ungern neue Strategien nutzen, da sie zunächst aufwendiger und langwieriger sind. Sie empfiehlt, Anreize zu schaffen und den Blick auf die Strategien zu richten, führt jedoch nicht aus, wie dies aussehen könnte.

Bereits 1940 forderte Menninger in seinem Buch „Rechenkniffe" dazu auf, nicht sofort loszurechnen, sondern sich die Aufgaben erst anzuschauen:

Diese Faustregel lehrt dich, die Zahlen vor dem Rechnen a n z u s c h a u e n, und das ist das Wichtigste, wenn du ein guter Rechner werden willst! Aber wie wenige tun das! Sie gehen blindlings auf die Zahlen los, fahren ihre Kanonen genau so gut gegen Zahlenelefanten auf wie gegen Zahlenmäuschen, die sie, wenn sie nur s e h e n wollten, im Nu erledigten.

Nur der lernt vorteilhaft rechnen, der diesen **Zahlenblick** entwickelt (Menninger 1940, 10 f.; Hervorhebungen im Original).

Höhtker und Selter (1999) fordern Drittklässler auf, Aufgaben auf der Ebene der Formen zu sortieren, um den Rechendrang aufzuhalten. Interessant dabei ist, wie sich das Sortieren auf das Löseverhalten der Kinder auswirkt:

> Die Schüler wurden gebeten, sich bei jeder Aufgabe zu überlegen, ob sie diese im Kopf, halbschriftlich oder schriftlich rechnen wollten. Diese Aufforderung allein führte dazu, dass etwa ein Drittel aller Aufgaben im Kopf bzw. halbschriftlich bearbeitet wurde – deutlich mehr als sonst im Unterricht (Höhtker und Selter 1999, 20).

Auch Hess (2012) beschreibt, dass Kinder „gezielte Herausforderungen … [benötigen,] bis sie sich auf ein Vergleichen und Interpretieren von Operationen einlassen" (ebd., 160). Um dies zu ermöglichen, nennt er verschiedene Aktivitäten zu Aufgabenserien, die den Blick der Kinder auf Zusammenhänge lenken.

Während Menninger die Kinder explizit darauf hinweist, die Aufgaben vor dem Rechnen anzuschauen, stellen Höhtker und Selter sowie auch Hess dem Lösen der Aufgaben Tätigkeiten wie Sortieren, gezieltes Hinschauen oder Strukturieren voraus, um den Rechendrang aufzuhalten und den Blick auf Strukturen und Zusammenhänge zu richten. Dieses Anliegen verfolgt auch Schütte. Sie entwickelte eine Gesamtkonzeption (Schütte 2002a, 2002b, 2004b, 2008) zur Zahlenblickschulung, die konsequent das gesamte arithmetische Lernen von Klasse 1 bis 3 in den Blick nimmt. Alle Aktivitäten sind so aufgebaut, dass sie den Rechendrang aufhalten und damit der Blick auf die Zusammenhänge gelenkt wird.

> … die Aufgaben sollen nicht sofort gerechnet, sondern auf ihre Struktur bzw. auf Beziehungen zu den anderen Aufgaben hin betrachtet und verändert werden. Der „Zahlenblick" kann mit Hilfe geeigneter Lernangebote gezielt gefördert werden (Schütte 2002b, 5; Hervorhebung im Original).
>
> Mit der Schulung des Zahlenblicks wird [...] zum einen der Beziehungshaltigkeit von Zahlen („beziehungshaltiges Wissen"), zum anderen dem Ausbau metakognitiver Fähigkeiten großes Gewicht beigemessen (Schütte 2008, 103).

Schütte (2008) unterscheidet zwischen der Zahlenblickschulung im engeren und im weiteren Sinne. Dabei versteht sie unter Ersterem gezielte Aktivitäten zur Schulung des Zahlenblicks wie das Sortieren von Aufgaben und das Fokussieren auf Beziehungen. Mit „weiterem Sinne" verknüpft sie eher inhaltliche arithmetische Lernfelder, verbunden mit dem Gedanken, auch innerhalb dieser den Zahlenblick zu schulen.

- Aufbau eines fundierten Zahlverständnisses
- Operationsverständnis
- Erste Rechenstrategien entwickeln
- Rechensicherheit bei den Basisfakten

- Experimentieren und Erforschen
- Muster und Strukturen erkennen und fortsetzen
- Schulung des Zahlenblicks (im engeren Sinne)
  - Aufgabeneigenschaften und Aufgabentypen erkennen
  - Zahl- und Aufgabenbeziehungen erkennen
  - Lösungen „sehen" oder Wege der Vereinfachung finden
- Eigene Lösungswege entwickeln und andere nachvollziehen
- Strategische Werkzeuge entwickeln
- Flexibles Rechnen: Beziehungshaltiges Zahlwissen, Zahl- und Aufgabenbeziehungen und strategische Werkzeuge zur Lösung nutzen

(Schütte 2008, 204 f.)

Schütte betont, dass bei der Schulung des Zahlenblicks im engeren Sinne der Schwerpunkt zunächst darauf liegt, die Aufgaben „anzuschauen und einzuschätzen, bevor man rechnet" (Schütte 2008, 124). Um dies zu erreichen, werden u. a. Aufgaben sortiert. Außerdem verweist sie auf den Einsatz sogenannter „sinnfällige[r] Vorstellungsbilder" (ebd., 126). Darunter versteht sie Aufgabenformate, die einen inhaltlichen Zusammenhang zwischen der Darstellung und dem Sinngehalt ermöglichen, wie dies beispielsweise bei Zahlenwaagen (Abb. 3.1) oder Zahlenhäusern der Fall ist.

Es wird deutlich, dass die Aspekte, die Schütte mit der Zahlenblickschulung im weiteren Sinne verknüpft, dem arithmetischen Schulstoff der ersten zweieinhalb Schuljahre (jeweils in verschiedenen Zahlenräumen) bis zur Einführung der schriftlichen Rechenverfahren entsprechen. Die von ihr vorgeschlagenen Aktivitäten sind kumulativ aufgebaut und lösen sich wechselseitig ab. Sie schlägt vor, diese von Beginn der ersten Klasse an kontinuierlich im Unterricht einzusetzen (Schütte 2002a, 2008).

Ausgehend von Schütte (2004a, 2008) haben wir ein Modell (Abb. 3.2) entwickelt, mit dem verdeutlicht wird, was Zahlenblickschulung meint und wie die verschiedenen Aspekte in Beziehung zueinander stehen: Demnach beinhaltet die Schulung des Zahlenblicks

Abb. 3.1 Zahlenwaagen

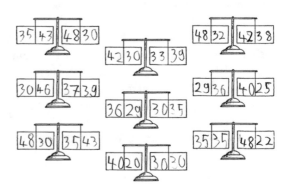

Abb. 3.2 Modell zur Zahlenblickschulung. (Rechtsteiner-
Merz 2013, 103)

Arithmetische Inhalte - umfassende Zahlbegriffsentwicklung sowie additives und multiplikatives Rechnen	
Tätigkeiten zum	
❖ (strukturierenden) Sehen	❖ Impulse
❖ Sortieren	❖ Fragestellungen
❖ Strukturieren	
von Anzahlen, Termen, Aufgaben und deren Beziehungen	
Aufbau metakognitiver Kompetenzen	

alle arithmetischen Inhalte der Grundschule. Diese sind, bezogen auf den jeweiligen Zahlenraum, alle Aspekte einer umfassenden Entwicklung des Zahlbegriffs sowie das additive
und multiplikative Rechnen. Die Auseinandersetzung mit den arithmetischen Inhalten erfolgt dabei mit einem ganz spezifischen Fokus – dem auf Zahl- und Aufgabenmerkmalen
sowie auf deren Beziehungen. Angeregt wird dieser Blick durch Tätigkeiten des *(strukturierenden) Sehens, Sortierens* oder *Strukturierens*, die dem Ausrechnen von Aufgaben
vorausgehen (Rechtsteiner-Merz 2011a). Entsprechend sind alle Aktivitäten zur Zahlenblickschulung so konzipiert, dass der spontane Handlungs- und Lösungsdrang – also der
Impuls, Aufgaben sofort auszurechnen – aufgehalten wird. Dies eröffnet die Möglichkeit,
Rechenaufgaben unter einer ganz anderen Perspektive zu betrachten und den Blick gezielt
auf die inhärenten Strukturen zu richten. Dieser Perspektivenwechsel erfolgt jedoch nicht
automatisch, sondern bedarf gezielter, kognitiv aktivierender Fragestellungen und Impulse, die von der Lehrperson und von Mitschülerinnen und Mitschülern ausgehen können.
Durch diese Reflexion bauen die Kinder Wissen über das eigene Denken und die eigene
Vorgehensweise auf; sie entwickeln also metakognitive Kompetenzen (Sjuts 2001, 2003).

Zusammenfassend lässt sich sagen, dass unser Modell im Vergleich zu den Ausführungen von Schütte (2008) nicht mehr unterscheidet zwischen einer Zahlenblickschulung
im engeren und im weiteren Sinne. Vielmehr wird in diesem Modell die Schulung des
Zahlenblicks als Grundprinzip bei der Auseinandersetzung mit arithmetischen Inhalten
angesehen. Durch die Verbindung der Inhalte mit den Tätigkeiten des (strukturierenden)
Sehens, Sortierens und Strukturierens und mit kognitiv aktivierenden Impulsen wird der
Blick der Kinder auf Zahl- und Aufgabenbeziehungen gelenkt und der Zahlenblick geschult.

Im Folgenden werden die allgemeinen Komponenten des Modells (Tätigkeiten, Impulse, metakognitive Kompetenzen) detaillierter erläutert. Die arithmetischen Inhalte zur
Zahlbegriffsentwicklung und zum Rechnen sind Thema der Kap. 4 und 5.

3.1.2.1   Tätigkeiten und Impulse

Beim Mathematiklernen werden typische mathematische „Denk- und Handlungsweisen" (Rathgeb-Schnierer 2012, 52; vgl. auch Winter 1972) wie Klassifizieren, Seriieren und Strukturieren mit mathematisch-inhaltlichen Aspekten verbunden. Diese Denk- und Handlungsweisen – insbesondere das Klassifizieren und Strukturieren – liegen den Aktivitäten zur Schulung des Zahlenblicks zugrunde, die sich auf das (strukturierende) Sehen, das Sortieren und das Strukturieren beziehen (Abb. 3.2). Ziel ist es, den Rechendrang aufzuhalten und auf Strukturen und Beziehungen zu fokussieren (Rechtsteiner-Merz 2013).

(Strukturierendes) Sehen

Tätigkeiten, die sich auf das schnelle Wahrnehmen von Anzahlen, Aufgaben-, Term- und Zahlbeziehungen richten, werden als *(strukturierendes) Sehen* bezeichnet. Sie können klassifizierende, seriierende oder auch strukturierende Elemente enthalten. Aktivitäten zum *(strukturierenden) Sehen* intendieren das geschickte, mehrperspektivische Sehen von Anzahlen, Zahlen und deren Beziehungen sowie das Erkennen von Zusammenhängen beziehungsweise operativen Veränderungen bei Aufgaben und Termen.

Sortieren

Beim *Sortieren* werden Punktebilder oder Aufgaben vorgegebenen Kriterien zugeordnet. Diese können sowohl subjektiv als auch objektiv sein (Rathgeb-Schnierer 2006b). Subjektive Kriterien sind beispielsweise „leicht" und „schwer", objektive Kriterien könnten „mit Zehnerübergang" bzw. „ohne Zehnerübergang" sein. Beim Sortieren stehen das Betrachten der Aufgabenmerkmale sowie die Beziehungen der einzelnen Aufgaben im Mittelpunkt. Wird nach objektiven Kriterien sortiert, so ist der Blick auf Aufgabeneigenschaften zentral. Beim Sortieren nach subjektiven Kriterien ist der Blick eher auf die Einschätzung in Verbindung mit den eigenen Fähigkeiten gerichtet. Dabei können Beziehungen zwischen bereits gekonnten Aufgaben und noch schwierigeren in den Fokus rücken. In beiden Fällen wird beim Sortieren der Blick auf Zahl- und Aufgabenbeziehungen gelenkt, die zum späteren Lösen genutzt werden können.

Strukturieren

Beim Strukturieren werden Mengen (Zahlen), Terme, Aufgaben und Gleichungen systematisch angeordnet, zueinander in Beziehung gesetzt oder Aufgabengruppen gebildet. Bei diesen Aktivitäten stehen das Wahrnehmen, Entwickeln und Darstellen von Zahl-, Term- und Aufgabenbeziehungen im Mittelpunkt.

Damit die Kinder ihre Handlungen reflektieren können, sind verschiedene anregende Fragestellungen und Impulse wie „Warum ist das so?", „Bist du sicher?", „Wie passt das zusammen?" etc. durch die Lehrperson wichtig. Dadurch kann der Blick der Kinder zielführender gelenkt und können Zusammenhänge sichtbar werden. Außerdem können die Kinder im Austausch untereinander andere Sichtweisen kennenlernen und diese mit ihren eigenen Gedanken vergleichen und überprüfen. Dadurch werden sowohl die Gedanken der anderen reflektiert als auch die eigenen formuliert, was für die Entwicklung von Rechenwegen zentral ist (Abschn. 1.2.2).

3.1.2.2 Metakognitive Kompetenzen

Metakognition wird beschrieben als „Wissen und Denken über das eigene kognitive System sowie die Fähigkeit, dieses System zu steuern und zu kontrollieren" (Sjuts 2001, 61). Dabei können drei Aspekte der Metakognition unterschieden werden – der deklarative, der prozedurale sowie der motivationale Aspekt (ebd.):

- Mit dem deklarativen Aspekt verbindet Sjuts (1999, 2001, 2003) das Wissen über das eigene Wissen und Denken. Im Bereich des Mathematiklernens kann dies beispielsweise die Reflexion der eigenen Lösungsfindung, des Lösungsweges oder auch vorhandener Probleme sein.
- Unter dem prozeduralen Aspekt wird das Nachdenken über das eigene Vorgehen während der Bearbeitung eines Problems oder einer Aufgabe verstanden. Aber auch die Reflexion über die eigene Entwicklung im Verlauf der vergangenen Wochen und Monate wird als prozeduraler Aspekt angesehen.
- Der motivationale Aspekt umfasst den Willen zur Auseinandersetzung mit dem eigenen Denken.

Die Entwicklung metakognitiver Kompetenzen ist immer an eine Auseinandersetzung mit Inhalten gebunden und kann nicht kontextfrei erfolgen:

Metakognition kann es nicht geben für sich allein, sondern nur in Parallelität zur Kognition, nicht nachgeordnet, nicht übergeordnet, sondern nebengeordnet als erforderliche Begleitung und Ergänzung (Sjuts 2001, 67).

Es wird deutlich, dass die Art der inhaltlichen Auseinandersetzung eine zentrale Rolle spielt und Aktivitäten nötig sind, die den Blick auf Strukturen und Zusammenhänge lenken und damit verbunden Anlass zum Nachdenken und zur Diskussion ermöglichen:

Für die je unterschiedlichen Vorhaben wie Begriffs-, Konzept- oder Theoriebildung sind passende Mikrowelten zu entwickeln, je nach Unterrichtsgegebenheit auszugestalten, anzubieten und schließlich auch so zu verwirklichen, dass die Lernenden mentale Modellvorstellungen aufbauen, die sich durch große Tragfähigkeit und stete Benutzbarkeit auszeichnen (Sjuts 1999, 45).

Durch die Reflexion übergeordneter Zusammenhänge – algebraischer Strukturen – lassen sich implizit verallgemeinerbare Sichtweisen anbahnen. Über die metakognitive Reflexion – also das Nachdenken über die Sache und das eigene Denken darüber – geraten diese Muster und Zusammenhänge ins Bewusstsein der Kinder. Genau dieser denkende und reflektierte Umgang mit mathematischen Zusammenhängen ist der Grund, warum Sjuts Metakognition als „*Hilfe zur Selbsthilfe*" (2001, 68; Hervorhebung im Original) beschreibt.

Obwohl Sjuts seine Untersuchungen mit älteren Schülerinnen und Schülern durchgeführt hat, machen auch Untersuchungen mit jüngeren Kindern deutlich (Whitebread & Coltman 2010; Kramarski et al. 2010), dass diese metakognitive Kompetenzen entwickeln und zeigen können. Während gute Kinder diese für Transferleistungen nutzen, ermöglichen sie schwächeren Kindern Routineaufgaben zu lösen, aber auch Ansätze bei komplexeren Fragestellungen zu zeigen.

Bevor im zweiten Teil des Buches zahlreiche Aktivitäten zur Zahlenblickschulung vorstellt werden, werden im folgenden Kapitel die zentralen arithmetischen Inhaltsbereiche der Zahlenblickschulung weiter ausdifferenziert: die Zahlbegriffsentwicklung, das Operationsverständnis und die Entwicklung strategischer Werkzeuge.

3.2   Inhaltliche Aspekte der Zahlenblickschulung

Aus stoffdidaktischer Perspektive sind besondere Inhalte auf dem Weg zum Rechnen relevant, die die inhaltliche Grundlage der Zahlenblickschulung darstellen (Padberg und Benz 2011). In jedem Schuljahr stellt zunächst die Entwicklung eines umfassenden Zahlbegriffs (in den Zahlenräumen bis 20, bis 100, bis 1000, bis zur Million) die erste große Herausforderung dar, die bewältigt werden muss. Außerdem werden in den Klassen 1 und 2 die Grundlagen für ein breit gefächertes Operationsverständnis beim additiven und multiplikativen Rechnen gelegt (Krauthausen und Scherer 2014; Padberg und Benz 2011). In der ersten Klasse spielt schließlich die Entwicklung strategischer Werkzeuge eine zentrale Rolle (Gaidoschik 2010; Padberg und Benz 2011; Rechtsteiner 2017a; Rechtsteiner-Merz 2013), die dann die Grundlage für das Rechnen im Zahlenraum bis 100 darstellen – also unter anderem auch für das halbschriftliche Rechnen (Benz 2007; Fast 2016; Rathgeb-Schnierer 2006a; Selter 2000).

Über diese Inhalte und deren Aufbau besteht in der mathematikdidaktischen Diskussion großer Konsens.

3.2.1   Entwicklung eines umfassenden Zahlbegriffs (bis Klasse 3)

In der Literatur werden verschiedene Konzepte und Tätigkeiten mit der Entwicklung eines umfassenden Zahlbegriffs verbunden, die abhängig vom Zahlenraum unterschiedlich gewichtet werden:

- Zählen, Auszählen und Abzählen (Gerster und Schultz 1998; Padberg und Benz 2011; Threlfall 2008),
- Anzahlen quasi-simultan erfassen (Gerster und Schultz 1998; Wittmann und Müller 1990),
- Anzahlen darstellen (Radatz et al. 1996),
- Mengen vergleichen (Padberg und Benz 2011),

- Zahlen ordnen (Padberg und Benz 2011),
- Zahlen verorten (Klaudt 2005; Lorenz 2007a),
- Entwicklung eines Teile-Ganzes-Konzepts (Gerster und Schultz 1998; Padberg und Benz 2011; Radatz et al. 1996; Schütte 2008),
- Entwicklung eines Stellenwertkonzepts (Gerster und Schultz 1998; Padberg und Benz 2011) sowie
- das Kennenlernen der Zahlaspekte (Baireuther 2011; Freudenthal 1973; Grassmann et al. 2010; Kilpatrick et al. 2001; Padberg und Benz 2011).

Versucht man diese Konzepte und Tätigkeiten in Beziehung zueinander zu setzen, so wird deutlich, dass sie auf zweierlei Weise zusammenhängen: einmal als nebeneinanderstehende Bereiche und zum anderen als aufeinander aufbauende Bausteine. Beispielsweise ist das Zählen einerseits eine Voraussetzung zur Entwicklung eines Teile-Ganzes-Konzepts, wird aber auch parallel dazu weiter geübt (vgl. Padberg und Benz 2011; Radatz et al. 1996; Schütte 2008).

Dem Kennenlernen der Zahlaspekte – also der unterschiedlichen Funktionen und Bedeutungen von Zahlen – kommt bei der Entwicklung eines umfassenden Zahlbegriffs eine übergreifende Sonderrolle zu: Bei der Auseinandersetzung mit den oben genannten Tätigkeiten und Konzepten kommt in der Regel nicht nur eine Bedeutung von Zahlen zum Tragen, sondern mehrere. So impliziert beispielsweise die Entwicklung von Stellenwertverständnis sowohl kardinales Abzählen beim Bündeln, gleichmäßiges Ordnen beim Springen auf Ankerzahlen als auch systematische Notationen in der Stellenwerttabelle. Die vielfältigen Funktionen und Bedeutungen einer Zahl werden nicht gesondert unterrichtet, sondern von Schülerinnen und Schülern im Umgang mit den verschiedenen Tätigkeiten und Konzepten implizit erfahren. Somit kann das Kennenlernen der Zahlaspekte als übergreifendes Konzept betrachtet werden, das keinen Unterrichtsinhalt, sondern vielmehr das fachdidaktische Hintergrundwissen der Lehrperson darstellt (Krauthausen und Scherer 2007).

> Sie [die Zahlaspekte] müssen im Mathematikunterricht zwar vollständig und angemessen repräsentiert sein, um Einseitigkeiten vorzubeugen und der Vielfalt der potenziellen Zahlverwendungssituationen gerecht werden zu können. Das bedeutet jedoch nicht, dass sie als solche auch begrifflich thematisiert würden (Krauthausen und Scherer 2007, 10; Erläuterungen in Klammern durch die Autoren).

Die Zusammenhänge der einzelnen Zahlaspekte mit den oben aufgeführten Tätigkeiten und Konzepten der Entwicklung eines umfassenden Zahlbegriffs werden im nachfolgenden Schaubild veranschaulicht. Durch die Anordnung werden sowohl die Hierarchie der als auch die Beziehungen zwischen den Zahlaspekten dargestellt (Abb. 3.3).

Es lassen sich drei Stränge beschreiben, die zueinander in Beziehung stehen. Dabei ist jeder Strang für sich gesehen hierarchisch aufgebaut (Rechtsteiner-Merz 2013; Rechtsteiner 2017a):

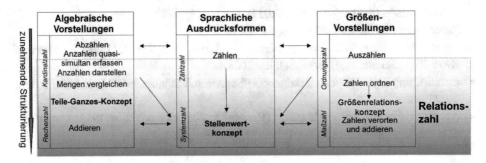

Abb. 3.3 Verbindung der Konzepte und Tätigkeiten mit den Zahlaspekten. (Modifiziert nach Rechtsteiner-Merz 2013)

Im *algebraischen Denken* stehen Terme und deren Umformungen sowie unmittelbare Nachbarschaften im Mittelpunkt. Damit ist zum einen gemeint, dass zum Beispiel für die Zahl Sieben andere Namen wie $3+4$ oder $5+2$ genannt werden können, zum anderen lassen sich Beziehungen zwischen (nebeneinanderliegenden) Aufgaben beschreiben: $6+6$ ist ein Nachbar von $6+7$. Innerhalb dieses Strangs wird deutlich, dass zunächst kardinale Auseinandersetzungen eine zentrale Rolle spielen, die später dann im Rechnen münden. Vor allem in Klasse 1 finden die Auseinandersetzungen auf dem Weg zum Teile-Ganzes-Konzept mithilfe von Anschauungsmitteln statt.

Während in algebraischen Vorstellungen Terme und ihre „unmittelbare Umgebung" im Mittelpunkt stehen (z. B. $7+7$ und $7+8$), nehmen *Größenvorstellungen* eher ganze Zahlräume in den Blick und gliedern diese in lineare Ordnungen (z. B. in Zehnerschritten). Hierzu gehört das Ordnen von Zahlen, aber auch das relative Verorten von Zahlen am leeren Strahl.

Die *sprachlichen Ausdrucksformen* können als Verbindung zwischen den beiden äußeren Strängen angesehen werden. Hier spielt zunächst das Zählen eine zentrale Rolle, das in höheren Zahlenräumen durch das rhythmische dekadische Vorgehen erweitert wird.

Im Folgenden werden die Teilbereiche der Zahlbegriffsentwicklung innerhalb der einzelnen Stränge beschrieben. Dabei wird zunächst auf die Entwicklung im Zahlenraum bis 10 und 20 fokussiert. Da die im Modell dargestellten Teilbereiche und ihre Beziehungen in allen Zahlenräumen greifen, sind die folgenden Beschreibungen übertragbar. Die inhaltlichen Ausführungen orientieren sich an den drei Strängen des Modells. Die Reihung repräsentiert weder eine zeitliche noch eine inhaltliche Hierarchie, vielmehr werden die einzelnen Stränge nacheinander dargestellt.

3.2.1.1 Auf dem Weg zum Teile-Ganzes-Konzept
Teile-Ganzes-Konzept bedeutet die Fähigkeit, „Zahlen als Zusammensetzung aus anderen Zahlen zu sehen" (Gerster und Schultz 1998, 339). Für einen umfassenden Zahlbegriff und die Ablösung vom zählenden Rechnen ist diese Fähigkeit zentral. Auch in höheren Zah-

lenräumen bilden Teile-Ganzes-Beziehungen die Grundlage für einen adäquaten Umgang mit Zahlen.

Das Teile-Ganzes-Schema befasst sich mit Beziehungen zwischen dem Ganzen und seinen Teilen (Gerster und Schultz 1998, 339).

Dabei ist die Vorstellung, „dass ein Ganzes, das in mehrere Teile zerlegt wurde, nicht mehr oder weniger geworden ist" (Kaufmann und Wessolowski 2006, 76) grundlegend. Die Vorstellung von Anzahlen als Teile eines Ganzen beginnt bereits vor der Schule (Krajewski 2008). Im Anfangsunterricht werden diese teilweise noch vagen Vorstellungen systematisch ausgebaut. Dazu dienen Aktivitäten in verschiedenen Teilbereichen: Anzahlen quasi-simultan erfassen, Anzahlen geschickt darstellen, Anzahlen vergleichen sowie Anzahlen zerlegen.

Anzahlen erfassen

Bei der Anzahlerfassung lassen sich zwei Zugänge beschreiben: Sie können abgezählt oder (quasi-)simultan erfasst werden. Im Gegensatz zum Auf- oder Auszählen steht beim Abzählen die Bestimmung der Anzahl im Vordergrund (vgl. Gallistel und Gelman 1992; Gelman und Gallistel 1978; Threlfall 2008). Anzahlen von drei bis vier Objekten können von Kindern und Erwachsenen simultan – also auf einen Blick – erfasst werden (Dehaene 1999). Handelt es sich um eine größere Anzahl, müssen die Objekte bei zufälliger Anordnung entweder einzeln abgezählt oder so gruppiert werden, dass aus den kleineren Teilmengen – durch quasi-simultanes Erfassen – die Gesamtanzahl bestimmt werden kann (vgl. Gerster und Schultz 1998).

Obwohl auch schon kleinere Kinder Mengen bis zu vier simultan erfassen können, beginnen sie in der Regel diese spontan abzuzählen und greifen nicht auf dieses Repertoire zurück (Bruce 2004). Es ist daher wichtig, bei den Kindern ein Bewusstsein zu schaffen, dass Anzahlen nicht nur zählend, sondern auch simultan beziehungsweise quasi-simultan erfasst werden können (Threlfall 2008). Das bedeutet, sie kontinuierlich zum Nachdenken darüber anzuregen, welche Anzahlen sie simultan erfassen können, welche sie zählen müssen und bei welchen sie über geschicktes Gruppieren die Anzahl quasi-simultan erfassen könnten (Threlfall 2008).

Bei der Entwicklung der quasi-simultanen Anzahlerfassung spielen verschiedene Zugänge eine Rolle: zum einen das Gruppieren, Umgruppieren und Bündeln der zu zählenden Objekte (u. a. Benz 2010; Gerster und Schultz 1998; Moser Opitz 2007; Rechtsteiner-Merz 2008; Wittmann und Müller 2009) sowie zum anderen die Entwicklung von Zahlbildern wie Finger- und Punktebilder (Eckstein 2011; Freudenthal 1973; Gaidoschik 2007; Röder 1941; Schütte 2008; Wittmann und Müller 1990). Der Aufbau von Vorstellungen zu Punktebildern gilt als zentrale Voraussetzung für die Entwicklung des Rechnens (Krauthausen 1995; Lüken 2012; Schütte 2008).

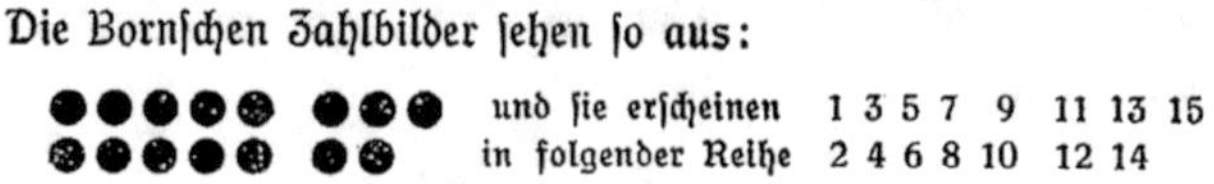

Abb. 3.4 Zahlbilder nach Born. (Kühnel 1922, 29)

Die Bornſchen Zahlbilder ſehen ſo aus:

●●●●◉ ●●◉   und ſie erſcheinen   1 3 5 7 9 11 13 15
◉●●●◉ ●◉   in folgender Reihe   2 4 6 8 10   12 14

Strukturierte Punktebilder

Würfelbilder sind in der Regel die ersten strukturierten Punktebilder, mit denen Kinder vertraut werden. Zur Repräsentation von Zahlen bis zehn und zwanzig lassen sich verschiedene Zahlbilder finden. Bereits Kühnel (1922) stellte die Wichtigkeit von Zahlbildern heraus, entwickelte die von Born (Abb. 3.3) weiter und setzte sie im Mathematikunterricht ein (Maier 1990). Aus seiner Sicht mussten fachdidaktische Punktebilder für die Schule verschiedene Anforderungen erfüllen:

> Welche Zahlbilder benutzen wir nun? Allgemein bekannt sind die Zahlbilder auf Würfeln und Dominosteinen. Diese zeigen jedoch die psychologische Schwäche, daß die 5 nicht unmittelbar in der 6 wiedererkannt werden kann, und ebenso die 9 nicht in der 10 usw. Zahlbilder, die für den Unterricht verwendbar sein sollten, wünschte man daher nach dem Grundsatz aufgebaut, dass j e d e s Zahlbild im folgenden enthalten sein sollte (Kühnel 1922, 29; Hervorhebung im Original).

In der aktuellen mathematikdidaktischen Diskussion lassen sich verschiedene Darstellungen von Punktebildern ausmachen (Gerster und Schultz 1998; Kaufmann und Wessolowski 2006; Schütte 2008; Wittmann und Müller 1990). An dieser Stelle werden jedoch ausschließlich die in den folgenden Aktivitäten eingesetzten Punktebilder vorgestellt: die Reihen- und die Blockdarstellung.

Schütte (2008) favorisiert die Blockdarstellung, die der Anordnung nach Born (Abb. 3.4) in Kühnel (1922) entspricht; als Strukturierungshilfe schlägt sie ein Zehnerfeld vor (Abb. 3.5).

Die Vorteile der Blockdarstellung beschreibt Schütte wie folgt:

- Die Untergliederung in zwei mal fünf Felder ist überschaubar.
- Die kompakte Anordnung ist gut zu überblicken.
- Verschiedene Teile-Ganzes-Beziehungen sind sichtbar (z. B. 5 als 3 + 2 und 4 + 1).
- Gerade und ungerade Zahlen sind auf einen Blick erkennbar.
- Ergänzung zum vollen Zehner wird immer mitgesehen (Schütte 2008, 108).

Kaufmann und Wessolowski (2006) schlagen hingegen zwei Darstellungen vor: die Reihen- und die Blockdarstellung (Abb. 3.6). Sie orientieren sich bei der Rasterdarstel-

Abb. 3.5 Punktebilder im Zehnerfeld. (Schütte 2008, 108)

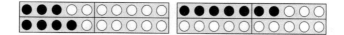

Abb. 3.6 Punktebilder im Zwanzigerfeld. (Kaufmann und Wessolowski 2006, 34)

lung am sogenannten Rechenschiffchen. Diese Entscheidung begründen sie damit, dass unterschiedliche Darstellungen einer Zahl möglich sind.

Auch wir nutzen beide Darstellungen – die Reihen- und die Blockdarstellung (Abschn. 4.1). Dies hat verschiedene Gründe: Zum einen sehen wir die von Schütte genannten Vorteile der Blockdarstellung, zum anderen ermöglicht die Reihendarstellung, an den Fingerzahlen orientiert, die Struktur der Fünfergliederung. So lassen sich zunächst die Blockdarstellungen im Zehnerfeld und Fingerbilder mit den Kindern erarbeiten. Später kann auf das Zwanzigerfeld erweitert und können die Fingerbilder quasi direkt übertragen werden (Abb. 3.7).

Ein weiterer Grund für das Nutzen beider Punktebilder – der Reihen- und der Blockdarstellung – ist das spätere Nutzen verschiedener strategischer Werkzeuge. Für die Entwicklung flexibler Rechenkompetenzen spielt das Kennen und Nutzen strategischer Werkzeuge eine zentrale Rolle (Abschn. 3.2.3.1). Die Kombination aus Reihendarstellung im Zwanzigerfeld und der Blockdarstellung lässt die Darstellung aller Lösungswege zu und ermöglicht daher einen mehrperspektivischen Zugang (Rechtsteiner-Merz 2011b).

Auch in größeren Zahlenräumen spielen strukturierte Punktebilder wie das Hunderterfeld eine zentrale Rolle bei der Zahlbegriffsentwicklung. Die oben dargestellten Punktebilder werden entsprechend erweitert und so können die erweiterten Zahlenräume analog auf das bisherige Wissen aufgebaut werden.

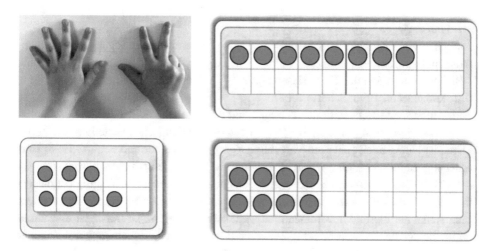

Abb. 3.7 Zehner- und Zwanzigerfelder in Reihen- und Blockdarstellung

Anzahlen darstellen

Anzahlen können auf verschiedene Arten dargestellt werden (u. a. Padberg und Benz 2011): als konkrete Objekte, bildhafte Darstellungen oder als Zahlzeichen und Zahlwörter (Radatz et al. 1996). Auch innerhalb dieser Darstellungsformen existieren verschiedene Abstraktionsebenen. So können Handlungen sowohl mit konkreten Gegenständen wie Autos oder aber auch mit abstrakteren Anschauungsmitteln wie dem Rechenrahmen oder Abaco™ durchgeführt werden (Radatz et al. 1996).

Beim Darstellen von Objektmengen spielt immer auch die Frage der Anzahlerfassung eine Rolle: Wie können die Objekte so gruppiert werden, dass die Anzahl geschickt – vielleicht sogar quasi-simultan – erfasst werden kann? Dabei ist die Diskussion mehrperspektivischer Sichtweisen wichtig (Rathgeb-Schnierer 2008). Darstellen und Erfassen hängen also wechselseitig eng miteinander zusammen.

Mengen vergleichen

Anzahlvergleiche spielen sowohl in der frühen mathematischen Bildung als auch zu Beginn der ersten Klasse eine wichtige Rolle (u. a. Hoenisch und Niggemeyer 2007; Kaufmann 2010a; Krauthausen 1995; Padberg und Benz 2011; Radatz et al. 1996; Schuler 2009; Wittmann und Müller 2009).

Beim Vergleichen von Anzahlen liegt das Augenmerk auf der Beziehung zwischen zwei oder mehreren Mengen. Dabei können Größer-kleiner-Relationen ebenso wie Halb- und Doppelbeziehungen im Fokus stehen (Padberg und Benz 2011). Dies kann auf mehrere Arten erfolgen, abhängig von den mathematischen Kompetenzen der Kinder (Hertling et al. 2015): durch Abschätzen, durch Eins-zu-eins-Zuordnungen oder durch Anzahlbestimmung. Die konkrete Veranschaulichung durch Objekte wird zunehmend durch rein mentale Vorstellungen bei der Betrachtung der symbolischen Repräsentation abgelöst.

Anzahlen zerlegen

Aktivitäten zum Zerlegen von Anzahlen und das Notieren der Zerlegungen in Zahlensätzen sind ein zentrales Element des Mathematikunterrichts der gesamten Grundschule (z. B. Gerster und Schultz 1998; Hasemann 2007; Moser Opitz 2007, Padberg und Benz 2011; Radatz et al. 1996; Schütte 2008).

Im Anfangsunterricht stellt das Zerlegen von Anzahlen die Schwelle von der Zahlbegriffsentwicklung zum Rechnen dar. Die handelnde und ikonische Darstellung der Zerlegungen ist häufig noch „eher auf vorzahlige *Konzepte*" (Gerster und Schultz 1998; Hervorhebung durch die Autoren) zurückzuführen, während die erworbenen *Vorstellungen* dieses Teile-Ganzes-Konzeptes später zum Rechnen genutzt werden. Wichtig bei diesem Übergang ist, dass die Aktivitäten nicht auf der rein handelnden Ebene bleiben, sondern durch Reflexion dieser Vorstellungen aufgebaut werden (Kap. 4). Daher ist es zentral, von Beginn an die „Wissensstruktur, in der die Beziehungen zwischen Zahlen in flexibler Weise repräsentiert" (Stern 1998, 76) sind, in den Blick zu nehmen und auszubauen.

Auch ab Klasse 2 bilden Zahlzerlegungen für die Entwicklung von Vorstellungen im höheren Zahlenraum sowie für das spätere Rechnen in diesem die Grundlage.

3.2.1.2 Auf dem Weg zum Größenrelationskonzept

Zahlen ordnen

Während bei den oben beschriebenen Tätigkeiten die Anzahl einer Menge im Vordergrund stand, rückt beim Ordnen von Zahlen der Platz innerhalb der Zahlwortreihe in den Mittelpunkt. Dabei spielen zwei Aspekte eine Rolle:

- die Beziehungen zwischen aufeinanderfolgenden Zahlen, die sog. „Vorgänger- und Nachfolger-Relation" (Padberg und Benz 2011, 46), sowie
- die Orientierung innerhalb geordneter Zahldarstellungen (Baireuther 2011).

Geordnete Zahldarstellungen können sowohl linear als auch flächig sein. Während bei linearen Anordnungen eher die Zahlwortreihe im Mittelpunkt steht (Wittmann und Müller 1990), werden bei flächigen Anordnungen, wie bspw. an der Hundertertafel, dem Tausenderbuch oder im Kalender, weitere Beziehungen sichtbar (Baireuther 1999; Schütte 2004d; Wittmann und Müller 1990, 1992).

Zahlen verorten

Steht beim Ordnen von Zahlen die Regel „jede Zahl hat ihren Platz" im Mittelpunkt, so kommt nun eine neue zentrale Idee hinzu: die Gleichheit der Abstände zwischen Zahlen. Anders ausgedrückt: Bei der Verortung von Zahlen am leeren Zahlenstrahl (auch Zahlenstrich genannt) (vgl. Lorenz 2007a) kommt zum zählenden Ordnen das „Konzept der Proportionalität" (Klaudt 2005, 257) hinzu. Im Vergleich zu kardinalen Vorstellungen von Mengen zeigt sich hier eine völlig andere Sicht auf Zahlen. Diese entspricht der „Vorstellung, dass eine bestimmte Zahl von Schritten gleicher Länge die Gesamtstrecke von Null bis zur gesuchten Zahl ergibt und, dass umgekehrt die Schrittlänge sich aus der Anzahl der Schritte und der Gesamtstrecke ergibt" (Klaudt 2005, 257). Während also bei der kardinalen Sicht auf Zahlen die Anzahl von Objekten grundlegend ist, wird hier der Blick auf Einheitsintervalle gerichtet, die aneinandergereiht ein Gesamtintervall bilden.

Ausgehend von ihren „intuitiven Zahlenraumvorstellungen" (Nührenbörger und Pust 2006, 67) können die Kinder zunehmend diese strukturellen Zusammenhänge erkennen und Vorstellungen von Relationen entwickeln (u. a. Klaudt 2005; Lorenz 1997a).

Da diese Vorstellungen an der Zahlengerade problemlos auch in hohe Zahlenräume übertragen werden können und für spätere Zahlbereichserweiterungen sehr tragfähig sind, sollten sie neben den oben beschriebenen, eher algebraischen Auseinandersetzungen mit Zahlen, von Beginn an eine wichtige Rolle bei der Zahlbegriffsentwicklung einnehmen. Darüber hinaus bietet sich diese Darstellung regelrecht zur systematischen Erweiterung des Zahlenraums an und ermöglicht so die Entwicklung relativer Vorstellungen innerhalb der Zehnerpotenzen (Abb. 3.8).

Abb. 3.8 Zahlenraumerweiterung am leeren Strahl

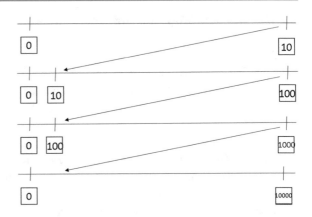

3.2.1.3 Auf dem Weg zum Stellenwertkonzept

Zählen

Das Zählen nimmt eine besondere Position ein: Es gehört zu den sprachlichen Ausdrucksformen und bildet zunächst einmal die Grundvoraussetzung für algebraische und ordnungsstrukturierte Vorstellungen. Gleichzeitig taucht es in beiden Strängen auf, mit jeweils einer anderen spezifischen Charaktereigenschaft: kardinal als Abzählen, ordnungsstrukturiert als Nummerieren. Demzufolge wird beim Zählen zwischen dem Aufsagen der Zahlwortreihe, dem Auszählen und Abzählen von Menschen oder Gegenständen unterschieden (Threlfall 2008).

Beim reinen Zählen liegt der Schwerpunkt in der ersten Klasse auf dem Vorwärts- und Rückwärtszählen in Einer- und Zweierschritten von verschiedenen Startzahlen (u. a. Padberg und Benz 2011; Wittmann und Müller 2009). Die Fähigkeit, flexibel zu zählen, d. h. die Zahlwortreihe von verschiedenen Startzahlen aus aufsagen zu können, wird als wichtige Voraussetzung für die spätere Ablösung vom zählenden Rechnen angesehen (Dornheim 2008; Kaufmann 2003; Klaudt 2005; Krajewski 2003).

Auch in den höheren Zahlenräumen ab Klasse 2 spielt das flexible Zählen (dann auch in Fünfer- und Zehnerschritten) eine zentrale Rolle bei der Zahlbegriffsentwicklung (Wittmann und Müller 1990).

Entwicklung eines Stellenwertkonzepts

Umfassende Vorstellungen des Stellenwertkonzepts kommen sicherlich erst im Zahlenraum bis 100 deutlich zum Tragen. Dennoch sollte bereits im kleinen Zahlenraum der ersten Klasse ein Stellenwertverständnis angebahnt werden (Padberg und Benz 2011). Dabei spielen sowohl kardinale Aktivitäten zum Bündeln von Objekten als auch relative Zahlbeziehungen zur Zehn, zur Hundert etc. (Abschn. 3.2.1.2) eine wichtige Rolle. Außerdem sind die Thematisierung sprachlicher Aspekte sowie die Notation zentral (Gerster und Schultz 1998; Krauthausen und Scherer 2007; Padberg und Benz 2011; Rechtsteiner-Merz 2013; Schulz 2014).

Vorstellungen zum Stellenwert können über zwei Zugänge entwickelt werden: einmal durch Bündelung und einmal als Gliederung des Zahlenraums.

- Für die Strukturierung größerer Anzahlen ist das Bündeln von Objekten grundlegend. Mithilfe realer Gegenstände wie Muggelsteinen, Kastanien, Würfeln etc. können zahlreiche Erfahrungen zum Bündeln gesammelt werden. Dabei steht stets die Frage im Mittelpunkt, *wie* hohe Anzahlen so gegliedert werden können, dass sie gut überblickt werden können. Ziel ist es, zum einen Einsichten in die Struktur des Stellenwertsystems zu erhalten und zum anderen zu verstehen, warum dieses so hilfreich ist. Die Verbindung von kardinalem Bündeln und Notation im Stellenwertsystem unterstützt diesen Prozess (u. a. Gerster und Schultz 1998; Schulz 2014).
- Wie in Abb. 3.8 aufgezeigt, lassen sich Zahlenräume entsprechend dem (dekadischen) Zahlensystem gliedern. Hier liegt die Idee zugrunde, Zahlen in Relation zu dekadischen Ankerpunkten darzustellen. Durch die Verortung einzelner Zahlen in unterschiedlichen Intervallen werden die Größenrelationen sichtbar. Wird also beispielsweise die Zehn im Intervall 0 bis 10, 0 bis 100, 0 bis 1000 eingetragen, können Relationen von Zehnerpotenzen sichtbar werden: die Position der Zehn bis 10, die Position der Zehn bis 100, die Position der Zehn bis 1000.

Unser Schriftsystem und damit verbunden die Sprechweise von Zahlen weist verschiedene Unregelmäßigkeiten auf, die Kinder teilweise vor größere Probleme stellen (u. a. Gerster und Schultz 1998; PIKAS; Schulz 2014):

- Im Zahlenraum bis 20 fallen die Elf und Zwölf völlig aus der Reihe. Bei den anderen Zahlwörtern werden zunächst die Einer, dann der Zehner gesprochen. Allerdings stimmt auch diese Regel bei der 17 wieder nicht. Hier entfällt ein Teil des Zahlworts bei der Sieben.
- Im Zahlenraum von 13 bis 99 werden alle Zahlen bis auf die Zehnerzahlen invers gesprochen. Dies führt häufig zu Zahlendrehern beim Schreiben, d. h., die Zehner und Einer werden vertauscht, sodass dann die Schreibweise der Sprechweise scheinbar entspricht.
- Das Hintereinandersprechen der Zahlwörter im Zahlenraum bis 1000 kann unterschiedliche Bedeutungen einnehmen. Bei der Zahl 205 beispielsweise bedeutet es ein „und", bei der Zahl 300 hingegen ein „mal". Dies lässt sich auch bei Kindern schön daran beobachten, dass sie häufig zwischen den Zahlen Hundert und Einhundert unterscheiden. Während Hundert tatsächlich 100 meint, bedeutet Einhundert häufig 101.

Um diesen Herausforderungen zu begegnen, sind zur Entwicklung von Vorstellungen zum Stellenwert zahlreiche Aktivitäten zum Bündeln und Verorten von Ankerzahlen (s. o.) wichtig. Gleichzeitig kann sprachlichen Aspekten und Fragen der Notationsweise auch damit begegnet werden, dass zum einen die Sprechweisen und deren Unregelmäßigkeiten thematisiert werden (PIKAS) und zum anderen bei der schriftlichen Notation

Abb. 3.9 Mögliche Schreibweise der Zehner und Einer. (Rechtsteiner-Merz 2013, 41)

zunächst der Zehner als Ganzes notiert wird und anschließend in dessen „Null" die Einer (Abb. 3.9). Zur Illustration können ergänzend sogenannte Séguin-Karten herangezogen werden (Abb. 3.10). Eine konsequente Verbindung von Handlung, Vorstellung sowie Schreib- und Sprechweise ist zentral.

> ► **Tipps zum Weiterlesen** Auf der Homepage PIKAS werden die oben aufgeführten Aspekte noch einmal ausführlicher diskutiert. Außerdem werden Anregungen beschrieben, wie mit Kindern, die Schwierigkeiten bei der Entwicklung von Stellenwertverständnis haben, umgegangen werden kann.
> https://pikas.dzlm.de/material-pik/ausgleichende-f%C3%B6rderung/haus-3-fortbildungs-material/modul-34-entwicklung-des
> Schulz, A. (2014). *Fachdidaktisches Wissen von Grundschullehrkräften. Diagnose und Förderung bei besonderen Problemen beim Rechnenlernen*. Wiesbaden: Springer Spektrum.
> In diesem Buch wird ein Forschungsprojekt dargestellt, in dem Grundschullehrkräfte zu ihrem Wissen befragt werden. Dabei geht es im Besonderen um das Stellenwertverständnis. Deshalb ist dieses im Theorieteil in Kap. 4 sehr detailliert dargestellt. Neben den mathematischen Grundlagen werden Besonderheiten, Schwierigkeiten, Diagnose- und Fördermöglichkeiten auf der Basis zahlreicher Studien dargestellt.

Zahlbegriffsentwicklung in allen Zahlenräumen

Alle oben beschriebenen Tätigkeiten und Konzepte sind bei jeder Zahlenraumerweiterung (bis 20, bis 100, bis 1000, bis zur Million) ein wichtiger Bestandteil für eine umfassende Zahlbegriffsentwicklung. Allerdings lassen sich Unterschiede in der Gewichtung ausmachen, wie zum Beispiel folgende:

- Während zu Beginn der ersten Klasse auch das ungeordnete Abzählen noch eine Rolle spielt, wird dieses zunehmend durch gruppierende und bündelnde Strategien abgelöst.

Abb. 3.10 Zahlen mit Séguin-Karten darstellen

Im Zahlenraum bis eine Million spielen kardinale Darstellungen von Zahlen keine Rolle mehr.

- Zahlzerlegungen werden ab dem Zahlenraum bis 100 überwiegend auf symbolischer
  Ebene durchgeführt. Auch hier spielen kardinale Aktivitäten kaum mehr eine Rolle.
- Hingegen erhält das Verorten von Zahlen am leeren Strahl eine zunehmende Bedeutung, da hierbei Zahlrelationen sichtbar werden können.
- Auch das Stellenwertkonzept gewinnt zunehmend an Bedeutung. Ausgehend von kardinalen Aktivitäten zum Bündeln spielen Notationen in der Stellenwerttafel und damit
  verbunden ein tiefes Verständnis der Bedeutung der Stellenwerte im Verlauf der Grundschule eine immer größere Rolle.

3.2.2 Operationsverständnis entwickeln (Addition und Subtraktion)

Gerster und Schultz (1998) beschreiben ein vollständig ausgeprägtes Operationsverständnis folgendermaßen:

Fähigkeit, Verbindungen herstellen zu können zwischen

- (meist verbal beschriebenen) konkreten Sachsituationen,
- modell- oder bildhaften Vorstellungen von Quantitäten,
- symbolischen Schreibweisen (meist in Form von Gleichungen) für die zugrundeliegenden
  Quantitäten und Rechenoperationen (ebd., 351).

Auch Bönig (1993) beschreibt Operationsverständnis als die Übersetzung zwischen
verschiedenen Repräsentationsebenen, unterscheidet jedoch explizit zwischen Sprachebene und der symbolischen Ebene, wodurch sie vier Ebenen ausführt (Abb. 3.11).

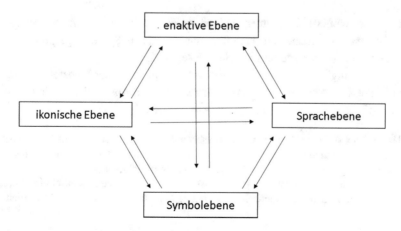

Abb. 3.11 Operationsverständnis. (Bönig 1993, 28)

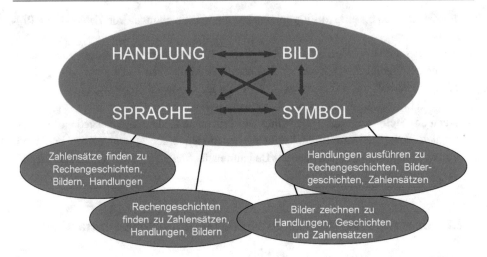

Abb. 3.12 Übersetzungen zwischen den verschiedenen Repräsentationsebenen

Die Repräsentationsebenen können im Einzelnen derart beschreiben werden (Abb. 3.12):

- Mit Symbolebene ist die Notation von Termen und Gleichungen gemeint.
- Als Sprachebene werden alle sprachlichen Formulierungen bezeichnet. Dabei kann es sich um Erläuterungen zu Bildern, Gleichungen und Handlungen, aber auch um Rechengeschichten handeln.
- Die ikonische Ebene umfasst bildhafte Darstellungen, die sowohl realer Art als auch abstrakt sein können.
- Unter der enaktiven Ebene werden alle Handlungen verstanden, die sowohl mit realen Gegenständen als auch mit Veranschaulichungsmitteln ausgeführt werden können.

Wartha und Schulz (2014) unterscheiden zudem nochmals auf der Sprachebene, da sowohl über reale Situationen als auch über mathematische Symbole gesprochen werden kann. Damit sprechen sie von fünf Darstellungsebenen.

Die Übersetzung zwischen den Ebenen wird als „intermodaler Transfer" (Bönig 1993, 28) bezeichnet. Lorenz beschreibt den damit verbundenen Anspruch und die Komplexität folgendermaßen:

Und schließlich stellt die Transformation zwischen den Medien, der Darstellung einer Situation bzw. eines mathematischen Sachverhaltes in bildlicher, sprachlicher, symbolischer und handlungsmäßiger Form ein eigenes Lernziel dar (Lorenz 1993, 144).

Überspitzt formuliert lässt sich sagen, dass ein Veranschaulichungsmittel eine Sprache darstellt, mit Hilfe derer arithmetische Beziehungen im Unterricht repräsentiert werden, sie

Tab. 3.1 Grundvorstellungen zur Addition und Subtraktion

Rechengeschichte	Zahlensatz	Grundvorstellung
Anna hat 3 Kekse, Peter hat 4. Wie viele haben sie zusammen?	$3 + 4 = 7$	Addition als Zusammenfügen
Anna hat 3 Kekse und bekommt noch 4 dazu.	$3 + 4 = 7$	Addition als Hinzufügen
Peter hat 7 Kekse und verschenkt 3.	$7 - 3 = 4$	Subtraktion als Wegnehmen
Peter hat 3 Kekse, Anna 7. Wie viele hat Anna mehr?	$3 + \ldots = 7$	Subtraktion als Unterschiedsberechnung, hier als Ergänzen

sind ein Kommunikationsmedium. In diesem Sinne muss jedes Veranschaulichungsmittel neu gelernt werden, und Handlungen von einem auf andere Materialien zu übertragen sind Übersetzungsprozesse, und diese sind bekanntlich äußerst schwierig (Lorenz 2011, 40).

Beide Zitate verdeutlichen die große Herausforderung, die das Schaffen sinnhafter Verbindungen zwischen den Repräsentationsebenen und, damit verbunden, ein erfolgreicher Repräsentationswechsel innerhalb aller Operationen darstellt. Das zentrale Ziel der Grundschule ist es, Kinder beim Bewältigen dieser Übersetzungsleistungen zu begleiten. Hierfür ist eine kontinuierliche Auseinandersetzung mit den verschiedenen möglichen Übersetzungen unabdingbar, die alle Richtungen einbezieht.

Damit diese Übersetzungen gelingen können, müssen die Kinder zu den jeweiligen Rechenoperationen Grundvorstellungen aktivieren. Im Folgenden werden die der Addition und Subtraktion näher ausgeführt (Tab. 3.1).

▶ **Tipps zum Weiterlesen** Grundvorstellungen zur Multiplikation und Division können in folgenden Büchern nachgelesen werden:

- Hasemann, K. & Gasteiger, H. (2014). *Anfangsunterricht Mathematik*. Berlin, Heidelberg: Springer Spektrum.
- Padberg, F. & Benz, C. (2011). *Didaktik der Arithmetik*. Heidelberg: Spektrum.
- Radatz, H., Schipper, W., Dröge R. & Ebeling, A. (1998). *Handbuch für den Mathematikunterricht. 2. Schuljahr*. Hannover: Schroedel.

Natürlich gibt es noch zahlreiche andere inhaltliche Rahmungen, jedoch lassen sich alle Situationen auf diese vier Grundvorstellungen zurückführen. Hierbei nimmt das Berechnen des Unterschieds als Ergänzen auf den ersten Blick eine Sonderrolle ein: Die Notation des Zahlensatzes lässt zunächst durch das „Plus" an eine Addition denken. Da jedoch ein Summand sowie die Summe gegeben sind, kann diese Gleichung durch Umkehrung als Subtraktion ($7 - 3 = \ldots$) notiert werden (vgl. auch Wartha & Schulz 2014).

3.2.3 Strategische Werkzeuge entwickeln und Flexibilität anregen

Fragen

Wie kann die Ablösung vom zählenden Rechnen gelingen? Wie lässt sich die Entwicklung flexibler Rechenkompetenzen fördern?

Beide Fragen sind für das Rechnenlernen zentral und werden deshalb in der nationalen und internationalen Forschung und Unterrichtsentwicklung diskutiert. In verschiedenen Studien wurden in den letzten Jahren Unterrichts- und Professionalisierungskonzepte untersucht, die die Entwicklung des Rechnens aller Kinder in den Blick nehmen (Gaidoschik 2008; Gaidoschik et al. 2015; Häsel-Weide 2015; Moser Opitz 2001; Rechtsteiner-Merz 2013; Scherer 1999). Außerdem hat sich der Fokus von der Entwicklung mechanischen Rechnens hin zur Förderung flexibler Rechenkompetenzen verschoben (Anghileri 2001; Baroody und Dowker 2003; Hatano 2003; Rathgeb-Schnierer 2006a; Selter 2000; Threlfall 2002; Torbeyns et al. 2004).

Auf den ersten Blick liegt die zentrale Aufgabe des Unterrichts der ersten Klasse aus fachdidaktischer Perspektive darin, die Kinder auf dem Weg zum Rechnen und damit bei der Ablösung des Zählens zu unterstützen. In späteren Schuljahren verändert sich die Schwerpunktsetzung hin zur Entwicklung flexibler Rechenkompetenzen. In diesem Zusammenhang werden zwei Aspekte kontrovers diskutiert und sind nicht endgültig geklärt (Rechtsteiner-Merz 2015a):

- Zum einen geht es um die Voraussetzungen und den Zeitpunkt für die Entwicklung flexibler Rechenkompetenzen. Soll deren Entwicklung von Beginn an, also bereits während der Ablösung vom zählenden Rechnen, gefördert werden (u. a. Baroody 2003; Schütte 2004a; Wittmann und Müller 1990) oder stellt eine gelungene Ablösung vom zählenden Rechnen die unabdingbare Voraussetzung hierfür dar (u. a. Geary 2003)?
- Zum anderen geht es um die unterschiedlichen Rollen und die Gewichtung der Ablösung vom zählenden Rechnen und der Entwicklung von Flexibilität: Ist diese Ablösung als „Pflicht" und die Flexibilität als „Kür" anzusehen (Verschaffel et al. 2007) oder sind beide Aspekte gleichermaßen relevant für das Rechnenlernen (Rechtsteiner-Merz 2013)?

Aufgrund der Schwerpunkte und der Designs vorhandener Studien lassen sich diese Fragen nur zum Teil beantworten (vgl. Rechtsteiner-Merz 2015a). Die wenigen existierenden Studien, die die Entwicklung flexiblen Rechnens bereits ab Klasse 1 in den Blick nehmen, zeigen, dass sich aufgabenadäquates Handeln tatsächlich bereits hier finden lässt (Peltenburg et al. 2011; Rechtsteiner-Merz 2013; Torbeyns et al. 2005; Verschaffel et al. 2007).

Vor diesem Hintergrund gehen auch wir davon aus, dass die Entwicklung flexibler Rechenkompetenzen nicht erst im Anschluss an die Ablösung vom zählenden Rechnen erfolgt und sozusagen als zusätzliche Kompetenz erworben wird. Vielmehr stellt die Entwicklung flexibler Rechenkompetenzen einen langfristigen Prozess dar, der sich über die gesamte Grundschulzeit erstreckt: Er umfasst die Entwicklung eines mehrperspektivischen Zahlbegriffs im kleinen und erweiterten Zahlenraum, die Automatisierung von Basisfakten und die Entwicklung von strategischen Werkzeugen, die Grundlage für das Rechnen in allen Zahlenräumen sind. Alle diese Entwicklungen werden im Hinblick auf Flexibilität mit Blick auf Merkmale und Beziehungen von Zahlen und Aufgaben angeregt.

3.2.3.1 Vom Zählen zum Rechnen: Addition und Subtraktion im Zahlenraum bis 20

Aus den vorangegangenen Überlegungen lässt sich die zentrale Aufgabe der ersten Klasse ableiten: Sie besteht darin, auf der Basis eines umfassenden, mehrperspektivischen Zahlbegriffs die Entwicklung strategischer Werkzeuge mit Blick auf Zahl- und Aufgabenbeziehungen sowie die Automatisierung von Fakten anzuregen. Damit einher geht die Ablösung des zählenden Rechnens.

Ausgehend von der in Abschn. 1.2.1.2 beschriebenen Gliederung der strategischen Werkzeuge beim additiven Rechnen lassen sich für den Zahlenraum bis 20 folgende beschreiben:

Die strategischen Werkzeuge können untereinander flexibel kombiniert werden. Das Tauschen beispielsweise führt ohne Kombination mit einem anderen Lösungswerkzeug nicht zur Lösung der Aufgabe. Dabei wird häufig verkannt, dass Kinder das Tauschen in Verbindung mit dem Zählen nutzen und dabei keineswegs rechnend vorgehen. Verbunden mit diesem Vorgehen entwickeln sie teilweise die Idee, dass es stets hilfreich sei, wenn sich der größere Summand an erster Stelle befindet. Dies trifft tatsächlich beim Ergänzen zur Zehn sowie beim Weiterzählen zu, bei anderen strategischen Werkzeugen wie beispielsweise der Kraft der Fünf oder dem Nutzen einer Hilfsaufgabe ($7 + 9/7 + 10$) ist dies nicht zwingend gegeben. Wie in Tab. 3.2 deutlich wird, ist es bei diesen strategischen Werkzeugen egal, ob der kleinere Summand vorne oder hinten in der Aufgabe steht ($9 + 5 = 5 + 9 = 5 + 5 + 4$, ebenso bei $7 + 9 = 7 + 10 - 1$); im Gegenteil: Manchmal kann damit der Zusammenhang vielleicht sogar schneller gesehen werden. Für Kinder ist es also wichtig, verschiedene strategische Werkzeuge zu entwickeln und dabei auch zu erfahren, dass bei einer Aufgabe ganz unterschiedliche Lösungswege möglich und durchaus geschickt sein können (Abb. 3.13).

Um geschickte und weniger geschickte Lösungswege zu thematisieren, ist es von Beginn an notwendig, mit den Kindern unterschiedliche Lösungswege an Anschauungsmitteln darzustellen und diese Veranschaulichungen als Diskussionsgrundlage zu nutzen (u. a. Gaidoschik 2010; Lorenz 2006; Rathgeb-Schnierer 2006a; Wittmann und Müller 1990).

Wie in allen Darstellungen deutlich wird, müssen die Kinder für die Aufgabendarstellung und das Ablesen des Ergebnisses häufig zwischen der Reihen- und der Blockdarstellung wechseln (Abb. 3.12, Tab. 3.2). Dies zeigt sich u. a. deutlich bei strategischen Werkzeugen wie der Kraft der Fünf oder dem Nutzen von Verdopplungsaufgaben als

Tab. 3.2 Strategische Werkzeuge im Zahlenraum bis 20

Strategisches Werkzeug	Addition	Subtraktion
Zerlegen – Zusammensetzen		
Kraft der Fünf	$7 + 5 = 5 + 5 + 2$	$12 - 5 = 10 - 5 + 2$
Ergänzen zur Zehn	$8 + 6 = 8 + 2 + 4$	$14 - 6 = 14 - 4 - 2$
Zerlegen der Zehn		$13 - 9 = 10 - 9 + 3$
Nutzen von Hilfsaufgaben		
Nachbaraufgabe nutzen	$7 + 8 = 7 + 7 + 1$	$15 - 7 = 14 - 7 + 1$
	$9 + 5 = 10 + 5 - 1$	$14 - 9 = 14 - 10 - 1$
Tauschen von Summanden	$7 + 8 = 8 + 7$	
Aufgabe verändern	gegensinnig $9 + 7 = 10 + 6$	gleichsinnig $14 - 9 = 15 - 10$
Analogien nutzen	$13 + 4 = 3 + 4 + 10$	$17 - 4 = 7 - 4 + 10$
Umkehraufgabe nutzen		$15 - 8 = \rightarrow 8 + ? = 15$

Nachbarn. Damit dies möglich ist, müssen die Kinder von Beginn an beide Darstellungen als gleichberechtigt kennenlernen und deren unterschiedliche Vor- und Nachteile erfahren (Abschn. 3.2.1.1).

Im Zusammenhang mit der Entwicklung flexibler Rechenkompetenzen wird immer wieder ins Feld geführt, dass dies für gute Kinder wichtig sei, schwache Kinder jedoch eindeutige Lösungswege benötigten und keine Flexibilität entwickeln könnten (Schipper

	7 + 3 + 2	Tauschen mit Ergänzen zur Zehn
	5 + 5 + 2	Kraft der Fünf
	7 + 5 = 6 + 6	gegensinniges Verändern
	7 + 7 - 2	Verdopplung als Nachbaraufgabe

Abb. 3.13 Eine Aufgabe – viele Lösungswege

2005). Unsere Studien weisen diesbezüglich in eine andere Richtung: Bei der Untersuchung kindereigener Rechenwegsentwicklungen im zweiten Schuljahr (Rathgeb-Schnierer 2006a) konnte gezeigt werden, dass alle Kinder im Kontext offener Lernangebote zur Zahlenblickschulung einen gewissen Grad an Flexibilität entwickelt haben. In einer weiterführenden Studie wurde der Fokus gezielt auf Kinder im ersten Schuljahr gerichtet, von denen zu erwarten war, dass sie Rechenschwierigkeiten entwickeln (Rechtsteiner-Merz 2013). Auch hier zeigte sich ein anderes Bild: Alle Kinder, die sich vom zählenden Rechnen ablösen konnten, zeigten mindestens an einer Stelle im Lernprozess einen Blick für Zahl- und Aufgabenbeziehungen. Kinder hingegen, die im zählenden Rechnen verhaftet blieben, entwickelten an keiner Stelle einen Blick für diese Zusammenhänge. Daraus lässt sich ableiten, dass ein Mindestmaß an Beziehungsorientierung als Sprungbrett auf dem Weg zum Rechnen nötig ist. Anders herum formuliert kann man sagen, dass alle Kinder, denen die Ablösung vom Zählen gelingt, diesen Blick im Lernprozess wenigstens an einer Stelle entwickelt haben. In unserer Arbeit mit Kindern mit Lernschwierigkeiten in Mathematik (Rathgeb-Schnierer und Wessolowski 2009) hat sich gezeigt, dass gerade diese Kinder ohne explizite Unterstützung im Unterricht keinerlei Beziehungsorientierung entwickeln können (Rechtsteiner-Merz 2015b, 2015c). Damit auch sie die Chance haben, sich vom zählenden Rechnen abzulösen und Flexibilität zu entwickeln, bedarf es eines Unterrichts, der kontinuierlich den Blick auf Zahl- und Aufgabenbeziehungen lenkt.

3.2.3.2 Additives Rechnen in größeren Zahlenräumen

Rechnen in größeren Zahlenräumen setzt die Ablösung vom zählenden Rechnen voraus (Abschn. 3.2.3.1), also die Entwicklung eines umfassenden Zahlbegriffs, die weitgehende Automatisierung der Basisfakten und die Entwicklung strategischer Werkzeuge bezogen auf den Zahlenraum bis 20. Sind diese Voraussetzungen nicht erfüllt, kann kein verständnisbasiertes Rechnen entwickelt werden (z. B. Gaidoschik 2008; Gerster und Schultz

1998; Häsel-Weide 2016b; Lorenz 2003; Rechtsteiner-Merz 2013; Schipper 2002). Für die Entwicklung flexibler Rechenkompetenzen kommt zudem noch der Aspekt des Erkennens von Zahl- und Aufgabenmerkmalen sowie deren Beziehungen dazu (Kap. 1).

Die Lösungswerkzeuge im erweiterten Zahlenraum unterscheiden sich nicht von denen im Zahlenraum bis 20. Wie auch im „kleinen" Zahlenraum könnten Aufgaben im erweiterten prinzipiell durch Zählen gelöst werden. Aufgrund der mit dem zählenden Rechnen verbundenen Probleme (Gaidoschik 2009; Gerster 2007; Kittel 2011; Wartha und Schulz 2014) ist dies auf alle Fälle zu vermeiden (s. o.). Deshalb stellen der Rückgriff auf Basisfakten und die Nutzung strategischer Werkzeuge die zentralen Lösungswerkzeuge im erweiterten Zahlenraum dar. Allerdings werden durch die zunehmende Zahlengröße die Anforderungen größer: Es kommen nicht nur neue Formen des Rechnens hinzu, sondern die Lösungswege selbst werden komplexer.

Fragen

Wodurch ist die zunehmende Komplexität der Lösungswege bedingt?

„Durch die größeren Zahlen, deren Verknüpfungen nicht mehr automatisiert sind." Diese Antwort liegt auf der Hand und tatsächlich stellt dies auch einen entscheidenden Faktor dar.

Ein weiterer, ganz wesentlicher Faktor liegt darin, dass mit zunehmender Zahlengröße mehr Lösungswerkzeuge miteinander kombiniert werden müssen[1]. Dies lässt sich gut an folgenden Aufgaben veranschaulichen: $8 + 7$, $38 + 7$, $38 + 47$.

- Bei der Aufgabe „$8 + 7$" reicht prinzipiell ein Lösungswerkzeug aus: beispielsweise das Zerlegen und Ergänzen bis zur Zehn ($8 + 2 + 5$) oder das Ableiten von der Nachbaraufgabe ($8 + 8 - 1$ oder $7 + 7 + 1$).
- Bei der Aufgabe „$38 + 7$" reicht auch noch ein Lösungswerkzeug aus: beispielsweise das Zerlegen und Ergänzen bis zur Zehn ($38 + 2 + 5$). Wenn die Analogie zur kleinen Aufgabe genutzt wird, bedarf es der Kombination von mehreren Werkzeugen: beispielsweise das Zerlegen und Zusammensetzen kombiniert mit dem Ableiten von der Nachbaraufgabe, die auswendig gewusst wird ($38 + 7 = 30 + 7 + 7 + 1$).
- Bei der Aufgabe „$38 + 47$" ist ein Lösungswerkzeug nicht mehr ausreichend, auch wenn es offensichtlich scheint, dass das Zerlegen und Zusammensetzen bei einer Lösungsmethode wie „Stellenwerte extra" ausreicht. Die Aufgabe „$38 + 47$" kann durch verschiedene Kombinationen mehrerer Lösungswerkzeuge gelöst werden. Gehen wir

---

[1] Zählen wird in diesem Abschnitt als Lösungswerkzeug außer Acht gelassen, da beim Rechnenlernen der Grundsatz gilt, erst dann ins weiterführende Rechnen zu gehen, wenn Schülerinnen und Schüler die Ablösung vom zählenden Rechnen bewältigt haben.

einmal von einem stellenweisen Vorgehen aus, so könnte eine mögliche Kombination wie folgt aussehen:

– Im ersten Schritt wird das Werkzeug des Zerlegens genutzt ($30 + 40 + 8 + 7$).
– Im zweiten Schritt wird die Summe der Zehnerzahlen über die Nutzung der dekadischen Analogie, gekoppelt mit dem Rückgriff auf Basisfakten, erschlossen ($3 + 4 = 7$, also $30 + 40 = 70$).
– Im dritten Schritt wird die Summe der Einerzahlen bestimmt (siehe erster Spiegelstrich, Beschreibung der Aufgabe „8 + 7").
– Im vierten Schritt geht es darum, die Ergebnisse aus den Schritten zwei und drei additiv zu verknüpfen ($70 + 15$). Je nach Beweglichkeit im Umgang mit Zahlen kann dieses Ergebnis auf einen Blick erfasst oder mithilfe folgender Kombination von Lösungswerkzeugen gefunden werden: Zerlegen und Zusammensetzen ($70 + 10 + 5$), Nutzung der dekadischen Analogie und Rückgriff auf die automatisierte Aufgabe ($(7 + 1) \cdot 10 + 5$).

Die oben beschriebenen verschiedenen Lösungsschritte laufen im Lösungsprozess nicht zwangsläufig hintereinander ab. Besonders flexible Vorgehensweisen zeichnen sich dadurch aus, dass es eben keine systematisch aufgebauten Lösungswege sind, bei denen einzelne Schritte „abgearbeitet" werden – ganz im Gegenteil: Sie sind geprägt von Sprunghaftigkeit und gleichzeitig ablaufenden Prozessen, bei denen das Erkennen von Zahleigenschaften, das Hinzuziehen unterschiedlicher strategischer Werkzeuge und das Sehen von (Teil-)Ergebnissen ineinandergreifen (Rathgeb-Schnierer 2006a).

Bezogen auf die Aufgabe „38 + 47" könnte dies ganz unterschiedlich aussehen:

- Von der Nachbaraufgabe „40 + 47", deren Ergebnis aufgrund der automatisierten Verdopplung $4 + 4$ schnell verfügbar ist, wird das Ergebnis 85 abgeleitet (wenn $40 + 47 = 87$, muss die Summe von $38 + 47$ um zwei kleiner, also 85 sein).
- Auf Basis der automatisierten „kleinen" Aufgaben ($3 + 4$ und $7 + 8$) kommt man zur Aufgabe „70 + 15", deren Ergebnis gesehen werden kann.

Anhand der verschiedenen Beispiele wurde deutlich, dass der Rückgriff auf Basisfakten und das Kombinieren strategischer Werkzeuge eine Grundvoraussetzung für das weiterführende Rechnen sind. Diese Lösungswerkzeuge wurden im Rahmen der Ablösung vom zählenden Rechnen im ersten Schuljahr entwickelt. In den weiterführenden Schuljahren geht es nicht darum, neue Lösungswerkzeuge einzuführen, sondern mit den Kindern zu erschließen, wie das Bekannte auf das Neue – den erweiterten Zahlenraum – übertragen werden kann. Die zentrale Herausforderung beim weiterführenden Rechnen liegt darin, eine Brücke vom Bekannten zum Neuen zu bauen. Also von bekannten Aufgaben auf neue, strukturgleiche Aufgaben zu schließen (Analogiebildung) – oder umgekehrt sich schwere Aufgaben zu vereinfachen, indem sie auf bekannte zurückgeführt werden.

Abb. 3.14 Dekadische Analogie mit Zehnerfeldkarten.
(Rathgeb-Schnierer 2011b, 42)

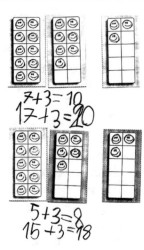

**Neues auf Bekanntes zurückführen – eine zentrale Idee des weiterführenden
Rechnens**

Analogien nutzen Diese Idee begegnet den Schülerinnen und Schülern bereits im Zahlenraum bis 20, wenn beispielsweise mithilfe von Zehnerfeldkarten die dekadische Analogie
sicht- und erfahrbar gemacht wird. Durch das Hinzufügen einer oder mehrerer Zehnerkarten lassen sich aus einer „kleinen Aufgabe" viele „große Aufgaben" bilden (Abb. 3.14).

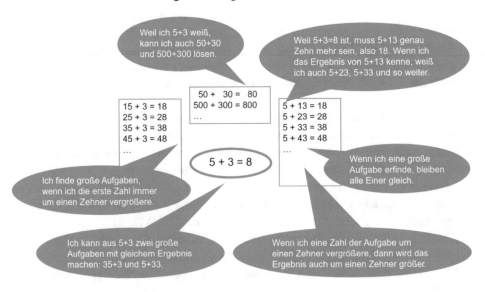

Abb. 3.15 Eine kleine – viele große Aufgaben. (Rathgeb-Schnierer 2011b, 42)

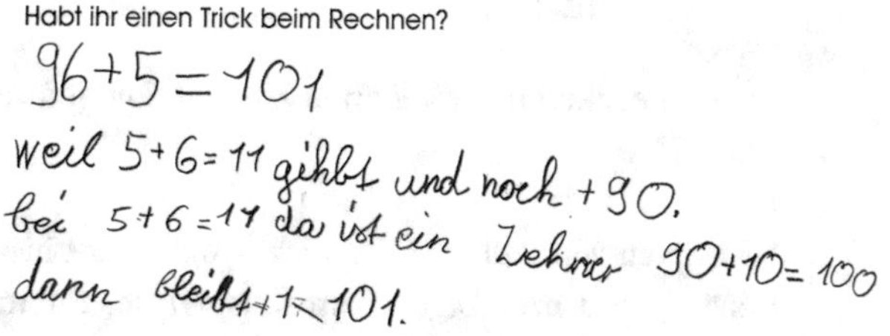

Abb. 3.16 Zweitklässler erklären ihren Rechentrick

Habt ihr einen Trick beim Rechnen?

$$96 + 5 = 101$$

weil $5+6 = 11$ gibht und noch $+ 90$.
bei $5+6 = 11$ da ist ein Zehner $90+10 = 100$
dann bleibt $+1 = 101$.

Wird diese Analogiebildung nicht nur auf ein Aufgabenpaar bezogen, sondern konsequent weitergeführt (wozu auch Zehner-Einer-Material genutzt werden kann), entsteht die
zentrale Einsicht, dass von einer Aufgabe aus dem kleinen Zahlenraum auf viele weitere
geschlossen werden kann. Nach dem Prinzip: „Wenn ich die Aufgabe ‚$5+3$' lösen kann,
dann weiß ich $15+3$, $25+3$, $35+3$, $45+3$ und ebenso $5+13$, $5+23$, $5+33$ und $5+43$."
Das bedeutet, eine automatisierte Aufgabe kann helfen, viele weitere Aufgaben zu erschließen, vorausgesetzt, solche Zusammenhänge werden beim weiterführenden Rechnen
kontinuierlich erfahrbar gemacht. Das Prinzip des Ableitens spielt bereits im Zahlenraum
bis 20 eine wichtige Rolle. Allerdings wird durch die Erweiterung des Zahlenraums die
Tragweite erst so richtig sichtbar, da hier der Weiterführung keine Grenzen gesetzt sind
(Abb. 3.15). Mit Aufgabenformaten wie operativ strukturierten Aufgabenserien und Aufgabenfamilien kann das Nutzen solchen Zusammenhänge kontinuierlich gefördert werden
(Kap. 5).

Wie das Verknüpfen von Bekanntem und Neuem bereits bei ersten Rechenschritten im
neuen Zahlenraum produktiv genutzt werden kann, zeigt sich in nachfolgender Erklärung
von drei Grundschülern (Beginn Klasse 2). Die Kinder erkennen die „kleine" Aufgabe
„$5+6$" und stützen sich auf diese, um die „große" Aufgabe „$96+5$" zu lösen (Abb. 3.16).
Dabei wird nicht nur das strategische Werkzeug der Analogiebildung genutzt, sondern
auch noch das Zerlegen und Zusammensetzen.

Strategische Werkzeuge im erweiterten Zahlenraum erkunden Die Idee, Bekanntes mit Neuem zu verknüpfen, steckt auch in dem Format des Sortierens von Aufgaben
(Abschn. 5.1.2 und 5.2.2). Dieses Format regt dazu an, sich das Rechnen im erweiterten Zahlenraum zu erschließen, indem Aufgabenmerkmale betrachtet und strategische
Werkzeuge reflektiert werden, die sich für Aufgabenklassen mit bestimmten Merkmalen
anbieten. Der Zugang zum Rechnen im neuen Zahlenraum wird nicht über das Ausrechnen
von Aufgaben auf Basis von Muster- oder Beispiellösungen geschaffen, sondern indem
Aufgabenmerkmale und Aufgabenbeziehungen im Vordergrund stehen und mit dem bisherigen Wissen verknüpft werden. Also ganz im Sinne der Zahlenblickschulung dadurch,
dass der Rechendrang zugunsten des Anschauens von Aufgaben und der Erkundung ihrer
strukturellen Merkmale zurückgestellt wird (Schütte 2008).

Fragen

Wie kann Rechnen im erweiterten Zahlenraum gefördert werden, ohne Aufgaben auszurechnen?

Das Sortieren von Aufgaben ist eine Möglichkeit hierfür. Wie dies konkret umgesetzt
werden kann, wird nachfolgend am Beispiel der Subtraktion im Zahlenraum bis 1000
veranschaulicht (Abschn. 5.1.2 und 5.2.2).

Aufgaben erfinden und sortieren als Zugang zur Subtraktion Anhand eines sogenannten
Aufgabengenerators (Abb. 3.17) mit gezielt ausgewählten Minuenden und Subtrahenden
werden Schülerinnen und Schüler angeregt, verschiedene Subtraktionsaufgaben zu bilden und in die Kisten „leicht" und „schwer" zu sortieren. Aufgrund der Sortierkriterien
„leicht" und „schwer" sind die Zuordnungen zu den Kisten subjektiv:

- Leicht sind normalerweise Aufgaben, die man auswendig weiß. Da im erweiterten
  Zahlenraum Aufgaben nicht automatisiert sind, sind solche leicht, bei denen man eine ähnliche Aufgabe kennt (z. B. $460 - 380$, weil $46 - 38$ bekannt ist) oder das Ergebnis aufgrund der Zahlenmerkmale schnell gesehen werden kann (z. B. $999 - 888$,
  $389 - 189$).

Abb. 3.17 Aufgabengenerator für Subtraktionsaufgaben. (Schütte 2005a, 54)

- Als schwer werden Aufgaben eingeschätzt, die eben nicht leichtfallen, weil sie viel Nachdenken und viele Rechenschritte erfordern oder möglicherweise eben noch gar nicht gelöst werden können.

Nach einem intensiven Austausch darüber, welche Merkmale Subtraktionsaufgaben im erweiterten Zahlenraum leicht machen, können noch eigenständig weitere Aufgaben für die leichte Kiste erfunden werden.

Aufgaben in der schweren Kiste untersuchen und neu sortieren Beim Untersuchen der schweren Kiste geht es zunächst darum zu überlegen, was Aufgaben schwer macht und ob alle Aufgaben in dieser Kiste gleichermaßen schwer sind. Hierbei wird der Blick auf Aufgabenmerkmale gelenkt und folgenden Fragen nachgegangen: Gibt es schwere Aufgaben, die leichter gemacht werden können? Wie lassen sich schwere Aufgaben vereinfachen und warum klappt das?

Genau bei der Frage nach den Möglichkeiten des Vereinfachens greifen die strategischen Werkzeuge, die aus dem kleinen Zahlenraum bekannt sind, und es kommen zwei neue Sortierkisten hinzu: die „Trickkiste" und die „Ergänzungskiste" (Abb. 3.18).

- Alle Aufgaben aus der schweren Kiste können in die „Trickkiste" (oder Vereinfachungskiste) umsortiert werden, die sich aufgrund ihrer inhärenten Merkmale vereinfachen lassen: beispielsweise solche mit Hunderternähe ($823 - 699$), bei denen eine einfachere Nachbaraufgabe gefunden werden kann ($823 - 700$) oder die sich für das gleichsinnige Verändern anbieten ($824 - 700$).
- Ebenso lassen sich diejenigen Aufgaben in eine „Ergänzungskiste" umsortieren, für die sich aufgrund ihrer kleinen Differenz das Ergänzen als strategisches Werkzeug anbietet ($710 - 699$).

Abb. 3.18 Ergänzungs- und Trickkiste. (Schütte 2005a, 54)

Wie findest du
Paulas Aufgabe –
leicht oder schwer?
Begründe.

Wie rechnet Rosa
wohl die Aufgabe?

a) Suche die Zahlenpaare auf dem Zahlenstrahl. Manche Zahlen liegen besonders
nahe beieinander. Welche Zahlenpaare sind das? Welches Zahlenpaar hat den
kleinsten Unterschied?

b) Minus-Aufgaben mit Zahlen, deren Unterschied
klein ist, kann man gut durch Ergänzen lösen.
Finde selbst noch passende Aufgaben.

Abb. 3.19 Aufgaben für die Ergänzungskiste. (Schütte 2005a, 55)

Während dieses zweiten Sortierprozesses werden Aufgaben kategorisiert in solche, die anhand eines strategischen Werkzeuges vereinfacht werden können (Ergänzungskiste und Trickkiste), und solche, die in der schweren Kiste bleiben, weil aufgrund ihrer Merkmale keine Vereinfachung offensichtlich ist.

Nun geht es darum, die drei Kategorien von Aufgaben gezielt zu betrachten und darüber nachzudenken, was die spezifischen Merkmale sind und wie diese zum Lösen der Aufgaben geschickt genutzt werden können.

Bei der Ergänzungskiste (Abb. 3.19) wird der Blick gezielt auf die „kleinen Unterschiede" gelenkt und darüber nachgedacht, ob diese Aufgaben nun leicht oder schwer sind und wie sie geschickt gelöst werden können. Außerdem kann angeregt werden, Aufgaben selbst zu erfinden, die geschickt durch Ergänzen zu lösen sind. Durch die Umkehrung des Auftrags nutzen die Kinder ein Merkmal aktiv zur Generierung neuer Aufgaben.

Bei der Trickkiste (Abb. 3.20) liegt der Fokus darauf, genau zu untersuchen, wie Subtraktionsaufgaben verändert und damit leichter gemacht werden können. Dabei stellt sich auch immer wieder die Frage, welche Aufgaben sich für das gleichsinnige Verändern anbieten und welche nicht. In diesem Zusammenhang können Schülerinnen und Schüler

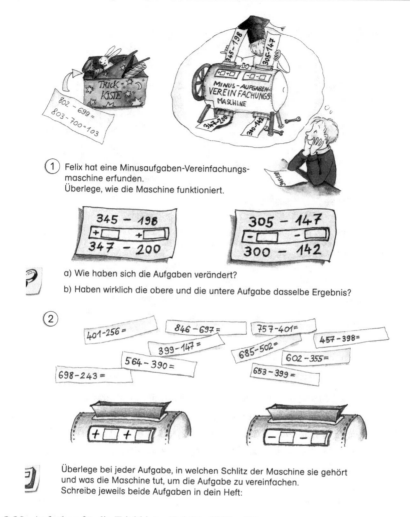

Abb. 3.20 Aufgaben für die Trickkiste. (Schütte 2005a, 56)

angeregt werden, Aufgaben zu erfinden, bei denen sich das gleichsinnige Verändern anbietet.

In der Kategorie „schwere Kiste" (Abb. 3.21) befinden sich Aufgaben, die weder als leicht eingeschätzt werden noch spezifische Merkmale aufweisen, sodass sie sich zur Vereinfachung eignen – beispielsweise „613 − 475". Das sind genau die Aufgaben, bei denen das strategische Werkzeug „Zerlegen und Zusammensetzen" ins Spiel kommt und später eventuell die schriftliche Subtraktion. Da sich die Lösung der Aufgabe als Ganzes eben nicht über eine bereits bekannte Aufgabe erschließt und sie sich auch nicht geschickt durch gleichsinniges Verändern vereinfachen lässt, werden verschiedene Zerlegungsschritte nö-

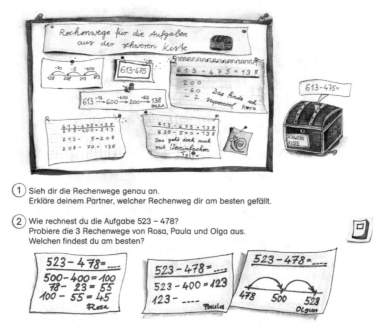

Abb. 3.21 Aufgaben in der schweren Kiste. (Schütte 2005a, 57)

tig (was einer Rückführung auf bekannte Aufgaben gleichkommt). An dieser Stelle bietet es sich an, die verschiedenen Zerlegungsmöglichkeiten – in den Schulbüchern in der Regel als Rechenwege bezeichnet – mit den Schülerinnen und Schülern zu erkunden. Das bedeutet, alle ausprobieren zu lassen, über Vor- und Nachteile der Wege und Darstellungen zu diskutieren und jedes Kind seinen präferierten Weg (für genau diese Kategorie von Aufgaben) finden zu lassen.

Wenn über das Sortieren und Untersuchen von Aufgaben das Rechnen (bezogen auf eine bestimmte Operation) erschlossen wurde, bedeutet dies nicht, dass damit Sortieraktivitäten unnötig werden. Vielmehr geht es darum, diese kontinuierlich anzuregen um den Blick explizit auf Aufgabenmerkmale und -beziehungen zu lenken und vor diesem Hintergrund über geeignete strategische Werkzeuge nachzudenken und diese weiterzuentwickeln (Kap. 5).

Die beiden vorgestellten Herangehensweisen – Analogiebildung und Sortieren – sind zwei Möglichkeiten, um ausgehend von den bekannten Aufgaben und strategischen Werkzeugen in das Rechnen im erweiterten Zahlenraum einzusteigen (zu weiteren Aktivitäten siehe Kap. 5) und dabei den Schwerpunkt auf das Erkennen und Nutzen von Merkmalen und Beziehungen zu legen. Mit diesem Fokus wird nicht nur eine bestimmte Haltung im Umgang mit Zahlen und Aufgaben angebahnt, sondern auch die wichtige Einsicht, dass diese scheinbar neuen Aufgaben keine komplett neuen Herausforderungen darstellen.

Teil II
Flexibles Rechnen praktisch umsetzen

Kinder entdecken die Welt der Zahlen

4

In Abschn. 3.2 wurden die Hintergründe der Entwicklung eines umfassenden Zahlbegriffs theoretisch aufgearbeitet und dabei verdeutlicht, dass diese Entwicklung in jedem Zahlenraum von Neuem angeregt werden muss, dabei jedoch die grundlegenden Erfahrungen wiederkehrend sind. Dies setzt voraus, dass Schülerinnen und Schülern in jedem Zahlenraum Grunderfahrungen innerhalb der verschiedenen Teilbereiche ermöglicht werden. In Abschn. 4.1 werden verschiedene Aktivitäten zu den zentralen Grunderfahrungen der Zahlbegriffsentwicklung für das erste Schuljahr ausführlich beschrieben. Abschn. 4.2 baut auf diesen Grunderfahrungen auf und zeigt, wie sie in den höheren Zahlenräumen entlang eines spiralförmigen Aufbaus weiterentwickelt werden können.

Alle Aktivitäten zum Aufbau des Zahlbegriffs intendieren die Schulung des Zahlenblicks und haben jeweils einen Schwerpunkt, der den zentralen Tätigkeiten der Zahlenblickschulung entspricht (Kap. 3). Entlang dieser Schwerpunkte gliedert sich die nachfolgende Beschreibung, in der die Aktivitäten zum (strukturierenden) Sehen, zum Sortieren und zum Strukturieren entsprechend den Teilbereichen des Modells zur Zahlbegriffsentwicklung (Abschn. 3.1.2) dargestellt werden. Die Reihenfolge entspricht nicht der zeitlichen Behandlung im Unterricht, da die Aktivitäten kumulativ aufgebaut sind. Das heißt, sie ergänzen sich teilweise gegenseitig oder lösen einander ab. Das Modell zur Zahlbegriffsentwicklung zeigt, wie die Teilbereiche zueinander in Beziehung stehen, und bietet damit eine Orientierungshilfe für den kumulativen Aufbau der Aktivitäten.

4.1 Aktivitäten zum Aufbau des Zahlbegriffs in Klasse 1

Die folgenden Aktivitäten beziehen sich alle auf die Zahlbegriffsentwicklung im Zahlenraum bis 20 und bilden die zentrale Basis für die Ablösung vom zählenden Rechnen (Abschn. 3.2).

© Springer-Verlag GmbH Deutschland, ein Teil von Springer Nature 2018
E. Rathgeb-Schnierer und C. Rechtsteiner, *Rechnen lernen und Flexibilität entwickeln*,
Mathematik Primarstufe und Sekundarstufe I + II,
https://doi.org/10.1007/978-3-662-57477-5_4

Abb. 4.1 Auf einen Blick.
(Haller und Schütte 2004, 32)

4.1.1   Aktivitäten zum (strukturierenden) Sehen

4.1.1.1   Anzahlen erfassen und darstellen

Bei den nachfolgenden Aktivitäten steht zunächst das simultane und quasi-simultane Erfassen im Vordergrund. Dieses mündet im weiteren Verlauf im mentalen Vorstellen von Zahlbildern. Dabei spielt stets das strukturierende Sehen von Teilmengen in Relation zur Gesamtmenge eine Rolle (Abschn. 3.1.2; Abb. 4.1)

Blitzblick mit unstrukturierten Materialien (Abb. 4.1)
Ziel dieser Aktivität ist es, das schnelle Erfassen – also ohne Abzählen einzelner Elemente – von unstrukturierten Mengen zu entwickeln.

Wie in der Abbildung sichtbar (Abb. 4.1) wird, legt ein Kind eine unstrukturierte Menge mit Nüssen oder anderen Materialien, verdeckt sie mit einem Tuch oder Karton und zeigt schließlich dem anderen Kind nur kurz die gelegte Menge. Dieses hat nun die Aufgabe, durch schnelles quasi-simultanes Erfassen die Anzahl zu gruppieren und zu benennen. Im anschließenden Austausch wird darüber diskutiert, ob und wie das Kind die Anzahl gesehen hat. Konnte die Anzahl nicht erfasst werden, sind die beiden Kinder herausgefordert zu überlegen, wie sie so gelegt werden kann, dass das schnelle Erfassen möglich wird. Davon ausgehend können beide Kinder weitere Möglichkeiten der geschickten Anzahldarstellung diskutieren und klären. In diesem Kontext kann überlegt werden, welche Möglichkeiten es gibt, die Elemente gezielt so umzugruppieren, dass sie noch besser erfasst werden können (Haller und Schütte 2004).

Material: Objekte wie Nüsse, Knöpfe, Muggelsteine, Steckwürfel etc.; Tuch oder Karton

Sozialform: Partnerarbeit

Zeitpunkt: Diese Aktivität bietet sich während der ersten Monate an und kann kontinuierlich wiederholt werden.

Mögliche Impulse und Fragestellungen
- Wie viele Nüsse hast du gesehen?
- Wie hast du die Anzahl gesehen?
- Gibt es noch andere Möglichkeiten?
- Würde es helfen, die … (Nüsse o. Ä.) umzulegen? Wie?
- Warum wäre das Umlegen hilfreich?

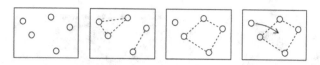

Abb. 4.2 Quasi-simultane Anzahlerfassung der Fünf bei zufälliger Anordnung. (Gerster und Schultz 1998, 337)

Didaktische Reflexion und mögliche Beobachtungen Im Vergleich zu Fingerdarstellungen und Würfelzahlen legen die Kinder bei dieser Aktivität die Anordnungen frei; sie sind an kein Raster gebunden. Dabei bieten sich – je nach Zahl – unterschiedliche Gruppierungen an. Mit jeder Anzahldarstellung können neue Zerlegungsformen und damit vielfältige Vorstellungsbilder entstehen. Gleichzeitig wird die Invarianz der Menge durch Umgruppieren deutlich. Die Kinder erfahren, dass sie eine Menge auf verschiedene Art legen und erfassen können. Im Austausch mit Erwachsenen wird deutlich, dass auch diese bei Mengen ab fünf Elementen Gruppierungen und Zerlegungen zur Erfassung vornehmen: Alle Menschen können – genau wie beispielweise Vögel – nur bis zu vier Elemente einer Menge auf einen Blick erfassen (Dehaene 1999). Alle größeren Anzahlen müssen quasi-simultan erfasst, also aus kleineren Anzahlen zusammengebaut werden. Bei Aktivitäten zum Gruppieren von unstrukturierten Materialien können Kinder angeregt werden, die Objekte so umzulegen, dass diese quasi-simultan erfasst werden können. Im weiteren Lernprozess sollten sie dann zunehmend ermutigt werden, eine „gedanklich vorgestellte Verschiebung" (Gerster und Schultz 1998, 337) der Elemente vorzunehmen, um die Darstellungen so zu „sehen", dass diese quasi-simultan erfasst werden können (Abb. 4.2).

Schwächeren Kindern ist es häufig nicht bewusst, dass sie bereits in der Lage sind, kleinere Anzahlen auf einen Blick zu erfassen; deshalb zählen sie auch diese einzeln ab. Daher müssen sie bei Aktivitäten zum Erfassen von Anzahlen immer wieder ermutigt werden, dies schnell und ohne Abzählen zu versuchen. Hierbei ist es hilfreich, sie zum „Raten" anzuregen. Diese Aufforderung macht deutlich, dass ihre Antwort nicht exakt stimmen muss, sondern auch „danebenliegen" darf. Durch den anschließenden Austausch, wie sie die Anzahl gesehen haben und welche weiteren Sichtweisen möglich sind, können sie zunehmend Sicherheit gewinnen.

Bei der Bestimmung einer Anzahl ist allerdings zu beachten, dass, selbst wenn Kinder Anzahlen bis vier auf einen Blick erfassen können, sie nicht in der Lage sein müssen, die Gesamtzahl zu benennen. Das quasi-simultane Erfassen kann nur dann gelingen, wenn die erkannten Teilmengen wieder (rechnerisch) zur Gesamtmenge zusammengefasst werden können. Wenn beispielsweise das Kind auf dem oberen Bild (Abb. 4.1) erkennt, dass in der unteren Reihe drei und darüber noch einmal drei Nüsse liegen, kann die Gesamtzahl nur dann benannt werden, wenn es weiß, wie viel 3 + 3 insgesamt sind. Verfügt das Kind nicht über dieses Wissen, kann es zwar beide Teilmengen auf einen Blick erfassen, muss dann jedoch die Gesamtzahl zählend erschließen. Um unstrukturierte Mengen qua-

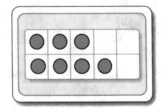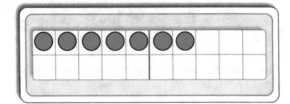

Abb. 4.3 Block- und Reihendarstellung

si-simultan erfassen und benennen zu können, müssen folglich schon die entsprechenden Zahlensätze gekonnt werden. Alternativ beziehungsweise ergänzend können bereits bekannte Zahlbilder zum geschickten Sehen genutzt werden. Wie in der unteren Abbildung (Abb. 4.2) ersichtlich, lassen sich durch mentales Verschieben beispielsweise Würfelbilder (im Beispiel die Fünf) erstellen. Dadurch wird der Rückgriff auf ein bereits bekanntes Piktogramm möglich. Ebenso lassen sich mental oder real die Objekte der unstrukturierten Darstellung in ein Zehner- oder Zwanzigerfeld einordnen (Abb. 4.3), wodurch die Anzahl schließlich – bedingt durch die vorgegebene Struktur – wiederum auf einen Blick als Punktebild in der Block- oder Reihendarstellung erfasst werden kann.

An dieser Stelle lässt sich gut beobachten, ob ein Kind von sich aus Darstellungen auf bekannte Punktebilder zurückführt oder dazu von der Lehrkraft angeregt werden muss. Leistungsstärkere Kinder können vielleicht auch schon einzelne Zahlensätze auswendig und müssen nur bei noch fremden oder komplexeren Zahlsätzen auf das (mentale oder reale) Strukturieren zurückgreifen. Auf dem Weg zum Rechnen ist das mentale Strukturieren ein wichtiger Aspekt. Werden Kinder kontinuierlich dazu angeregt, können sie sich sukzessive vom Handeln am Anschauungsmittel ablösen.

Punktebilder untersuchen (Abb. 4.3)
Bei dieser Aktivität geht es darum, die Punktebilder in Zehner- und Zwanzigerfeldkarten zu untersuchen und deren Merkmale zu erfassen. Dabei wird zunächst die Blockdarstellung erarbeitet. Zu einem späteren Zeitpunkt kommt die Reihendarstellung hinzu. Dann spielen auch die Unterschiede zwischen den Punktebildern eine wichtige Rolle.

Die Kinder werden angeregt, in den Zehner- und Zwanzigerfeldkarten die Punktebilder der Reihen- und Blockdarstellungen zu untersuchen (Abschn. 3.2.1). Kriterien könnten beispielsweise die Anzahl der belegten beziehungsweise nicht belegten Felder, die Anordnung der Punkte und die äußere Form (beim Block das Rechteck bzw. das Rechteck mit „Ecke" oder „Nase") sein (Rechtsteiner-Merz 2011a).

Material: Zehner- und/oder Zwanzigerfeldkarten – leere und solche mit Punktebildern

Sozialform: Einzel- und Partnerarbeit, Austausch im Plenum

Zeitpunkt: Das Untersuchen der Punktebilder kann in den ersten Wochen der ersten Klasse wiederholt angeregt werden.

Mögliche Impulse und Fragestellungen

Am leeren Zehner- bzw. Zwanzigerfeld:

- Wie viele Felder sind in einer Reihe?
- Wie viele Felder sind auf jeder Seite des dicken Balkens?
- Warum ist das wohl so?
- Findest du Ähnlichkeiten zwischen der Anordnung der Felder auf der Karte und deinen Fingern?

Am „belegten" Zehner- bzw. Zwanzigerfeld:

- Wie heißt die Zahl? Woran konntest du das so schnell erkennen?
- Wie viele Felder sind frei?
- Wie erkennt dein Nachbar das Punktebild? Hat er einen anderen „Blick"?
- Zeige die Zahl mit deinen Fingern. Kannst du sie auf das Zwanzigerfeld übertragen?
- Welche Zerlegungen lassen sich bei der Blockdarstellung gut erkennen, welche bei der Reihendarstellung?

Didaktische Reflexion und mögliche Beobachtungen Durch konkrete Handlungen an Arbeitsmitteln, die diskutiert und reflektiert werden, ist der Aufbau innerer Vorstellungen möglich (Dihlmann und Lorenz 1998). Gleichzeitig sind Arbeitsmittel nicht selbsterklärend und es bedarf zahlreicher Übungen, damit Kinder den Aufbau und die darin enthaltene Struktur entdecken und verstehen können. Dabei spielt die Verbalisierung eine wesentliche Rolle. Die Kinder sollten kontinuierlich angeregt werden, ihre Sicht auf die Zahldarstellung zu erklären und mit den Sichtweisen anderer zu vergleichen (Wessolowski 2010).

Da das Zehnerfeld für die Kinder zu Beginn des Schuljahres übersichtlicher ist, schlagen wir zunächst die Auseinandersetzung damit vor. Neben der Erarbeitung der Blockdarstellungen im Zehnerfeld findet von Anfang an auch die Auseinandersetzung mit den Fingerbildern statt (s. u.). Diese entsprechen im Aufbau der späteren Reihendarstellung im Zwanzigerfeld.

Eine intensive Auseinandersetzung mit den Punktebildern ermöglicht die Erarbeitung von Unterschieden und Gemeinsamkeiten zwischen den einzelnen Anzahlen sowie eine Diskussion unterschiedlicher Sichtweisen für die Erfassung der Anzahl. Dabei lassen sich Vergleiche zu Würfel- und Fingerbildern ziehen und Gemeinsamkeiten sowie Unterschiede besprechen.

In der Auseinandersetzung mit den Zehner- und Zwanzigerfeldkarten können verschiedene Aspekte sichtbar werden: zum einen, ob ein Kind sowohl das Zehnerfeld strukturieren als auch bereits Punktebilder erkennen kann. Zum anderen, ob Kinder eine mehrperspektivische Sicht auf die Punktebilder haben (also verschiedene Zerlegungen erkennen) oder stets nur eine Vorstellung heranziehen. Durch Gespräche lassen sich verschiedene Möglichkeiten zur Anzahlerfassung aufbauen und damit Teile-Ganzes-Beziehungen entwickeln.

Abb. 4.4 Gerade und ungerade Anzahlen vergleichen

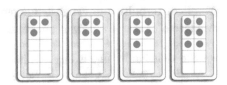

Gerade und ungerade Zahlen untersuchen (Abb. 4.4)

Auch bei dieser Aktivität steht das Untersuchen der Punktebilder im Vordergrund – in diesem Fall der Blockdarstellung (Rechtsteiner-Merz 2011a). Die Kinder werden angeregt, durch paarweises Einordnen der Plättchen die Punktebilder zu legen und dabei die besondere Form und den Wechsel von „gerade" und „ungerade" zu entdecken (Haller und Schütte 2004): Handelt es sich um ein Viereck oder eine Form mit „Ecke" bzw. „Nase"? Diese Überlegungen können ergänzend unterstützt werden, wenn die Kinder nach dem Legen mithilfe eines Drahtes oder Stifts versuchen, die Punktebilder zu halbieren.

Material: leere Zehnerfeldkarten, Plättchen, Zehnerfeldkarten in der Blockdarstellung, Draht oder Stift

Sozialform: Partnerarbeit, Austausch im Plenum

Zeitpunkt: Auch das Untersuchen der Punktebilder mit Blick auf die Zahleigenschaften „gerade" und „ungerade" kann in den ersten Monaten wiederholt stattfinden.

Mögliche Impulse und Fragestellungen

- Gibt es Punktebilder, die ähnlich aussehen? Wie unterscheiden sie sich?
- Welche Punktebilder haben die äußere Form eines Vierecks, welche haben eine Nase?
- Lege den Draht so in das Punktebild, dass auf jeder Seite gleich viele Punkte sind. Geht das immer? Woran liegt das?
- Kannst du erklären, warum sich immer eine Viereck-Karte mit einer Karte mit Nase abwechselt?

Didaktische Reflexion und mögliche Beobachtungen Im Vergleich zur Reihendarstellung können bei der Blockdarstellung gerade und ungerade Zahlen durch die besondere Anordnung auf einen Blick unterschieden werden. Damit werden die Zusammenhänge zwischen geraden und ungeraden Zahlen für die Kinder besonders schön ersichtlich. Gerade Zahlen sind dadurch gekennzeichnet, dass sie aufgrund ihrer Verdopplungsstruktur (2n) bei der paarweisen Zuordnung stets eine geschlossene Form (ein Viereck) bilden, da kein Punkt übrig bleibt. Ungerade Zahlen (2n + 1) haben die Besonderheit, dass sie genau immer zwischen den geraden Zahlen liegen. Aufgrund dieses strukturellen Merkmals bleibt bei der paarweisen Anordnung auf der Zehnerfeldkarte immer ein Punkt übrig, was an ein Puzzleteil mit „Ecke" beziehungsweise „Nase" erinnert (Abb. 4.4).

Durch verschiedene Versuche des Halbierens mit Bleistift oder Draht können die Kinder die Halbierungsmöglichkeiten selbstständig entdecken. Dabei wird erkennbar, dass

Abb. 4.5 Verschiedene Möglichkeiten beim Halbieren. (Rechtsteiner-Merz 2011a, 8)

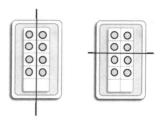

Anzahlen, die aus zwei geraden Zahlen bestehen (2 + 2, 4 + 4), auf zwei Arten handelnd halbiert werden können (Abb. 4.5).

Bei dieser Aktivität wird der Blick der Kinder auf Zahleigenschaften gerichtet, ohne diese explizit als gerade und ungerade Zahlen benennen zu müssen. Noch zählende Kinder werden angeregt, ihren Blick auf die äußeren geometrischen Strukturen zu richten, wodurch der präzise Zahlenwert zunächst einmal in den Hintergrund und die Zahleigenschaft in den Mittelpunkt gerät. Durch diese intensive Auseinandersetzung mit den Punktebildern werden diese verinnerlicht und können zunehmend mental rekonstruiert werden.

Für manche Kinder mag dieser Zugang eine Herausforderung darstellen, da sie sich auf einer Metaebene mit Zahleigenschaften auseinandersetzen und damit vom konkreten Zahlenwert zunächst einmal lösen beziehungsweise im Idealfall diesen quasi-simultan erfassen können. Genau hier lassen sich unterschiedliche Beobachtungen bei den Kindern machen:

- Sind sie in der Lage, auf diese Metaebene zu gehen und verallgemeinerbare Zusammenhänge zu erkennen?
- Gelingt es ihnen dabei auch wieder, die konkrete Anzahl in den Blick zu nehmen und in Beziehung zur Zahleigenschaft zu setzen?
- Leistungsstärkere Kinder sind vielleicht schon in der Lage, ihre Untersuchungen im Zahlenraum bis 20 oder gar 100 fortzusetzen, und erkennen dessen verlässlichen und kontinuierlichen Aufbau und damit verbunden erste Analogien.

Blitzblick mit strukturierten Materialien

Beim Blitzblick mit strukturierten Materialien (Abb. 4.6, 4.7, 4.8) geht es darum, die Anzahl der Objekte auf einen Blick zu erfassen, also quasi-simultan durch das Nutzen der zugrunde liegenden Struktur.

Abb. 4.6 Strukturierte Materialien – die Blitzrechenkartei. (Klett)

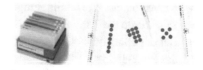

Abb. 4.7 Strukturierte Materialien – Zehnerfeldkarten

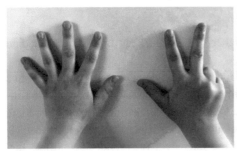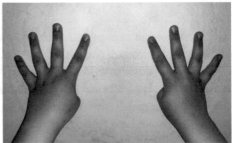

Abb. 4.8 Strukturierte Materialien – Fingerbilder

Übungen zum Blitzblick können mithilfe verschiedener strukturierter Materialien
durchgeführt werden. Hierzu eignen sich Würfel-, Finger- sowie Punktebilder in strukturierten Zehner- oder Zwanzigerfeldkarten. Die Kinder arbeiten zu zweit: Ein Kind zeigt
eine Anzahl nur kurz, das andere Kind versucht diese auf einen Blick zu erfassen und zu
benennen. Anschließend tauschen sich die Kinder über ihre verschiedenen Sichtweisen
aus.

Material: Würfelbilder, Finger, Zehnerfeldkarten

Sozialform: Partnerarbeit, Plenum

Zeitpunkt: Aktivitäten zum schnellen Erfassen von Anzahlen können kontinuierlich angeregt werden, sobald die Kinder die Punktebilder untersucht und die Struktur durchdrungen
haben. Das schnelle Erfassen und Darstellen von Fingerbildern kann wiederholt von Beginn an erfolgen.

Mögliche Impulse und Fragestellungen
- Wie siehst du die Anzahl?
- Warum konntest du sie so schnell erkennen?
- Wie kann man die Anzahl noch sehen?
- Kannst du ein Würfelbild, Fingerbild etc. erkennen?
- Wie würde die Zahl als Fingerbild, in der Blockdarstellung etc. aussehen?
- Bei der Blockdarstellung: Welche Form (Viereck oder ähnlich wie ein Puzzleteil) hat
  das Punktebild?
- Wie viele freie Felder siehst du? Oder wie viele Finger „schlafen"?

Didaktische Reflexion und mögliche Beobachtungen Wie bei den Aktivitäten zum Blitzblick mit unstrukturierten Materialien beschrieben, müssen wir bei Mengen, die größer als vier sind, Strukturierungen vornehmen, um die Anzahl nicht zählend erfassen zu können. Zahlbilder hatten bereits in der traditionellen Rechendidaktik (Kühnel 1922) die Idee, den Aufbau visueller Zahlvorstellungen zu fördern. Ausgehend von den eigenstrukturierten Punktebildern der Kinder (Abschn. 4.1.3) und den in der Regel bereits bekannten Würfelbildern werden aus fachdidaktischer Perspektive tragfähige Zahlbilder (Block- und Reihendarstellung) entwickelt (Abschn. 3.2.1). Neben den fachdidaktisch strukturierten Punktebildern weisen auch die Fingerbilder eine Fünfergliederung auf. Fingerbilder sind den Kindern in der Regel bereits aus dem Kindergarten bekannt. Während sie als ersten Zugang häufig das Abzählen der Finger wählen, geht es nun darum, die Finger tatsächlich als Bilder zur quasi-simultanen Darstellung und Erfassung von Anzahlen zu nutzen. Neuropsychologische Untersuchungen (Moeller und Nuerk 2012) zeigen, dass „fingerbasierte[n] Repräsentationen" (ebd., 48) für die Entwicklung abstrakter Repräsentationen von besonderer Bedeutung sind, da die Kinder diese körperlich wahrnehmen und dadurch besser verinnerlichen können.

Damit die Kinder diese Strukturen erkennen, deuten und schließlich schnell erfassen können, sind zahlreiche, immer wiederkehrende Aktivitäten in diesem Bereich notwendig. Bei der Reihen- und Fingerdarstellung hilft die Fünfergliederung, um die Gesamtmenge erkennen zu können, und bei der Blockdarstellung ist es hilfreich, jeweils auch die freien Felder im Blick zu haben, um auch dadurch auf die Gesamtmenge schließen zu können (Wessolowski 2010, 20 ff.). Das Wissen um diese Sichtweisen ermöglicht einen mehrperspektivischen Blick auf die Darstellungen und unterstützt das schnelle Erfassen dieser.

Beobachtet man Kinder beim Blitzblick, so muss zunächst zwischen den verschiedenen Materialien unterschieden werden. Zählt ein Kind die Anzahl der Finger einer Hand immer aufs Neue ab, so ist es zunächst wichtig, im Gespräch zu klären, ob tatsächlich auch Anzahlen bis fünf für das Kind schwierig sind oder ob die Kinder „lediglich" unsicher sind und der Konstanz der Anzahl nicht vertrauen. In diesem Fall kann mit dem Kind durch Fragen wie: „Wie viele waren es gestern? Was meinst du, wie viele es heute sind?", darauf eingegangen werden.

In der Regel können die Würfel- und Fingerbilder zuerst erfasst werden. Dies hat damit zu tun, dass im Rahmen der frühkindlichen Bildung Finder- und Würfelbilder immer wieder ausgezählt werden und dabei Sicherheit entsteht. Dieses Wissen lässt sich wiederum für die komplexeren Darstellungen im Zehner- und Zwanzigerfeld nutzen und ausbauen, indem bei der Blockdarstellung auf die Würfelbilder und bei der Reihendarstellung auf die Fingerbilder zurückgegriffen werden kann. Ist ein Kind noch nicht in der Lage, die Punktebilder quasi-simultan zu erfassen, stellt sich zum einen die Frage, ob es über erste Teile-Ganzes-Erfahrungen verfügt und sich vorstellen kann, dass eine Gesamtmenge aus Teilmengen besteht, die größer als eins sind. Zum anderen muss geklärt werden, ob dem Kind die Struktur der Zehnerfeldkarten bekannt ist.

Kinder, die im Lernprozess bereits fortgeschritten sind und die Punktebilder bis 10 schnell erfassen, können angeregt werden, diese auf höhere Zahlenräume auszubauen und zu überlegen, wie Punktebilder im Zahlenraum bis 20 oder 100 aussehen könnten. Hierfür bietet sich als Material beispielsweise ein Abaco™ bis 100 oder ein Hunderterfeld an (Abschn. 4.2.1).

Punktebilder vorstellen und erklären
Diese Aktivität leistet einen wesentlichen Schritt zur Entwicklung mentaler Vorstellungen und damit zur Festigung und späteren Ablösung des Anschauungsmittels. Hierzu werden die Kinder angeregt, sich ein Punktebild im Zehner- bzw. Zwanzigerfeld vorzustellen – „es sich in den Kopf zu legen". Im Gespräch mit einem anderen Kind oder der Lehrperson versuchen sie verschiedene Fragen zu klären.

Material: –

Sozialform: Partnerarbeit

Zeitpunkt: Sobald die Kinder die Punktebilder schnell quasi-simultan erfassen und verschiedene Strukturen in die Punktebilder hineindeuten können, sollte mit dem mentalen Vorstellen begonnen werden. Diese Aktivität muss kontinuierlich wiederholt und kann als festes „Übungsritual" in den Alltag integriert werden.

Mögliche Impulse und Fragestellungen
- Wie sieht deine Karte aus?
- Ist es ein Punktebild mit der Form eines Vierecks oder mit einer „Nase"?
- Sind mehr Felder leer oder voll?
- Erkläre ganz genau, wie die Punkte angeordnet sind.
- Wie viele Punkte fehlen noch, bis das Zehnerfeld voll ist?
- Kannst du sehen, ob du die Zahl halbieren kannst, oder musst du dafür eine andere Darstellung wählen?
- Bei der Blockdarstellung: Wie wäre es, wenn du zwei nebeneinanderliegende Punkte wegschneidest? Ist das Punktebild dann noch immer ein Viereck bzw. eines mit „Nase"?

Didaktische Reflexion und mögliche Beobachtungen   Übungen zum Aufbau von Vorstellungen stellen einen wesentlichen Aspekt auf dem Weg zur mathematischen Begriffsbildung dar. Um mit Zahlen flexibel umgehen zu können und Vorstellungen zu entwickeln, die über das reine Handeln und Zählen an Rechenmaschinen hinausgehen, ist der Aufbau mentaler Zahlbilder zentral. Hierfür bieten wir den Kindern Anschauungsmittel an. Gleichzeitig verfolgen wir den Gedanken, dass diese Anschauungsmittel (irgendwann) wieder abgelöst werden sollten (Lorenz 2011). Es lässt sich immer wieder beobachten, dass gerade Kinder mit Schwierigkeiten beim Rechnenlernen Punktebilder durchaus schnell erfassen können und auch mit diesen an Anschauungsmitteln agieren. Wenn sie jedoch ohne Anschauungsmittel arbeiten, verfallen sie augenblicklich ins Zählen. Diese Kinder nutzen in der Regel Punktebilder nicht in ihrer Vorstellung – sei es, weil sie von

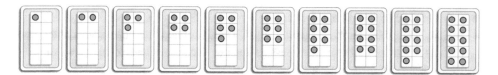

Abb. 4.9 Zehnerfeldkarten. (Nach Schütte 2008)

sich aus nicht daran denken, oder weil sie mit den Punktebildern nur „sehend" und handelnd (und dabei häufig auch zählend), aber nicht in ihrer Vorstellung agieren können (u. a. Kaufmann und Wessolowski 2006). Aus diesem Grund ist es zentral, Aktivitäten zum Aufbau mentaler Vorstellungen explizit anzuregen, auch wenn diese gerade Kindern mit Schwierigkeiten beim Rechnenlernen besonders schwerfallen (Rechtsteiner 2017a). Dabei ist es hilfreich, nicht nur auf Anzahlen zu fokussieren, sondern den Blick vielmehr auf Formen zu lenken, um zählendes Vorgehen zu vermeiden. Es wird deutlich, dass die Erklärungen der Kinder an dieser Stelle zentral sind.

Bei dieser Aktivität zeigt sich, ob die Kinder bereits Vorstellungen entwickelt haben oder auf das Abzählen der Punkte zurückgreifen. Kinder, die im Lernprozess bereits fortgeschritten sind, können vielleicht bereits erste Zerlegungen mental durchführen und diese beschreiben (siehe vorige Aktivität).

Ich denke mir eine Zahl (Abb. 4.9)
Auch diese Partneraktivität fokussiert auf die Entwicklung mentaler Vorstellungen von Punktebildern (in dem Fall, auf die der Blockdarstellungen bis 10). Zunächst werden alle Zehnerfeldkarten (Abb. 4.9) der Reihe nach auf den Tisch gelegt. Nun wählt ein Kind eine Karte aus und beschreibt dem anderen Kind Merkmale dieser Karte. Das andere Kind hat die Aufgabe herauszufinden, um welche Karte es sich handelt. Während die Karten anfänglich noch sichtbar auf dem Tisch liegen, ist es das Ziel, mit zunehmender Übung alle Karten umzudrehen und aus der mentalen Vorstellung zu reproduzieren (Rechtsteiner 2017a). Auf der Suche nach der „gedachten" Zahl werden dem Kind Schritt für Schritt Hinweise gegeben, durch die sich die möglichen Karten zunehmend eingrenzen lassen. Nach jedem weiteren Hinweis, werden die nun noch möglichen Punktebilder herausgefiltert und gesondert gelegt.

Material: Zehnerfeldkarten

Sozialform: Partnerarbeit oder im Plenum (möglicherweise als Einführung)

Zeitpunkt: Auch mit dieser Aktivität sollte begonnen werden, sobald die Kinder die Punktebilder schnell quasi-simultan erfassen und verschiedene Strukturen hineindeuten können. Durch ihren spielerischen Zugang lässt sich diese Aktivität kontinuierlich in den Alltag integrieren.

Mögliche Impulse und Fragestellungen

- Meine Zahl ist ein Punktebild mit „Nase". Damit können alle ungeraden Zahlen herausgelegt werden und es ist klar, dass es nun nur noch eine dieser Zahlen sein kann.
- Meine Karte hat mehr volle als leere Felder.
- Meine Karte ist die kleinere von beiden.

Didaktische Reflexion und mögliche Beobachtungen Wie schon oben beschrieben, stellen Aktivitäten zum Aufbau mentaler Vorstellungen einen wichtigen Aspekt bei der Ablösung des Anschauungsmittels und auf dem Weg zum Rechnen dar (Lorenz 2011; Rechtsteiner-Merz 2011b, 2017a). Bevor jedoch Aktivitäten zur mentalen Vorstellung und damit erste Schritte zur Ablösung des Anschauungsmittels angeregt werden, sollte eine aktive Auseinandersetzung mit Punktebildern und deren Aufbau erfolgt sein.

Durch die Aufforderung, sich die Punktebilder mental vorzustellen, müssen diese vor dem inneren Auge reproduziert werden. Bei dieser Aktivität geht es allerdings nicht um einzelne Anzahlen, sondern vielmehr um eine Gruppe von Zahlbildern mit bestimmten Eigenschaften (gerade/ungerade, größer/kleiner als fünf etc.). Daher ist es wichtig, durch gezielte Impulse die Vorstellung der Punktebilder zu aktivieren, indem der Fokus nicht auf Zahlenwerte, sondern auf geometrische Eigenschaften und Beziehungen gerichtet wird. Hinweise auf eine Karte könnten beispielsweise folgendermaßen lauten: „Ich denke mir eine Zahl. Meine Zahl hat die äußere Form eines Vierecks. Sie hat mehr volle als leere Felder. Meine Zahl kann man auf zwei Arten halbieren. Welche Zahl ist es?"

Da die Kinder zu Beginn alle Karten offen vor sich liegen haben, lassen sich daran auch noch einmal sprachliche Fragen und Verständnisschwierigkeiten klären. Im weiteren Verlauf werden sie schließlich angeregt, ihrem eigenen Lernprozess entsprechend zunehmend mehr Karten verdeckt „mitzudenken". Dabei lässt sich sehr gut der Fortschritt der einzelnen Kinder beobachten. Wenn die Kinder wechselseitig Karten beschreiben, lässt sich beobachten, inwieweit sie in der Lage sind, abstrakte Vorstellungen (wie beispielsweise gerade und ungerade) heranzuziehen und für die Beschreibung zu nutzen.

Muster legen (Abb. 4.10)

Bei dieser Aktivität geht es darum, ein Muster vielperspektivisch zu betrachten, zu jeder Betrachtungsweise einen passenden Zahlensatz zu finden und damit möglichst viele Zahlensätze in das Muster hineinzudeuten. Diese Aktivität kann mit unterschiedlichen Anzahlen angeregt werden. Werden dafür 10 Bärenkärtchen (Abb. 4.10), Muggelsteine oder andere Materialien gewählt, dann setzen sich die Kinder gezielt mit den Zehnersummen auseinander. Sie beginnen damit, dass sie ein Muster legen und zu diesem dann verschiedene Zerlegungen finden, die in Form eines Zahlensatzes dokumentiert werden (Haller und Schütte 2004).

Abb. 4.10 Muster legen. (Haller und Schütte 2004, 30)

Mögliche Zahlensätze, die für obiges Beispiel gefunden werden können:

$$10 = 5 + 5 \qquad\qquad 10 = 6 + 3 + 1$$
$$10 = 4 + 4 + 2 \qquad\quad 10 = 3 + 3 + 3 + 1$$
$$10 = 4 + 2 + 4 \qquad\quad 10 = 3 + 3 + 2 + 2$$
$$10 = 2 + 2 + 2 + 2 + 2 \quad \ldots$$

Material: Kärtchen, Muggelsteine o. Ä., Heft

Sozialform: Partner- oder Kleingruppenarbeit, Diskussion im Plenum

Zeitpunkt: Aktivitäten zum Legen und Interpretieren von Mustern bieten sich an, sobald die Punktebilder in Blockdarstellung erarbeitet sind und die Kinder die Fingerbilder kennen.

Mögliche Impulse und Fragestellungen
- Welche Kärtchen/Plättchenlassen sich auf einen Blick erfassen?
- Woran liegt es, dass du diese Gruppierungen schnell sehen kannst?
- Welche Muster kannst du finden?
- Welche Zahlensätze kannst du zu den verschiedenen Mustern finden?
- Findest du noch weitere Zerlegungen, wenn du das Muster drehst und es aus einer anderen Richtung anschaust?

Didaktische Reflexion und mögliche Beobachtungen Da die Gesamtmenge bekannt ist, geht es bei dieser Aktivität nicht um das Erfassen einer Menge, sondern vielmehr darum, diese in Teilmengen zu zerlegen. Dabei wird einerseits der Frage nachgegangen, welche Teilmengen quasi-simultan erfasst werden können, und andererseits überlegt, welche unterschiedlichen Zerlegungsmöglichkeiten sich finden lassen. Hierbei machen die Kinder die Erfahrung, dass sich eventuell bestimmte Zerlegungen auf den ersten Blick eher aufdrängen als andere. Gleichzeitig lernen sie, größere Mengen so in Teilmengen zu zerlegen und so zu gruppieren, dass diese auf einem Blick erfasst werden können.

Beobachtet man die Kinder, lässt sich erkennen, inwieweit sie bereits in der Lage sind, eine Gesamtmenge in Teilmengen zu zerlegen und damit mental Gruppierungen zu bilden. Zählende Kinder bilden in der Regel lauter Einermengen, das heißt, sie zählen Anzahlen einzeln ab und gruppieren nicht. Je weiter die Kinder im Lernprozess fortgeschritten sind, desto eher sind sie in der Lage, mehrperspektivisch auf das Muster zu blicken und ganz unterschiedliche Zahlensätze zu entwickeln. Vereinzelt lassen sich immer wieder Kinder finden, die bereits multiplikative Zerlegungen vornehmen (Rathgeb-Schnierer und Rechtsteiner-Merz 2010).

4.1.1.2 Anzahlen zerlegen

Bei den oben beschriebenen Aktivitäten liegt der Schwerpunkt auf dem schnellen und geschickten Erfassen und Darstellen von Anzahlen. Damit dies gelingen kann, müssen die Mengen in Teilmengen zerlegt und schließlich geschickt zusammengefasst werden. Im folgenden Kapitel steht das Zerlegen im Mittelpunkt, mithilfe dessen das Teile-Ganzes-Konzept weiter ausgebaut werden kann. Auch diese Aktivitäten sind dem algebraisch-orientierten Strang zuzuordnen (Abschn. 3.2.1.1).

Zerlegungen finden und untersuchen (Abb. 4.11 und 4.12)
Bei dieser Aktivität geht es darum, bei den inzwischen bekannten Punktebildern möglichst verschiedene Zerlegungen zu finden. Hierzu bekommen die Kinder einen biegbaren Draht, der so auf die Karten gelegt wird, dass die verschiedenen Zerlegungen eines Punktebilds sichtbar werden (Abb. 4.11 und 4.12). Die gefundenen Zerlegungen können auf verschiedene Weise notiert werden (Abb. 4.13): Die Zahlensätze können frei ins Heft oder auf Karten geschrieben werden (z. B. 9 = 6 + 3), ebenso lässt sich ein Zahlenhaus nutzen.

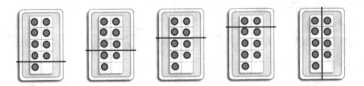

Abb. 4.11 Zerlegungen im Zehnerfeld mit Blockdarstellung

Abb. 4.12 Zerlegungen im
Zwanzigerfeld mit Reihendarstellung

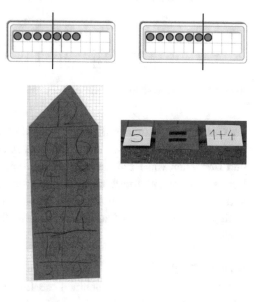

Abb. 4.13 Notationsformen
für Zerlegungen

Material: Zehner- oder Zwanzigerfeld, gerader und gebogener Draht

Sozialform: Einzel- und Partnerarbeit

Zeitpunkt: Im Anschluss an das Untersuchen der Punktebilder können diese (Blockdarstellung im Zehnerfeld und Reihendarstellung im Zwanzigerfeld) zerlegt werden. Diese
Tätigkeit wird über mehrere Wochen hinweg wiederholt aufgegriffen.

Mögliche Impulse und Fragestellungen

- Welche Zerlegungen kannst du finden?
- Wie kannst du die Zerlegungen aufschreiben?
- Welche Zerlegungen kannst du geschickt und schnell sehen? Warum diese?
- Lassen sich im Block andere Zerlegungen gut erkennen als in der Reihendarstellung?
  Woran liegt das?
- Hast du alle Zerlegungen gefunden?

Didaktische Reflexion und mögliche Beobachtungen Die Entwicklung von Teile-Ganzes-Beziehungen spielt für den Aufbau eines fundierten Zahlbegriffs eine wesentliche
Rolle (u. a. Gerster und Schultz 1998; Kaufmann und Wessolowski 2006; Schütte 2008).
Indem innerhalb eines Zahlbildes eine Zerlegung dargestellt wird, ohne die Gesamtdar-
stellung zu ändern, kommt dieser Aspekt deutlich zum Ausdruck.

Durch das Umlegen des Drahtes wird offensichtlich, dass die gleiche Menge verschiedene Teile-Ganzes-Beziehungen hat.

Es kann gut beobachtet werden, inwieweit die Kinder in den Teilmengen die bekannten
Punktebilder wiedererkennen und damit in der Lage sind, Teilmengen auch visuell als Teil

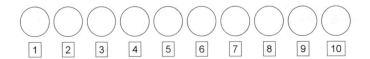

Abb. 4.14 Zehn gewinnt

der Gesamtmenge zu identifizieren. Außerdem kann sichtbar werden, welche Zusammenhänge die Kinder zwischen ihren Handlungen und der Notation sehen. Durch Nachfragen und Herstellen von Bezügen kann dieser Aspekt noch deutlicher werden. Kinder, die im Lernprozess bereits fortgeschritten sind, können bereits mental Zerlegungen vornehmen und diese anschließend am Zahlbild prüfen (siehe obige Aktivitäten zum mentalen Vorstellen). Dabei ist darauf zu achten, dass nicht auf zählende Verfahren zurückgegriffen wird.

4.1.1.3   Zahlen ordnen
Die folgenden Aktivitäten nehmen die Entwicklung linearer Zahlvorstellungen in den Blick (→ Modell). Dabei spielen die Ordnung der Zahlen sowie im weiteren Verlauf die Abstände zwischen den Zahlen eine zentrale Rolle.

Zehn gewinnt – ein Strategiespiel (Abb. 4.14)
Bei diesem Spiel (Abb. 4.14) geht es darum, eine Gewinnstrategie zu entwickeln. Dafür ist es notwendig, Beziehungen zwischen den Spielzügen herzustellen sowie Vergleiche zwischen den einzelnen Spieldurchläufen zu ziehen (König-Wienand 2001). Jeder Spieler kann abwechselnd ein oder zwei Wendeplättchen in seiner Farbe legen. Begonnen wird bei der Eins; wer als Letzter legen kann (auf die Zehn), ist Sieger (Wittmann und Müller 2012b; Müller und Wittmann 2007). Als Variation ist es auch möglich, „Zwölf gewinnt" zu spielen oder bis zu drei Plättchen legen zu dürfen.

Material: Spielplan, Wendeplättchen, Heft

Sozialform: Partnerarbeit

Zeitpunkt: Dieses Spiel bietet sich zum Übergang vom Kindergarten in die Grundschule an und kann immer wieder – auch in Variationen und gegen Kinder anderer Klassen – angeregt werden.

Mögliche Impulse und Fragestellungen
- Ab wann merkst du, dass du gewinnst?
- Warum weißt du es hier ganz sicher?
- Könnte man auch „7 (4) gewinnt" spielen, wenn du es an dieser Stelle schon sicher weißt? Wie wäre es dann?
- Kannst du ganz sicher gewinnen? Ist das immer so?

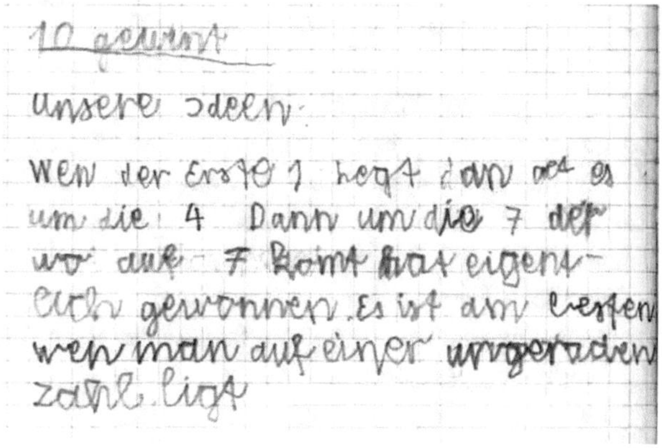

Abb. 4.15 Lena und Johannes (Klasse 1 und 2) formulieren ihre Entdeckungen

Didaktische Reflexion und mögliche Beobachtungen Bei diesem Strategiespiel geht es zunächst um das Erfassen der ordinalen Zehnerreihe. Gleichzeitig wird durch das stetige Zurückblicken und Vorausschauen der Blick auf die Anzahl der bereits belegten und noch freien Felder gelenkt.

Da die Kinder in der Regel die Legemöglichkeiten nicht sofort überblicken, beginnen sie ihre eigenen Plättchen und die des Partners in Gedanken zu legen und zu variieren. Dabei setzen sie diese stets in Beziehung zur Zahl 10. Sobald ihnen auffällt, dass die 7 ein „Gewinnfeld" ist, können sie beginnen, den Weg zu diesem Feld zu rekonstruieren, und versuchen dabei eine Systematik, also eine sichere Gewinnstrategie zu entwickeln.

Für alle Kinder steht zunächst der ordinale Aspekt im Mittelpunkt – das Überblicken der Zahlenreihe und das Finden der Gewinnsteine. Erfahrungsgemäß spielen die Kinder anfänglich ganz willkürlich: Sie beobachten und vergleichen Spielzüge, stellen Vermutungen an und entwickeln Strategien. Die Sieben als Gewinnstein fällt ihnen hierbei häufig schnell ins Auge. Allerdings stellt sich die Frage, ob das Erreichen des siebten Platzes ausreicht, um zu gewinnen, oder ob weitere Aspekte eine Rolle spielen. Interessant ist zu beobachten, dass auch Kinder, die bereits gute Ideen entwickelt haben, durchaus immer wieder zögern beziehungsweise nicht konsequent weiterdenken. Dies wird bei Lena und Johannes deutlich (Abb. 4.15): Sie entdecken, dass die Gewinnsteine 1, 4 und 7 zum Sieg führen, und leiten daraus ab, dass es sich immer um ungerade Zahlen handeln muss. Dass es sich bei der Vier nicht um eine ungerade Zahl handelt, übersehen sie. Ebenso ist immer wieder zu beobachten, dass die Kinder eine entdeckte Strategie wieder aufgeben, wenn man sie fragt, ob nicht doch eine der beiden Farben Rot oder Blau eher gewinnt.

4.1.2 Aktivitäten zum Sortieren

Würfeln mit zwei Würfeln (Abb. 4.16)
Bei dieser Aktivität geht es darum, Würfelsummen und Differenzen zu vergleichen, ohne
diese zu berechnen – jedes Kind mit zwei Würfeln der jeweils gleichen Farbe (Abb. 4.16).
Anschließend werden die Punktebilder miteinander verglichen, um zu Aussagen wie
„mehr" oder „weniger" zu kommen.

Die Würfe lassen sich sowohl im Hinblick auf ihre Gesamtsumme als auch auf deren
Differenz untersuchen (Haller und Schütte 2004), wodurch zwei unterschiedliche Vorgehensweisen möglich werden:

I. Beim Vergleichen der Summen beider Würfel gewinnt derjenige, der die größere Au-
    genanzahl hat, und erhält ein Wendeplättchen oder Streichholz. Um herauszufinden,
    wer der Sieger ist, werden die Würfel jeweils nebeneinandergelegt. Dabei ist entweder
    sofort ersichtlich, wer mehr Punkte hat (Situation 1, Abb. 4.17), oder die Punktebilder
    müssen einzeln verglichen werden (Situation 2 und 3, Abb. 4.17). In den Situationen
    zwei und drei tippen die Kinder in der Regel direkt auf den Würfel, der mehr hat – in
    diesem Fall der Fünfer-Würfel – und vergleichen daraufhin die beiden unteren Würfel
    miteinander. Es wird deutlich, dass bei den beiden oberen Würfeln auf der linken Sei-
    te ein Punkt mehr ist, während bei den beiden unteren Würfeln auf der rechten Seite
    zwei Punkte mehr sind. In Situation drei zeigt durch das gegensinnige Verändern der
    Punktebilder die Wertgleichheit bei beiden Würfeln.
II. Wie beim Vergleichen der Summe wird auch bei der Ermittlung der Differenz am
    Punktebild gearbeitet und nicht auf der reinen Zahlenebene. Die Vorgehensweise ist
    also gleich, außer dass nun die genaue Anzahl ermittelt wird und der Spieler mit der
    höheren Summe die entsprechende Anzahl an Plättchen erhält.

Abb. 4.16 Würfeln mit zwei
Würfeln. (Haller und Schütte
2004, 39)

Abb. 4.17 Mögliche Würfelsituationen

Material: 4 Würfel in zwei Farben, Wendeplättchen, Streichhölzer o. Ä.

Sozialform: Partnerarbeit

Zeitpunkt: Diese Aktivität bietet sich im Herbst der ersten Klasse an. Sobald die Punktebilder des Würfels strukturiert erfasst werden können, kann dieses Spiel immer wieder gespielt werden.

Mögliche Impulse und Fragestellungen
- Vergleicht die einzelnen Würfel miteinander.
- Vielleicht hilft es, die Punkte mit dem Finger anzutippen.
- Helfen euch die Würfelbilder?
- Wie könnt ihr geschickt vorgehen?

Didaktische Reflexion und mögliche Beobachtungen Bei dieser Aktivität ist es wichtig, die Summe oder die Differenz nicht durch das Ermitteln der Gesamtanzahl, sondern durch das Vergleichen der Punktebilder anzuregen. Damit wird das Zählen vermieden und der Blick gezielt auf die Beziehungen zwischen den Punktebildern gerichtet. Hierbei wird deutlich, dass die Ermittlung der Summe oder Differenz nicht immer nötig ist – nämlich dann nicht, wenn die gewürfelten (An-)Zahlen weit auseinanderliegen. Dies ermöglicht es, den schnellen Zähl- oder Rechendrang aufzuhalten.

Bei dieser Aktivität lässt sich gut erkennen, inwieweit die Kinder die Würfelbilder quasi-simultan erfassen, aber auch, ob sie Teile-Ganzes-Beziehungen nutzen und Punktebilder durch das „Hüpfen-Lassen" von Punkten mental verändern können. Das mentale Operieren mit Punktebildern stellt an dieser Stelle einen ersten Schritt zum späteren Nutzen strategischer Werkzeuge dar, wenn Zahlen gegensinnig verändert oder zerlegt werden.

4.1.3 Aktivitäten zum Strukturieren

4.1.3.1 Anzahlen darstellen und erfassen

Eigene Punktebilder entwickeln (Abb. 4.18)
Bei dieser Aktivität sammeln die Kinder Erfahrungen zum geschickten Gruppieren und damit Strukturieren von Punktebildern (Haller und Schütte 2004; Rechtsteiner-Merz

Abb. 4.18 Eigenstrukturierte Punktebilder. (Rechtsteiner-Merz 2011a, 6)

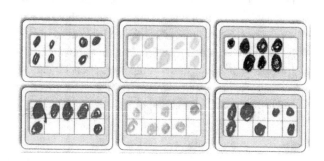

2011a). Hierbei geht es immer um die Frage, bei welcher Darstellung eine Anzahl besonders schnell auf einen Blick erkannt werden kann und warum das so ist. Auf dem Zehnerfeld wird eine Anzahl mit Plättchen oder Muggelsteinen gelegt, aufgezeichnet und anschließend neu gruppiert (Abb. 4.18). Zunächst suchen die Kinder verschiedene Anordnungen zu derselben Anzahl. Anschließend überlegen sie – zunächst allein und dann gemeinsam –, welche Anordnungen schöne Darstellungen ergeben und welche für das schnelle Erfassen der Menge auf einen Blick eher geeignet oder ungeeignet sind.

Material: Pro Kind bzw. pro Tandem jeweils eine (etwas größere) leere Zehnerfeldkarte zum Legen, Arbeitsblatt mit leeren Zehnerfeldkarten, 10 Plättchen oder Muggelsteine

Sozialform: Einzel- oder Partnerarbeit

Zeitpunkt: Das Entwickeln und Diskutieren eigenstrukturierter Punktebilder erfolgt, bevor die Kinder die Punktebilder in Blockdarstellung kennenlernen.

Mögliche Impulse und Fragestellungen
- Wie kannst du ... Punkte einzeichnen?
- Auf welchen Karten lässt sich die Anzahl besonders schnell erkennen? Warum ist das so?
- Gibt es Ähnlichkeiten zwischen den Punktebildern?

Didaktische Reflexion und mögliche Beobachtungen

> Während man in alten Rechendidaktiken mit feststehenden Zahlenbildern gearbeitet hat, werden hier unterschiedliche Gruppierungen vorgenommen, um flexible Zahlvorstellungen aufzubauen (Schütte 2008, 107).

Wie Schütte ausführt, soll durch das Gruppieren und Umgruppieren, verbunden mit der Reflexion über die unterschiedlichen Darstellungen, deutlich werden, dass verschiedene Zerlegungen einer Zahl möglich sind. Die beschriebene Aktivität intendiert die Entwicklung der Zahlbilder im Zehnerfeld, wobei für die Kinder deutlich wird, dass alle Darstellungen zulässig sind. Vergleicht man die entstandenen Punktebilder dahingehend, welche gut und schnell erfasst werden können, zeichnen sich durchaus Unterschiede ab, die von Bedeutung sind.

Da für junge Kinder zu Beginn des ersten Schuljahres das Zwanzigerfeld noch recht unübersichtlich ist und das Zehnerfeld eher ihrem Zahlenraum entspricht, bietet es sich an, zunächst mit dessen Erarbeitung zu beginnen.

Im Gespräch mit den Kindern lässt sich beobachten, welche Anzahl und welche Gruppierungen sie bereits quasi-simultan erfassen können. Diese können sukzessive weiterentwickelt werden, wenn die verschiedenen Sichtweisen diskutiert und die Möglichkeiten des mehrperspektivischen Sehens angeregt werden.

4.1.3.2 Anzahlen zerlegen

Wendeplättchen werfen und gruppieren (Abb. 4.19 und 4.20)
Zerlegungen lassen sich auf verschiedene Arten erzeugen. Bei dieser Aktivität erhält man sie durch das Werfen von Wendeplättchen: Eine vom Kind gewählte Anzahl an Wendeplättchen wird in der Hand geschüttelt, hochgeworfen und dann so gelegt, dass ein Muster entsteht, das quasi-simultan erfasst werden kann (Abb. 4.19). Die entstandene Zerlegung von roten und blauen Plättchen wird notiert. Dies kann auf verschiedene Arten geschehen: als Bild oder mithilfe von Zahlen, die im Zahlenhaus oder als Zahlensatz notiert werden $(3/2, 3+2)$.

Fällt eine Zerlegung im Laufe des Spielens mehrfach, so wird dies in der Notation mit einem Strich vermerkt, wodurch ein Strichdiagramm entsteht (Abb. 4.20) (Wittmann und Müller 2012a).

Material: Wendeplättchen, Blankozettel, Zahlenhäuser oder Heft

Sozialform: Einzel- oder Partnerarbeit

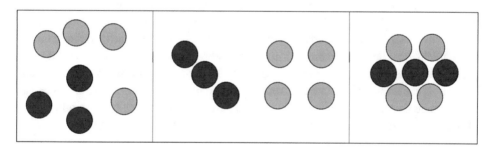

Abb. 4.19 Plättchen werfen und gruppieren

Abb. 4.20 Plättchen werfen mit Strichliste. (Nührenbörger et al. 2017, 31)

Zeitpunkt: Das Werfen von Wendeplättchen kann ein erster Zugang sein, Anzahlen zu zerlegen. Nachdem Punktebilder entwickelt, deren quasi-simultanes Erfassen bereits etwas gefestigt und Anzahlen gruppiert und miteinander verglichen wurden, rückt das Zerlegen etwa zwei Monate nach Schulbeginn zunehmend in den Fokus.

Mögliche Impulse und Fragestellungen
- Wie kannst du die Plättchen anordnen, damit du die Anzahl auf einen Blick erkennen kannst? Gibt es mehrere geschickte Möglichkeiten?
- Wie könnte man die Zerlegungen notieren?
- Ist es wichtig, die Farben in einer bestimmten Reihenfolge zu notieren – also immer erst die roten Plättchen und dann die blauen –, oder spielt die Reihenfolge keine Rolle?
- Kommen einzelne Zerlegungen häufiger vor als andere?

Didaktische Reflexion und mögliche Beobachtungen Diese Aktivität ist im Bereich des freien Experimentierens mit Zerlegungen verortet. Dabei liegt der Fokus auf dem Strukturieren der einzelnen Zerlegungen. Die Plättchen sind so zu gruppieren, dass sie quasi-simultan erfasst werden können. Hier kann der Frage nachgegangen werden, welche Gruppierungen sich anbieten und warum. Dadurch können Zusammenhänge zwischen den Zerlegungen in den Blick rücken oder auch diskutiert werden, welche Zerlegungen bisher noch nicht geworfen wurden und daher noch fehlen. Die Erstellung eines Strichdiagramms verdeutlicht, dass das Werfen einem Zufallsgenerator gleichkommt und damit nicht zwingend alle Zerlegungen nacheinander entstehen, sondern vielmehr Wiederholungen und Lücken zu erwarten sind. Neben der Auseinandersetzung mit den Zerlegungen können an dieser Stelle auch stochastische Betrachtungen (wie die Fragen nach der Darstellung, der Datengenerierung sowie der Wahrscheinlichkeit) spannend sein.

Zerlegungen strukturieren (Abb. 4.21)
Bei dieser Aktivität stehen die Beziehungen zwischen den Zerlegungen im Mittelpunkt. Die Kinder versuchen, viele verschiedene Möglichkeiten zu legen, und notieren diese anschließend auf Blankokärtchen. Durch Ordnen der Punktemuster und Termkarten kann sichtbar werden, welche Zerlegungen noch fehlen.

Abb. 4.21 Zerlegungen strukturieren. (Rechtsteiner-Merz 2013, 239)

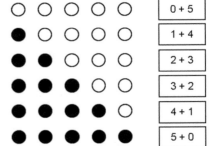

Material: Wendeplättchen, leere Karten, Heft

Sozialform: Einzel- oder Partnerarbeit

Zeitpunkt: Nachdem das Zerlegen beim Werfen von Wendeplättchen und an den Punktebildern angeregt wurde, kann das systematische Entwickeln und Strukturieren in den Blick genommen werden.

Mögliche Impulse und Fragestellungen

- Wie kannst du die Punkte geschickt legen, damit du Unterschiede zwischen den Zerlegungen gut sehen kannst?
- Vergleiche deine Zerlegungen und deine Notizen. Was kannst du entdecken?
- Warum ist das so?

Didaktische Reflexion und mögliche Beobachtungen Bei dieser Aktivität steht zum einen das Strukturierender Punktebilder und Terme, zum anderen aber auch das In-Beziehung-Setzen der Zerlegungen im Mittelpunkt. Dabei gilt es, Bezüge zwischen der Handlung des Zerlegens, dem entstandenen Bild und dem Term herzustellen. Außerdem werden die Beziehungen der benachbarten Terme wie beispielsweise 6 und 4 und 7 und 3 in den Blick genommen.

Die Anordnung der Plättchen und Terme, wie sie in Abbildung Abb. 4.21 dargestellt ist, ist *eine* Möglichkeit. Ebenso können die Plättchen in Form der bereits bekannten Punktebilder ins leere Zehnerfeld gelegt werden (Abb. 4.22). Wichtig dabei ist, dass die systematische Veränderung sichtbar wird.

Beobachtet man Kinder beim Ordnen der gefundenen Terme oder beim Ausfüllen eines Zahlenhauses, so lässt sich häufig folgende Vorgehensweise erkennen: Das Zahlenhauswird nicht zeilenweise (also auf Basis der Zerlegungen) ausgefüllt, sondern auf der linken Seite (beim ersten Summanden) von oben nach unten und auf der rechten Seite (beim zweiten Summanden) von unten nach oben – also jeweils der Zahlwortreihe entsprechend. In der Regel erkennen die Kinder schnell die Veränderungen zwischen

Abb. 4.22 Lukas findet Bezüge zwischen zwei Zerlegungen. (Rechtsteiner-Merz 2015c, 14)

den Zerlegungen, die der auf- und absteigenden Zahlwortreihe entsprechen (Häsel-Weide 2016b). Interessant ist nun, inwieweit sie in der Lage sind, zum einen zwischen der Notation und der Handlung zu übersetzen (Operationsverständnis), zum anderen den gesamten Term betrachten zu können und Zusammenhänge zwischen zwei benachbarten Termen aufzuzeigen. Im ersten Schritt geht es darum, den Term im Punktebild zu erkennen und zu beschreiben. Erst wenn das gelingt, ist es sinnvoll, die Veränderungen zwischen zwei Termen in der Handlung und auf Zahlenebene zu betrachten (Abb. 4.22). Um hierbei den Blick auf das gegensinnige Verändern zu lenken, ist es hilfreich, zwei nebeneinanderliegende Terme (im Beispiel von Abb. 4.21 $6+4$ und $7+3$) auszuwählen und durch langsames Umdrehen eines Plättchens den ersten Term (im Beispiel $6+4$) zum zweiten (im Beispiel $7+3$) zu verändern (Rechtsteiner-Merz 2015c). Dabei ist stets auf die Verbindung der Handlung mit der Notation zu achten. Dieser Schritt ist auch für schwächere Kinder zentral: zum einen, weil die Übersetzung zwischen Handlung und Zahlen für sie ein wichtiger Entwicklungsschritt ist, und zum anderen, weil das Fokussieren auf Beziehungen auf dem Weg zum Rechnenlernen kontinuierlich angeregt werden muss (Kap. 2).

Kinder, die im Lernprozess bereits fortgeschritten sind, können weiter auseinanderliegende Terme wie beispielsweise $4+6$ und $2+8$ miteinander vergleichen. Dabei können sie erkennen, dass das gegensinnige Verändern nicht nur einschrittig, sondern auch mehrschrittig erfolgen kann. Ihnen gelingt es also, das Gesetz der Konstanz der Summe auf größere Unterschiede zwischen den Summanden zu übertragen. Ein anderer Aspekt dabei ist die Erkenntnis, dass dieses Gesetz nicht an einen bestimmten Zahlenraum gebunden ist und auf höhere Zahlenräume übertragen werden kann.

4.1.3.3 Zahlen verorten
Bei dieser Aktivität steht die relationale Verortung von Zahlen innerhalb eines Intervalls im Mittelpunkt. Sie ist folglich dem ordnungsstrukturierten Strang zuzuordnen.

Aktivitäten am leeren Strahl (Abb. 4.23)
Die Kinderwerden angeregt, einzelne Zahlen am leeren Zahlenstrahl (Abb. 4.23) zu verorten und dabei das Intervall im Blick zu behalten. Dies kann zunächst mit markanten Ankerzahlen wie Null und Zehn erfolgen, später aber auch mit anderen Intervallzahlen (Lorenz 2003, 2007a; Rechtsteiner-Merz 2013). Ebenso können bereits markierten Stellen am leeren Strahl Zahlenwerte zugeordnet werden.

Material: leerer Strahl, Heft

Sozialform: Einzel- und Partnerarbeit, intensive Austauschphasen im Plenum und mit einer/m Partner/in

Abb. 4.23 Leerer Zahlenstrahl

0   10

Zeitpunkt: Das Verorten von Zahlen in einem Intervall stellt für Kinder an verschiedenen Stellen eine Herausforderung dar. Daher ist es wichtig, diese Aktivität im Herbst und Winter der ersten Klasse mehrfach anzuregen und die Vorstellungen der Kinder so kontinuierlich auszubauen.

Mögliche Impulse und Fragestellungen
- An welcher Stelle hat die Fünf ihren Platz?
- Warum muss die Fünf genau hier sein?
- Ist die Fünf näher bei der Null oder näher bei der Zehn?
- [Sollte die Markierung nicht mittig liegen:] Das heißt, die Fünf liegt näher an der Null/Zehn? Warum ist das so?
- An welcher Stelle muss die Sieben, die Neun, die … liegen? Warum?

Didaktische Reflexion und mögliche Beobachtungen   Bei dieser Aktivität stehen ordnungsstrukturierte Beziehungen im Mittelpunkt (Klaudt 2007; Lorenz 2007a; Rechtsteiner-Merz 2013): Beim Eintragen einzelner Zahlen in Relation zum jeweiligen Intervall werden lineare Anordnungen betrachtet, bei denen die Abstände zwischen den Zahlen eine Rolle spielen. Diese sind neben den kardinalen Erfahrungen der Kinder zentral für die Entwicklung eines umfassenden Zahlbegriffs. Um den Blick auf die Zahlbeziehungen und damit die Abstände zwischen den Zahlen zu lenken, ist es wichtig, die Kinder nicht alle Zahlen innerhalb des Intervalls, sondern nur vereinzelte eintragen zu lassen. Dabei sollten immer wieder auch die Intervallbegrenzungen sowie die bereits markierten Zahlen thematisiert werden. Damit die Kinder nicht auf das Abmessen mithilfe eines Lineals zurückgreifen können, sondern die Einheiten entsprechend der Länge selbst bilden müssen, ist es hilfreich, wenn der Strahl nicht genau 10 cm lang ist. Dadurch werden Lösungsstrategien wie Halbieren etc. eher provoziert.

Beobachtet man Kinder, die im Lernprozess eher am Anfang stehen, wird deutlich, dass sie die Idee der gleichen Abstände zwischen den Zahlen gerne vernachlässigen und bei der Null in willkürlich langen Schritten zu zählen beginnen. Das Intervall wird dabei völlig außer Acht gelassen (Lorenz 2003; Rechtsteiner-Merz 2013). Impulse und Fragestellungen wie oben beschrieben, können zum Nachdenken anregen und zu Veränderungen im Denkprozess führen (Abb. 4.24). Da Aktivitäten zur Zahlverortung am leeren Zahlenstrahl den Aufbau von Vorstellungen unterstützen (Lorenz 2008), sind sie für alle Kinder relevant und nicht nur für die leistungsstarken.

> Die Zahlbeziehungen als Längenbeziehungen sind auf von rechenschwachen Kindern zu entwickeln (Lorenz 2003, 39).

Abb. 4.24 Verortungen am leeren Strahl von Yannik (Rechtsteiner-Merz 2012)

Mit zunehmender Auseinandersetzung mit dem leeren Strahl können auch nicht übliche Intervalle (wie bspw. 4 und 10) gewählt werden. Dies führt zu einer zunehmenden Strukturierung des Zahlenraums (Lorenz 2007b).

4.2 Aktivitäten zum Aufbau des Zahlbegriffs ab Klasse 2

Im nachfolgenden Kapitel werden die einzelnen Aspekte eines umfassenden Zahlbegriffs entsprechend dem Spiralprinzip (u. a. Krauthausen und Scherer 2007) wieder aufgegriffen und auf die höheren Zahlenräume bis 100 und bis 1000 übertragen. Dabei wird deutlich, dass alle Grunderfahrungen aus Klasse 1 weiterhin eine Rolle spielen, sich der Schwerpunkt jedoch verschiebt und die Entwicklung des Stellenwertverständnisses als zentrale Erfahrung dazukommt.

Um die Systematik des Aufbaus und die Ähnlichkeit der Aktivitäten zu verdeutlichen, wird nachfolgend nicht mehr nach Schuljahren gegliedert, sondern nach den zugrunde liegenden Intentionen.

4.2.1 Aktivitäten zum (strukturierenden) Sehen

4.2.1.1 Anzahlen erfassen und darstellen

Blitzblick mit strukturierten Materialien (Abb. 4.25 und 4.26)
Ziel dieser Aktivitäten ist es, auch im höheren Zahlenraum das schnelle Sehen größerer Anzahlen zu entwickeln. Dabei lernen die Kinder, auf bereits bekannte Zehner- und Hunderterstrukturen aus dem kleineren Zahlenraum zurückzugreifen und diese zu nutzen (Abb. 4.25, 4.26).

Hierfür werden je nach Zahlenraum das Hunderter- oder Tausenderfeld herangezogen und mithilfe von zwei Papieren ein Winkel gebildet, der das Abdecken ermöglicht.

Material: 100er- oder 1000er-Feld, Abdeckwinkel

Sozialform: Partnerarbeit

Abb. 4.25 Schnelles Sehen im Zahlenraum bis 100. (Schütte 2004d, 15)

Abb. 4.26   Anzahlen im Zahlenraum bis 1000 erfassen und notieren. (Wittmann und Müller 2012c, 30)

Zeitpunkt: Nachdem der neue Zahlenraum strukturiert wurde, bieten sich solche Aktivitäten wiederholt als regelmäßige Kopfrechenzeiten an.

Mögliche Impulse und Fragestellungen
- Wie hast du das Punktebild gesehen?
- Wie ist es aufgebaut? Warum ist es genau so aufgebaut?
- Könnte auch ein anderer Aufbau hilfreich sein?

Didaktische Reflexion und mögliche Beobachtungen   Während in der ersten Klasse die Struktur des Zahlenraums bis 20 im Mittelpunkt steht, wird nun auf dieses Vorwissen zurückgegriffen und auf den höheren Zahlenraum übertragen. Um dies leisten und den Aufbau des höheren Zahlenraums durchdringen zu können, gehen dem schnellen Erfassen auch hier wieder Aktivitäten zum Strukturieren voraus (Abschn. 4.2.2).

Beim Arbeiten im Tandem lässt sich der Schwierigkeitsgrad durch die Kinder selbst steuern, indem einfachere oder komplexere Zahlbilder eingestellt werden. Diese Erfahrung ermöglicht bereits einen guten Einblick in die unterschiedlichen Stellenwerte, die auch durch die Komplexität der gewählten Zahlen sichtbar werden.

Wichtig ist, dass die Kinder die Zehner und Hunderter tatsächlich als Einheit verstehen lernen und nicht beginnen, Objekte einzeln abzuzählen. Hierfür ist ein tieferes Verständnis die Voraussetzung. Das heißt, gerade schwächere Kinder sollten gezielt angeregt werden, auf ihr Vorwissen zurückzugreifen. Gelingt dies nicht, so sollten sie dieses noch einmal im kleineren Zahlenraum erarbeiten, bevor im nächsthöheren gearbeitet wird.

Zahlbilder malen und notieren (Abb. 4.27)
Die Kinder werden nun in der Umkehrung angeregt, Anzahlen zu zeichnen, die Zahlen in eine Stellenwerttabelle einzutragen (Schütte 2005a) (Abb. 4.27) und mithilfe von Séguin-Karten zu legen.

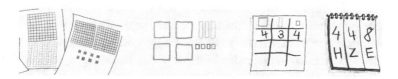

Abb. 4.27   Zahlbilder malen und notieren. (Schütte 2005a, 19)

Material: Heft oder lose Papiere, Stellentafel evtl. als Ringbuch, Séguin-Karten

Sozialform: Partnerarbeit

Zeitpunkt: Nachdem Mengen zu Beginn des neuen Schuljahres strukturiert wurden, können Zahlbilder wiederholt gemalt, notiert und diskutiert werden.

Mögliche Impulse und Fragestellungen
- Wie können die Anzahlen mit möglichst wenig Aufwand geschickt gezeichnet werden?
- Wo finden sich in der Stellenwerttabelle die Platten, die Stangen und die Würfel?
- Gibt es Anzahlen, die beim Notieren seltsam wirken (z. B. 305)? Woran liegt das?
- Was passiert, wenn man die Ziffern an der falschen Stelle einträgt? Probiere aus und zeichne auch die neue Zahl.

Didaktische Reflexion und mögliche Beobachtungen   In höheren Zahlenräumen bietet es sich an, von der Darstellung einzelner Einheiten in Zehnerstangen und Hunderterquadraten zunehmend abzusehen und auf die äußere Form (also die Stange, das Quadrat, den Würfel) zu fokussieren. Allerdings sollten die Kinder diese Erfahrungen selbst machen können, indem sie angeregt werden, Anzahlen zu zeichnen, und dabei merken, dass der Aufwand reduziert werden kann. Wird zu schnell auf die äußere – abstraktere – Form in der zeichnerischen Darstellung übergeleitet, kann dies dazu führen, dass sich die Striche und Quadrate für manche Kinder als inhaltsfreie Hieroglyphen erscheinen, die zwar als Zehner und Hunderter bezeichnet werden können, jedoch mit keiner entsprechenden Vorstellung verbunden sind.

Zahlen wie beispielsweise 305 sind besonders spannend, da ein Stellenwert unbelegt bleibt. Die Bedeutung für das Eintragen in der Stellenwerttabelle sowie beim Legen mit Séguin-Karten und der anschließenden Notation der Zahl muss von Beginn an mit den Kindern thematisiert werden. Wird der Blick nicht gezielt auf diese Besonderheiten gerichtet, kann es sein, dass vermehrt Fehler auftreten.

Außerdem muss die Inversion der Sprache bei Zahlen wie beispielsweise 68 in den Blick genommen werden. Hierzu bietet es sich an, beim *Legen* mit den Séguin-Karten zu verdeutlichen, dass der Aufbau einer Zahl mit den Karten analog zur Schreibweise ist: Zunächst wird die Sechzig und anschließend die Acht gelegt. Das *Sprechen* der Zahl hingegen entspricht dem Abbau der Karten: Zunächst wird die Acht weggenommen und dadurch die Sechzig sichtbar (Abschn. 3.2.1.3).

Im weiteren Verlauf können die Kinder angeregt werden zu überlegen, was beispielsweise das Tauschen von Ziffern in der Stellenwerttabelle für den Zahlenwert und die einzelnen Stellen bedeutet. Durch Zeichnen der neu entstandenen Anzahlen werden die Unterschiede gut sichtbar. Durch solche Impulse und Fragestellungen wird der Fokus gezielt auf die Beziehung zwischen den Stellenwerten gerichtet und damit deren Wertigkeit erfahrbar. Dies kann einen vertiefenden Einblick in das Stellenwertsystem ermöglichen und damit der Entwicklung von Fehlvorstellungen vorbeugen.

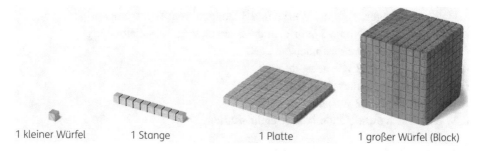

1 kleiner Würfel   1 Stange   1 Platte   1 großer Würfel (Block)

Abb. 4.28 Mehrsystemblöcke – Einer, Zehner, Hunderter, Tausender. (Wittmann und Müller 2012c, 29)

Abb. 4.29 Anzahlen mit Séguin-Karten legen

Bündel vorstellen und erklären (Abb. 4.28 und 4.29)

Bei dieser Aktivität werden die Kinder angeregt, Anzahlen mental zu bündeln oder sich diese gebündelt vorzustellen und in Beziehung zu einer gebündelten Einheit (beispielsweise zu einem Hunderter) zu setzen (Wittmann und Müller 2012c). Dies geschieht, indem ihnen mithilfe von teilweise noch ungebündelten Anzahlen eine Zahl beschrieben und in Beziehung zu einer gebündelten Einheit gesetzt wird (Abb. 4.28). Ein Beispiel: „Du hast 21 kleine Würfel und 8 Stangen. Reicht das für eine Platte?" Die beschriebene Zahl kann abschließend mit Séguin-Karten (Abb. 4.29) gelegt werden. Damit lassen sich Verbindungen zwischen der mentalen Handlung und der Schreibweise entwickeln.

Material: Mehrsystemblöcke, Séguin-Karten

Sozialform: Partnerarbeit, Plenum

Zeitpunkt: Nachdem verschiedene Mengen strukturiert wurden und die Bündelungsstufen erarbeitet sind, können mentale Vorstellungen auf der Basis der Mehrsystemblöcke angeregt werden.

Mögliche Impulse und Fragestellungen

- 31 kleine Würfel und 7 Stangen: Reicht das für eine Platte?
- 8 kleine Würfel, 19 Stangen und 8 Platten: Reicht das für einen Block?

- Du hast 6 Stangen. Nimm 2 Würfel und 3 Stangen weg. Was bleibt übrig?
- Du hast 7 Platten. Nimm 3 Würfel und 2 Stangen weg. Was bleibt übrig?
- Wie kannst du das herausfinden?
- Was hilft dir dabei? Wie gehst du vor?
- Wie hast du das herausgefunden?
- Wie heißt die Zahl? Woher weißt du das?
- Wie lässt sich diese Zahl mit den Séguin-Karten legen?

Didaktische Reflexion und mögliche Beobachtungen   Auch in höheren Zahlenräumen spielt das mentale Vorstellen von Anzahlen noch eine Rolle. Allerdings steht hier nun – im Vergleich zum Zahlenraum bis 20 – der Aufbau des Stellenwertsystems im Vordergrund. Für einen umfassenden Zahlbegriff ist es zentral, dass Kinder hierzu zahlreiche Erfahrungen machen können, um dessen Aufbau zu durchdringen (Abschn. 3.2).

Oftmals „merken" sich die Kinder relativ schnell die Bezeichnungen der einzelnen Stellenwerte oder Materialaspekte wie „Zehner" oder „Stange". Das dahinterliegende Verständnis von größeren Einheiten als Zehnerpotenz und damit von größeren Zahleinheiten muss durch systematische Bündelungsprozesse zunächst entwickelt werden (Abschn. 4.2.2.1). Daran anschließend ist dann die Entwicklung mentaler Vorstellungen von großer Bedeutung. Dadurch lernen die Kinder diese zueinander in Beziehung zu setzen, auf- und abzubauen und zu reproduzieren. Diese Vorstellungen können beim späteren Rechnen herangezogen werden.

Mit der Entwicklung von Bündelungsvorstellungen muss das Verstehen der Zahlenschreibweise einhergehen. Diese stellt, wie im dritten Kapitel beschrieben, für die Kinder eine große Herausforderung dar. Zum einen fällt das Agieren mit „fehlenden" Stellenwerten schwer (wie z. B. bei 301), zum anderen stellt die inverse Sprechweise eine große Herausforderung dar (s. o.). Aus diesen Gründen bietet sich auch hier das Verknüpfen von Handlung und Notation an, um so die Notation als Protokoll der Handlung zu erfahren. Das bedeutet, Anzahlen werden zunächst mit Material gelegt, die passende Zahl mit den Séguin-Karten dargestellt und abschließend aufgeschrieben.

4.2.1.2   Anzahlen zerlegen

Wie viele Punkte sind verdeckt? (Abb. 4.30)
Ergänzend zum schnellen Erfassen des Punktebildes (Abschn. 4.2.1.1) kann der Blick auch auf die Anzahl der Objekte gerichtet werden, die verdeckt sind. Damit erhält man Zerlegungen der Zahlen 100 oder 1000 – je nach Punktefeld. Um einen Überblick zu ermöglichen, ist es sinnvoll, die gefundenen Zerlegungen im Zahlenhaus zu notieren (Abb. 4.30). Als Unterstützung bei der Notation kann es hilfreich sein, die Kinder die Zahlen zunächst noch mithilfe von Séguin-Karten legen zu lassen (Abschn. 4.2.1.1).

Material: 100er- oder 1000er-Feld, Abdeckwinkel evtl. aus gefärbter Folie, Séguin-Karten, nicht ausgefüllte Zahlenhäuser

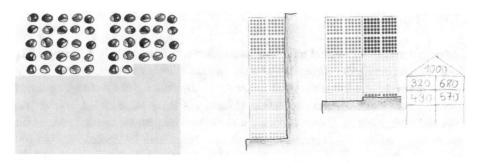

Abb. 4.30 Schnelles Sehen im Zahlenraum bis 100 und 1000 und Notieren der Zerlegungen. (Schütte 2004d, 15, 2005a, 18)

Sozialform: Partnerarbeit

Zeitpunkt: Nachdem im Rahmen der Zahlbegriffsentwicklung Aktivitäten zum Strukturieren stattgefunden haben, kann der Fokus auf das Zerlegen gerichtet werden.

Mögliche Impulse und Fragestellungen
- Wie viele Punkte müssen es ungefähr sein? Kannst du sie schätzen?
- Wie kannst du die Anzahl der verdeckten Punkte herausfinden? Beschreibe diese genau.
- Kannst du dabei geschickt vorgehen? Welche Möglichkeiten gibt es?
- Welche Zahlen sind einfacher zu finden? Können diese helfen?
- Welche Zahlen liegen in der Nähe?

Didaktische Reflexion und mögliche Beobachtungen Diese Aktivität stellt eine Verbindung zwischen konkretem und mentalem Operieren dar. Da die Objekte zwar real vorhanden, jedoch nicht sichtbar sind, regt sie gezielt zum mentalen Vorstellen dieser an. Dies ist ein wichtiger Schritt auf dem Weg zum Rechnen auf der Basis von Vorstellungen. Außerdem kann dadurch das systematische „Sehen" von Zerlegungen der Zehner und Hunderter angeregt werden, was beim späteren Vorgehen auf der symbolischen Ebene wichtig ist.

Für schwächere Kinder kann es hilfreich sein, den Abdeckwinkel aus einer gefärbten Abdeckfolie zu erstellen. Dadurch haben sie die Möglichkeit, auch die „abgedeckten" Objekte zu sehen und quasi-simultan zu erfassen. Wichtig ist dabei, dass sowohl das Abzählen der Objekte als auch das Weiterzählen im Kopf unterbunden wird und Alternativen aufgezeigt werden. Durch gezielte Impulse können die Kinder an dieser Stelle zum mentalen Vorstellen angeregt und beim Rückgriff auf ihr bisheriges Wissen unterstützt werden.

Nachdem die Kinder zu Beginn der Zahlbegriffsentwicklung im Zahlenraum bis 100 und bis 1000 Erfahrungen auf der Basis von Material machen konnten, werden im weiteren Verlauf zunehmend materialunabhängige Aktivitäten zum Zerlegen auf der symbolischen Ebene angeregt. Da diese dem Rechnen zuzuordnen sind, werden sie in Abschn. 5.2 vorgestellt.

4.2.1.3 Zahlen ordnen

Zahlen in der Hundertertafel und dem Tausenderbuch finden (Abb. 4.31 und 4.32)
Ziel ist es, dass die Kinder einen Einblick in die wiederkehrende Struktur des Aufbaus der
Zahlenräume erhalten. Bei Aktivitäten dieser Art bekommen sie den Auftrag, bestimmte
Zahlen im Feld zu finden und einzutragen (Lorenz 2007b; Schütte 2004d, 2005a; Wittmann und Müller 2012c). Diese können entweder konkret genannt werden oder es sind
leere Felder markiert, die benannt werden müssen. Nutzt man im Zahlenraum bis 1000
das Tausenderbuch, so können Vergleiche zwischen den einzelnen Seiten – also zwischen
den Hundertern – gezogen werden (Abb. 4.32).

Material: Hundertertafel, Tausenderbuch

Sozialform: Einzel- und Partnerarbeit

Zeitpunkt: Nachdem im Rahmen der Zahlbegriffsentwicklung zu Beginn des Schuljahres
Mengen strukturiert, gebündelt und notiert wurden, kann das Ordnen der Zahlen angeregt
werden.

Mögliche Impulse und Fragestellungen
- Wo liegen die Zahlen … ?
- Schreibe die Zahlen in die markierten Felder. Was fällt dir auf? Gibt es Unterschiede
  zwischen den Tafeln?
- Schreibe alle Zahlen mit der Einerziffer … auf.
- Schreibe alle Zahlen mit der Zehnerziffer … auf.

Didaktische Reflexion und mögliche Beobachtungen Die Hundertertafel und das Tausenderbuch ermöglichen einen Überblick über den entsprechenden Zahlenraum und geben
Einblicke in dessen Struktur. Es handelt sich hierbei um einen Zahlenteppich mit Zehner-
rhythmus, in dem die Zahlen nicht nacheinander in einer Reihe angeordnet sind, sondern

Abb. 4.31 Zahlen suchen an
der Hundertertafel. (Schütte
2004d, 18)

1	2	3	4	5				9	10
11	12	13	14	15				19	
				25			28		
				35		37			
				45	46				
				55	56	57	58	59	60
					66				
		72	73			76			
		82	83			86			
						96			

1	2	3	4	5	6	7	8	9	10
	12		14	15	16		18		20
21			24	25		27	28		30
	32			35	36				40
42			45				48	49	50
			54		56				60
		63	64						70
	72								80
81									90
									100

101	102	103	104	105	106	107	108	109	110
						117			120
121						127			130
						137			140
141	142	143	144	145	146	147	148	149	150
						157			160
						167		169	170
						177			180
						187			190
					196	197			200

201	202	203	204	205	206	207	208	209	210
211	212	213	214	215	216	217	218	219	220
221	222	223	224	225	226	227	228	229	230
231	232	233	234	235	236	237	238	239	240
241	242	243	244	245	246	247	248	249	250
251	252	253	254	255	256	257	258	259	260
261	262	263	264	265	266	267	268	269	270
271	272	273	274	275	276	277	278	279	280
281	282	283	284	285	286	287	288	289	290
291	292	293	294	295	296	297	298	299	300

301		
	312	
		323
341		
	352	
361		

Abb. 4.32 Zahlen in der Tausendertafel finden und vergleichen. (Wittmann und Müller 2012c, 32)

jeweils zehn Zahlen (von 1 bis 10, 11 bis 20 etc.) in Reihen untereinander stehen. Diese Anordnung macht die Regelmäßigkeit des Aufbaus innerhalb des jeweiligen Zahlenraums gut sichtbar. Dadurch lassen sich Vorgänger und Nachfolger sowie Zahlen mit gleichen Einern und Zehnern finden oder im Tausenderbuch wiederkehrende Zehner-Einer-Zahlen in den verschiedenen Hundertern (Abb. 4.31 und 4.32).

Bei dieser Aktivität kann deutlich werden, inwieweit die Kinder Bezüge zwischen den Zahlen erkennen und erklären können. Wichtig im Umgang mit diesen flächigen Ordnungsstrukturen ist, dass es sich hierbei um ein ordinales Anschauungsmittel handelt, bei dem der Gedanke „jede Zahl hat ihren Platz" im Mittelpunkt steht. Veränderungen zwischen den Reihen – also ein Zehner mehr – können nur auf der Zahlebene erkannt werden, nicht auf kardinaler Ebene. Dabei ist für einige Kinder schwierig, dass die Abstände zwischen den Zahlen in den Kästchen keine Aussage über die tatsächlichen Abstände machen. So liegen beispielsweise die Zahlen 45 und 56 direkt bei der Zahl 55. Andererseits ist die Zahl 31 sehr weit von der Zahl 30 entfernt. Damit Kinder diesen Aufbau durchdringen können, ist die Eigenentwicklung der Hundertertafel eine wichtige Voraussetzung (Abschn. 4.2.2.2).

Diese flächigen Zahlanordnungen bergen also zahlreiche Chancen, um Zusammenhänge im Aufbau von Zahlenräumen zu entdecken sowie Beziehungen innerhalb dieser Anordnungen zu erkennen. Sie sind aber keine Darstellungen, an denen später gerechnet werden kann und soll. Vielmehr unterstützen sie das zählende Rechnen auch deshalb, weil andere Lösungswege kaum möglich sind.

Muster in der Hundertertafel entdecken (Abb. 4.33)
Bei dieser Aktivität stehen Muster innerhalb des Zahlenteppichs im Mittelpunkt (Abb. 4.33), die Einblicke in Zusammenhänge ermöglichen. Die Kinder erhalten den Auftrag, Zahlen in regelmäßigen Schritten zu markieren. Dadurch entstehen arithmetische und geometrische Muster, die untersucht werden können.

Material: Hundertertafeln

Sozialform: Partner- und Gruppenarbeit

Abb. 4.33 Muster auf der Hundertertafel entdecken. (Schütte 2005a, 12)

Zeitpunkt: Nachdem im Rahmen der Zahlbegriffsentwicklung zu Beginn des Schuljahres
Mengen strukturiert, gebündelt und notiert wurden, kann das Ordnen der Zahlen angeregt
werden. Das Finden von Mustern in der Hundertertafel unterstützt das Verständnis des
Aufbaus und kann im Anschluss an das Kennenlernen dieser erfolgen.

Mögliche Impulse und Fragestellungen
- Welche Schritte hast du gewählt? Welche hat dein Nachbar eingetragen?
- Worin unterscheiden sich eure Muster? Warum ist das so?
- Lassen sich bestimmte Regeln ableiten?
- Gibt es Muster, die zusammenpassen? Warum ist das wohl so?

Didaktische Reflexion und mögliche Beobachtungen Diese Aktivität ermöglicht visu-
elle Einblicke in Zahlbeziehungen innerhalb der dekadischen Struktur. Da in regelmäßigen
Schritten auf der Tafel „gesprungen" wird, entstehen die Muster der Einmaleinsreihen,
die miteinander verglichen werden können. Mit solchen Aktivitäten wird zum einen der
Zahlenraum zunehmend in seinem Aufbau erfasst, zum anderen können Zahl- und Aufgabenbeziehungen des Einmaleins sichtbar werden.

Beobachtet man die Kinder, lassen sich Unterschiede im Umgang mit der Aktivität
feststellen. Während die einen Zahlenmuster und Beziehungen betrachten, arbeiten andere
Kinder nicht auf der Ebene von Zahlenmustern, sondern auf der von optischen Mustern.
Auch wenn dies ein erster, durchaus spannender Zugang sein kann, sollten die Kinder
angeregt werden, sich Gedanken über die Zusammenhänge zu machen (siehe „Mögliche
Impulse und Fragestellungen"). Für Kinder, die im Lernprozess bereits fortgeschritten
sind, lassen sich daraus erste Teilbarkeitsregeln ableiten und eventuell sogar erklären.

Außer in der Hundertertafel, lassen sich auch Muster im Kalender untersuchen. Durch
dessen Anordnung als Siebenerteppich mit unterschiedlichem Beginn (Montag bis Sonn-
tag) können hier andere Muster entdeckt werden, die jedoch beim Vergleich mit der
Hundertertafel wiederum Ähnlichkeiten aufweisen (Lorenz 2007b).

Abb. 4.34 Wie geht es weiter? (Schütte 2005b, 12)

Zahlenfolgen erfinden und fortsetzen (Abb. 4.34)

Ziel dieser Aktivität ist es, Beziehungen zwischen den Zahlen einer Folge zu erkennen sowie Zahlenfolgen einer Regel entsprechend zu erfinden und fortzuführen (Abb. 4.34). Die Kinder werden angeregt, eigene Zahlenfolgen zu erfinden und diese den anderen zum Fortführen weiterzugeben. Im Austausch können schließlich die Regeln besprochen und verglichen werden.

Material: Notizzettel für die Notation der angefangenen Zahlenfolgen, Heft

Sozialform: Einzel- und Partnerarbeit

Zeitpunkt: Als weiterführende Aktivität innerhalb der Zahlbegriffsentwicklung bietet sich während des ersten Schulhalbjahres auch die wiederholte Arbeit mit Zahlenfolgen an.

Mögliche Impulse und Fragestellungen

- Kannst du eine Zahlenfolge erfinden? Was musst du dabei beachten?
- Lässt sich die Zahlenfolge unendlich fortsetzen?
- Kann eine Zahlenfolge in beide Richtungen fortgesetzt werden?
- Könnte die Zahlenfolge auch anders fortgeführt werden? Warum?
- Schreibe die Regel auf. Kannst du auch mit anderen Startzahlen beginnen?
- Zeichne die Zahlenfolge auf einem Strahl ein. Was fällt dir auf?
- Kannst du auch Zahlenfolgen mit schwierigeren Regeln erfinden?

Didaktische Reflexion und mögliche Beobachtungen   Beim Entwickeln und Fortsetzen von Zahlenfolgen findet eine andere Form der Strukturierung des Zahlenraums statt als bei den zuvor vorgestellten Aktivitäten zur Hundertertafel. Hier geht es zunächst darum, die Bildungsregel zu erkennen und mit dieser dann die nachfolgenden Zahlen zu finden. Dies geschieht durch das Vorwärts- oder Rückwärtshüpfen in regelmäßigen Schritten. Dabei kann auch sichtbar werden, dass viele Zahlenfolgen im höheren Zahlenraum denen des bereits bekannten Zahlenraums ähneln, da es sich häufig um die gleichen Bildungsregeln und Schritte handelt. Dies ermöglicht zum einen rückblickendes Verstehen und zum anderen die Übertragung dessen auf den neuen Zahlenraum (Nührenbörger und Pust 2006).

Beobachten lässt sich bei dieser Aktivität zum einen, inwieweit die Kinder bereits die wiederkehrende Rhythmik erkennen und nutzen können. Zum anderen wird an den selbst entwickelten Regeln deutlich, welche Komplexität die Schülerinnen und Schüler nutzen und überblicken können. Folgen wie 164, 166, 168, ... sind sicherlich einfacher als solche mit komplexeren Regeln (wie beispielsweise $+2, -3, ...$). Indem die Kinder eigenständig Zahlenfolgen und deren Regeln erfinden und die von anderen Kindern fortsetzen, kann ein reger Austausch entstehen und jedes Kind dennoch auf seinem Niveau arbeiten (Abschn. 6.1, natürliche Differenzierung).

4.2.1.4   Große Zahlen schreiben, sprechen und vergleichen

Plättchen in der Stellentafel schieben
Bei dieser Aktivität geht es darum, dass die Kinder erkennen, wie sich der Wert einer Zahl durch Verschieben eines Plättchens ändert. Dabei wird deutlich, dass das Plättchen seinen Wert durch die Zuordnung zu einer bestimmten Stelle in der Tafel erhält (Abb. 4.35).

Die Aktivität kann auf verschiedene Weise variiert werden (Wittmann und Müller 2012c):

I.   Die Kinder legen Zahlen, indem sie die Plättchen in die Stellenwerttabelle einordnen. Sie lesen diese ab, legen sie mit den Séguin-Karten, notieren und sprechen sie.
II. Als weitere Problemstellung können die Kinder aufgefordert werden, ein Plättchen an eine andere Stelle zu verschieben, die bisherige und die entstandene Zahl mit Séguin-Karten zu legen, sie aufzuschreiben und auszusprechen. Dabei gehen sie den Fragen nach, welche Auswirkungen die Verschiebung eines Plättchens hat und wie sich der Zahlenwert dadurch verändert.
III. Die Anzahl der Plättchen entspricht der Quersumme der Zahl. Davon ausgehend können nun beispielsweise alle geraden Zahlen mit der Quersumme 8 gesucht, notiert und im Tausenderbuch gesucht werden.

Material: Stellentafel, Plättchen

Sozialform: Partnerarbeit

Zeitpunkt: Diese Aktivität bietet sich an, sobald zahlreiche Erfahrungen zum Bündeln gemacht und damit bereits erste Vorstellungen zu Stellenwerten im Zahlenraum bis 1000 entwickelt werden konnten.

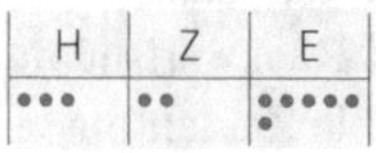

Abb. 4.35 Plättchen in die Stellentafel legen und verschieben. (Wittmann und Müller 2012c, 34)

Mögliche Impulse und Fragestellungen
- Welche Stellen entscheiden über den Wert einer Zahl in besonderem Maß?
- Worauf musst du achten, wenn du die Zahl schreibst oder sprichst?
- Was passiert, wenn ein Feld leer bleibt?
- Was passiert, wenn du ein Plättchen in eine Nachbarspalte verschiebst? Warum ist das so?
- Was passiert, wenn du zwei, drei, ... Plättchen verschiebst? Warum ist das so?
- Was, vermutest du, wird passieren, wenn du ein Plättchen zwei Spalten weiter rückst? Warum?
- Was passiert denn, wenn du bei der geschriebenen Zahl die Ziffern an einer anderen Stelle notierst?
- Findest du alle Zahlen (im Tausenderbuch) mit der Quersumme 8? Warum bist du dir sicher, dass es alle sind?
- Welche ist die kleinste Zahl, welche die größte?

Didaktische Reflexion und mögliche Beobachtungen
I. Auch bei dieser Aktivität ist es wichtig, die Verbindung zwischen der bildlichen Darstellung in der Stellenwerttabelle, der Schreib- und der Sprechweise herzustellen. Daher werden die Kinder angeregt, die Zahl stets auf alle Arten darzustellen. Die Séguin-Karten bilden dabei eine Brücke zum Schreiben und verhindern das Tauschen von Ziffern. Außerdem unterstützen sie in besonderem Maße die Überlegungen zur Schreibweise bei nicht belegten Stellen. Wenn, wie oben beschrieben, Zusammenhänge zwischen Legen und Schreiben sowie Abbauen und Sprechen genutzt werden, können damit auch Schwierigkeiten beim Sprechen vermindert werden.
II. Das Tauschen von Ziffern ist sowohl beim Schreiben als auch beim Sprechen ein typischer Kinderfehler. Durch Verschieben der Plättchen kann den Kindern deutlich werden, dass der Wert eines Plättchens erst durch dessen Zuordnung zu einer bestimmten Stelle entsteht. Entsprechend ändern auch die Ziffern ihren Wert, je nachdem, an welcher Stelle sie stehen. Diese Überlegungen können weiter unterstützt werden, indem gezielt Ziffern getauscht und in der Stellenwerttabelle dargestellt werden. Das gezielte Verschieben von Plättchen und später von Ziffern kann die Problematik des Tauschens bewusst machen und so dazu beitragen, dass die Kinder sorgfältiger damit umgehen und weniger Fehler machen.
Beim Verändern der Zahlen durch Verschieben eines Plättchens entsteht jeweils eine Neunerdifferenz. Wird beispielsweise in der Hunderterstelle ein Plättchen zu den Einern geschoben, so wird ein Hunderter weggenommen, ein Einer kommt dazu und die Differenz beträgt 99. Diese Erfahrungen lassen sich später auch auf Aktivitäten zum Vertauschen von Ziffern (Kap. 6 und Abschn. 5.2) übertragen, bei denen gezielt Ziffern getauscht werden und der Unterschied beider Zahlen berechnet wird ($64 - 46$).

III. Beim Suchen der Quersummenzahlen kommen verschiedene Aspekte zum Tragen:

- Der Gedanke der Quersumme, der später für die Untersuchung von Teilbarkeiten wichtig ist, wird eingeführt.
- Systematische Vorgehensweisen, die kombinatorische Fragen nach sich ziehen können, werden angeregt. Ein Beispiel: Wie viele dreistellige Zahlen lassen sich mit acht Plättchen legen, wenn keine Stelle leer bleiben darf?
- Durch die Rückbindung an die Verortung im Tausenderbuch werden Verknüpfungen zu den Zahlvorstellungen im größeren Zahlenraum angestrebt.
- Kinder, die im Lernprozess bereits fortgeschritten sind, können die Stellentafel auch erweitern und alle geraden Zahlen mit der Quersumme 8 bis zur Million suchen.
- Die gefundenen Zahlen können auf einem leeren Zahlenstrahl eingetragen werden. Dadurch werden ordnungsstrukturierte Größenrelationen zwischen den Zahlen gut sichtbar.

Große Hausnummern (Abb. 4.36)

Ziel dieses Spiels ist es, beim Würfeln mit einem Ziffernwürfel und entsprechender Belegung der Stellenwerttabelle die größte Zahl zu erreichen (Abb. 4.36). Dieses Spiel kann in verschiedenen Zahlenräumen gespielt und daher klassenspezifisch angepasst werden. Jedes Kind darf dreimal würfeln (Würfel mit den Zahlen 0 bis 9). Nach jedem Wurf muss entschieden werden, an welcher Stelle die gewürfelte Zahl eingetragen werden soll. Wer die größte Zahl erreicht, ist Sieger der Runde.

Material: Würfel mit den Zahlen von 0 bis 9, Notizpapier

Sozialform: Gruppenarbeit

Zeitpunkt: Sobald ein Verständnis für Stellenwerte und deren Bedeutung durch verschiedene Strukturierungs- und Bündelungsaktivitäten entwickelt wurde, kann dieses Spiel eingeführt werden.

Abb. 4.36 Große Hausnummern. (Schütte 2005a, 24)

Mögliche Impulse und Fragestellungen
- Was ist die größte Zahl (die kleinste Zahl), die durch Eintragung gefunden werden kann?
- Wie entscheidest du, an welche Stelle du deine gewürfelte Zahl schreibst?
- Wovon hängt es ab, ob du gewinnst?

Didaktische Reflexion und mögliche Beobachtungen Bei diesem Spiel geht es darum, die gewürfelten Zahlen geschickt in der Stellenwerttafel zu platzieren, um dadurch die größtmögliche Zahl zu bilden. Allerdings handelt es sich dabei nicht um ein reines Glücksspiel, vielmehr müssen die gewürfelten Zahlen auch unter verschiedenen Blickwinkeln eingeschätzt werden: zum einen bezüglich ihrer Höhe und Zuordnung zur jeweiligen Stelle, zum anderen bezüglich der Wahrscheinlichkeit, beim nächsten Wurf eine noch höhere oder niedrigere Zahl zu erzielen. Dementsprechend wird die Zahl als Ziffer an die Einer-, Zehner- oder Hunderterstelle geschrieben. Abb. 4.36 lässt beispielsweise die Interpretation zu, dass Paula die Sieben in einer früheren Runde bereits an die Hunderterstelle geschrieben hat, da sie wohl von einer schon recht hohen Zahl ausging. Hätte sie die später gewürfelte Neun an die Hunderterstelle setzen können, wäre ihre Zahl höher gewesen als die von Olgun und sie hätte gewonnen.

Hat jedes Kind seine Zahl gewürfelt, müssen diese untereinander verglichen werden. Das Vergleichen von Zahlen spielt in der Zahlbegriffsentwicklung in allen Zahlenräumen eine wichtige Rolle. Dies kann hier auf der rein symbolischen Ebene geschehen. Ergänzend können aber auch Vorstellungen oder Darstellungen gebündelter Einheiten sowie linearer Ordnungen genutzt werden. Kinder, die im Lernprozess noch nicht so weit fortgeschritten sind, können durch Darstellungen kardinaler Objekte (bspw. Mehrsystemblöcke, s. o.) sowie durch das Suchen der Zahlen im Tausenderbuch oder durch das Verorten der Zahlen am leeren Strahl weitere Vorstellungen entwickeln und dabei Vergleiche zwischen den Zahlen ziehen. In jedem Fall ist darauf zu achten, dass die Vergleiche nicht völlig losgelöst von Vorstellungen, auf rein schematischer Ebene, vollzogen werden. Daher kann es auch bei guten Schülerinnen und Schülern hilfreich sein, sie immer wieder zum Begründen ihrer Entscheidungen anzuregen. Dies gelingt besonders gut durch das Hinzuziehen der oben beschriebenen Darstellungen.

4.2.2 Aktivitäten zum Strukturieren

4.2.2.1 Anzahlen darstellen und erfassen

Schätzen, Abzählen und Bündeln (Abb. 4.37 und 4.38)
Bei dieser Aktivität geht es um das Schätzen und Erfassen von großen Anzahlen. Ziel ist die Entwicklung eines Gefühls für Anzahlen sowie eines Bewusstseins für die Rolle der Strukturierung beim Erfassen.

Zunächst werden die Kinder angeregt, die Anzahl der Nüsse, Bohnen etc. zu schätzen. Anschließend legen sie diese so, dass die Anzahl für alle auf einen Blick zu erfassen ist.

Material: Schätzgläser mit Bohnen, Nüssen, Linsen, Muggelsteinen o. Ä., ein Plakat und ein Strahl zur Notation der Schätzungen, große Papiere als Unterlage für das strukturierte Legen der Objekte, Heft

Sozialform: Partner- und Gruppenarbeit, Plenum

Zeitpunkt: Diese Aktivität kann zu Beginn des Schuljahres als Einstieg in den höheren Zahlenraum gewählt werden. Gleichzeitig bieten sich wöchentliche Schätzgläser an, um Vorstellungen von Mengen entwickeln und die Grundideen der dekadischen Bündelung zu festigen.

Mögliche Impulse und Fragestellungen
- Was denkst du, wie viele es sind?
- Wie kommst du auf diese Anzahl?
- Wenn du weißt, dass es 90 Bohnen sind, kann dir dann das Bohnenglas beim Schätzen helfen?
- Wie können die Nüsse, Bohnen etc. so gelegt werden, dass sie gut erfasst werden können und niemand mogeln kann?

Didaktische Reflexion und mögliche Beobachtungen

[Schätzen ist ein] Zusammenspiel von Wahrnehmen, Erinnern, Inbeziehungsetzen, Runden und Rechnen (Winter 2003, 19).

Abb. 4.37 Schätzen, strukturieren und vergleichen. (Schütte 2004d, 13)

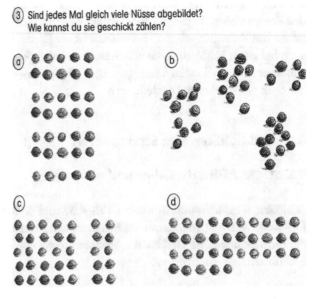

Im Zitat von Winter wird deutlich, dass beim Schätzen ganz unterschiedliche Aspekte zum Tragen kommen: Damit „Erinnern" möglich wird, sollten Schätzaktivitäten wiederkehrend stattfinden. Hierzu bietet es sich an, wöchentlich ein sogenanntes Schätzglas in der Klasse zu haben. So kann zu Beginn der Woche jedes Kind seine Schätzungen abgeben und bis zum Ende der Woche können die Objekte strukturiert gelegt und erfasst werden. Auf dieser Grundlage lassen sich die Schätzungen mit der tatsächlichen Anzahl vergleichen. Mit diesen Erfahrungen können die Kinder in der Folgewoche eventuell gezieltere Schätzungen abgeben. Neben dem Erinnern kommt nun das „Inbeziehungsetzen" dazu. Wurden in der Vorwoche beispielsweise Walnüsse geschätzt und bestimmt, eine Woche später dann Haselnüsse, so können die Kinder das Volumen der beiden Nussarten sowie die Füllmengen im Glas zueinander in Beziehung setzen und daraus eine Anzahl ableiten. Die Walnüsse der Vorwoche dienen nun also als eine Art der Stützpunktvorstellung.

Gerade beim Erarbeiten neuer Zahlenräume und damit bei der Entwicklung von Vorstellungen bieten sich Schätzübungen ganz besonders an. Während es zu Beginn für die Kinder einfach „viele" sind, lernen sie auf diese Art die Anzahlen zunehmend einzugrenzen und damit einzuordnen. Wird ein weiteres Schätzglas, bei dem die Anzahl bereits angegeben ist, zum Vergleich angeboten (vgl. zweites Beispiel in Abb. 4.38), wird die gleiche Intention verfolgt.

Für das anschließende Abzählen der Mengen bietet sich das strukturierte Bündeln aus mehreren Gründen an: Zum einen führt einfaches Zählen fast automatisch zum Verzählen und zum anderen ist die ermittelte Anzahl anschließend nicht mehr überprüfbar, außer durch erneutes Nachzählen. Hinzu kommt, dass die Anzahlen so gut überblickbar dargestellt werden müssen, dass sie eindeutig und schnell erfassbar sind und niemand „mogeln" kann. Betrachtet man die unterschiedlichen Darstellungen in Abb. 4.37 und 4.38, so werden verschiedene Aspekte deutlich:

- Die Objekte können gut in je zwei Fünferreihen – neben- oder untereinander – gelegt werden.
- Werden die Fünferreihen nebeneinandergelegt, so ist eine Gliederung bei der Fünf für das Erfassen des Zehners wichtig.

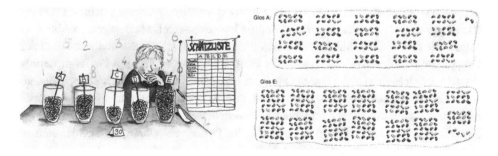

Abb. 4.38 Kinder schätzen und strukturieren Mengen. (Schütte 2005a, 16 f.)

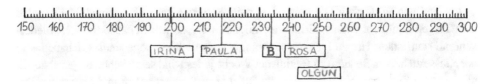

Abb. 4.39 Schätzungen am Zahlenstrahl darstellen. (Schütte 2005a, 17)

- Werden die Zehner (wie oben rechts) nur auf einen Haufen gelegt, so müssen diese zum Überprüfen erneut abgezählt werden.
- Werden immer Zehnerreihen mit Fünfergliederung untereinandergelegt, entsteht ein Hunderterfeld, das auch im höheren Zahlenraum bis 1000 eine gute Übersicht gewährt.

Beziehungen zwischen den Schätzungen und der tatsächlichen Anzahl können am Zahlenstrahl veranschaulicht werden. Tragen die Kinder dort ihre Schätzungen ein (Abb. 4.39), wird auf einen Blick sichtbar, wer näher dran oder weiter entfernt liegt. Außerdem findet eine Übertragung kardinaler Anzahlen in eine ordnungsstrukturierte Darstellung statt, was für Kinder ein weiteres Übungsfeld darstellt.

▶   **Lesetipp für ein offenes Lernangebot in den Klassen 1 bis 3** Rechtsteiner-Merz, Ch. (2008). Große Mengen geschickt darstellen. Sind wir eigentlich Kastanienmillionäre? *Grundschulmagazin*, Heft 4, 13–18.

Bei der Strukturierung der Mengen lässt sich gut beobachten, inwieweit die Kinder die Sinnhaftigkeit des Bündelns zur Zehn und Hundert bereits durchdrungen haben und dies als tatsächliche Hilfe sehen können. In der Darstellung der Bohnen aus Glas A (Abb. 4.38) wird beispielsweise deutlich, dass dieses Kind zwei Fünfer zu einem Zehner zusammenfasst und offensichtlich die Zehnerstrukturierung nutzen kann. Inwieweit es nun die Zehner zu Hundertern bündelt, geht aus der Darstellung nicht hervor. Hier wäre es wichtig, die unterschiedlichen Möglichkeiten miteinander zu vergleichen und sich über die zugrunde liegenden Gedanken auszutauschen.

Ergänzend zum Legen können die Kinder auch angeregt werden, verschiedene Strukturierungen von Anzahlen zu zeichnen (Abb. 4.40). Auch diese Zeichnungen bieten zahlreiche Möglichkeiten zum Austausch und Begründen geeigneter Darstellungen. In Abb. 4.40 zeigen alle drei Kinder strukturierte Darstellungen, wobei sie unterschiedliche Arten der Gruppierung wählen. Während Saskia die Fünfzig in Zehnerreihen mit Fünfergliederung darstellt, wählt Meike bei der Dreißig Fünferreihen, die sie nicht weiter als Zehner bündelt. Auch Tobias' Darstellung deutet darauf hin, dass er sich eher auf eine Fünferstrukturierung stützt als auf die Zehnerbündelung. Genau an diesen Stellen ist es spannend, mit den Kindern ins Gespräch zu kommen, mehr über ihr Denken zu erfahren und gemeinsam zu überlegen, welche Darstellungen das schnelle Erfassen unterstützen.

Abb. 4.40 Kinder zeichnen
strukturierte Mengenbilder

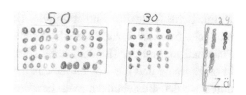

4.2.2.2   Zahlen ordnen

Die Zahlen bis 100 strukturieren (Abb. 4.41)

Bei dieser Aktivität ist es das Ziel, die Struktur der Hundertertafel zu entwickeln und dabei zu durchdringen. Die Kinder werden angeregt, einen Tresor für die hundert Goldbarren einer Königin zu bauen (vgl. Lorenz 2007b). Jeder Goldbarren braucht ein eigenes Fach und eine Nummer. Die Goldbarren müssen so angeordnet sein, dass sie gut überschaubar sind und jederzeit erkannt werden kann, wenn einer fehlt (Abb. 4.41).

Material: Karten mit den Zahlen von 1 bis 100, Heft

Sozialform: Partnerarbeit

Zeitpunkt: Ordnungsstrukturierende Aktivitäten in einem neuen Zahlenraum werden immer dann angeregt, wenn bereits Bündelungsaktivitäten und kardinale Erfahrungen zum schnellen Erfassen gemacht wurden. Die vorgestellte Aktivität ist der Einstieg in das Strukturieren des Zahlenraums und hat ihren Platz, bevor das Hunderterfeld erkundet wird.

Mögliche Impulse und Fragestellungen

- Wie kann man leicht die Übersicht behalten?
- Wie ist der Tresor aufgebaut? Warum genau so?
- Welche Möglichkeiten sind sinnvoll? Warum?
- Welche Zahlen stehen neben- oder untereinander?

 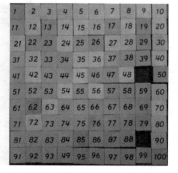

Abb. 4.41 Kinder entwickeln eine Hundertertafel

Didaktische Reflexion und mögliche Beobachtungen Die Hundertertafel bietet *eine* mögliche Struktur der Zahlen bis Hundert an. Es wird deutlich, dass jede Zahl ihren Platz hat. Im Fall der Hundertertafel sind jeweils zehn Zahlen (1 bis 10, 11 bis 20 etc.) in einer Reihe und die Reihen jeweils untereinander angeordnet (Abschn. 4.2.1.3). Dadurch werden Beziehungen zwischen den Zahlen sichtbar. Um diese Zusammenhänge und Strukturen durchdringen zu können, bietet es sich an, die Hundertertafel nicht als fertige Tafel vorzugeben, sondern von den Kindern selbst entwickeln zu lassen. Die oben beschriebene Geschichte kann hierzu anregen und Hilfestellungen für den Aufbau geben.

In der Diskussion der unterschiedlichen Darstellungen der Tresore lässt sich beobachten, inwieweit die Kinder bereits Zusammenhänge wie Zehner- und Einerstrukturen überblicken und nutzen können. In ihren Begründungen für den Aufbau des Tresors wird deutlich, ob sie sich lediglich an der Zahlenreihe oder auch an dekadischen Rhythmen wie den wiederkehrenden Einerzahlen orientieren.

Im Anschluss an die eigene Entwicklung der Hundertertafel können verschiedene Orientierungsübungen an dieser stattfinden (vgl. Abschn. 4.2.2.2).

4.2.2.3 Zahlen verorten

Wo liegen die Zahlen ungefähr? (Abb. 4.42)
Die Kinder werden angeregt, einzelne Zahlen am Zahlenstrahl zu verorten und dabei das Intervall im Blick zu behalten. Dies kann zunächst mit mehreren Ankerzahlen wie den Hundertern (Abb. 4.42) erfolgen, später aber auch mit weniger Intervallzahlen (Lorenz 2003, 2007b). Ebenso können bereits markierte Stellen am leeren Strahl Zahlenwerte zugeordnet werden (Abb. 4.42) (Schütte 2005a).

Material: Strahlen mit unterschiedlichen Intervallen im Heft

Sozialform: Einzel- oder Partnerarbeit

Zeitpunkt: Nachdem im neuen Zahlenraum als erster Zugang kardinale Strukturierungen und Bündelungen durchgeführt und Stellenwertvorstellungen entwickelt wurden, sollten Zahlen auch in ihrer Ordnung und ihren linearen Beziehungen zu anderen strukturiert werden.

Abb. 4.42 Zahlen innerhalb von Intervallen verorten und finden. (Schütte 2005a, 15; 2005b, 13)

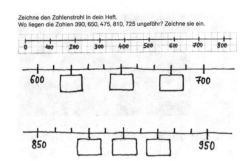

Mögliche Impulse und Fragestellungen

- Wie kann man vorgehen, um die richtige Stelle zu finden? Worauf muss man achten?
- Woher weißt du, an welcher Stelle die Zahlen stehen müssen? Bist du dir sicher?
- Wo steht diese Zahl, wenn du das Intervall veränderst?
- Wo würde diese Zahl stehen, wenn das Intervall 0 bis 1000 oder 0 bis 100 wäre? Vergleiche.

Didaktische Reflexion und mögliche Beobachtungen   Wie im ersten Schuljahr stehen bei dieser Aktivität ordnungsstrukturierte Größenvorstellungen des Zahlenraums im Vordergrund. Es geht darum, die Zahlen innerhalb eines bestimmten Intervalls an ihrer Stelle zu verorten. Hierzu ist es wichtig, beide Intervallbegrenzungen in den Blick zu nehmen und damit die Beziehung der einzutragenden Zahl mit den Intervallzahlen herzustellen.

Beobachten lässt sich hierbei gut, inwieweit die Kinder tatsächlich das gesamte Intervall beachten oder vielmehr die einzutragenden Zahlen nur ihrer Reihenfolge entsprechend ordnen. Der Sprung von dem Gedanken „jede Zahl hat ihren Platz" hin zu der Idee „der Abstand zwischen den Zahlen ist gleich groß" stellt für viele Kinder eine große Herausforderung dar. Wurde diese Erfahrung bereits im kleineren Zahlenraum gemacht, kann hier ein Transfer stattfinden. Gelingt diese Einsicht, so stellt dies ein Quantensprung in der Zahlbegriffsentwicklung dar (Lorenz 2003).

Neben dem Bündeln von Objekten als Grundlage für das Stellenwertverständnis ist es wichtig, Kindern auch ordnungsstrukturierte Erfahrungen zur Gliederung des Zahlenraums zu ermöglichen. Hierzu bietet es sich an, die Eins, die Zehn und später auch die Hundert in immer größeren Intervallen an gleich langen Strahlen zu verorten (Kap. 3). Während also die Eins im Intervall zwischen 0 und 10 ein Zehntel von der linken Begrenzung entfernt ist, rückt sie im Intervall von 0 bis 100 und dem von 0 bis 1000 immer weiter nach links, bis sie kaum mehr sichtbar ist. Ebenso verändern sich die Plätze der Zahl Zehn etc. Dadurch können die Zehnerpotenzen erfahrbar und linear sichtbar werden.

Kinder strukturieren die Welt der Zahlen

5

Nachdem in Kap. 4 vielfältige Aktivitäten zur Erkundung der Welt der Zahlen und damit zur Entwicklung eines umfassenden Zahlbegriffs beschrieben wurden, steht in diesem Kapitel das Strukturieren der Welt der Zahlen im Vordergrund. In Anlehnung an das in Kap. 3 dargestellte Modell (Abschn. 3.2) verstehen wir den rechnerischen (algebraischen und ordnungsstrukturierten) Umgang mit Zahlen als strukturierenden Vorgang. Bei den algebraischen Verknüpfungen werden Zahlen miteinander auf der Basis jeweils gültiger Rechengesetze miteinander verknüpft und dabei zueinander in Beziehung gesetzt. Dabei stehen Aufgaben, deren Veränderungen und Beziehungen zu Nachbarn im Mittelpunkt der Betrachtung. Beim Rechnen in ordnungsstrukturierten Vorstellungen stehen hingegen Zahlbeziehungen zu sogenannten Ankerzahlen wie Zehnern und Hundertern im Fokus. Dabei liegt die zentrale Idee des Springens in Zahlenräumen zugrunde.

Beim rechnerischen Umgang mit Zahlen stellt das In-Beziehung-Setzen, also das Strukturieren von Zahlen, Termen[1] und Gleichungen, *die* zentrale Herausforderung dar. Der strukturierende Umgang mit Zahlen umfasst weitaus mehr als das Ausrechnen von Aufgaben:

- Arithmetisch betrachtet geht es darum, Beziehungen zwischen Zahlen und Aufgaben zu sehen und beim Lösen geschickt zu nutzen.
- Daneben spielen aber auch algebraische Auseinandersetzungen, nämlich das In-Beziehung-Setzen von Termen und Aufgaben eine Rolle, bei denen es zunächst einmal gar nicht um das Ausrechnen einer Lösung, sondern um das Entwickeln und Verstehen von Zusammenhängen und Strukturen geht.

Für beide Aspekte ist nicht nur ein Blick für Beziehungen grundlegende Voraussetzung, sondern ebenso das Kennen und flexible Kombinieren strategischer Werkzeuge.

---

[1] Bei Termen handelt es sich um Aufgaben ohne Gleichheitszeichen wie bspw. „3 + 5".

© Springer-Verlag GmbH Deutschland, ein Teil von Springer Nature 2018
E. Rathgeb-Schnierer und C. Rechtsteiner, *Rechnen lernen und Flexibilität entwickeln*,
Mathematik Primarstufe und Sekundarstufe I + II,
https://doi.org/10.1007/978-3-662-57477-5_5

5.1 Aktivitäten zur Ablösung vom zählenden Rechnen

Wie in Kap. 3 ausführlich erörtert, setzt die Ablösung vom zählenden Rechnen drei Dinge voraus: die Entwicklung eines umfassenden Zahlbegriffs, die Entwicklung von Operationsverständnis und die Entwicklung strategischer Werkzeuge. Nachdem im vorigen Kapitel vielfältige Aktivitäten zur Entwicklung eines umfassenden Zahlbegriffs beschrieben wurden, befassen sich die nachfolgenden Kapitel mit zwei weiteren Aspekten des Rechnenlernens: Aktivitäten zur Entwicklung des Operationsverständnisses und zur Entwicklung strategischer Werkzeuge. Wiederum ist auch hier das Konzept der Zahlenblickschulung die Grundlage der Gliederung. Somit erfolgt die Darstellung nicht entlang der Behandlung im Unterricht, sondern zusammengefasst unter den zentralen Tätigkeiten der Zahlenblickschulung: dem (strukturierenden) Sehen, dem Sortieren und dem Strukturieren.

5.1.1 Aktivitäten zum (strukturierenden) Sehen

Immer Zehn (Abb. 5.1)
Ziel dieser Aktivität ist es, spielerisch Zehnersummen zu finden (Abb. 5.1). Es müssen jeweils Zahlenpaare mit der Summe Zehn gebildet werden (Haller und Schütte 2004). Zwei Karten liegen aufgedeckt in der Mitte des Tisches, die restlichen daneben auf einem Stapel. Kann aus diesen beiden Karten nicht die Summe Zehn gebildet werden, so wird von den Kindern reihum je eine Karte aufgedeckt und auf eine der beiden offen liegenden Karten gelegt. Derjenige, der beim Aufdecken einer Karte mit der bereits liegenden die Summe Zehn bilden kann, erhält alle in der Mitte liegenden Karten. Gewonnen hat das Kind, das am Ende die meisten Karten sammeln konnte.

Material: Karten mit den Zahlen 0 bis 10 (jeweils 4-mal)

Sozialform: Partner- oder Gruppenarbeit

Zeitpunkt: Diese Aktivität kann ab ca. drei Monate nach Schulbeginn eingesetzt werden, wenn die Kinder mit der Automatisierung der Zehnerzerlegungen beginnen.

Abb. 5.1 Immer zehn

Mögliche Impulse und Fragestellungen Durch das Finden passender Zerlegungen soll spielerisch der Blick auf die Zahlbeziehungen gelenkt werden. Verschiedene Impulse können dies unterstützen:

- Warum ist die gelegte Karte passend oder unpassend?
- Welcher der beiden Stapel ist geschickter zum Ablegen? Warum?
- Ist es möglich, die Karte so abzulegen, dass es für den Nächsten schwieriger beziehungsweise leichter ist, eine Zehn zu bilden?

Didaktische Reflexion und Beobachtungsmöglichkeiten Bei dieser Aktivität steht die Automatisierung der Zehnerzerlegungen im Mittelpunkt. Diese werden als zentrale Voraussetzung auf dem Weg zum Rechnen angesehen (Kaufmann und Wessolowski 2006), wobei deren Automatisierung am Ende des Lernprozesses steht. Grundsätzlich müssen Übungen zur Automatisierung zahlreiche Auseinandersetzungen mit Punktebildern – auch auf mentaler Ebene – vorausgehen (Abschn. 4.1.1).

Da die Kinder die umgedrehte Karte sowohl auf den linken als auch auf den rechten Stapel legen können, ermöglicht dies die schnelle Betrachtung zweier Zerlegungsmöglichkeiten sowie das strategische Vorausdenken für die nächsten Züge. Bereits Menninger (1940) betont die Wichtigkeit der Zerlegungen der Zehn für das spätere Rechnen:

> Wenn der Leser die Gelegenheit hat, die 10-Päckchen kleinen, etwa 10-jährigen Rechnern zu zeigen, kann er Wunder erleben (...) – und wieder eine vorzügliche Übung für den Zahlenblick (Menninger 1940, 21).

Diese Aktivität bietet sich nur für Kinder an, die bereits gute Vorstellungen von Zahlzerlegungen haben und erste Zahlensätze auswendig wissen. Automatisiertes Wissen abrufen zu können, bedeutet, dass das Ergebnis innerhalb von zwei bis drei Sekunden (Gaidoschik 2010) ermittelt werden kann. Sollte ein Kind die Zahlensätze zählend (mithilfe von Fingern oder im Kopf) ermitteln, so ist dieses Kind im Lernprozess noch nicht so weit fortgeschritten, dass es sich mit Aktivitäten zur Automatisierung beschäftigen kann. Für ein solches Kind ist es wichtig, auf frühere Aktivitäten zur Arbeit mit Punktebildern zurückzugreifen und mentale Vorstellungen zu entwickeln (Abschn. 4.1). Dabei können auch die Zerlegungen mithilfe eines Drahts an die Zehnerfeldkarten gelegt werden. Wichtig ist, dass das zählende Rechnen von Kindern als Signal der Überforderung wahrgenommen wird und dementsprechend die Anforderungen den Kompetenzen des Kindes angepasst werden (Gaidoschik 2007; Kaufmann und Wessolowski 2006; Wartha und Schulz 2014).

Ein Punktebild – viele Zahlensätze

Bei dieser Aktivität geht es darum, in ein Punktebild verschiedene Zahlensätze hineinzudeuten (Haller und Schütte 2004; Rechtsteiner-Merz 2011b). Hierfür können die Kinder an einem arithmetischen Anschauungsmittel, beispielsweise dem Abaco™, dem Rechenrahmen oder dem Zwanzigerfeld, zunächst ein Punktebild darstellen (Abb. 5.2). Anschließend werden die gut sichtbaren Zahlensätze notiert. In unserem Beispiel könnten das unter

Abb. 5.2 Punktebild am Aba-
co™ oder Zwanzigerfeld

 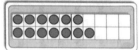

anderem folgende Zahlensätze sein:

$$13 = 10 + 3 \qquad 13 = 7 + 6$$
$$13 = 20 - 7 \qquad 13 = 5 + 5 + 2 + 1$$
$$13 = 5 + 5 + 3 \qquad 13 = 6 + 6 + 1$$
$$\ldots$$

Material: arithmetisches Anschauungsmittel, Heft

Sozialform: Partnerarbeit, Diskussion im Plenum

Zeitpunkt: Aktivität im Zahlenraum 10 bis 20 kann nach ca. vier Monaten beginnen und
dann kontinuierlich immer wieder durchgeführt werden.

Mögliche Impulse und Fragestellungen Mithilfe von verschiedenen Impulsen und Fragestellungen lässt sich der Blick der Kinder sowohl auf die Block- als auch auf die Reihendarstellung lenken, was für die Entwicklung der strategischen Werkzeuge zentral ist:

- Wie kannst du die 13 schnell sehen?
- Gibt es noch weitere Möglichkeiten?
- Schau einmal auf die Reihe und einmal auf den Block. Welche Unterschiede siehst du?

Didaktische Reflexion und Beobachtungsmöglichkeiten Um verschiedene strategische
Werkzeuge am Anschauungsmittel darstellen und erkennen zu können, müssen Kinder
sowohl die Reihen- als auch die Blockdarstellung kennen und zwischen diesen beiden
Darstellungen wechseln können (Abschn. 3.2). Bleibt man in der Logik einer Punkte-
bilddarstellung, lässt sich lediglich das Ergänzen zur Zehn als strategisches Werkzeug
darstellen. Beispielsweise kann die Aufgabe „7 + 6" in der Reihendarstellung ausschließlich mit Ergänzen zur Zehn gelöst werden. Dies ist genauso in der Blockdarstellung
möglich. Möchte man jedoch auch strategische Werkzeuge wie die Kraft der Fünf oder
die Nachbaraufgabe als Hilfsaufgabe in den Blick nehmen, muss sowohl die Reihen- als
auch die Blockdarstellung genutzt werden (Abb. 5.2): Die Summanden sind in der Reihe
dargestellt, die Fünferbündelung oder Verdopplung wird jedoch in der Blockdarstellung
sichtbar.

Mit dieser Aktivität soll der Blick auf beide Darstellungen innerhalb eines Punktebildes
gelenkt werden. Dabei werden ausgehend von der Gesamtanzahl verschiedene Sichtweisen hineingedeutet und notiert. Dies kann als wichtige Voraussetzung für die spätere
Entwicklung von Lösungswegen am Anschauungsmittel angesehen werden.

Zum einen lässt sich beobachten, inwieweit die Kinder in der Lage sind, Punktebilder (mögliche Summanden) innerhalb der Gesamtmenge zu erkennen und diese quasi-simultan zu erfassen. Zum anderen wird deutlich, ob das Kind beide Darstellungen (Reihen- und Blockdarstellung) identifizieren und sinnvoll nutzen kann.

Zielzahl Siebzehn (Abb. 5.3)
Dieses Spiel fokussiert auf das Üben des Rechnens im Zahlenraum bis 20: Zwei Spieler würfeln abwechselnd mit einem Würfel, notieren ihre Würfelzahlen und addieren diese. Ziel ist es, möglichst nahe an die Siebzehn heranzukommen (Abb. 5.3). Hat ein Spieler den Eindruck, nahe genug an der Zielzahl zu liegen, so darf er aufhören zu würfeln. Derjenige, der am Nächsten an der Siebzehn liegt, hat gewonnen. Übertrifft ein Spieler die Zielzahl, so hat automatisch der Mitspieler gewonnen (Haller und Schütte 2004).

Material: 1 Würfel, Notizpapier oder Heft

Sozialform: Partnerarbeit

Zeitpunkt: Dieses Spiel kann eingesetzt werden, sobald die Automatisierung im Zahlenraum bis 20 beginnt, also gegen Ende des ersten Schuljahres.

Abb. 5.3 Zielzahl 17. (Haller und Schütte 2004, 70)

Mögliche Impulse und Fragestellungen

- Ab wann ist es sinnvoll zu überlegen, ob du noch einmal würfelst?
- Wann hörst du auf zu würfeln? Warum?

Didaktische Reflexion und Beobachtungsmöglichkeiten Bei diesem Spiel wird die Addition der einzelnen Würfelzahlen geübt, was zu einer zunehmenden Automatisierung führen soll. Gleichzeitig spielt jedoch auch das Abschätzen möglicher Ergebnisse eine wesentliche Rolle. Die Spieler müssen sich jeweils überlegen, ob sie noch einmal würfeln wollen. Diese Entscheidung hängt davon ab, mit welchen Zahlen sie die Zielzahl übertreffen würden. Dabei stellt sich die Frage, welches Risiko sie einzugehen bereit sind beziehungsweise ob ihnen dieses zu hoch ist. An der Stelle genügt es häufig, das mögliche Ergebnis einzuschätzen; je näher man jedoch an die Siebzehn herankommt, desto genauer gilt es abzuwägen. Damit liegt bei dieser Aktivität der Blick vorwiegend auf der Beziehung zwischen drei Zahlen: dem bereits erreichten Ergebnis, der möglichen Würfelzahl und der Zielzahl.

Da bei diesem Spiel das Rechnen auf symbolischer Ebene im Mittelpunkt steht, ist das sichere Verfügen über und Nutzen von strategischen Werkzeugen eine wichtige Voraussetzung. Sollte es sich zeigen, dass einzelne Kinder hier noch Schwierigkeiten haben, ist es wichtig, ihnen ein Anschauungsmittel zur Hilfe zu geben. Dabei ist darauf zu achten, dass die Kinder – je nach schulischer und heimischer Sozialisierung – die Finger auch heimlich heranziehen oder die Aufgaben im Kopf zählend lösen. Wichtig ist es, mit diesen Kindern zu klären, dass je nach Würfelzahl Aufgaben entstehen können, die bereits gut gelöst werden können (z. B. Aufgaben mit „+ 1", „+ 2" oder abhängig vom ersten Summanden auch mit anderen Zahlen) und für andere wiederum das Anschauungsmittel herangezogen wird. Kinder, die im Lernprozess bereits weiter fortgeschritten sind, werden die Aufgaben entweder mithilfe strategischer Werkzeuge lösen oder diese bereits über Faktenabruf lösen können.

Zahlenwaagen und Kombi-Gleichungen erfinden und Zusammenhänge sehen (Abb. 5.4, 5.5 und 5.6)

Kern der Aktivität „Zahlenwaagen" ist die Visualisierung der Gleichungsidee, indem eine Waage als Anschauungsmaterial genutzt wird (Abb. 5.4). Die Kinder werden angeregt,

Abb. 5.4 Kinder legen und notieren Gleichungen an Zahlenwaagen

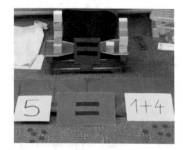

Abb. 5.5 Sebastian erfindet
Gleichungen in Zahlenwaagen

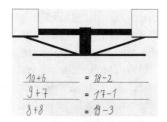

Abb. 5.6 Noemi und
Frederick legen Kombi-Gleichungen. (Rechtsteiner-Merz
2011a, 11)

„Kombi-Gleichungen" (s. u.) zu erfinden, diese zu notieren und gegebenenfalls an der
Waage zu überprüfen (Abb. 5.5).

Bei der Aktivität „Kombi-Gleichungen" geht es darum, aus Ziffernkärtchen und Operationszeichen Terme zu legen (Abb. 5.6), bei denen beide Seiten gleich sind (Baireuther und
Kucharz 2007; Rechtsteiner-Merz 2011a). Diese Terme werden deshalb „Kombi-Gleichungen" genannt, weil Ziffernkarten und Operationszeichen aller vier Grundrechenarten
so kombiniert werden, dass eine Gleichung entsteht. Ziel der Aktivität ist es, dass die
Kinder frei experimentieren und verschiedene Gleichungen erfinden.

Material: Waage mit Steckwürfeln, Ziffernkarten, Operationszeichen, Smiley als Variable

Sozialform: Einzel- oder Partnerarbeit

Zeitpunkt: Diese Aktivität bietet sich ab dem zweiten Halbjahr der ersten Klasse an und
kann dann kontinuierlich über die ganze Grundschulzeit (und darüber hinaus) wiederholt
werden.

Mögliche Impulse und Fragestellungen
- Was passiert, wenn die Terme nicht gleich groß sind?
- Was passiert, wenn du eine der beiden Seiten veränderst?
- Tausche die Plätze der Ziffernkarten: Geht das? Wann darfst du das?
- Probiere verschiedene Rechenzeichen. Kann man diese tauschen? Was passiert?
- Ersetze eine Ziffernkarte durch eine andere: Was passiert?
- Kannst du weitere Zahlen an deine Gleichung anbauen? Was passiert?

Didaktische Reflexion und Beobachtungsmöglichkeiten Bei dieser Aktivität steht die
Förderung algebraischen Denkens im Mittelpunkt. Im Unterschied zur Arithmetik geht es
in der Algebra nicht um „*Prozeduren*, die zu einem Ergebnis oder einer Lösung führen"
(Steinweg 2013, 3; Hervorhebung im Original), sondern „um die *Beziehungen* zwischen
den Elementen einer Gleichung" (ebd., 3; Hervorhebung im Original). Auf diesem Weg

ermöglicht die „Durchdringung des Rechnens mit algebraischen Ideen (nicht mit formalen Prozeduren!)" (Winter 1987, 42) eine Vertiefung der Arithmetik. Im Zentrum steht dabei die Auseinandersetzung mit Gleichungen und Variablen.

Die Thematisierung von Gleichungen im Unterricht der Grundschule zielt auf die Entwicklung von „Prozepten" als Verbindung zwischen arithmetischen (Prozeduren) und algebraischen Denkweisen (Konzepten) (Gray und Tall 1994; Rechtsteiner-Merz 2013; Steinweg 2013). Die Mehrheit der Kinder deutet das Gleichheitszeichen ausschließlich als Aufforderung zum Rechnen und damit operational als Zuordnungszeichen. Durch den Umgang mit Gleichungen kann den Kindern auch die relationale Seite des Zeichens – als Gleichheit zwischen beiden Termen – bewusst werden (Steinweg 2013). Entsprechend werden in der algebraischen Denkweise Terme nicht vorrangig als Rechenaufforderung verstanden, sondern vielmehr als (bezüglich ihres Wertes) zu vergleichende Objekte. Im Zentrum steht die „algebraische Gleichgewichtssicht" (Winter 1987, 42) als Äquivalenz zweier Terme.

Gleichungen verbinden zwei Terme durch ein Gleichheits- oder Relationszeichen miteinander und machen damit Aussagen über deren Beziehung. Diese Aussagen können sowohl wahr als auch falsch sein und müssen deshalb stets auf ihren Wahrheitsgehalt geprüft werden. Für die Beurteilung dieses Wahrheitsgehalts nutzt man u. a. die interne Semantik (Steinweg 2013, 81) von Termen in Form von innermathematischen Strukturen und Konstanzeigenschaften:

- gleich- und gegensinniges Verändern
- Kommutativität der Addition und Multiplikation
- Assoziativität
- Distributivität

Zur Förderung des „prozeptuellen" Denkens ist es wichtig, auch Gleichungen mit zwei Termen in den Mittelpunkt des Unterrichts zu rücken, da hier die beschriebene algebraische Gleichwertigkeitssicht betont wird (Baireuther und Kucharz 2007; Steinweg 2013). Für die Unterstützung dieser Entwicklung schlagen Baireuther und Kucharz (ebd.) sowie Steinweg (ebd.) das Erfinden von Gleichungen sowie ein spielerisches Probieren mit Termen und Gleichungen vor, bei dem sowohl Terme durch gegensinniges Verändern als auch Gleichungen durch Verkürzen oder Verlängern variiert werden.

Zahlenwaagen dienen als „sinnfällige[s] Vorstellungsbild" (Schütte 2008, 126), um die Idee des Gleichheitszeichens zu assoziieren. Bei Kombi-Gleichungen steht das Ausprobieren mithilfe der Ziffernkärtchen und Operationszeichen im Vordergrund. Der Umgang mit Zahlenwaagen kann den Kombi-Gleichungen vorangestellt sein oder es können auch beide Aktivitäten miteinander kombiniert und ausgehend von Handlungen an der Waage Kombi-Gleichungen gelegt werden.

Die Kinder können bei dieser Aktivität in Partnerarbeit gegenseitig „Störungen" an den Gleichungen vornehmen und diese anschließend wieder in ein Gleichgewicht bringen. Auch die Lehrperson kann spannende Veränderungen einbringen und damit den Blick auf Zusammenhänge lenken. Dabei können die Kinder Erfahrungen sammeln, wie sich Ver-

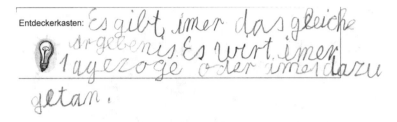

Entdeckerkasten: *Es gibt imer das gleiche ir gebenis. Es wirt imer 1 ayezoge oder imer dazu getan.*

Abb. 5.7 Michael beschreibt Veränderungen zwischen den Termen

änderungen auf einer Seite der Gleichung auf die gesamte Gleichung auswirken (Kap. 6). Erste Zugänge zu funktionalen Zusammenhängen bei Gleichungen werden so möglich. Ziel ist es, diese Vergleiche ohne Ausrechnen der jeweiligen Seite vorzunehmen. Vielmehr sollen beim Vergleichen Beziehungen zwischen den beiden Seiten der Gleichung und strategische Werkzeuge wie zum Beispiel gegensinniges Verändern oder Zerlegen genutzt werden (Abschn. 3.2.3). Dabei kann das Anschauungsmittel eingesetzt werden, um den Term auf beiden Seiten entsprechend zu deuten. Geht es also beispielsweise um die Wertgleichheit von $4+3$ und $5+2$, so kann am Anschauungsmittel die Sieben eingestellt und durch Legen eines Drahtes in $4+3$ und $5+2$ zerlegt werden.

Beobachtet man die Kinder (Abb. 5.7), fällt schnell auf, wer jeden Term einzeln berechnet und wer mithilfe von Beziehungen auf Veränderungen reagieren oder neue Gleichungen entwickeln kann (detaillierte Beobachtungen aus dem Unterricht finden Sie in Abschn. 6.2.5). Kinder, die noch jeden Term einzeln ausrechnen, sollten unbedingt angeregt werden, mithilfe eines Anschauungsmittels (z. B. dem Abaco™) den Wert der einen Seite der Gleichung zu legen (z. B. $6+7$, siehe Abb. 5.2) und zu versuchen, in dieses Punktebild den Wert der anderen Seite (z. B. $10+3$) hineinzudeuten. Dadurch lernen sie zunehmend auf Strukturen und Zusammenhänge zurückzugreifen. Ebenso können Kinder, die im Lernprozess bereits fortgeschritten sind, ihre Denkweisen und Veränderungen am Anschauungsmittel erklären und „beweisen". Außerdem ist es möglich, sie anzuregen, sowohl den Zahlenraum zu erweitern als auch andere Operationen zu nutzen. Ergänzend kann zudem ein Smiley als Variable genutzt werden. All diese Varianten ermöglichen weitere Einsichten in das Verändern von Gleichungen.

5.1.2   Aktivitäten zum Sortieren

Mehr als Zehn, genau Zehn oder weniger als Zehn?
Ziel dieser Aktivität ist es, die Punkte auf zwei Zehnerfeldkarten „zusammenzusehen" und möglichst schnell eine Entscheidung über die Punktanzahl zu treffen: Sind es zusammen mehr als, weniger als oder genau zehn Punkte? Dafür werden zunächst drei Karten mit den Überschriften „weniger als Zehn", „mehr als Zehn" und „genau Zehn" auf dem Tisch ausgebreitet. Zwei Stapel Zehnerfeldkarten liegen verdeckt nebeneinander. Es werden immer zwei Karten gleichzeitig umgedreht – jedes Kind eine (ähnlich wie bei dem Spiel

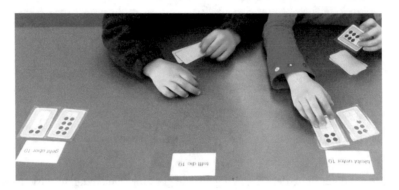

Abb. 5.8 Martin und Nele sortieren Zehnerfeldkarten

„Schnipp-Schnapp") (Abb. 5.8). Diese müssen nun durch schnelles „Zusammensehen"
der beiden Anzahlen einer der drei Kategorien zugeordnet werden (Rathgeb-Schnierer
2007a).

Im weiteren Verlauf des Schuljahres kann die Aktivität statt mit Zehnerfeldkarten auch
mit Zahlenkarten ausgeführt werden. Es werden dementsprechend Zahlenkarten von 0 bis
10 auf einen Stapel gelegt und immer zwei gleichzeitig umgedreht. Nun geht es darum,
schnell zu entscheiden, ob die Summe beider Zahlen größer als, kleiner als oder gleich
Zehn ist. Eine weitere Variation stellt das Sortieren von Termkarten dar. Hierbei wird
jeweils ein Rechenausdruck daraufhin betrachtet, ob das Ergebnis unter der Zehn bleibt,
über die Zehn geht oder die Zehn genau trifft.

Material: 4 Sätze Zehnerfeldkarten

Sozialform: Partnerarbeit

Zeitpunkt: Das Sortieren von zwei Zehnerfeldkarten bietet sich an, sobald die Kinder in
der Lage sind, die Punktebilder einer Karte quasi-simultan zu erfassen (vgl. Blitzblick in
Abschn. 4.1). Es ist sinnvoll, diese Aktivität so lange fortzuführen, bis zum Sortieren von
Termkarten übergegangen werden kann (s. u.).

Mögliche Impulse und Fragestellungen Um die Einschätzungen zunehmend kriterien-
geleitet vornehmen zu können, helfen verschiedene Impulse der kognitiven Aktivierung:

- Woran könnt ihr schnell erkennen, wo die beiden Karten (die beiden Zahlen oder die
  Aufgabe) hingehören?
- Bei welchen Karten fällt es besonders leicht, bei welchen besonders schwer? Warum
  ist das so?
- Wie ist es bei Karten, die zusammen nah an der Zehn sind? Und wie bei solchen, die
  zusammen weiter weg sind?
- Könnt ihr eure Entscheidung überprüfen, indem ihr die Punkte einer Karte mit den
  Fingern antippt und auf die andere übertragt?

Didaktische Reflexion und Beobachtungsmöglichkeiten Bei dieser Aktivität geht es nicht um die Bestimmung der genauen Anzahl, sondern darum einzuschätzen, in welche Kategorie die beiden Karten gehören. Erst in einem nächsten Schritt kann dann die Überprüfung erfolgen, indem die beiden Augenzahlen mental zu einem neuen Punktebild umgruppiert und damit addiert werden.

Diese Aktivität ist vor allem auch deshalb spannend, weil diskutiert werden kann, bei welchen Kartenkombinationen die Kategorie schneller erkannt wird und bei welchen dies schwieriger ist. Daran anschließend kann über die Gründe nachgedacht werden. Wenn im weiteren Verlauf zu den Zehnerfeldkarten Aufgaben notiert werden, lassen sich Aufgabeneigenschaften und -unterschiede beschreiben.

Nehmen die Kinder die Aufgabenunterschiede mit und ohne Zehnerübergang wahr, so können die einzelnen Spalten wiederum in „leicht" und „schwer" oder „mit Trick" sortiert werden. Dadurch werden zum einen Aufgabeneigenschaften und zum anderen besondere Schwierigkeiten sichtbar.

Beobachtbar ist bei dieser Aktivität zunächst, ob die Kinder in der Lage sind, die Punktebilder quasi-simultan zu erfassen. Darüber hinaus lässt sich aber auch erkennen, wie schnell die Kinder die Sortierungen vornehmen können, und damit, wie leicht ihnen das Zusammensehen und Abschätzen zweier Punktebilder fällt. Über die Erklärungen der Kinder kann erfasst werden, ob sie Zahlunterschiede für die Einschätzung der Zuordnungen wahrnehmen. Wenn die Kinder im Lernprozess bereits fortgeschritten sind, können auch Terme sortiert werden. Dabei wird ersichtlich, ob die Zerlegungen zur Zehn bereits automatisiert sind und damit als Ankerpunkte für das Sortieren der restlichen Terme genutzt werden können. Außerdem wird deutlich, ob die Kinder Unterschiede zwischen den Aufgaben mit und ohne Zehnerübergang wahrnehmen.

Mit Trick (Abb. 5.9)

Bei dieser Aktivität geht es darum, dass die Kinder ihre eigenen Fähigkeiten einschätzen und damit einen Blick für Aufgabenmerkmale entwickeln. Hierfür werden sie angeregt, Termkarten entsprechend danach zu sortieren, welche Aufgaben sie bereits auswendig wissen, zu welchen sie einen Trick kennen und welche sie noch zählen müssen (Abb. 5.9). Die auswendig gewussten Aufgaben können anschließend im Heft notiert werden (Rechtsteiner-Merz 2011a). Die Aufgaben, zu denen das Kind einen Trick kennt, werden ebenfalls im Heft notiert, jedoch mit dem jeweiligen Lösungsweg. Dieser kann in Form einer Zeichnung (bspw. Darstellung am Punktebild), durch schriftliches Ausformulieren oder durch Schreiben eines Zahlensatzes erfolgen. Über die Aufgaben, die der Kategorie „zähle ich noch" zugeordnet wurden, kann nun mit anderen Kindern oder im Plenum gesprochen werden. Gemeinsam lassen sich so systematisch strategische Werkzeuge für die einzelnen Aufgaben suchen.

Material: Termkarten (Addition oder Subtraktion im Zahlenraum bis 20), Karten mit den Überschriften „kenne ich auswendig", „habe ich einen Trick", „zähle ich"

Abb. 5.9 Tobias sortiert Aufgaben in „weiß ich auswendig", „kenne ich einen Trick" und „muss ich zählen". (Rechtsteiner-Merz 2011a, 14)

Sozialform: Einzelarbeit, Austausch in Partnerarbeit und/oder Plenum

Zeitpunkt: Im Zahlenraum bis Zehn kann diese Aktivität erstmalig kurz nach Einführung der Addition und von da an kontinuierlich auch im Zahlenraum bis 20 durchgeführt werden. Gerade die wiederkehrende Durchführung ermöglicht Einsichten auf verschiedenen Ebenen.

Mögliche Impulse und Fragestellungen Um den Blick der Kinder kontinuierlich auf die Zahl- und Aufgabeneigenschaften der Terme zu richten, können verschiedene Impulse unterstützend sein.

- Automatisierte Aufgaben:
  - Warum sind diese Aufgaben besonders leicht? Und kannst du sie schon auswendig?
  - Findest du bei den auswendig gekonnten Aufgaben welche, die du auch mit einem Trick rechnen könntest, wenn du sie nicht schon wüsstest?
- Aufgaben, die mit Trick gelöst werden:
  - Nutzt du bei diesen Aufgaben verschiedene „Tricks"? Welche?
  - Erkläre genau, warum dieser Trick bei diesen Aufgaben so gut passt!
  - Kannst du weitere Aufgaben erfinden, bei denen dieser Trick auch funktioniert? Warum ist das so? Was ist das Besondere an diesen Aufgaben?
  - Tausche dich mit deinem Nachbarn aus und vergleicht eure Rechenwege.

- Aufgaben, die noch gezählt werden:
  - Warum sind diese noch so schwer für dich?
  - Schau dir die schwierigen Aufgaben einmal genau an. Findest du hier eine Aufgabe, bei der einer deiner Tricks funktioniert? Warum?
  - Sucht euch eine Aufgabe aus und stellt diese am Anschauungsmittel ein. Wie könntet ihr sie gut ausrechnen? Geht das auch bei anderen Aufgaben?

Didaktische Reflexion und Beobachtungsmöglichkeiten Zentral an dieser Aktivität ist, dass der Rechendrang der Kinder aufgehalten wird und ihnen somit Zahl- und Aufgabenunterschiede bewusst werden können. Dabei wird auf die möglichen Lösungswege fokussiert – das Zählen, das Abrufen von Fakten sowie das Nutzen eines strategischen Werkzeugs (Kap. 4). Ausgehend von den Sortierungen der Kinder können neue strategische Werkzeuge entwickelt und diskutiert werden. Wenn für eine Aufgabe ein (neues) strategisches Werkzeug gefunden wurde, ist es wichtig, den Lösungsweg genau zu betrachten und verschiedene Fragen zu klären:

- Warum ist genau dieser Lösungsweg bei dieser Aufgabe so geschickt?
- Bei welchen anderen Aufgaben bietet sich dieser eventuell ebenso an?
- Warum ist das so?

In diesem Gespräch sind die Argumentationen der Kinder aufzugreifen und weiterzuentwickeln (Rechtsteiner-Merz 2015b). Um den Blick auf die Zusammenhänge zwischen den Aufgaben zu lenken, bietet es sich an, weitere Aufgaben zu suchen, die mit dem gleichen strategischen Werkzeug gelöst werden können. Durch dieses Vorgehen können auf einer Metaebene Aufgabenmerkmale in den Mittelpunkt der Betrachtung gerückt werden. Dadurch wird das Repertoire an Aufgaben kontinuierlich erweitert, die mithilfe eines strategischen Werkzeugs gelöst werden können. Damit gewinnen die Kinder einen Überblick über alle Aufgaben.

Bei dieser Aktivität lassen sich auf mehreren Ebenen Einblicke gewinnen: An der Sortierung wird der aktuelle Lernstand eines Kindes sichtbar. Darüber hinaus gibt das Gespräch mit den Kindern einen wesentlichen Aufschluss über dessen Kenntnisse.

Die oben genannten Impulse und Fragestellungen können im Plenum diskutiert werden oder direkt an das einzelne Kind gerichtet sein. Intendiert wird jeweils, die Kinder zum weiteren Nachdenken anzuregen. Erst im Gespräch mit den Kindern ist zu beobachten, welche weiteren Anregungen (Veranschaulichung am Arbeitsmittel, Bezüge zu anderen Aufgaben etc.) das jeweilige Kind noch benötigt. Folgende weitere Unterstützungsmöglichkeiten sind denkbar:

- Lassen sich auf Zahlenebene Zusammenhänge erkennen? Wenn beispielsweise die Aufgabe „6 + 6" auswendig gewusst wird, kann der Frage nachgegangen werden, inwieweit mit diesem Wissen auch die Aufgabe „6 + 7" gelöst werden kann. Davon ausgehend können weitere Aufgabenpaare gesucht werden.

- Können Zusammenhänge auf Zahlenebene zwar erkannt, jedoch nicht genutzt werden, ist es hilfreich, Aufgaben am Anschauungsmittel darzustellen. Um Zusammenhänge zu anderen Aufgaben sehen zu können, bietet es sich an, diese nicht sofort darzustellen, sondern zunächst in der Vorstellung zu überlegen, wie die anderen Aufgaben dargestellt aussehen würden und was daran abgelesen werden könnte.
- Ist eine Aufgabe völlig neu zu bearbeiten, kann diese am Anschauungsmittel oder in einem leeren Zwanzigerfeld dargestellt werden. Dabei bietet es sich an, zunächst nur den ersten Summanden zu legen oder einzuzeichnen und davon ausgehend zu überlegen, wo der zweite Summand geschickt „angebaut" werden könnte. Mit „geschickt anbauen" sind verschiedene Überlegungen verbunden: Zum einen stellt sich die Frage, wie das Ergebnis später gut betrachtet werden kann, zum anderen geht es darum, welcher Lösungsweg dabei gewählt wird. Häufig ist es hilfreich, den ersten Summanden in Reihendarstellung zu legen und den zweiten zunächst einmal darunter anzuordnen. Davon ausgehend lassen sich die oben genannten Überlegungen anschließen.

Weiter kann beobachtet werden, inwieweit die Kinder in der Lage sind, Merkmale zu erkennen und zu benennen sowie diese auf das Finden neuer Aufgaben zu übertragen: beispielsweise der Gedanke, dass $9+6$ genau deshalb so geschickt über $10+5$ gelöst werden kann, weil die Neun direkt neben der Zehn liegt. Daraus entwickelt sich die Frage, bei welchen anderen Aufgaben dies ebenso möglich ist und warum:

- Häufig fokussieren Kinder nur auf das schnelle Finden des Ergebnisses. Der Lösungsweg gerät dabei außer Acht. Dies führt dazu, dass bei der nächsten Aufgabe wieder von vorne gerechnet werden muss und Zusammenhänge nicht herangezogen werden können. Um dies zu umgehen, ist es wichtig, den Blick der Kinder auf die Aufgabenmerkmale zu richten und gemeinsam zu überlegen, woran diese erkannt werden können. Folgende Fragestellungen können hierfür hilfreich sein:
  - Warum kann die Aufgabe mit diesem Lösungsweg gut ausgerechnet werden?
  - Wie kannst du die Aufgabe und das Ergebnis ablesen?
  - Welche anderen Aufgaben können genauso ausgerechnet werden? Warum?
  - Woran kann diese Besonderheit am Anschauungsmittel und woran an den Zahlen erkannt werden?
- Wichtig ist dabei stets, dass die Darstellung am Anschauungsmittel mit der Darstellung auf Zahlenebene verglichen und überlegt wird, welche Zusammenhänge sichtbar werden oder welche Veränderungen auf der Zahlenebene durchgeführt werden müssen. Bei der Aufgabe „$6+7$" zum Beispiel kann das Ergebnis 13 in der Regel recht schnell am Anschauungsmittel abgelesen werden. Eine Übertragung auf ein strategisches Werkzeug und anschließend auf die Zahlenebene muss jedoch gezielt erfolgen (Rechtsteiner-Merz 2011b).

Abb. 5.10 Sortieren in „leicht" und „schwer" – ins Schatzkästchen und in den Umschlag

Schatzkästchen-Aufgaben (Abb. 5.10)
Auch bei dieser Aktivität werden Termkarten nach subjektiven Kriterien in „leicht" und „schwer" sortiert. Die für die Kinder leichten Aufgaben dürfen in das Schatzkästchen gelegt werden, die noch schweren kommen zunächst in den Briefumschlag (Abb. 5.10) (Rechtsteiner-Merz 2011a). Mit diesen Aufgaben kann nun ähnlich gearbeitet werden wie beim Sortieren in „weiß ich auswendig", „kenne ich einen Trick" und „zähle ich noch" (s. o.).

Im Anschluss an das Sortieren der Termkarten können die Kinder sich im Tandem austauschen und für die noch schweren Aufgaben mögliche strategische Werkzeuge ausprobieren und diskutieren.

Material: Briefumschlag und „Schatzkästchen" (eine hübsche Schachtel), Termkarten (Addition und/oder Subtraktion im Zahlenraum bis 20)

Sozialform: Einzelarbeit, evtl. Austausch im Tandem oder Plenum

Zeitpunkt: Das Sortieren ins Schatzkästchen kann im Laufe des ersten Schulhalbjahres kontinuierlich angeregt werden. So erfahren die Kinder, dass sie für zunehmend mehr Aufgaben strategische Werkzeuge zur Verfügung haben oder die Aufgaben bereits automatisiert sind.

Mögliche Impulse und Fragestellungen
- Warum sind diese Aufgaben besonders leicht?
- Sind in deinem Schatzkästchen besondere Aufgaben? Gibt es Aufgaben, die ähnlich sind? Warum sind diese besonders leicht?
- Welche Aufgaben sind noch schwer für dich? Woran liegt das?
- Gibt es leichte Aufgaben, die dir beim Ausrechnen der schweren helfen können?
- Konntest du diese Woche neue Aufgaben ins Schatzkästchen legen? Welche?

Didaktische Reflexion und Beobachtungsmöglichkeiten Durch das Sortieren der Aufgaben in „leicht" und „schwer", liegt der Fokus zunächst nur auf den Aufgabenmerkmalen und nicht auf der Berechnung des Ergebnisses. Die Beurteilung der Aufgaben und die anschließende gemeinsame Reflexion regen zum bewussten Betrachten der Aufgaben an. Dadurch können „aufgabenspezifische Merkmale" und „Aufgabenschwierigkeiten" (Rathgeb-Schnierer 2008) deutlich werden.

Diese Aktivität bietet sich zur regelmäßigen Wiederholung während des zweiten Schulhalbjahres an: Die Aufgaben im Schatzkästchen werden immer wieder daraufhin geprüft, ob sie noch auswendig gekonnt oder mithilfe eines Tricks zu lösen sind. Ist dies nicht der Fall, müssen sie wieder zurück in den Umschlag. Bei den Aufgaben im Umschlag wird geschaut, ob inzwischen einige davon gerechnet werden können. Dabei wird den Kindern die Entwicklung der eigenen Rechenfähigkeit über einen längeren Zeitraum hinweg bewusst.

Durch Beobachtungen und Gespräche mit den Kindern wird gut sichtbar, ob es Gruppen von Aufgaben gibt, die für das einzelne Kind noch besonders schwierig sind. Dies können allgemein Aufgaben mit Zehnerüberschreitung, aber auch ein bestimmter Aufgabentyp sein wie beispielsweise Aufgaben mit einer Neun oder Fastverdopplungen. Dabei ist es möglich, dass Kinder Aufgaben wie beispielsweise „$9 + 6$" zu „leicht" sortieren, weil sie genau bei dieser Aufgabe die Zehnernähe der Neun und damit die Möglichkeit der Nutzung einer Nachbaraufgabe sehen. Das heißt aber noch nicht, dass diese Kinder analoge Möglichkeiten des Vorgehens bei anderen Aufgaben mit Neun erkennen. In diesem Fall wird das Betrachten von Aufgabenmerkmalen, -strukturen, -gemeinsamkeiten und -unterschieden zentral. Dies kann durch das Erfinden ähnlicher Aufgaben erreicht werden: Die Kinder werden angeregt, ihren Lösungsweg zu rekonstruieren und zu beschreiben. Davon ausgehend können sie nun gezielt Aufgaben erfinden, die die gleichen Merkmale innehaben und bei denen daher der gleiche „Trick" genutzt werden kann.

Kinder, die im Lernprozess bereits fortgeschrittener sind, können (gegen Ende des ersten Schuljahres) ihr Wissen auch bereits in den höheren Zahlenraum übertragen. Für sie ist es spannend zu untersuchen, wie die bereits bekannten strategischen Werkzeuge zum Lösen von Aufgaben im Zahlenraum bis 100 genutzt werden können (Abschn. 5.2).

Aufgaben erfinden und sortieren (Abb. 5.11)
Im Vergleich zum ausschließlichen Sortieren von Aufgaben erhalten die Kinder hier ergänzend einen sogenannten Aufgabengenerator (Schütte 2008; Abb. 5.11; Abschn. 5.2). Mithilfe der gegebenen Zahlen erfinden sie eigenständig Aufgaben und sortieren diese anschließend in „leicht" und „schwer".

Material: Aufgabengenerator mit Zahlen, die in Kombination das Nutzen verschiedener strategischer Werkzeuge möglich machen

Sozialform: zunächst Einzelarbeit, später Austausch mit einem Partner und im Plenum

Zeitpunkt: Auch das Erfinden und Sortieren von Aufgaben kann ein kontinuierlicher Prozess sein, der während der Grundschulzeit kontinuierlich angeregt werden kann.

Abb. 5.11 Aufgabengenerator
im Zahlenraum bis 20

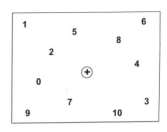

Mögliche Impulse und Fragestellungen

- Gibt es Zahlen, mit denen Aufgaben für dich besonders einfach oder schwer sind? Woran liegt das?
- Springen dir bestimmte Aufgaben ins Auge, die besonders leicht sind?

Weitere Impulse entsprechen den anderen Aktivitäten zum Sortieren.

Didaktische Reflexion und Beobachtungsmöglichkeiten Mit dem Sortieren sind generell dieselben Ziele verbunden wie bei den oben beschriebenen Aktivitäten. Durch den Aspekt des Erfindens wird offensichtlich, welche Zahlen die Kinder spontan für die Aufgaben nutzen und welche sie vermeiden. Manche Kinder wählen beispielsweise nur Aufgaben mit kleinen Zahlen. Hier drängt sich die Vermutung auf, dass diese Aufgaben schneller zu zählen sind. Andere Kinder wiederum nutzen beim Erfinden konkrete Zahlenmerkmale, so z. B. Johannes:

> Weißt du, alle finden ja Aufgaben mit Neun besonders schwer, weil die Zahl so groß ist. Ich finde sie leicht, weil ich mogle: Ich rechne heimlich immer plus zehn und dann weiß ich's. Verrat's bitte nicht weiter!

Beim Erfinden von Subtraktionsaufgaben ist es spannend zu beobachten, inwieweit die Kinder die Rollen der Minuenden und Subtrahenden verstanden haben. Kinder mit Schwierigkeiten beim Rechnenlernen neigen dazu, Minuend und Subtrahend zu verwechseln und somit die kleinere der beiden Zahlen nach vorne zu schreiben. Dieses Vorgehen kann unter anderem als Indikator für ein mangelndes Operationsverständnis genommen werden. Aktivitäten zum Erfinden von Rechengeschichten (Kap. 6) und Durchführen von Handlungen am Anschauungsmittel mit gleichzeitiger Notation dieser können unterstützend wirken.

5.1.3 Aktivitäten zum Strukturieren

Strukturierte Aufgabenserien (Abb. 5.12 und 5.13)
Bei dieser Aktivität setzen die Kinder begonnene strukturierte Aufgabenserien („schöne Päckchen") fort (Rathgeb-Schnierer 2010b; Wittmann und Müller 1990) (Abb. 5.12). Diese können in der Regel nach oben und nach unten fortgesetzt werden – ein mögliches

7 + 4 = 11	13 + 5 = 18
8 + 4 = 12	12 + 6 = 18
9 + 4 = 13	11 + 7 = 18
...	...

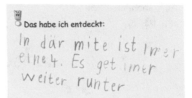

Das habe ich entdeckt:

In där mite ist Imer elne 4. Es get imer weiter runter

Abb. 5.12 Beispiele für „schöne" Päckchen – Entdeckungen von Sebastian. (Rechtsteiner-Merz 2013, 240)

Abb. 5.13 Das Permanenz-prinzip

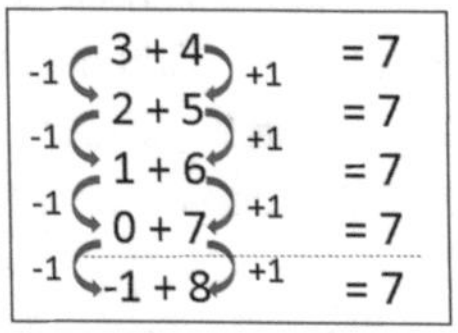

$$-1\begin{cases} 3 + 4 \\ 2 + 5 \\ 1 + 6 \\ 0 + 7 \\ -1 + 8 \end{cases}+1 \quad \begin{matrix} = 7 \\ = 7 \\ = 7 \\ = 7 \\ = 7 \end{matrix}$$

„Ende" stellt einen guten Diskussionsanlass dar. Ihre Überlegungen und Entdeckungen notieren die Kinder so, dass sie diese anschließend im Tandem oder im Plenum austauschen können (Abb. 5.13).

Material: „schöne" Päckchen zum Fortsetzen (eventuell als kleines Heft gestaltet, vgl. Rathgeb-Schnierer 2007b)

Sozialform: Einzelarbeit, Austausch in Partnerarbeit und im Plenum

Zeitpunkt: Das Fortführen und Erfinden strukturierter Aufgabenserien bietet sich an, sobald das Rechnen bis Zehn und später bis Zwanzig in den Fokus rückt. Veränderungen in der Struktur der Päckchen und die Erweiterung des Zahlenraumes fordern immer wieder zum Nachdenken heraus, wodurch das Aufgabenformat kontinuierlich eingesetzt werden kann (Abschn. 5.2).

Mögliche Impulse und Fragestellungen Um den Blick der Kinder auf die Struktur der Päckchen und die inhärenten Beziehungen zu lenken, sind verschiedene Impulse und Fragestellungen hilfreich. Diese beziehen sich auf die Fortführung der Aufgabenserien, die Gesetzmäßigkeiten bei den Veränderungen der Aufgaben sowie den Einfluss auf die Ergebnisse:

- Wie könnte das Päckchen weitergehen?
- Warum bist du sicher, dass es so weitergehen muss?
- Kannst du das auf der Rechenmaschine „beweisen"?
- Warum verändert sich das Ergebnis genau so? Was hat das mit der Veränderung bei der Aufgabe zu tun?
- Kann das Päckchen nach oben und unten fortgesetzt werden? Geht das immer weiter oder bricht es ab?

Didaktische Reflexion und Beobachtungsmöglichkeiten Strukturierte Aufgabenserien sind dadurch gekennzeichnet, dass alle Aufgaben einer Serie durch ein arithmetisches Muster zueinander in Beziehung stehen. Dieses Format geht auf Wittmann und Müller (1990) zurück, die von operativ strukturierten Aufgabenserien gesprochen haben. In der Literatur wird für diese strukturierten Aufgabenserien zudem noch der Begriff „Entdecker-päckchen" genutzt (Rathgeb-Schnierer 2006b). In strukturierten Aufgabenserien folgen Aufgaben nicht willkürlich aufeinander, vielmehr entstehen diese Serien durch systematische Veränderungen. Je nach Konzeption der Aufgabenserien können unterschiedliche Gesetzmäßigkeiten und Muster entdeckt und Einsichten vertieft werden. Eine solche Gesetzmäßigkeit, die zudem für geschicktes Rechnen genutzt werden kann, stellt beispielsweise die Konstanz der Summe und der Differenz dar. Das heißt, durch gegensinniges oder gleichsinniges Verändern werden Aufgaben mit demselben Ergebnis erzeugt. Ebenso können durch systematische Veränderungen im Minuenden, Subtrahenden oder innerhalb der Summanden gezielt Nachbaraufgaben generiert werden. Aufgabenserien wie in Abb. 5.12 werden beispielsweise auch als „schöne Päckchen" bezeichnet.

Das Rechnen im eigentlichen Sinne ist bei diesen Aufgabenserien hintangestellt, vielmehr stehen die Zusammenhänge und Strukturen im Fokus. Um der Lösung auf die Spur kommen zu können, ist es notwendig, die Beziehungen zwischen den Aufgaben zu erkennen und diese beim Fortsetzen des Päckchens zu nutzen. Als weiterführende Aufgabe können auch eigene „schöne" Päckchen erfunden werden. Dabei muss zunächst eine Regel überlegt oder eine bereits bekannte übertragen und angewendet werden.

Damit die Kinder die entdeckte Regel wirklich durchdringen, ist es hilfreich, sie ihre Entdeckungen bereits in Klasse 1 schriftlich darstellen zu lassen (Abb. 5.13). Auch durch die anschließende Vorstellung in Kleingruppen oder mit der gesamten Klasse und die Begründung am Anschauungsmittel wird der Blick auf die Metaebene und somit auf das Verstehen der Beziehungen gelenkt.

In der Regel finden die Kinder innerhalb der strukturierten Aufgabenserien schnell Zahlbeziehungen, die durch Auf- oder Abwärtszählen entstehen. Auch hier ist es zentral zu klären, inwieweit die Kinder den Zusammenhang zwischen der Veränderung einer Aufgabe und den Auswirkungen auf das dazugehörige Ergebnis verstanden haben. Dies lässt sich daran erkennen, wie Kinder ein „schönes Päckchen" erklären: Gehen sie auf die Beziehungen der Aufgaben ein oder argumentieren sie ausschließlich auf Zahlenebene? Im Fall des dargestellten Päckchens (Abb. 5.12) könnten Kinder wie folgt begründen:

- Begründung auf Zahlenebene: Die Zahl in der ersten Reihe wird immer um eins größer, die in der zweiten Reihe immer um eins kleiner, das Ergebnis bleibt gleich.
- Begründung auf Beziehungsebene: Das Ergebnis bei allen Aufgaben ist gleich, weil von einer Aufgabe zur anderen jeweils die erste Zahl um eins größer und die zweite um eins kleiner wird. Somit verändert sich das Ergebnis nicht.

Außerdem lässt sich beobachten, ob für Kinder die Unendlichkeit der Fortsetzung in beide Richtungen deutlich wird. Wie in Abb. 5.14 dargestellt, kann das gegensinnige Ver-

Abb. 5.14 Michi erfindet
„Entdeckerpäckchen"

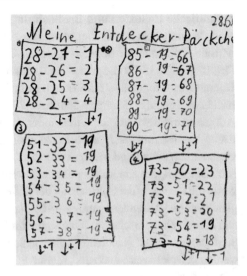

ändern der beiden Summanden systematisch über die Null hinaus in den negativen Bereich
fortgeführt werden. Mithilfe des Permanenzprinzips kann durch systematische Weiterentwicklung der vorhandenen mathematischen Struktur der Zahlbereich erweitert werden.
Kinder, die im Lernprozess bereits fortgeschritten sind, entwickeln durchaus solche Ideen
und erweitern ihre „Päckchen" auch in den negativen Bereich.

Beim Erfinden von „schönen Päckchen" wird offensichtlich, welche Zusammenhänge
die Kinder bereits gut verstehen und auf neue Aufgabenserien übertagen können. Außerdem wird deutlich, ob stets die gleiche oder verschiedene Gesetzmäßigkeiten zum
Erfinden genutzt werden: Verwendet ein Kind beispielsweise ausschließlich das Prinzip

Abb. 5.15 Fehlern auf der
Spur. (Haller und Schütte
2004, 72)

des gegensinnigen Veränderns oder werden auch einzelne Zahlen einer Aufgabe verändert, sodass ein Päckchen zu Nachbaraufgaben entsteht?

In den „Entdeckerpäckchen" von Michi (Klasse 2) (Abb. 5.15) wird deutlich, dass er sich beim Erfinden auf unterschiedliche Gesetzmäßigkeiten stützt. Neben dem regelmäßigen Verändern von Minuend und Subtrahend, was zu Päckchen mit Nachbaraufgaben führt (Nr. 1, 2, 4), nutzt er das gleichsinnige Verändern und kommt so zu einem Päckchen, bei dem sich durch die systematischen Veränderungen das Ergebnis nicht ändert (Nr. 3).

Fehlern auf der Spur (Abb. 5.16)

Neben dem Fortsetzen strukturierter Aufgabenserien, können diese auch auf Fehler hin untersucht werden (Haller und Schütte 2004) (Abb. 5.16). Dabei werden die Kinder neben dem Finden der Fehler angeregt, sich über deren Entstehung Gedanken zu machen und die Ursachen des Fehlers zu begründen (Rathgeb-Schnierer 2007b, 2010b).

Material: strukturierte Aufgabenserien mit Fehlern – Platz für Notizen der Kinder (evtl. als Heftchen gestaltet)

Sozialform: Einzel- und Partnerarbeit, Austausch im Plenum

Zeitpunkt: Fehler entdecken und untersuchen kann ein kontinuierlicher Bestandteil des Unterrichts in allen Klassenstufen sein.

Mögliche Impulse und Fragestellungen

- Findest du den Fehler auch ohne zu rechnen?
- Woran konntest du den Fehler erkennen?
- Was, denkst du, könnte das Kind sich überlegt haben? Was könnte passiert sein?

Didaktische Reflexion und Beobachtungsmöglichkeiten Durch die Fehlersuche wird der Blick der Kinder wiederum vom reinen Lösen einer Aufgabe abgelenkt und auf die Struktur der Aufgabenserie gerichtet. Tauchen Fehler in strukturierten Aufgabenserien

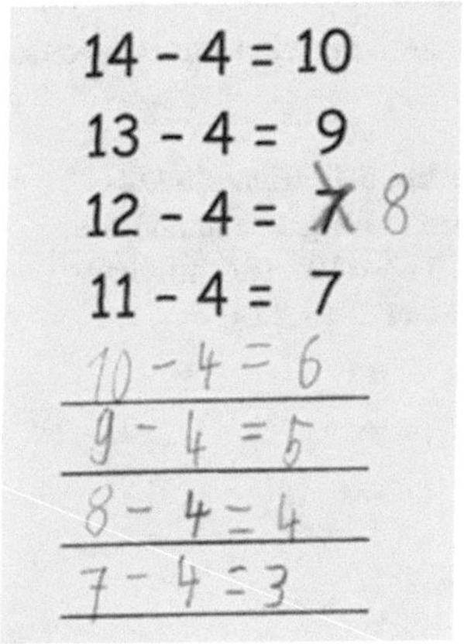

Abb. 5.16 Strukturierte Aufgabenserie mit Fehler. (Rechtsteiner-Merz 2013, 240)

$$14 - 4 = 10$$
$$13 - 4 = 9$$
$$12 - 4 = \cancel{7}\ 8$$
$$11 - 4 = 7$$
$$10 - 4 = 6$$
$$9 - 4 = 5$$
$$8 - 4 = 4$$
$$7 - 4 = 3$$

auf, können zwei Ziele verfolgt werden: zum einen das Erkennen des Fehlers aufgrund der Systematik und zum anderen das Ergründen der Fehlerursache. Hierfür werden die Kinder angeregt, mögliche Überlegungen des Lösenden zu rekonstruieren und zu erklären. Dadurch machen sie einerseits die Erfahrung, dass auch Fehler auf der Grundlage durchaus sinnvoller Gedanken basieren – also einen „rationalen Kern" (Spiegel 1996,14) haben. Andererseits denken sie über verschiedene Fehlerquellen nach, die auch ihnen durchaus geläufig sind.

Diese Aktivität regt sowohl zum Nachdenken über Beziehungen als auch zur Ergründung möglicher Fehlerursachen an.

Folgende Fehlermuster sind geeignet, um die Kinder zum Nachdenken anzuregen:

- um eins verrechnet,
- minus statt plus oder umgekehrt,
- beim Lösen über eine Analogieaufgabe wird der Zehner (Hunderter) vergessen,
- bei zweistelligen Zahlen werden die Ziffern vertauscht,
- statt von Zwanzig subtrahiert wird zur Zehn addiert ($20 - 6 = 16$).

Aufgabenfamilien strukturieren (Abb. 5.17)

Bei dieser Aktivität werden Kinder angeregt, zu einem bekannten Zahlensatz (im Beispiel $5 + 5 = 10$) weitere vorgegebene verwandte Terme sinnvoll in Beziehung zu setzen und diese entsprechend zu strukturieren. Hierbei sind ganz verschiedene Anordnungen möglich – das Foto (Abb. 5.17) zeigt *eine* von vielen Möglichkeiten. Zunächst sollen die Kinder für sich alleine eine Anordnung suchen, anschließend mit anderen Kindern ihre Überlegungen beim Strukturieren der Terme diskutieren und gegebenenfalls ihre Terme neu anordnen oder eine gemeinsame Struktur entwickeln.

Material: Karte mit Zahlensatz, dazu passende Termkarten

Sozialform: Einzel- und Partnerarbeit

Zeitpunkt: Auch das Aufgabenformat „Aufgabenfamilien" lässt sich in verschiedenen Zahlenräumen und mit unterschiedlichen Basisaufgaben während der gesamten Grundschulzeit wiederholt durchführen.

Abb. 5.17 *Eine* strukturierte Aufgabenfamilie zu „$5 + 5 = 10$". (Rechtsteiner-Merz 2013, 113)

Mögliche Impulse und Fragestellungen

- Warum hast du die Karten genau so angeordnet?
- Wäre auch eine andere Möglichkeit denkbar?
- Was passiert denn, wenn ich die Karte nehme und an eine andere Stelle lege? (Position einer Karte ändern)
- Warum passen diese beiden Karten zusammen?
- Warum wird das Ergebnis größer beziehungsweise kleiner? (Blick auf den Zusammenhang von Aufgaben und Ergebnissen richten)

Didaktische Reflexion und Beobachtungsmöglichkeiten Beim Strukturieren von Aufgabenfamilien wird der Blick direkt auf die Zusammenhänge zwischen den Aufgaben gelenkt. Dabei sollten zunächst im Wesentlichen die Terme untereinander und zum Zahlensatz in der Mitte in Beziehung gesetzt werden. Anschließend kann überlegt werden, welchen Einfluss die Veränderung der Aufgaben auf die jeweiligen Ergebnisse hat. Wichtig ist es, stets Bezüge zwischen Veränderungen von Termen und Ergebnissen herzustellen (siehe auch Aufgabenserien und Zahlzerlegungen). Die Veranschaulichung durch ein geeignetes Arbeitsmittel hilft, die Zusammenhänge darzustellen, zu verstehen und zu erklären.

Nachbarschaftsbeziehungen sowie die Konstanz der Differenz ($14 - 7 = 13 - 6$) oder Summe ($5 + 8 = 6 + 7$) spielen sowohl zum Lösen von Aufgaben als auch bei der Betrachtung von Aufgaben- und Gleichungsbeziehungen eine zentrale Rolle. Dabei besteht ein Unterschied darin, ob vorhandene Beziehungen zwischen Aufgaben genutzt werden können oder diese selbst generiert werden müssen (Rechsteiner-Merz 2013). Wird beispielsweise die Aufgabe „$7 + 7 = 14$" vorgegeben und die Kinder dazu angeregt, die Aufgabe „$7 + 8$" in Beziehung zu setzen (Aufgabenfamilien strukturieren), so gelingt dies einfacher, als wenn Aufgaben, die in Beziehung zu $7 + 7$ stehen, generiert werden sollen (Aufgabenfamilien erfinden).

Beim ersten Zugang wird der Schwerpunkt zunächst auf das Erkennen der Zahl- und Aufgabenbeziehungen gelenkt. Erst in einem zweiten Schritt zielt die Aktivität implizit auch auf das Nutzen von Hilfsaufgaben zum Lösen komplexerer Aufgaben (Abschn. 5.2). Diese Möglichkeit wird durch die Frage „Hilft dir eine Aufgabe beim Lösen einer anderen?" angesprochen.

Durch das eigenständige Legen der Aufgaben werden verschiedene Strukturen erzeugt. Diese entstandene Vielfalt regt zu neuen Gesprächen über die Aufgabenbeziehungen und die Vorstellungen der Kinder an. Dabei können Gespräche über die Anordnung von Nachbarn, von wertgleichen Termen etc. entstehen, zumal manchmal eine dritte Dimension bei der Anordnung der Terme nötig wäre. Wichtig dabei ist, dass nicht über die Ergebnisse argumentiert wird. Vielmehr soll der Blick konsequent auf die Terme und deren Beziehungen gerichtet sein. So können aus diesen Aufgabenbeziehungen die Ergebnisse abgeleitet werden (Rechsteiner-Merz 2011a).

Interessant ist bei dieser Aufgabe, ob die Kinder sich an den Veränderungen von Zahlenwerten orientieren oder tatsächlich Bezüge zwischen den Termen und deren Ergebnissen herstellen und begründen können. Dabei kann das Anschauungsmittel ein zentrales Medium zur Kommunikation darstellen. Indem beispielsweise die Aufgabe „5 + 5" (bestehend aus zwei Fünferreihen) dargestellt wird, lässt sich überlegen, welche Auswirkungen auf das Ergebnis entstehen, wenn eine oder zwei Kugeln hinzukommen, verschoben oder abgedeckt werden.

Außerdem gilt es sich im Austausch mit anderen Kindern auf ihre Strukturen und ihr Denken einzulassen. Hier ist zu beobachten, inwiefern dies den einzelnen Kindern möglich ist – also ob sie in der Lage sind, einen Transfer von der eigenen Struktur zur Ordnung anderer aufzubauen.

Aufgabenfamilien erfinden und strukturieren (Abb. 5.18)

Im Gegensatz zu der zuvor beschriebenen Aktivität sind hier die Aufgaben nicht mehr vorgegeben, sondern es geht darum, zahlreiche Aufgaben zu erfinden und zu notieren, die zu einem bekannten Zahlensatz verwandt sind (Abb. 5.18).

Mögliche Impulse und Fragestellungen

- Welchen Zahlensatz weißt du schon auswendig und möchtest du als Basisaufgabe nutzen?
- Warum passen diese Aufgaben so gut zu deinem Zahlensatz?
- Kannst du das an der Rechenmaschine „beweisen"?
- Wann ist deine Aufgabenfamilie fertig? Wird sie irgendwann fertig?

Didaktische Reflexion und Beobachtungsmöglichkeiten Im Vergleich zum Strukturieren von Aufgabenfamilien erfordert das Erfinden von Aufgabenfamilien nun neben dem Anordnen der Aufgaben auch das aktive Erfinden passender Terme. Passives Ableiten ist hier nicht mehr möglich. Darüber hinaus können durch Fragen nach einer Begrenzung beziehungsweise der Unendlichkeit von Aufgabenfamilien spannende Auseinandersetzungen entstehen.

Im Austausch mit anderen kann das „Beweisen" der eigenen Überlegungen angeregt werden. Hierzu wird am Anschauungsmittel die Basisaufgabe dargestellt, zum Beispiel „5 + 5" in zwei Fünferreihen. Daran lassen sich nun durch eine konkrete Handlung oder mentales Vorstellen Veränderungen der umliegenden Terme visualisieren. Dies kann bereits als operativer (handelnder) oder ikonischer (bildlicher) Beweis angesehen werden (Leuders 2012), durch den die mathematische Struktur argumentativ geklärt wird.

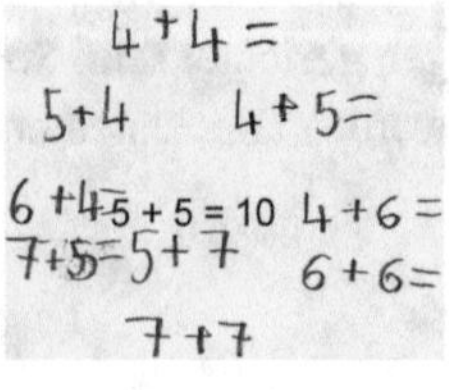

Abb. 5.18 Erfinden einer Aufgabenfamilie. (Rechtsteiner-Merz 2013, 113)

$$4 + 4 =$$
$$5 + 4 \qquad 4 + 5 =$$
$$6 + 4 \quad \overline{5 + 5} = 10 \quad 4 + 6 =$$
$$7 + 5 = 5 + 7 \qquad 6 + 6 =$$
$$7 + 7$$

Entsprechend lässt sich nun auch beobachten, inwieweit die Kinder dem anspruchs-volleren Erfinden passender Terme gewachsen sind und damit die Zusammenhänge auf einer höheren Ebene durchdrungen haben. Auch an dieser Stelle sind die Erklärungen der Kinder zentral, da sie auf ihr Verständnis hindeuten:

- Bei Aussagen zur Veränderung der einzelnen Summanden („da wird's immer eins mehr") gilt es zu klären, ob die Kinder lediglich auf die Zahlwortreihe achten oder auch die entsprechenden Veränderungen der Ergebnisse im Blick haben.
- „Das gibt immer eins mehr" könnte darauf hindeuten, dass das Kind alle Aufgaben ausrechnet, über die Ergebnisse auf Nachbarschaften schließt und damit den Zusammenhang zwischen den Aufgaben und den Ergebnissen nicht beachtet. Bei Kindern, denen diese Zusammenhänge nicht klar sind, kann teilweise beobachtet werden, dass sie Aufgaben erfinden, die zunächst keine Nachbarschaft erkennen lassen, deren Ergebnis jedoch eins mehr oder weniger zur Basisaufgabe ist (zum Beispiel „$10+5$" als Nachbaraufgabe von „$7+7$").

Wie oben beschrieben, können die Erklärungen der Kinder immer auch durch Darstellungen am Anschauungsmittel unterstützt werden. Die damit verbundenen Vorstellungen werden auf diese Weise deutlicher, weil die Überlegungen von der Zahlenebene auf eine konkrete Darstellung übertragen und verbalisiert werden müssen.

Durch das Variieren des gewählten zentralen Zahlensatzes können leichtere oder schwierigere Aufgabenfamilien entwickelt werden.

Zahlenwaagen und Kombi-Gleichungen erfinden und strukturieren (Abb. 5.19)
Wie bereits in Abschn. 5.1.1 unter dem Aspekt „Sehen" beschrieben, stellen die Kinder mithilfe von Steckwürfeln Waagen im Gleichgewicht dar und legen mit Ziffernkarten und Operationszeichen verschiedene Gleichungen. Bei dieser Aktivität werden sie nun gezielt angeregt, Gleichungsserien zu entwickeln (Rechtsteiner-Merz 2011a) (Abb. 5.19).

Während im Abschn. 5.1.1 der Fokus auf dem „Sehen" von funktionalen Veränderungen liegt, steht mit dieser veränderten Aufgabenstellung das Strukturieren im Mittelpunkt.

Mögliche Impulse und Fragestellungen
- Kannst du durch einfaches Verändern eines Zahlensatzes einen neuen bilden?
- Findest du ganze Serien, die du entwickeln kannst?
- Wie hängen die Zahlensätze miteinander zusammen?

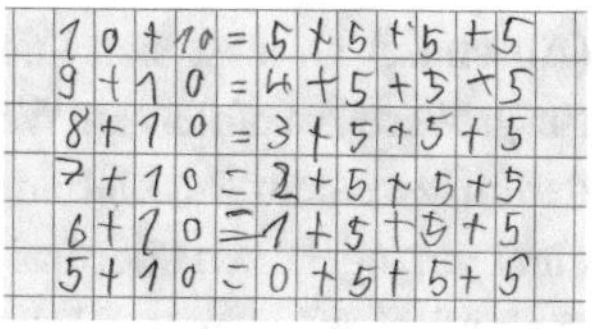

Abb. 5.19 Atilla entwickelt
eine Gleichungsserie

Didaktische Reflexion und Beobachtungsmöglichkeiten Die Arbeit mit den Zahlen-waagen und Kombi-Gleichungen kann als komplexere Fortführung der Arbeit im Zah-lenhaus angesehen werden (Rechtsteiner-Merz 2011a). Über gegen- und gleichsinniges Verändern sowie über das Bilden von Nachbaraufgaben können strukturierte Gleichungs-serien entwickelt werden. Dabei geht es zunächst nicht darum, die Serien in ihrer Band-breite zu entdecken. Vielmehr steht bei dieser Aktivität der Blick auf die Gleichungen und deren Beziehungen im Vordergrund. Bereits durch ganz einfache Veränderungen der Terme können Beziehungen des gegen- und gleichsinnigen Veränderns für die Kinder deutlich werden.

5.2 Aktivitäten zum weiterführenden Rechnen

Viele Aktivitäten zum Ablösen vom zählenden Rechnen werden auch beim weiterführen-den Rechnen aufgegriffen und entsprechend dem erweiterten Zahlenraum variiert. Ins-besondere in den Bereichen Sortieren und Strukturieren decken sich die grundlegenden Aktivitäten. Deshalb stehen in diesen beiden Bereichen nachfolgend allgemeine Überle-gungen zur Weiterführung im Zentrum, die exemplarisch konkretisiert werden.

Auch bei den Aktivitäten zum strukturierenden Sehen wird teilweise an den vorange-gangenen angeknüpft und diese weiter ausgebaut. Ergänzend kommen hier neue Aktivitä-ten hinzu, die detailliert beschrieben werden.

5.2.1 Aktivitäten zum (strukturierenden) Sehen

Aktivitäten zum (strukturierenden) Sehen haben im Bereich der Zahlbegriffsentwicklung bis 20 (Abschn. 4.1) und des ersten Rechnens (Abschn. 5.1) insbesondere das Ziel, men-tale Vorstellungen und damit die Basis für die Ablösung vom zählenden Rechnen auf-zubauen. Hierbei wurde der Blick auf Merkmale und Beziehungen gerichtet. Beim wei-terführenden Rechnen wird an die aufgebauten mentalen Vorstellungen angeknüpft. Der Schwerpunkt liegt explizit darauf, das Erkennen und Nutzen von Merkmalen und Be-ziehungen von Zahlen, Aufgaben und Operationen zu fördern. Dies kann gezielt durch Aktivitäten angeregt werden, die entweder das Erfinden oder das Erforschen im Blick haben.

Ein Punktebild – viele Zahlensätze (Abb. 5.20)
Diese Aktivität, die bereits beim Ablösen vom zählenden Rechnen eine Rolle spielte (Abschn. 5.1), lässt sich leicht ins weiterführende Rechnen übertragen: Es werden hier-für größere Anzahlen an Wendeplättchen genutzt. Wie oben bereits beschrieben geht es darum, zu einem Punktebild viele Zahlensätze zu finden. Die Kinder werden angeregt, zu einer vorgegebenen oder frei gewählten Anzahl ein Punktebild zu legen und durch vielper-spektivisches Sehen und Interpretieren möglichst viele verschiedene passende Zahlensätze

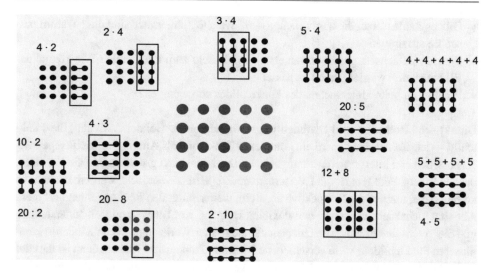

Abb. 5.20 Ein Punktebild – viele Aufgaben. (Rathgeb-Schnierer und Rechtsteiner-Merz 2010, 82)

zu bilden (Rathgeb-Schnierer 2007b). Jeder Zahlensatz soll notiert und am Punktebild veranschaulicht werden (Kap. 6).

Die Aktivität ermöglicht natürliche Differenzierung, indem die Anzahl und Anordnung der Punkte ebenso variiert werden kann wie die zugeordneten Zahlensätze. Es ist beispielsweise denkbar, einem Punktebild ausschließlich Additionsaufgaben zuzuordnen oder Aufgaben zu verschiedenen Rechenoperationen zu suchen – also auch Subtraktion auch Malaufgaben zu verwenden. Ebenso besteht die Möglichkeit, die Anforderung dadurch zu variieren, dass nur ein Teilbild, also entweder nur die roten oder nur die blauen Plättchen, betrachtet und interpretiert wird (Abb. 5.20).

Material: Wendeplättchen zum Legen des Punktebilds, Heft oder Blankoblatt

Sozialform: Partnerarbeit, Diskussion im Plenum

Zeitpunkt: Diese Aktivität kann mit variierten Punktebildern in allen Schuljahren immer wieder eingesetzt werden.

Mögliche Impulse und Fragestellungen Die Aktivität kann mit verschiedenen Impulsen und Fragestellungen unterstützt werden. Diese intendieren die vielperspektivische Betrachtung des Punktebilds, die Erkundung von Zusammenhängen und das Nachdenken über operative Veränderungen:

- Welche Zahlensätze (z. B. 20 = 12 + 8) kannst du ganz schnell im Punktebild erkennen, welche nicht so schnell? Warum?
- Wie kann der Zahlensatz im Punktebild gesehen werden? Ist das die einzige Möglichkeit oder gibt es noch weitere?

- Gibt es Zahlensätze, die zusammenpassen? Welche Zahlensätze sind das? Warum passen sie zusammen?
- Welcher Zahlensatz passt auf den ersten Blick nicht zum Punktebild? Wie könnte das Bild verändert werden, damit es passt?
- Wie bist du beim Untersuchen des Punktebildes vorgegangen?

Didaktische Reflexion und Beobachtungsmöglichkeiten Bei der Aktivität „Ein Punktebild – viele Zahlensätze" wird ein komplexes Punktebild als Anlass zum vielperspektivischen Sehen und Interpretieren herangezogen. Dahinter steckt grundsätzlich die Kernidee, dass in einem Punktebild viele verschiedene Zahlensätze entdeckt werden können, es kommt dabei nur auf die Perspektive an. Beim weiterführenden Rechnen intendiert diese Aktivität nicht mehr vorrangig den flexiblen Umgang von Block- und Reihendarstellung und die Veranschaulichung verschiedener strategischer Werkzeuge. Wenn Kinder in komplexeren Punktebildern viele verschiedene passende Zahlensätze suchen, dann ist dies auf vielfältige Weise herausfordernd: Zunächst ist es erforderlich innezuhalten, das Punktebild genau zu betrachten und die Punkte mental zu gruppieren. Anschließend muss die vorgenommene mentale Gruppierung in Zahlensprache übersetzt werden. Dieser Übersetzungsprozess des gesehenen Bildes (mentale Gruppierung) in den Zahlensatz und umgekehrt ist von den Kindern ständig zu leisten. Er entspricht einem intermodalen Transfer von der ikonischen in die symbolische Ebene (Operationsverständnis, Abschn. 3.2.2). Durch die Aufforderung, den Zahlensatz im Punktebild zu veranschaulichen, wird gefordert, dass die eigene Sichtweise ausgedrückt und begründet wird. Das vielfältige Verknüpfen von Bild und Aufgabe kann den Aufbau von Operationsvorstellungen unterstützen.

Das vielperspektivische Betrachten und Interpretieren von Punktebildern erfordert und fördert mentales Gruppieren und Umgruppieren der Punkte. Dadurch können Teile-Ganzes-Konzepte weiterentwickelt und der Einblick in operative Beziehungen – wie beispielsweise Tauschaufgaben, Zerlegungen und Umkehraufgaben – gefördert werden.

Bei der Aktivität lassen sich in vielerlei Hinsicht Beobachtungen machen, die gegebenenfalls Aufschlüsse über den Lernstand der Kinder zulassen (Abschn. 6.2). Diese Beobachtungen beziehen sich auf genutzte Rechenoperationen, genutzte Zusammenhänge und Dokumentationsformen:

- Notieren die Kinder beispielsweise nur Additionsaufgaben oder kann das Punktebild mit verschiedenen Rechenoperationen verknüpft werden?
- Haben die Kinder beim Interpretieren des Punktebilds Aufgabenbeziehungen genutzt beziehungsweise können sie Zusammenhänge zwischen den passenden Aufgaben zu einem Punktebild herstellen?
- Ist es den Kindern gelungen, ihre Zahlensätze am Punktebild zu veranschaulichen?
- Können sie auch Kombinationen aus verschiedenen Operationen nutzen?

Abb. 5.21 Kombi-Gleichungen. (Rechtsteiner 2017b, 14)

Kombi-Gleichungen (Abb. 5.21)

Aktivitäten zu „Kombi-Gleichungen" (Baireuther und Kucharz 2007) (Abschn. 5.1) mit dem Ziel, arithmetische und algebraische Denkweisen zu verknüpfen, ziehen sich durch den gesamten Prozess des Rechnenlernens (Abb. 5.21). Sie können im Lernprozess immer wieder aufgegriffen werden, wobei sich mit der Erweiterung des Zahlenraums und der Rechenoperationen die Komplexität der gefundenen Gleichungen und damit der Einblick in Zusammenhänge und Gesetzmäßigkeiten vergrößern kann. Neben der bereits genannten Variation durch Hinzunahme von Rechenoperationen und Variablen, kann das Nutzen von Klammersymbolen eine weitere Herausforderung darstellen (Abschn. 6.2.5).

Bei allen Erweiterungen dieser Aktivität werden dieselben grundlegenden Ziele verfolgt: Es geht um

- eine relationale Sichtweise auf Terme als zu vergleichende Objekte und
- Einblicke in funktionale Zusammenhänge bei Gleichungen durch gezielte operative Veränderungen.

Zahlenwaagen ergänzen und erfinden (Abb. 5.22)

Zahlenwaagen (Abb. 5.22) zu ergänzen oder zu erfinden ist eine Aktivität, die im kleinen oder erweiterten Zahlenraum angeboten werden kann (Abschn. 5.1.1). Das Ziel ist dabei möglichst geschickt vorzugehen. Das bedeutet, dass die beiden Seiten der Waage nicht mithilfe des Addierens, sondern mithilfe des Ausnutzens von Gesetzmäßigkeiten gefunden werden.

Abb. 5.22 Zahlenwaagen ergänzen und erfinden. (Schütte 2005a, 33)

Material: Blatt mit Zahlenwaagen oder Lerntagebuch

Sozialform: Einzel- oder Partnerarbeit, Austausch im Plenum

Zeitpunkt: Diese Aktivität kann ab Mitte des ersten Schuljahrs im Laufe der Grundschulzeit immer wieder angeboten werden.

Mögliche Impulse und Fragestellungen

- Wenn du eine Zahlenwaage gefunden hast, kannst du daraus eine andere machen? Worauf musst du achten?
- Was passiert, wenn du eine Zahl in der Zahlenwaage kleiner oder größer machst?
- Was passiert, wenn du zwei Zahlen vertauschst? Kann man Zahlen vertauschen, ohne dass die Waage ins Ungleichgewicht kommt?
- Kann man mit denselben Zahlen (z. B. 20/30 – 40/10) verschiedene Zahlenwaagen machen? Wie viele findest du? Kannst du erklären, warum das möglich ist?

Didaktische Reflexion Bei der Ablösung vom zählenden Rechnen wurden Zahlenwaagen als „sinnfälliges Anschauungsbild" (Schütte 2008, 126) genutzt, um Verständnis für die Bedeutung des Gleichheitszeichens zu entwickeln (Abschn. 5.1.1). In den weiterführenden Schuljahren kommt ein neuer Aspekt hinzu: die Gesetzmäßigkeiten der Addition, die über Zahlenwaagen anschaulich erkundet werden können. Kinder können entdecken, dass . . .

- eine Waage auch dann nicht aus dem Gleichgewicht kommt, wenn zwei Zahlen auf einer Seite vertauscht werden, eben weil sich an der Summe der beiden dadurch nichts ändert (Kommutativgesetz).
- Zahlen von ausbalancierten Waagen nicht nur vertauscht, sondern auch verändert werden können, ohne dass die Balance verloren geht. Voraussetzung ist, dass beide Zahlen einer Seite gegensinnig verändert werden: eine Zahl verkleinert und die andere Zahl um denselben Betrag vergrößert (Konstanz der Summe).

Die an den Zahlenwaagen entdeckte Gesetzmäßigkeit des gegensinnigen Veränderns kann durch eine gezielte Aufgabenstellung auf das Vereinfachen von Additionsaufgaben übertragen werden (Abb. 5.23 und siehe Abschn. 6.2.5).

Das Ergänzen oder freie Erfinden von Zahlenwagen kann in allen für die Grundschule relevanten Zahlenräumen und damit in allen Schuljahren angeregt werden. Die Komplexität des Erfindens von Zahlenwaagen erhöht sich, wenn bestimmte Regeln zum Erfinden besonderer Zahlenwaagen aufgestellt werden. Beispiele:

- Eine Waagen-Zahl ist vorgegeben, zu der verschiedene Zahlenwaagen erfunden werden sollen.
- Eine Waagen-Zahl ist vorgegeben und ebenso die Ziffern, die beim Erfinden genutzt werden dürfen (Floer 2000).

(2) Wie kannst du dir die Aufgaben vereinfachen? Denke an die Zahlenwaagen!

a) $498 + 257 = \underline{500} + \underline{255}$ b) $457 + 398 = \blacksquare + \blacksquare$ c) $639 + 47 = \blacksquare + \blacksquare$

    $299 + 346 = \blacksquare + \blacksquare$ $565 + 295 = \blacksquare + \blacksquare$ $769 + 35 = \blacksquare + \blacksquare$

    $597 + 254 = \blacksquare + \blacksquare$ $335 + 199 = \blacksquare + \blacksquare$ $259 + 64 = \blacksquare + \blacksquare$

    $399 + 238 = \blacksquare + \blacksquare$ $356 + 299 = \blacksquare + \blacksquare$ $379 + 87 = \blacksquare + \blacksquare$

Abb. 5.23 Von Zahlenwaagen zum Vereinfachen. (Schütte 2005a, 33)

An den erfundenen Zahlenwaagen von Kindern lässt sich zuweilen beobachten, dass letztere systematisch vorgegangen sind und sich auf Gesetzmäßigkeiten der Addition stützten. Besonders deutlich wird dies an Kaans (Klasse 2) „besonderen Zahlenwaagen" (Abb. 5.24). Die Aufgabenstellung lautete in Anlehnung an Floer (2000) wie folgt: „Erfinde Zahlenwaagen zur Zahl 59 mit den Ziffern von 1 bis 9. Keine Ziffer darf in einer Zahlenwaage doppelt vorkommen."

Kaan hat seine erste besondere Zahlenwaage systematisch verändert, um noch weitere Zahlenwaagen zu finden, die den komplexen Bildungsregeln entsprechen. Von der ersten zur zweiten Waage hat er die Plätze der Einer auf jeder Seite getauscht und damit das Kommutativgesetz ausgenutzt. Auch jede weitere Veränderung beruht auf diesem, wobei er bei der letzten die kompletten Zahlen vertauschte.

Abb. 5.24 Besondere Zahlenwaagen von Kaan (Klasse 2)

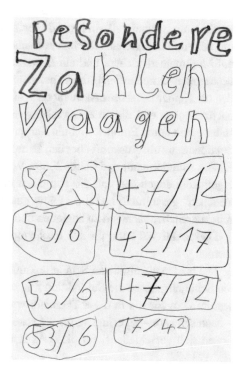

Aufgaben erfinden, die man schon rechnen kann (Abb. 5.25 und 5.26)
Bei dieser Aktivität geht es darum, dass Kinder Aufgaben frei oder zu einer vorgegebenen Rechenoperation erfinden, die sie bereits rechnen können. Das bedeutet, dass die Aufgaben nicht zählend, sondern durch Nutzung von Basisfakten und strategischen Werkzeugen gelöst werden.

Material: Heft zur Dokumentation

Sozialform: Einzelarbeit, Austausch im Plenum

Zeitpunkt: Diese Aktivität kann in allen Schuljahren immer wieder eingesetzt werden. Sie eignet sich ganz besonders zur Lernstandsbestimmung, bevor ein neuer Zahlenraum oder eine neue Rechenoperation erschlossen wird.

Mögliche Impulse und Fragestellungen
- Was haben die Aufgaben gemeinsam, die du schon rechnen kannst?
- Welche Aufgaben findest du besonders leicht?
- Gibt es auch schwere Aufgaben, die du schon rechnen kannst?
- Können dir Aufgaben, die du schon gut rechnen kannst, bei Aufgaben helfen, die dir noch schwerfallen?

Didaktische Reflexion und mögliche Beobachtungen: Sich Aufgaben auszudenken, die man schon rechnen kann – oder auch umgekehrt, die man noch nicht lösen kann –, ist zu verschiedenen Zeitpunkten im Lernprozess eine ideale Aktivität zur Lernstandsbestimmung. Prinzipiell sind mit dieser Aktivität dieselben Intentionen verbunden wie mit der Aktivität „Schatzkästchen-Aufgaben" (Abschn. 5.1.2). Es geht darum, den Blick auf Merkmale zu richten und ein Bewusstsein dafür zu schaffen, welche Aufgaben aus bestimmten Gründen leichtfallen beziehungsweise noch nicht leichtfallen. Zudem werden die Kinder mit dieser Aktivität dazu angeregt, über ihren momentanen Kenntnisstand nachzudenken und diesen entsprechend einzuschätzen. Auf diese Weise bekommen sie selbst einen guten Einblick in ihren Lernprozess. Für die Lehrperson geben die Eigenproduktionen sowohl Auskunft über den Lernstand als auch über die Selbsteinschätzung eines Kindes (Sundermann und Selter 2006). Wird diese Aktivität im Laufe eines Schuljahres regelmäßig angeboten und die Aufgaben in einem Heft dokumentiert oder im „Schatzkästchen" gesammelt, bietet dies eine gute Grundlage, um den eigenen Lernprozess zu reflektieren, beobachtend zu begleiten und die Lernfortschritte zu erkennen.

Diese Aktivität kann für alle Rechenoperationen und in allen Schuljahren angeboten werden.

Die beiden abgebildeten Schülerdokumente (Abb. 5.25 und 5.26) entstanden im zweiten Schuljahr, bevor die Subtraktion mit zweistelligen Zahlen im Unterricht thematisiert wurde. Zum Einstig in diese Thematik wurden die Kinder aufgefordert, Minusaufgaben – auch schwere – zu erfinden, die sie schon rechnen können. An den Eigenproduktionen lassen sich verschiedene, für diese Aktivität typische Beobachtungen veranschaulichen.

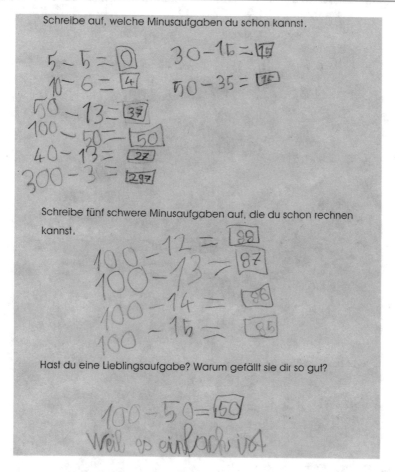

Abb. 5.25 Renatos Minusaufgaben (Anfang Klasse 2)

Beide Schüler notieren Aufgaben unterschiedlichster Struktur. Zunächst bleiben sie dabei in dem ihnen bekannten Zahlenraum, gehen aber in ihrem eigenen Tempo auch über diesen hinaus. In beiden Eigenproduktionen zeigt sich deutlich, welche Aufgabentypen für die Kinder leicht sind, ebenso lässt sich in beiden Dokumenten systematisches Vorgehen erkennen.

- Renato kann verschiedene Subtraktionsaufgaben rechnen, deren Minuenden reine Zehner- oder Hunderterzahlen sind. Dabei nutzt er auch zweistellige Subtrahenden, die keine Zehnerzahlen sind. Bei der zweiten Aufgabe entwickelt Renato eine operativ strukturierte Aufgabenserie und zeigt eine klare Systematik.
- Bei den Minusaufgaben, die er schon kann, zeigt Michael nahezu systematisch verschiedene Aufgabentypen: Subtraktionsaufgaben mit ein- und zweistelligen Subtrahenden, mit geringer Differenz (12 − 11), mit und ohne Zehnerübergang sowie mit reinen

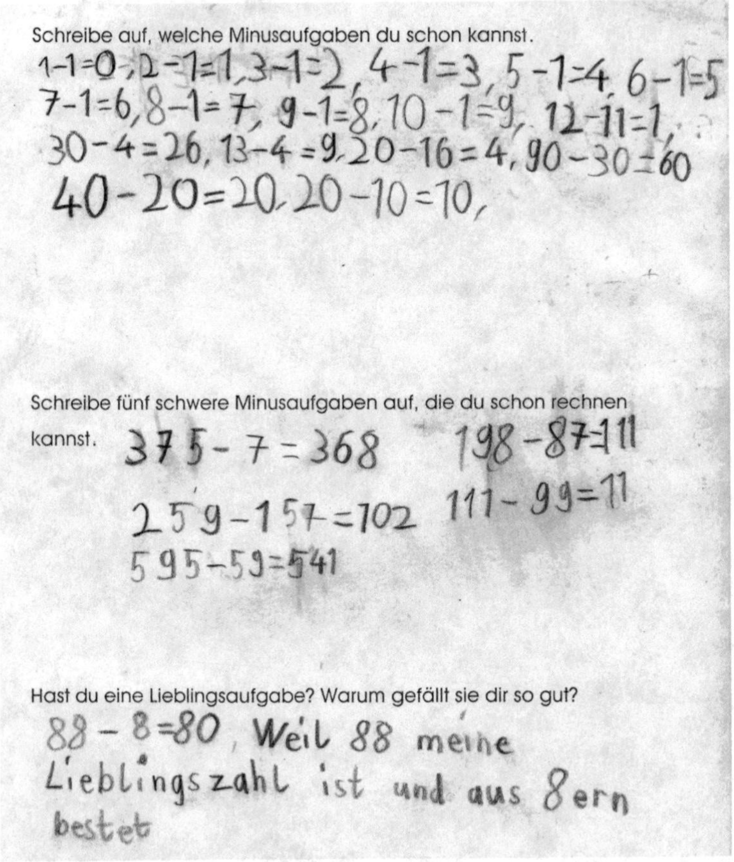

Schreibe auf, welche Minusaufgaben du schon kannst.

1-1=0, 2-1=1, 3-1=2, 4-1=3, 5-1=4, 6-1=5
7-1=6, 8-1=7, 9-1=8, 10-1=9, 12-11=1,
30-4=26, 13-4=9, 20-16=4, 90-30=60
40-20=20, 20-10=10,

Schreibe fünf schwere Minusaufgaben auf, die du schon rechnen kannst.

375-7=368   198-87=111

259-157=102   111-99=11

595-59=541

Hast du eine Lieblingsaufgabe? Warum gefällt sie dir so gut?

88-8=80, Weil 88 meine
Lieblingszahl ist und aus 8ern
bestet

Abb. 5.26 Michaels Aufgaben (Klasse 2)

Zehnerzahlen. Bei der zweiten Aufgabe wird deutlich, dass Michael schon komplexe Minusaufgaben in einem wesentlich größeren Zahlenraum lösen kann. Er unterscheidet auch klar zwischen leichten und schweren Minusaufgaben, die er schon kann. Seine schweren Aufgaben reichen weit in den Zahlenraum bis 1000 hinein. Dabei handelt es sich nicht nur um Subtraktionsaufgaben mit großen Zahlen, sondern sie beinhalten auch unterschiedliche Schwierigkeitsstufen.

Additionsaufgaben mit Zehner-Einer-Karten erfinden (Abb. 5.27)

„Wie viele Additionsaufgaben kannst du finden?" Bei dieser Aktivität geht es darum, mit jeweils drei Zehner- und Einer-Karten möglichst viele Additionsaufgaben zu erfinden und zu lösen. Die Karten werden von den Kindern individuell gewählt, wodurch der Schwierigkeitsgrad selbst bestimmt werden kann. Jede erfundene Aufgabe wird zunächst gelegt und danach ins Heft notiert.

Material: Kartensatz mit Zehner- und Einerkarten (z. B. Séguin-Karten (Abschn. 3.2.1 und 4.2.1) 10–90 und 1–9), die bezüglich der Größe aufeinander abgestimmt sind, sodass sie zu Zehner-Einer-Zahlen gelegt werden können; Lerntagebuch beziehungsweise Heft

Sozialform: Einzel- oder Partnerarbeit, Austausch im Plenum

Zeitpunkt: Diese Aktivität kann im zweiten und dritten Schuljahr bei Addition und Subtraktion eingesetzt werden.

Mögliche Impulse und Fragestellungen Um den Blick gezielt auf Gesetzmäßigkeiten und Zusammenhänge zu lenken, bieten sich folgende Fragen und Impulse sowohl während der Arbeitsphase als auch im Rahmen eines Plenumsaustauschs an:

- Wie bist du beim Erfinden vorgegangen?
- Hast du alle möglichen Aufgaben gefunden? Wie kannst du sicher sein?
- Versuche, ausgehend von einer Aufgabe weitere zu finden. Wie kannst du geschickt vorgehen?
- Was passiert, wenn man bei einer gelegten Aufgabe die Plätze der Einer oder Zehner vertauscht ($45 + 24$ wird zu $44 + 25$ oder $25 + 44$)?
- Fällt dir bei deinen gefundenen Aufgaben etwas auf?

Didaktische Reflexion und mögliche Beobachtungen Das Erfinden von möglichst vielen Additionsaufgaben mit einer begrenzten Anzahl von Zehner- und Einerkarten lenkt den Blick auf Gesetzmäßigkeiten innerhalb der Rechenoperation – hier das Kommutativgesetz. Je begrenzter die Anzahl von Karten, umso offensichtlicher werden den Schülerinnen und Schülern diese Gesetzmäßigkeiten vor Augen geführt. Gibt man beispielsweise nur zwei Zehnerkarten (20 und 40) und zwei Einerkarten (4 und 5) vor, so lassen sich damit nur dann verschiedene Aufgaben finden, wenn man nach dem Legen einer Aufgabe die Plätze vertauscht: $24 + 45$ und $44 + 25$; $45 + 24$ und $25 + 44$. Beim Ausrechnen der Aufgaben wird dann ganz schnell deutlich, dass sich durch die verschiedenen Tauschvorgänge das Ergebnis nicht verändert.

Werden nun nicht je zwei, sondern wie im Beispiel je drei Karten vorgegeben, wird ein systematisches Vorgehen nicht automatisch initiiert, da beim Bilden einer neuen Aufgabe auch ganz willkürlich eine neue Zehner- oder Einerkarte genommen werden kann.

Die Aktivität kann für den Zahlenraum bis 1000 modifiziert werden, indem man den Kartensatz um Hunderterkarten erweitert. Ebenso bietet sich in beiden Zahlenräumen an, die Aktivität zu variieren, indem die Aufgabe lautet: „Wie viele Subtraktionsaufgaben kannst du finden?" Durch diese Variation wird der Blick darauf gelenkt, dass auch beim Bilden von Subtraktionsaufgaben systematisches Tauschen eine Möglichkeit darstellt, alle Aufgaben zu finden. Allerdings wird den Schülerinnen und Schülern dabei zweierlei deutlich:

- Aufgrund des nicht geltenden Kommutativgesetzes führt das Tauschen der Einer zu verschiedenen Ergebnissen: $45 - 24 = 21$ und $44 - 25 = 19$.

Abb. 5.27 Ramak (Klasse 2) erfindet Additionsaufgaben mit Zahlenkarten

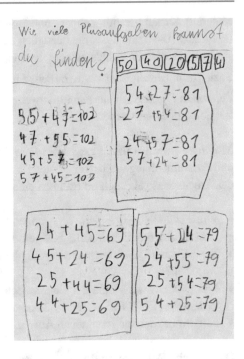

- Aufgrund der Beschränkung auf den Bereich der natürlichen Zahlen lässt sich beim Vertauschen der Zehnerkarten die Subtraktionsaufgabe nicht mehr lösen: $45 - 24 = 21$, aber $25 - 44$ ist für die Kinder in der Regel nicht lösbar.

Beobachtet man die Kinder, so können die Auswahl der Karten und das Vorgehen beim Erfinden der Aufgaben Einblicke in den Lernstand gewähren:

- Auswahl der Karten: Fällt bei den Eigenproduktionen eines Kindes auf, dass nur kleine Zehner- und Einerkarten gewählt wurden, dann stellt sich die Frage, ob dies nur zufällig war oder ob das Kind gezielt so vorging, um Aufgaben mit Zehner- und Hunderterübergängen zu vermeiden. Im ersten Fall bietet es sich an, das Kind anzuregen, auch Zahlenkarten größer als 50 bzw. größer als 5 zu wählen. Im zweiten Fall ist es sinnvoll, das Kind mit Zahlenkarten kleiner als 60 bzw. 6 arbeiten zu lassen. Wenn es nämlich beim Lösen der gebildeten Aufgaben Probleme gibt, so ist dadurch der Blick auf mögliche Entdeckungen verstellt. Die Probleme bei Aufgaben mit Zehnerübergang sollten von der Lehrkraft jedoch im Blick behalten und anhand geeigneter Aktivitäten (z. B. beim Aufgabensortieren oder beim Aufgabenvereinfachen) gezielt angegangen werden.
- Vorgehen beim Erfinden: Hier zeigt sich, ob ein Kind systematisch vorgeht oder nicht. In Ramaks Dokumentation (Abb. 5.27) ist seine Systematik sehr deutlich zu erkennen. Er wählt aus den sechs Zahlenkarten immer vier aus und bildet mit diesen konsequent

alle möglichen Additionsaufgaben: Er legt die erste Aufgabe, bildet davon die Tauschaufgabe, tauscht bei dieser die Plätze der Einer und bildet zuletzt davon wieder die Tauschaufgabe. Ramak nutzt – intuitiv oder bewusst – eine effektive Vorgehensweise und wird dadurch automatisch mit dem Kommutativgesetz konfrontiert. Geht ein Kind beim Erfinden willkürlich vor und nimmt bei jeder Aufgabe eine neue Kombination von Zahlenkarten, so kann durch die Anregung, nur je zwei Karten zu nutzen, eine Systematik initiiert werden.

Subtraktionsaufgaben mit Ziffernkarten erfinden (Abb. 5.28)
Ebenso wie bei der oben beschriebenen Aktivität geht es auch hier darum, mit einer Auswahl an Zahlen möglichst alle Aufgaben zu finden. „Ziehe vier Ziffernkarten, bilde damit zweistellige Zahlen und suche alle möglichen Minusaufgaben" lautet dieses Mal die Aufgabenstellung (Rathgeb-Schnierer 2004a). Die Kinder wählen sich zunächst vier Ziffernkarten und bilden damit möglichst alle Subtraktionsaufgaben. Erst wenn sie keine Aufgabe mehr finden, können die Karten ausgetauscht werden.

Material: Ziffernkarten von 1 bis 9, Heft

Sozialformen: Einzel- oder Partnerarbeit, Austausch im Plenum

Zeitpunkt: Diese Aktivität setzt ein gefestigtes Stellenwertverständnis voraus und sollte im zweiten Schuljahr erst dann angeboten werden, wenn dies gewährleistet ist. Die Aktivität kann mehrfach angeboten und für das dritte und vierte Schuljahr modifiziert werden.

Mögliche Impulse und Fragestellungen   Um bei dieser Aktivität den Blick auf Gesetzmäßigkeiten und Zusammenhänge zu lenken, bieten sich dieselben Fragen und Impulse wie bei der Vorgängeraktivität an: Kinder können nach ihrem Vorgehen, nach der Vollständigkeit aller gefundenen Aufgaben und nach ihren generellen Entdeckungen gefragt werden. Mit folgenden Fragen kann der Blick auf operative Veränderungen gelenkt werden:

- Was passiert, wenn man die Einer des Minuenden und Subtrahenden tauscht?
- Was passiert, wenn man die Zehner des Minuenden und Subtrahenden tauscht?
- Warum sind die Ergebnisse bei den Subtraktionsaufgaben immer unterschiedlich?
- Wie viele neue Aufgaben lassen sich finden, wenn eine Ziffernkarte ausgetauscht wird? Kann man beim Suchen geschickt vorgehen?

Didaktische Reflexion und mögliche Beobachtungen   Um alle möglichen Subtraktionsaufgaben zu finden, ergibt sich auch bei dieser Aktivität die Frage nach einem geschickten, systematischen Vorgehen. Hierbei können die Schülerinnen und Schüler auf die besonderen Gesetzmäßigkeiten der Subtraktion stoßen. Dadurch, dass diese nicht kommutativ ist, lassen sich die Plätze nicht einfach nur systematisch tauschen, um alle Aufgaben zu finden. Lenkt man zudem den Blick auf die Ergebnisse, so wird deutlich, dass das Vertauschen der

Plätze zu unterschiedlichen Ergebnissen führt. Dies ist eine wichtige Erkenntnis im Prozess des Rechnenlernens, da Kinder immer wieder dazu neigen, bei Subtraktionsaufgaben die Rolle von Minuend und Subtrahend nicht zu beachten und einfach die Differenz zwischen der größeren und kleineren Ziffer zu bilden, um so Zehnerübergänge zu vermeiden (siehe Aktivität „Was passiert eigentlich, wenn . . . ?").

Um allen Kindern einen Einblick in die Gesetzmäßigkeiten der Subtraktion zu ermöglichen, bietet es sich an, im Plenumsaustausch gezielt Aufgabenpaare wie „69 − 23" und „63 − 29" zu vergleichen. Dieses zielgerichtete Lenken des Blickes ist unumgänglich, da unserer Erfahrung nach nur die leistungsstarken Kinder von sich aus diese Beziehungen und Zusammenhänge erkennen. In einem gemeinsamen mathematischen Gespräch können verschiedene Gesichtspunkte angesprochen werden:

- Gemeinsamkeiten und Unterschiede: Was ist bei beiden Aufgaben gleich, was nicht? Können die Aufgaben dasselbe Ergebnis haben? Kann man ohne zu rechnen begründen, dass die Ergebnisse unterschiedlich sein müssen?
- Schwierigkeitsgrad: Erscheint eine der beiden Aufgaben leichter beziehungsweise schwerer? Warum ist das so?
- Merkmale und Lösungswege: Wenn du eine Aufgabe der beiden ausrechnen müsstest, welche würde es sein? Warum würdest du diese wählen? Könnte man eine oder beide Aufgaben geschickt verändern und damit vereinfachen? Warum geht das?

Auch bei dieser Aktivität ist es möglich, aufgrund der Vorgehensweise Einblicke in den Lernstand der Kinder zu bekommen (vgl. vorangegangenen Abschnitt). Da die Ziffernkarten dieses Mal gezogen und nicht ausgewählt werden, sind die genutzten Ziffern wenig aussagekräftig. An den Eigenproduktionen von Veronika und Michael zeigen sich unterschiedliche Kompetenzen bezüglich des systematischen Vorgehens. Beide Kinder haben unabhängig voneinander die Karten mit den Ziffern 9, 6, 2 und 3 gewählt. In Veronikas Dokument (Abb. 5.28) sind immer wieder Aufgabenpaare beziehungsweise Aufgabentripel zu erkennen, bei denen systematisch die Plätze getauscht wurden (z. B. 69 − 23 und 63 − 29), allerdings zeigt sie darüber hinaus keine durchgängige Systematik. Michael (Abb. 5.29) hat eine durchgängig tragende Systematik gefunden, die ihm beim Finden aller Möglichkeiten hilft. An seiner schriftlichen Erklärung wird zudem deutlich, dass er über metakognitive Kompetenzen verfügt und seine Systematik nachvollziehbar erklären kann.

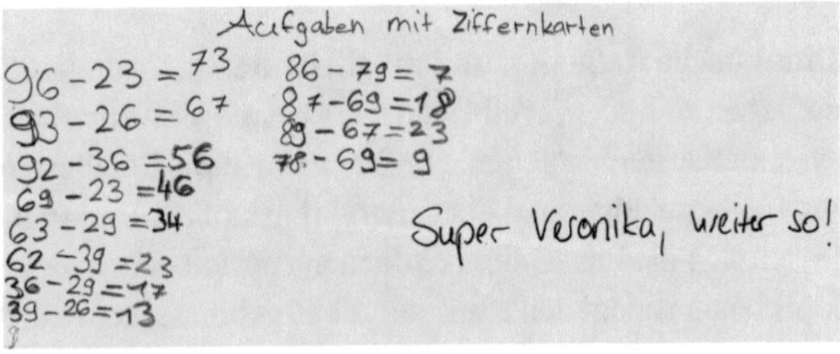

Abb. 5.28 Veronikas Aufgaben (Klasse 2)

Abb. 5.29 Michaels Aufgaben
(Klasse 2)

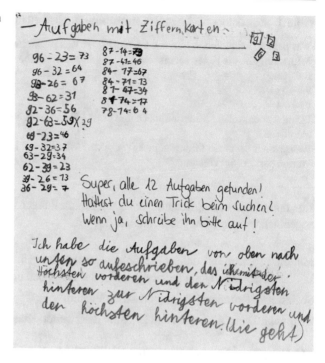

Die Aufgabe lässt sich auf unterschiedliche Weise variieren. Für Kinder, die beim Rechnen im Zahlenraum bis 100 noch nicht sicher sind, bieten sich unterschiedliche Veränderungen an:

- Es werden nur die Karten von 1 bis 5 genutzt und somit der Zahlenraum eingeschränkt.
- Die Karten werden von den Kindern selbst ausgewählt und damit können sie gezielt die kleineren Ziffernkarten nutzen.
- Die Kinder werden gezielt dazu angeregt, die Aufgaben nicht auszurechnen, sondern das Ziel ist das Finden möglichst aller Aufgaben. Im zweiten Schritt suchen sich die Kinder dann die Aufgaben aus, die sie bereits rechnen können, und lösen diese. Dabei können die Aufgaben zunächst auch sortiert werden in „bleibt im Zehner", „trifft den Zehner", „springt unter den Zehner" (siehe Aktivität „Sortieren"), wodurch die Aufgabenmerkmale und damit auch die Schwierigkeitsgrade in den Mittelpunkt rücken.

Was passiert eigentlich, wenn … ? (Abb. 5.30)
Bei dieser Aktivität steht das Erforschen von Gesetzmäßigkeiten bei Additions- und Subtraktionsaufgaben im Vordergrund, welches durch die Frage „Was passiert eigentlich, wenn … ?" angeregt wird. Die in Tab. 5.1 gezeigten Fragestellungen sind Beispiele dafür, wie das Erforschen ab dem zweiten Schuljahr initiiert werden kann. Es geht darum, dass die Kinder von den gezeigten Beispielen ausgehend selbst weitere Aufgaben erfinden, um die angeregten Veränderungen zu erkunden. Diese Aufgabenstellungen können auf Pla-

Tab. 5.1 Subtraktions- und Additionsaufgaben erforschen. (Rathgeb-Schnierer 2004b)

Was passiert eigentlich, wenn man bei einer **Minusaufgabe die Einer vertauscht**? Beispiel: $94 - 37 = \ldots$ $97 - 34 = \ldots$ Erfindet noch weitere Minusaufgaben und probiert es aus! Was passiert bei euren Minusaufgaben? Warum passiert das eigentlich?	Was passiert eigentlich, wenn man bei einer **Plusaufgabe die Einer vertauscht**? Beispiel: $74 + 17 = \ldots$ $77 + 14 = \ldots$ Erfindet noch weitere Plusaufgaben und probiert es aus! Was passiert bei euren Plusaufgaben? Warum passiert das eigentlich?

kate notiert und zusammen mit weiteren Fragestellungen (Tab. 5.1) als Forscherstationen angeboten werden (Rathgeb-Schnierer 2004b).

Material: Plakate mit unterschiedlichen Fragestellungen, Lerntagebuch oder speziell erstelltes Forscherheft zum Dokumentieren der Aufgaben und Entdeckungen

Sozialform: Partnerarbeit, Austausch im Plenum

Zeitpunkt: Diese Aktivität kann ab Mitte der zweiten Klasse durchgeführt werden.

Mögliche Impulse und Fragestellungen Die Aufgabenstellung beinhaltet bereits Fragen, mit denen der Blick auf die Zusammenhänge gelenkt und die Schülerinnen und Schüler zum Begründen herausgefordert werden. Darüber hinaus können noch weitere Impulse und Fragen eine vertiefende Durchdringung anregen:

- Was verändert sich von einer Aufgabe zur anderen? Was hat diese Veränderung mit dem Ergebnis zu tun?
- Treffen eure Entdeckungen bei allen Minusaufgaben (bei allen Additionsaufgaben) zu? Wie könnt ihr sicher sein?

Didaktische Reflexion und Beobachtung „Was passiert eigentlich, wenn …?" Mit dieser Frage kann generell das Experimentieren mit und Erforschen von Aufgaben verschiedener Rechenoperationen angeregt werden (Rathgeb-Schnierer 2004a). Entsprechend dem von Winter (1984) formulierten operativen Prinzip werden Schülerinnen und Schüler durch gezielte Fragestellungen dazu angeregt, Additions- und Subtraktionsaufgaben systematisch zu verändern und die Auswirkungen zu beobachten.

Mit der oben dargestellten Aktivität wird gezielt erkundet, wie sich das Vertauschen der Einerstellen bei Additions- und Subtraktionsaufgaben auf das Ergebnis auswirkt. Hintergrund dieser Aktivität ist die – für die meisten Lehrpersonen bekannte – Beobachtung, dass Kinder beim Lösen zweistelliger Subtraktionsaufgaben mit Zehnerübergang häufig die Differenz der Einer bilden und deshalb nicht zum richtigen Ergebnis gelangen (vgl. u. a. Kaufmann und Wessolowski 2006). Aus zweierlei Gründen ist diese Vorgehensweise der Kinder gut nachvollziehbar: Zum einen wird dadurch der kognitiv herausfordernde

Zehnerübergang umgangen, zum anderen ist dieses Vertauschen bei der Addition kein Problem.

Was passiert eigentlich, wenn man bei einer Minusaufgabe (Plusaufgabe) die Einer tauscht?

Mit dieser Frage wird der Blick gezielt auf ein mathematisches Gesetz (Kommutativgesetz) gelenkt und erkundet, für welche Rechenoperationen dieses gilt. Zudem wird das den Kindern oft unbewusst praktizierte Vertauschen der Einerstellen bei der Subtraktion ins Bewusstsein gerückt. Durch das selbstständige Erforschen der Frage gewinnen Kinder Einsichten in eine relevante Regel im Umgang mit Additions- und Subtraktionsaufgaben. Zu verstehen, warum das Vertauschen der Einerstellen bei Subtraktionsaufgaben zu Fehlern führt, ist ein zentrales Ziel dieser Aktivität. Erst dann, wenn Kinder diese Gesetzmäßigkeit durchdrungen haben, können sie ihr Verhalten verständnisbasiert ändern.

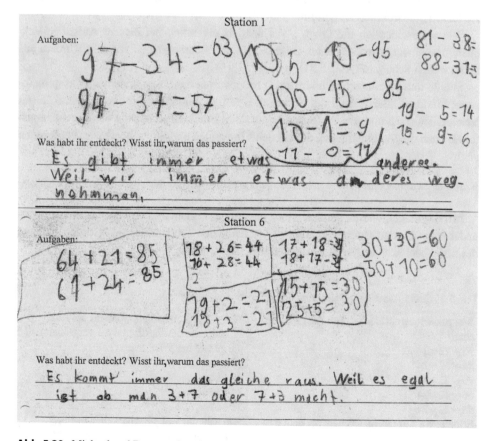

Abb. 5.30 Michael und Renato erkunden Additions- und Subtraktionsaufgaben

Michael und Renato haben an verschiedenen Forscherstationen Subtraktions- und Additionsaufgaben untersucht (Rathgeb-Schnierer 2004b) und nicht nur ihre Entdeckungen, sondern auch Begründungen notiert (Abb. 5.30). Bei der Begründung zu Additionsaufgaben argumentieren sie mit ihren mathematischen Mitteln, indem sie auf eine automatisierte Aufgabe zurückgreifen. Die Begründung zu den Subtraktionsaufgaben bezieht sich ausschließlich auf die Subtrahenden. Dies kann als Anlass genommen werden, um beispielsweise im Plenum noch einmal gezielt über die Veränderungen von Minuenden und Subtrahenden und die Auswirkung auf die Differenz nachzudenken.

Variation: Strukturierte Aufgabenserien untersuchen „Was passiert eigentlich, wenn ... ?" Mit dieser Frage können auch strukturierte Aufgabenserien untersucht und damit der Blick auf den Zusammenhang der Aufgaben gelenkt werden (Abschn. 5.1). Um hierbei gezielt das Verständnis für strategische Werkzeuge weiterzuentwickeln, bieten sich Aufgabenserien an, bei denen das gleich- und gegensinnige Verändern erkundet werden kann (Tab. 5.2).

Strukturierte Aufgabenserien und damit verbundene Beobachtungen wurden bereits in Abschn. 5.1 ausführlich dargestellt.

Wie unterschiedlich die Frage „Was passiert eigentlich bei diesem Aufgabenpäckchen?" beantwortet werden kann, zeigt sich in den Bearbeitungen von vier Kindern aus dem zweiten Schuljahr (Abb. 5.31).

Sybille und Swetlana (Additionsserie) beantworten die Frage, indem sie das gemeinsame Merkmal aller Zahlen der Serie (zweistellige Zahlen) sowie das Ergebnismuster beschreiben. Jana und Sascha (Subtraktionsserie) beschreiben sowohl das Ergebnismuster als auch die Veränderungen, die bei den Minuenden und Subtrahenden zu beobachten sind:

> Hinten ist immer eine gleiche Zahl. (Die beiden Zahlen werden immer um 10 weniger.)

Mit der Frage „Warum verändert sich das Ergebnis nicht und was hat das mit den Veränderungen bei den Aufgaben zu tun?" könnten beide Tandems herausgefordert werden, die Aufgabenbeziehungen zu betrachten und zu ergründen.

Tab. 5.2 Strukturierte Aufgabenserien untersuchen

Was passiert eigentlich bei dem Aufgabenpäckchen?	Was passiert eigentlich, wenn ihr bei einer Plusaufgabe die eine Zahl um 1 vergrößert und die andere um 1 verkleinert?
$96 - 72 = 24$	Beispiel:
$86 - 62 = 24$	$29 + 63 = \ldots$
$76 - 52 = 24$	$30 + 62 = \ldots$
$66 - 42 = 24$	$31 + 61 = \ldots$
$56 - 32 = 24$	Wie geht das Aufgabenpäckchen weiter?
Erfindet ein Aufgabenpäckchen, bei dem dasselbe passiert.	Erfindet ein Aufgabenpäckchen, bei dem dasselbe passiert.
Warum passiert das eigentlich?	Warum passiert das eigentlich?

Forscherin / Forscher: _Sybille, Svetlana._

Was passiert eigentlich bei dem Aufgabenpäckchen?

Es sind immer Zehner Einerzahlen. Am zählen ist immer diegleiche Zahl.

Erfindet ein Aufgabenpäckchen, bei dem dasselbe passiert!
Unser Aufgabenpäckchen:

$$63 + 13 = 76$$
$$53 + 23 = 76$$
$$43 + 33 = 76$$
$$33 + 43 = 76$$
$$23 + 53 = 76$$

Forscherin / Forscher: _Jan, Sascha._

Was passiert eigentlich bei dem Aufgabenpäckchen?

Hit enthält immer eine gleiche e... (Die beiden zahlen werden imer um 10 weniger.)

Erfindet ein Aufgabenpäckchen, bei dem dasselbe passiert!
Unser Aufgabenpäckchen:

$$51 - 14 = 37 \qquad 101 - 60 = 41$$
$$41 - 4 = 37 \qquad 91 - 50 = 41$$
$$\qquad\qquad 81 - 40 = 41$$
$$\qquad\qquad 71 - 30 = 41$$
$$\qquad\qquad 61 - 20 = 41$$

Abb. 5.31 Kinder untersuchen Aufgabenserien

Alle beschriebenen Aktivitäten erfordern das genaue Betrachten und Untersuchen der Aufgaben (Aufgabenserien) sowie das Erfinden strukturgleicher Aufgaben. Die dabei möglichen Entdeckungen und formulierten Begründungen gewähren Einblicke in die Regeln der Addition und Subtraktion, die für die Entwicklung flexibler Rechenkompetenzen relevant sind.

Geheimnis der vertauschten Ziffern (Abb. 5.32)

Bei dieser Aktivität (Abb. 5.32) arbeiten die Schülerinnen und Schüler mit Ziffernkarten von 0 bis 9. Aus diesen Karten werden immer zwei gezogen, damit die beiden durch Tauschen möglichen Zahlen gebildet werden und deren Differenz bestimmt wird. Durch die Frage „Was fällt euch an den Ergebnissen auf?" werden die Kinder angeregt, die gefundenen Ergebnisse im Hinblick auf Muster und Gesetzmäßigkeiten zu untersuchen.

Abb. 5.32 „Das Geheimnis der vertauschten Ziffern". (Schütte 2004b, 107)

Das Geheimnis der vertauschten Ziffern

Bei mir kommt 18 raus.

Woher weißt du das so schnell?

Eine Aufgabe für Zahlenforscher

Nehmt eure Ziffernkarten (0–9). Zieht zwei Karten, z. B. 3 und 8. Damit könnt ihr 2 Zahlen legen: 38 83

Zieht die kleinere von der größeren ab.
Macht dies noch ein paarmal. Fällt euch an den Ergebnissen etwas auf?

Material: Ziffernkarten, Lerntagebuch zur Dokumentation

Sozialform: Einzel- oder Partnerarbeit, Austausch im Plenum

Zeitpunkt: Diese Aktivität kann ab Ende des zweiten Schuljahrs eingesetzt werden.

Mögliche Impulse und Fragestellungen Durch weiterführende Fragestellungen kann die gezielte Erkundung der Ergebnismuster angeregt werden:

- Hast du alle möglichen Ergebnisse gefunden? Wie kannst du sicher sein?
- Kannst du bei einer Aufgabe sofort sehen, was das Ergebnis sein muss? Warum ist das möglich?
- Kannst du zu einem Ergebnis (beispielsweise 27) verschiedene Aufgaben finden? Wie gehst du dabei vor?
- Gibt es zu jedem Ergebnis gleich viele Aufgaben? Warum ist das so?
- Sind alle Ergebnisse Zahlen aus der Neunerreihe oder kannst du auch andere Ergebnisse finden? Warum ist das so?
- Kommen tatsächlich alle Zahlen der Neunerreihe als Ergebnis vor? Kannst du deine Beobachtung begründen?

Didaktische Reflexion und mögliche Beobachtungen Das „Geheimnis der vertauschten Ziffern" fordert die Schülerinnen und Schüler auf der inhaltlichen Ebene dazu heraus, zweistellige Subtraktionsaufgaben mit Zehnerunterschreitung nach einer vorgegebenen Regel zu erstellen und diese dann zu lösen. Dadurch, dass der Blick auf die Ergebnisse gelenkt wird, ist nicht primär das Lösen der Subtraktionsaufgaben das zentrale Ziel, vielmehr geht es darum, Muster in den Ergebnissen zu entdecken und mögliche Zusammenhänge und Hintergründe zu erschließen. Dort, wo es um das Entdecken von Mustern geht, liegt der Schwerpunkt der Aktivität auf dem Sehen: Ganz verschiedene Aufgaben haben dieselben Ergebnisse und die Ergebnisse verhalten sich nach einem bestimmten Muster. Werden die Ursachen der Ergebnismuster ergründet, wechselt der Schwerpunkt vom Sehen zum Strukturieren: Erst wenn die Idee entwickelt wird, gefundene Aufgaben systematisch zusammenzufassen – beispielsweise alle Aufgaben mit einem bestimmten Ergebnis oder alle zur gesamten Ergebnisreihe –, kann man das „Geheimnis der vertauschen Ziffern" ergründen.

Nach einer Zeit des freien Forschens kann das Sehen und Strukturieren gezielt angeregt werden: So lässt sich zum Beispiel der Blick auf die Ergebnisstruktur durch die Auswahl von Ziffernkombinationen gezielt lenken. Impulse wie „Warum kommt bei ganz verschiedenen Aufgaben das Ergebnis 18 heraus?", „Gibt es zu jedem Ergebnis gleich viele Aufgaben?" oder „Kannst du gezielt Aufgaben zu einem Ergebnis 36 finden?" regen das Strukturieren an.

In Kap. 6 werden die spezifischen Merkmale dieser Aktivität detailliert analysiert und an Schülerdokumenten veranschaulicht (Abschn. 6.2.4). Deshalb werden an dieser Stelle keine detaillierten Beobachtungen angeführt.

Tab. 5.3 Aufgaben mit IRI- und ANNA-Zahlen

IRI-Zahlen	ANNA-Zahlen
$858 + 585$	$8558 + 5885$
$858 - 585$	$8558 - 5885$

Weitere Aktivitäten zum Untersuchen von Ergebnismustern können vielfältig gestaltet sein. Spannende Ausgangsbasis hierfür stellen sogenannte Palindrome dar, also Zeichenketten, die von vorne und hinten gelesen identisch sind: beispielsweise ANNA-Zahlen (1221) oder IRI-Zahlen (151). Werden aus zwei gezogenen Ziffernkarten – beispielsweise 8 und 5 – die kleinste und größte ANNA- oder IRI-Zahl gebildet (Tab. 5.3), kann untersucht werden, welche Ergebnismuster bei Addition und Subtraktion dieser Zahlen auftauchen.

Eine spannende kombinatorische Aktivität lässt sich durch folgende Fragen anregen: Wie viele IRI (ANNA) kannst du finden? Wie bist du vorgegangen? Bist du sicher, dass du alle Möglichkeiten gefunden hast? Und kannst du das begründen?

5.2.2 Aktivitäten zum Sortieren

Das Sortieren von Aufgaben – auch verknüpft mit dem Erfinden – spielt während des gesamten Prozesses des Rechnenlernens eine entscheidende Rolle. Der Grund liegt darin, dass dies eines der wenigen Aufgabenformate ist, bei dem man sich mit Rechenaufgaben beschäftigt, das Lösen dieser aber im Hintergrund steht (Rathgeb-Schnierer 2008; Schütte 2008; siehe Kap. 3). Werden Kinder zum Sortieren von Aufgaben herausgefordert, dann tritt das Bedürfnis, diese auszurechnen, in den Hintergrund. Stattdessen betrachten sie die Aufgaben genau und beschäftigen sich mit ihnen auf der Metaebene.

Bei der Ablösung vom zählenden Rechnen intendieren Aktivitäten zum Sortieren vor allem das unmittelbare Sehen von Merkmalen und Zusammenhängen sowie ein Bewusstsein dafür, welche Aufgaben bereits gelöst werden können (durch Auswendigwissen oder einen Trick) und bei welchen noch gezählt wird (Abschn. 5.1.2) (Rechtsteiner-Merz 2011a). Diese Aspekte spielen auch beim weiterführenden Rechnen eine Rolle. Weil aber hier die Lösungsanforderungen immer komplexer werden, kommen explizit zwei weitere Intentionen hinzu (Abschn. 3.2.3): Das Sortieren bietet Anlässe, um …

- Aufgaben im Hinblick auf ihre Zusammenhänge zu betrachten und so von einer bekannten auf eine unbekannte zu schließen oder umgekehrt.
- darüber nachzudenken, welche strategischen Werkzeuge sich anbieten.

Aktivitäten zum Erfinden und Sortieren bieten nicht nur substanzielle Anlässe, um vom zählenden Rechnen abzulösen und ins weiterführende Rechnen einzusteigen (Kap. 3 und 6), sondern die kontinuierliche Möglichkeit, über Aufgabenmerkmale und -beziehungen sowie Lösungswerkzeuge nachzudenken und zu diskutieren. Dabei können Schülerinnen und Schüler zudem ...

- einen veränderten Umgang mit Rechenaufgaben entwickeln, indem erst geschaut und dann gerechnet wird.
- eine Sensibilität für Zahlen und Aufgaben ausbilden, um diese adäquat einschätzen zu können.

Aktivitäten zum Aufgabensortieren können vielfältig gestaltet werden (Tab. 5.4). Es bieten sich verschiedene Variationen der Aufgabengestaltung und der Sortierkriterien an, die miteinander kombiniert werden können (Rathgeb-Schnierer 2006b). Bei der Gestaltung wird aus jeder Kategorie eine Möglichkeit gewählt und diese dann miteinander kombiniert.

Tab. 5.4 Möglichkeiten zur Gestaltung von Sortieraktivitäten

Aufgabengestaltung	Sortierkriterien
Aufgaben werden von den Kindern selbst erfunden ... – ohne konkrete Vorgaben – auf der Grundlage vorgegebener Zahlen (z. B. Aufgabengenerator) – nach vorgegebenen Kriterien (z. B. Subtraktionsaufgaben, deren Ergebnis kleiner als 30 ist; Additionsaufgaben mit Zehnerübergang) – nach der Passung zu Sortierkategorien (z. B.: „Erfinde Aufgaben, die du schon auswendig kannst.")	Objektive Kriterien beziehen sich auf fixe Merkmale wie beispielsweise: – Die Aufgabe hat einen Zehnerübergang oder nicht. – Das Ergebnis springt zum nächsten Zehner. – Die Zahlen der Aufgabe liegen nahe beisammen (z. B. $431 - 429$; $38 + 41$). – Eine Zahl der Aufgabe liegt nahe bei einer Zehner-, Hunderterzahl (z. B. $598 + 234$; $76 - 29$). – Die Aufgabe liegt nahe bei einer Verdopplungs- oder Halbierungsaufgabe (z. B. $651 - 325$; $35 + 34$). – Das Ergebnis der Aufgabe liegt zwischen 250 und 300. – ...
Aufgaben werden auf Kärtchen vorgegeben – von der Lehrperson. – von einem Lernpartner. – aus einem von der Klasse erstellten Aufgabenpool (z. B. werden im Rahmen eines Lernangebots erfundene Aufgaben als Pool zum Sortieren genutzt).	Subjektive Kriterien beziehen sich auf Merkmale, die nicht explizit in der Aufgabe gegeben sind, sondern von der sortierenden Person individuell eingeschätzt werden. Dies sind beispielsweise – Einschätzungen zu Schwierigkeiten wie „leicht" und „schwer" oder „kann ich lösen" und „kann ich noch nicht lösen". – Lösungswerkzeuge wie „muss ich zählen", „weiß ich auswendig" und „kenne ich ein strategisches Werkzeug". – Formen wie „rechne ich im Kopf", „schreibe ich Zwischenschritte auf" und „rechne ich schriftlich".

Ergänzend zu den verschiedenen bereits vorgestellten Sortieraktivitäten (Abschn. 3.2.3, 5.1.2, 5.2.2 und 6.2) werden nachfolgend exemplarisch zwei weitere beschrieben, bei denen das Erfinden von Aufgaben mit objektiven Sortierkriterien kombiniert wird.

Aufgaben erfinden, die über den Zehner springen (Abb. 5.33)
Bei dieser Aktivität (Abb. 5.33) werden die Schülerinnen und Schüler dazu angeregt, Aufgaben zu erfinden, die über beziehungsweise unter den Zehner springen. Die Aktivität kann sowohl mit Additions- als auch mit Subtraktionsaufgaben durchgeführt werden.

Material: Blankokärtchen oder Heft zum Notieren der Aufgaben

Sozialform: Einzel- oder Partnerarbeit, Austausch im Plenum

Zeitpunkt: Diese Aktivität kann ab Mitte des ersten Schuljahrs in regelmäßigen Abständen und mit variierter Aufgabenstellung durchgeführt werden. Voraussetzung ist, dass der Zahlbegriff und das Operationsverständnis im genutzten Zahlenraum ausgebildet sind.

Mögliche Impulse und Fragestellungen
- Was genau bedeutet „springt über (unter) den Zehner"?
- Wann springt eine Aufgabe über den Zehner (unter den Zehner)?
- Wie müssen die Summanden (Minuenden und Subtrahenden) aussehen, damit die Aufgabe über (unter) den Zehner springt?
- Welche Aufgaben springen nur knapp und welche weit über (unter) den Zehner?

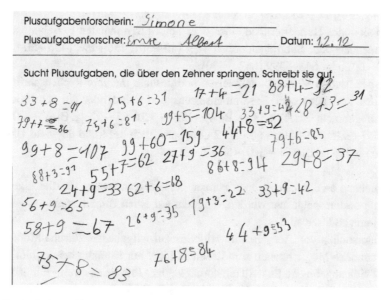

Abb. 5.33 Aufgaben, die über den Zehner springen

- Sind alle Aufgaben, die über (unter) den Zehner springen, schwer oder gibt es bei diesen Aufgaben auch leichtere? Warum sind manche leichter und manche schwerer?
- Was genau macht Aufgaben, die über (unter) den Zehner springen, leichter und was macht sie schwerer?

Didaktische Reflexion und mögliche Beobachtungen Die Intention dieser Aktivität liegt darin, die Schülerinnen und Schüler gezielt zur Beschäftigung mit einem bestimmten Aufgabentyp anzuregen. Ähnlich wie beim Sortieren von Punktebildern (Abschn. 5.1.2) oder dem Sortieren von Aufgaben nach Aufgabentypen (Abschn. 5.2.2) geht es nicht darum, die Aufgaben auszurechnen, sondern den Blick auf deren spezifische Merkmale zu richten. Im Gegensatz zum Sortieren nach bestimmten Kriterien muss beim eigenständigen Erfinden passender Aufgaben zu einer bestimmten Kategorie über die Bedeutung dieser auf einer Metaebene nachgedacht werden. Das heißt, die Kinder reflektieren über die Bedeutung des Konstrukts „springt über den Zehner" („springt unter den Zehner") und über die Beschaffenheit der beiden Summanden (von Minuend und Subtrahend).

An das Erfinden kann sich eine differenzierte Betrachtung der Aufgaben mit Zehnerübergang anschließen, bei der innerhalb des Aufgabentyps noch einmal genau überlegt wird, welche dieser Aufgaben

- möglicherweise „auf einen Blick" zu lösen sind, weil sie eben nur knapp über (unter) den Zehner springen oder die Differenz klein ist: $79 + 2$, $709 + 22$, $91 - 88$ oder $902 - 798$.
- aufgrund ihrer Merkmale vereinfacht und deshalb auch leicht gelöst werden können:
  - Nähe zur bekannten Verdopplungsaufgabe: $33 + 34$ ($33 + 33$ oder $34 + 34$), $234 + 235$ ($234 + 234$), $71 - 35$ ($70 - 35$) oder $851 - 425$ ($850 - 425$)
  - Zehner- oder Hunderternähe eines oder beider Summanden beziehungsweise des Minuenden oder Subtrahenden: $41 + 29$ ($40 + 30$), $456 + 298$ ($456 + 300$), $84 - 58$ ($84 - 60$) oder $641 - 399$ ($642 - 400$)
- keine spezifischen Merkmale aufweisen und deshalb mehrere Rechenschritte auf der Basis des Zerlegens oder Zusammensetzens nötig sind oder ein schriftliches Verfahren angebracht ist: $47 + 38$ (z. B. $47 + 30 + 3 + 5$), $63 - 25$ (z. B. $63 - 20 - 3 - 2$), $345 + 567$ (z. B. $345 + 500 + 60 + 5 + 2$ oder schriftlich aufgrund der zwei Übergänge) oder $765 - 358$ (z. B. $765 - 300 - 50 - 5 - 3$)

Anschließend an das Untersuchen können gezielt Rechenwege für diejenigen Aufgaben gesucht und ausgetauscht werden, die nicht auf einen Blick beziehungsweise durch Vereinfachung zu lösen sind (s. o.).

Das Untersuchen von Aufgaben im Hinblick auf aufgabenspezifische Merkmale und damit verbundene Möglichkeiten zum Lösen ist nicht nur einmalig bei der hier beschriebenen Aktivität angebracht. Es stellt ein durchgängiges Prinzip des weiterführenden Rechnens dar und ist grundlegend für die Entwicklung flexibler Rechenkompetenzen (Kap. 3 und Abschn. 5.1).

Tab. 5.5 Aufgaben nach Vorgaben erfinden

Ergebnisbezogene Vorgaben	Strukturbezogene Vorgaben
Erfinde Aufgaben, deren Ergebnisse ... – Zehnerzahlen (Hunderter-, Tausenderzahlen) sind. – größer als 40 (500, ...) sind. – zwischen 35 und 45 (andere Intervalle) liegen. – gerade beziehungsweise ungerade Zahlen sind. – dieselben Ziffern haben (88, 66, 222, 777 ...) haben. – eine Neunerzahl sind (9, 39, 459 ...) – ...	Erfinde Aufgaben, die ... – zum Zehner (Hunderter) springen. – im Zehner (Hunderter) bleiben. – über (unter) den Zehner (Hunderter) springen. – deren erste Zahl doppelt so groß ist wie die zweite Zahl. – deren vorderer Einer kleiner ist als der hintere Einer. – ...

Aktivitäten zum Erfinden und Untersuchen von Aufgaben eines bestimmten Typs können generell Einblicke dahingehend gewähren, ob Kinder spezifische Merkmale von Aufgabentypen (er-)kennen und diese für das Lösen der Aufgaben nutzen können.

Variationen: Aufgaben nach konkreten Vorgaben erfinden Auf der Basis des Formats „Aufgaben erfinden" können mit unterschiedlichen konkreten Vorgaben vielfältige Aktivitäten angeregt werden (Tab. 5.5). Die Vorgaben können sich sowohl auf die Ergebnisse als auch auf die Aufgabenstruktur beziehen.

Bleibt im Zehner – springt zum Zehner – springt unter den Zehner (Abb. 5.34)
Bei dieser Aktivität werden Subtraktionsaufgaben in drei objektive Kategorien sortiert: Aufgaben mit und ohne Zehnerunterschreitung sowie solche, die in keine der beiden Kategorien passen, weil sie genau bis zur nächsten Zehnerzahl gehen. Zu Beginn bekommen die Schülerinnen und Schüler Karten mit vorgefertigten Aufgaben und sortieren diese, daran anschließend erfinden sie eigenständig weitere Aufgaben zu den einzelnen Kategorien. Die Sortierentscheidung sollte nicht über das Lösen der Aufgabe getroffen, darauf wird zu Beginn und während der Aktivität immer wieder explizit hingewiesen. Bei Christinas Minusaufgaben (Abb. 5.34) sind deshalb Ergebnisse notiert, weil nach dem Plenumsaustausch über das Sortieren das Lösen der Aufgaben in den Blick genommen wurde (siehe „Didaktische Reflexion und mögliche Beobachtungen").

Material: Auswahl an Subtraktionsaufgaben, die ohne Ergebnisse und Gleichheitszeichen an der Tafel notiert werden

Sozialform: Einzel- oder Partnerarbeit, Austausch im Plenum

Zeitpunkt: Nachdem der Zahlbegriff im erweiterten Zahlenraum gefestigt wurde, kann mit dieser Aktivität im zweiten Schuljahr gestartet werden. Das Sortieren nach Aufgabentypen wird kontinuierlich bis Ende des dritten Schuljahrs angeregt.

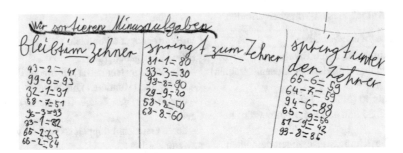

Abb. 5.34 Christina (Klasse 2) sortiert Minusaufgaben

Mögliche Impulse und Fragestellungen Während der Begleitung des Lernangebots bieten sich folgende Impulse und Fragestellungen an, um den Blick gezielt auf die Aufgabenmerkmale zu richten:

- Gibt es Aufgaben, bei denen man besonders schnell sehen kann, in welche Spalte sie gehören? Woran liegt das?
- Woran kannst du erkennen, dass eine Aufgabe direkt zum Zehner springt?
- Was haben alle Aufgaben gemeinsam, die unter den Zehner springen?
- Kannst du auf einen Blick erkennen, ob eine Aufgabe weit unter den Zehner springt?
- Kannst du auf einen Blick erkennen, ob eine Aufgabe nur knapp unter den Zehner springt?
- Können die Aufgaben, die zum Zehner springen, dabei helfen, solche zu erfinden, die nur knapp oder weit unter den Zehner springen? (Hier werden Nachbaraufgaben wie „84 − 4" und „84 − 5" ins Blickfeld gerückt.)

Didaktische Reflexion und mögliche Beobachtungen Die mehrfach ausgeführten Ziele der Sortieraktivitäten treffen auch hier zu. Aufgrund der speziell vorliegenden Sortierkategorien, wird der Blick gezielt auf die didaktisch definierten Aufgabentypen (Aufgaben mit und ohne Zehnerunterschreitung) gelenkt. Dabei können verschiedene Einsichten entwickelt werden:

- das Bewusstsein darüber, dass es innerhalb einer Rechenoperation in einem Zahlenraum ganz verschiedene Typen von Aufgaben gibt, die im Hinblick auf das Lösen unterschiedliche Herausforderungen haben. Diejenigen, die zum Zehner springen, sind beispielsweise viel schneller zu lösen als die der anderen Kategorien.
- die Erkenntnis, dass Aufgaben, die unter den Zehner springen, nicht alle gleichermaßen schwer sind. Denn wenn man beispielsweise jene bewusst kennt, die zum Zehner springen (56 − 6 oder 74 − 24), dann sind deren Nachbaraufgaben, die knapp unter den Zehner springen, nicht mehr so schwer (56 − 7 und 74 − 25).

Wie alle Sortieraktivitäten ist auch diese spezifische ein Ausgangspunkt zur Weiterarbeit. Es bietet sich an, die einzelnen Kategorien dahingehend genau zu untersuchen, welche Aufgaben ganz leicht zu lösen und welche etwas herausfordernder sind. Hierbei kann entdeckt werden, dass das Ergebnis der Aufgaben, die zum Zehner springen, mithilfe von Stellenwertverständnis auf einen Blick gesehen werden kann. Mit Bezug zu den automatisierten Aufgaben im kleinen Zahlenraum stellen auch die Aufgaben, die im Zehner bleiben, keine Schwierigkeit dar (Abschn. 3.2.3.2).

Bleiben also die Aufgaben, die unter den Zehner springen. Werden diese genau untersucht, zeigt sich schnell, dass es auch bei ihnen Unterschiede gibt, obgleich sie alle eine Zehnerunterschreitung erfordern. Da gibt es welche,

- die nur knapp unter den Zehner (Hunderter) gehen und deshalb beispielsweise mithilfe der Nachbaraufgabe gelöst werden können (z. B. $64 - 5$, $57 - 28$, $435 - 236$).
- deren Subtrahenden nahe beim nächsten Zehner (Hunderter) liegen und die deshalb beispielsweise geschickt gleichsinnig verändert werden können (z. B. $64 - 29$ zu $65 - 30$ oder $672 - 398$ zu $674 - 400$).
- bei denen Minuend und Subtrahend keinen großen Abstand haben und das Ergebnis beispielsweise über das Ergänzen ganz schnell gefunden werden kann (z. B. $31 - 28$ oder $542 - 537$).

Am Ende bleiben solche Aufgaben übrig, bei denen keine spezifischen Merkmale ins Auge fallen, aufgrund derer sich strategische Werkzeuge wie Ergänzen, Verändern oder Nutzen von Nachbaraufgaben anbieten. Bei diesen Aufgaben kann nun mit den Schülerinnen und Schülern über verschiedene Lösungsmöglichkeiten durch Zerlegen und Zusammensetzen nachgedacht werden.

Die beschriebene Sortieraktivität kann ebenso in den Zahlenraum bis 1000 übertragen werden.

Die Beobachtungsmöglichkeiten bei dieser Sortieraktivität decken sich im Allgemeinen mit denen, die bei der Ablösung vom zählenden Rechnen beschrieben wurden (Abschn. 5.1.2).

5.2.3 Aktivitäten zum Strukturieren

Ähnlich wie die Aktivitäten zum Sortieren knüpfen auch die zum Strukturieren im weiterführenden Rechnen eins zu eins an das erste Schuljahr an. Es werden dieselben Aktivitäten zum Erfinden, Strukturieren und Untersuchen von Aufgabenserien und Aufgabenfamilien durchgeführt (Abschn. 5.1). Die Veränderung der Aktivitäten erfolgt, indem die Zahlenräume erweitert werden, neue Rechenoperationen hinzukommen und teilweise auch ein neuer Blickwinkel eingenommen wird. Wie im ersten Schuljahr intendieren alle diese Aktivitäten das Aufhalten des Rechendrangs, um die Aufmerksamkeit auf Merkmale und Beziehungen zu lenken. Allerdings gewinnt die Frage danach, welche strategischen Werkzeuge sich aufgrund der aufgabeninhärenten Merkmale anbieten, immer mehr an Bedeutung. Das heißt, im Kontext der Aktivitäten zum Strukturieren wird explizit die Brücke zum Rechnen geschlagen und darüber reflektiert, inwiefern durch die entdeckten und genutzten Gesetzmäßigkeiten und Zusammenhänge das Rechnen erleichtert werden kann.

Zahlenhäuser erfinden und vergleichen (Abb. 5.35)

„Wähle eine Dachzahl und erfinde ein Zahlenhaus." Diese Aktivität kann sowohl im kleinen als auch im erweiterten Zahlenraum angeboten werden. Es geht zunächst darum, dass die Kinder zu einer selbst gewählten Zahl (Dachzahl) möglichst viele Zerlegungen finden und diese in einem Zahlenhaus dokumentieren. Um die Anzahl der Zerlegungen nicht durch eine bestimmte Stockwerksanzahl vorzugeben, empfiehlt es sich, das Zahlenhaus von den Kindern selbst aus einem DIN-A4-Blatt falten zu lassen, das bei Bedarf verlängert werden kann (Abb. 5.35; Rechtsteiner-Merz und Rathgeb-Schnierer 2009).

Material: DIN-A4-Blätter

Sozialform: Einzel- oder Partnerarbeit, Austausch im Plenum

Zeitpunkt: Diese Aktivität kann vom ersten bis zum vierten Schuljahr angeboten werden.

Mögliche Impulse und Fragestellungen Um den Blick beim eigenständigen Erfinden von Zahlenhäusern gezielt auf den Zusammenhang der einzelnen Zerlegungen zu lenken, das systematische Weiterführen anzuregen und somit eine Idee davon zu bekommen, wie prinzipiell alle Zerlegungen gefunden werden könnten, bieten sich verschiedene Fragen und Impulse an:

- Wie bist du beim Erfinden vorgegangen? Erkläre, was du dir überlegt hast.
- Kann man geschickt neue Zahlenpaare finden? Welche Möglichkeiten gibt es?
- Schau dir verschiedene Zahlenhäuser an. Was fällt dir auf?
  Kannst du in einem Zahlenhaus ein bestimmtes Muster entdecken? Kannst du erkennen, wie das Zahlenhaus aufgebaut ist?

Abb. 5.35 Zahlenhäuser von Emre, Tanja und Sascha (Klasse 2)

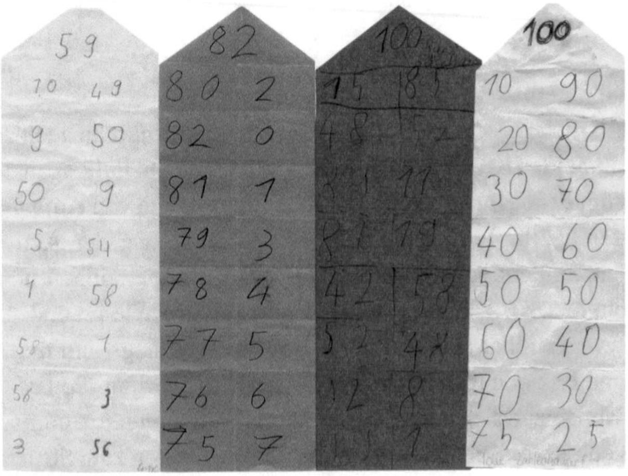

- Wie kannst du bei großen Dachzahlen vorgehen, damit das Zahlenhaus nicht zu lang wird? Gibt es Möglichkeiten, in größeren Schritten zu hüpfen?

Didaktische Reflexion und mögliche Beobachtungen Das Format des Zahlenhauses spielte bereits bei der Zahlbegriffsentwicklung im kleinen Zahlenraum im Zusammenhang mit der systematischen Zerlegung einer Zahl eine Rolle (Abschn. 4.1.1.2). Im Rahmen des weiterführenden Rechnens kann das Format die Grundlage für verschiedene Aktivitäten sein. Werden Zahlenhäuser frei erfunden oder vorgegebene Zahlenhäuser untersucht, intendieren diese Aktivitäten zunächst das Sehen von Gesetzmäßigkeiten und Zusammenhängen. Geht es bei den Aktivitäten darum, begonnene Zahlenhäuser systematisch fortzusetzen oder verschiedene Zerlegungen der Dachzahl sinnvoll innerhalb des Zahlenhauses anzuordnen, liegt der Schwerpunkt stärker auf dem Strukturieren.

Zahlenhäuser stellen in den Klassen 1 bis 4 ein ergiebiges Aufgabenformat dar, mit dem vielfältige Aktivitäten angeregt werden können:

- Zahlhäuser frei oder zu vorgegebenen Dachzahlen erfinden
- Zahlenhäuser erfinden, bei denen es etwas zu entdecken gibt
- Zahlenhäuser mit Lücken erfinden, die von Mitschülerinnen und Mitschülern ausgefüllt werden können (Hier kann ganz gezielt die Vorgabe gemacht werden, diese so zu gestalten, dass beim Füllen der Lücken nicht gerechnet werden muss.)
- Begonnene Zahlenhäuser weiterführen (Abb. 5.36)
- Von einem Term die Dachzahl finden – ein Zahlenhaus, in dem ein Stockwerk eingetragen ist (beispielsweise $396 + 404$) systematisch so verändern (und damit die Stockwerke nach oben „klettern"), bis die Dachzahl offensichtlich wird
- Vorgefertigte Zahlenhäuser auf Gesetzmäßigkeiten untersuchen

Mit verschiedenen Aktivitäten zum Erfinden, Untersuchen und Vergleichen von Zahlenhäusern wird nicht nur das Teile-Ganzes-Konzept weiter ausgebildet, sondern sie ermöglichen auch Einblicke in Zahl- und Aufgabenbeziehungen. Die Kinder erfahren das gegensinnige Verändern als Konstruktionsprinzip, das später auf Termgleichungen (siehe Zahlenwaagen in Abschn. 5.1.1) übertragen werden kann. Ebenso kann im Umgang mit eigenständig erfundenen Zahlenhäusern das für die Addition geltende Kommutativgesetz zur Sprache kommen.

Betrachtet man die von den Kindern erfundenen Zahlenhäuser (Abb. 5.35), lassen sich daraus möglicherweise Rückschlüsse auf die Vorgehensweisen und damit verbundene Kompetenzen ziehen. So kann beispielsweise an verschiedenen Stellen von Emres Zahlenhaus (ganz links) vermutet werden, dass er die Kommutativität der Addition nutzt und ein neues Zahlenpaar findet, indem er die beiden Summanden austauscht. Tanjas Zahlenhaus (zweites von links) könnte zunächst den Eindruck erwecken, dass sie es sich beim Erfinden leicht gemacht hat. Ob sie die mathematische Gesetzmäßigkeit des gegensinnigen Veränderns bewusst oder intuitiv als Konstruktionsprinzip nutzt, kann im gemeinsamen Gespräch erschlossen werden. Die Zahlenhäuser von Tanja und Sascha eignen sich für

Welche Zahlenpaare gehören in welches Haus?
Zeichne die Häuser in dein Heft. Fülle sie vollständig aus. Was fällt dir auf?

Abb. 5.36 Zahlenhäuser weiterführen und untersuchen. (Schütte 2005a, 32)

den Austausch im Plenum, um über die Vorgehensweisen bewusst nachzudenken und zu ergründen, warum trotz Veränderung der Zahlenpaare deren Summen immer gleich bleiben.

Saschas Zahlenhäuser (die beiden rechten) sind ein schönes Beispiel dafür, dass Schülerinnen und Schüler bei offenen Lernangeboten nicht den einfachsten Weg wählen. Sascha wählte die Dachzahl 100, die für ihn als Zweitklässler die größte Zahl des schulisch erschlossenen Zahlenraums darstellt. In seiner Eigenproduktion ist unseres Erachtens deutlich zu beobachten, wie er sich zunächst auf bekanntem Terrain bewegt, sich dann aber über dieses hinauswagt. Interpretiert man die Zerlegungen mit Zehnerzahlen als „Bewegung auf bekanntem Terrain", so könnte die Zerlegung in 75 und 25 (rechtes Zahlenhaus unten) dem Herantreten an die Terraingrenze gleichkommen. Das zweite von ihm erfundene Zahlenhaus (zweites von rechts), in dem keine reinen Zehnerzahlen mehr auftauchen, könnte dann das Erschließen von Neuland repräsentieren. Offensichtlich nutzt Sascha die Systematik des gegensinnigen Veränderns bei seinem zweiten Zahlenhaus nicht. Dennoch zeigen sich auch in diesem Gesetzmäßigkeiten, die durch geschickte Impulse ins Blickfeld der Kinder gerückt werden können. Um neue Zahlenpaare zu finden, werden beispielsweise Einerstellen getauscht (89 + 11 = 81 + 19) und Zehnerstellen getauscht (42 + 58 = 52 + 48). Ob Sascha die Kommutativität der Addition hier gezielt einsetzt, ist nicht klar. Dennoch können Saschas Zahlenpaare für die gesamte Lerngruppe ein Anlass zum Weiterdenken sein, wenn man die Kinder anregt, zu er- und begründen, warum diese Änderungen möglich sind.

Aufgaben systematisch verändern und einfache Aufgaben finden (Abb. 5.37)

Die nachfolgend beschriebene Aktivität (Abb. 5.37) stellt eine mögliche Erweiterung des Aufgabenformats „strukturierte Aufgabenserien" für das weiterführende Rechnen dar. Das bekannte Format wird hier gezielt genutzt, um zu erkunden, wie durch das systematische gleich- oder gegensinnige Verändern einer Startaufgabe einfachere Aufgaben gefunden werden können. Vielfältige Erfahrungen mit dem Erfinden und Untersuchen von strukturierten Aufgabenserien und Zahlenhäusern sind die Voraussetzungen für diese Aktivität, da die Schülerinnen und Schüler die Prinzipien des gleich- beziehungsweise gegensinnigen Veränderns verstanden haben müssen.

Als Startpunkt bekommt ein Tandem eine Aufgabe, die nicht ausgerechnet, sondern so lange gleich- beziehungsweise gegensinnig verändert wird, bis die beiden eine Aufgabe finden, deren Ergebnis sie auf einen Blick sehen. Von dieser Aufgabe ausgehend können dann Ergebnisse ergänzt und weitere Aufgaben gefunden werden.

Material: Blatt mit einer vorgegebenen Aufgabe

Sozialform: Partnerarbeit, Austausch im Plenum

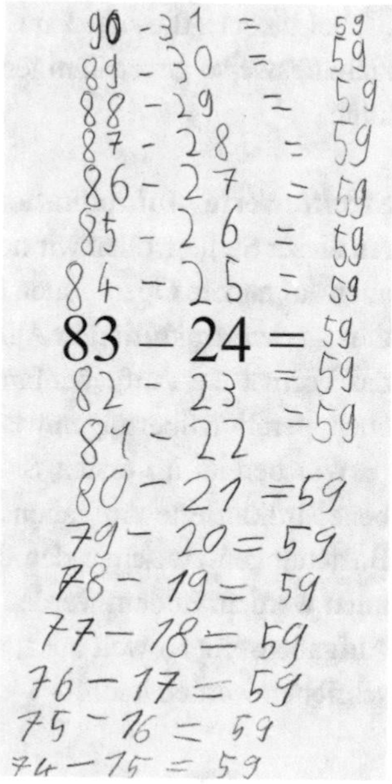

Abb. 5.37 Eine Aufgabe systematisch verändern – einfache Aufgaben finden

Zeitpunkt: Diese Aktivität kann im zweiten Schuljahr dann angeboten werden, wenn Schülerinnen und Schüler vielfältige Erfahrungen mit Zahlenhäusern und Aufgabenserien gemacht haben, deren Konstruktionsprinzip das gleich- beziehungsweise gegensinnige Verändern ist.

Mögliche Impulse und Fragestellungen
- Wie könnt ihr sicher sein, dass sich durch eure Veränderungen das Ergebnis nicht verändert? Könnt ihr das begründen und zeigen?
- Bei welcher Aufgabe habt ihr das Ergebnis sofort gesehen? Warum?
- Gibt es noch mehr leichte Aufgaben in eurem „schönen Päckchen"? Begründet, warum diese Aufgaben leicht sind.
- Warum sind Additionsaufgaben mit einer Zehnerzahl leicht zu lösen unabhängig davon, ob diese an erster oder zweiter Stelle steht? Warum macht es bei Subtraktionsaufgaben einen Unterschied, an welcher Stelle die Zehnerzahl steht?

Didaktische Reflexion und Beobachtungsmöglichkeiten Bei dieser Aktivität werden Zahlenhäuser und strukturierte Aufgabenserien genutzt, um gezielt solche Veränderungen von Aufgaben in Blick zu nehmen, die keine Auswirkung auf das Ergebnis haben. Damit verbunden ist das Ziel, die strategischen Werkzeuge des gleich- und gegensinnigen Veränderns zur Vereinfachung von Aufgaben ins Bewusstsein der Schülerinnen und Schüler zu rücken. Zudem können die dabei entstandenen strukturierten Aufgabenserien dahingehend untersucht werden, an welcher Stelle die leichten Aufgaben auftauchen und welche Aufgaben jeweils in deren Nachbarschaft stehen.

Bei dieser Aktivität kann beobachtet werden, inwiefern das Prinzip des gleich- beziehungsweise gegensinnigen Veränderns durchdrungen wurde und angewendet werden kann.

Strukturierte Multiplikationsserien untersuchen (Abb. 5.38)
An dieser Stelle wollen wir noch einen Ausblick geben, wie die beschriebenen Aktivitäten auch auf andere Operationen übertragen werden können (Kap. 7). Exemplarisch geschieht dies an den strukturierten Aufgabenserien. Wie an diesem Beispiel aufgezeigt, kann auch das Format der Aufgabenfamilien auf einen anderen Zahlenraum oder eine andere Rechenoperation übertragen werden (Abschn. 6.2.6).

Wie bereits im ersten Schuljahr geht es auch bei dieser Aktivität darum, vorgegebene strukturierte Aufgabenserien fortzusetzen (Abb. 5.38). Dies setzt voraus, dass die Beziehungen zwischen den einzelnen Aufgaben erkannt und für die Weiterführung genutzt werden. Zudem werden die Schülerinnen und Schüler angeregt, die Aufgaben einer Aufgabenserie so weit auszurechnen, bis ein Muster in den Ergebnissen erkannt und beschrieben werden kann.

Abb. 5.38 Aufgaben mit schönen Ergebnissen. (Schütte 2006, 43)

Die multiplikativen Aufgabenserien können in der vierten Klassenstufe mit folgendem Arbeitsauftrag eingesetzt werden: „Wählt euch zusammen mit einem Partner eine Aufgabenserie aus. Findet die fehlenden Aufgaben und untersucht die Ergebnisse. Schreibt eure Entdeckungen auf."

Material: Aufgabenserien auf Plakaten oder an der Tafel, Lerntagebuch oder Heft

Sozialform: Partner- oder Gruppearbeit, Austausch im Plenum

Zeitpunkt: Diese Aktivität kann im vierten Schuljahr eingesetzt werden; Voraussetzung ist die schriftliche Multiplikation.

Mögliche Impulse und Fragestellungen Die die Aktivität begleitenden Impulse und Fragestellungen unterscheiden sich prinzipiell nicht von denen im ersten Schuljahr (Abschn. 5.1.3). Sie beziehen sich auf Beziehungen zwischen den Aufgaben und den Mustern in den Ergebnissen:

- Wie könnte die Serie weitergehen? Woran erkennt man das?
- Kann die Serie in beide Richtungen weitergeführt werden und wie lange?
- Welches Muster lässt sich in den Ergebnissen erkennen?

Didaktische Reflexion und mögliche Beobachtungen Die didaktischen Überlegungen zu den strukturierten Multiplikationsserien decken sich mit denen in Abschn. 5.1. Das Potenzial der Aktivität wird deshalb anhand eines Schülerdokuments veranschaulicht.

An den Aufgabenserien von Laura und Mareike (Abb. 5.39) wird deutlich, dass sie die zugrunde liegenden Muster erkannt haben. Ein Blick auf ihre Nebenrechnungen verrät zudem, dass die beiden Schülerinnen nach den ersten drei Aufgaben das erkannte Ergebnismuster nutzen, um weitere Ergebnisse zu finden. Besonders interessant ist die letzte

Abb. 5.39 Laura und Mareike untersuchen schöne Multiplikationspäckchen

Aufgabe der zweiten Serie: $110 \cdot 99 = 10.890$. Laura und Mareike haben den ersten Faktor und das Ergebnis in Klammern gesetzt. Die Aufgabe passt zum Aufbauprinzip der Serie. Trotzdem wird sie von den beiden Schülerinnen nicht als passend empfunden, vermutlich deshalb, weil sich beim ersten Faktor und dem Ergebnis das gewohnte Muster im Zahlaufbau nicht fortsetzt.

Im Anschluss an diese Aktivität können Schülerinnen und Schüler angeregt werden, selbst schöne Multiplikationspäckchen zu erfinden.

Flexibles Rechnenlernen gestalten

6

Im letzten Kapitel des Buches steht die konkrete Gestaltung des Rechnenlernens im Mittelpunkt. Ausgehend von dem im ersten Kapitel dargestellten Modell zur Rechenwegsentwicklung wird zunächst der Frage nachgegangen, wie nachhaltige Lernangebote zum Rechnenlernen generell gestaltet werden können. Hier kommen mathematisch ergiebige Lernangebote ins Blickfeld, da sie natürliche Differenzierung implizieren und somit das „miteinander eigenständig Lernen" (Rathgeb-Schnierer und Feindt 2014, 31) ermöglichen. Anschließend an die theoretischen Überlegungen wird an ausgewählten Aktivitäten zur Förderung flexibler Rechenkompetenzen (Kap. 4 und 5) aufgezeigt, wie daraus konkrete Lernangebote entwickelt und im Unterricht umgesetzt werden können.

6.1 Miteinander eigenständig lernen

Bereits im ersten Kapitel wurde theoretisch grundgelegt, dass geeignete Aufgaben sowie Kommunikation und Argumentation zentrale Merkmale eines Lernangebots zur Entwicklung flexibler Rechenkompetenzen darstellen (Abschn. 1.2). Diese Kombination setzt voraus, dass Unterricht eben nicht nach dem Prinzip „24 Aufgaben für 24 Kinder" (Rathgeb-Schnierer und Feindt 2014, 30) gestaltet wird, wie dies häufig in Konzepten der isolierten Individualisierung der Fall ist. Wenn im Mathematikunterricht die Kommunikation und Argumentation über Ideen, Entdeckungen und Lösungswege stattfinden soll, dann setzt dies voraus, dass sich alle Kinder mit derselben Thematik beschäftigt haben. Allerdings ist damit nicht gemeint, dass der Mathematikunterricht im Gleichschritt erfolgt und damit nicht an den individuellen Lernständen der Kinder ansetzt. Gerade in der Balance zwischen individueller Auseinandersetzung und sozialem Austausch liegt nicht nur die Chance für das Rechnenlernen, sondern insbesondere auch für den Umgang mit der Heterogenität einer jeden Schulklasse (Nührenbörger und Pust 2006; Rathgeb-Schnierer und Rechtsteiner-Merz 2010). Rathgeb-Schnierer und Feindt (2014) bezeichnen diese Balance als „miteinander eigenständig lernen" und haben die dieser Bezeichnung inhärenten

© Springer-Verlag GmbH Deutschland, ein Teil von Springer Nature 2018
E. Rathgeb-Schnierer und C. Rechtsteiner, *Rechnen lernen und Flexibilität entwickeln*,
Mathematik Primarstufe und Sekundarstufe I + II,
https://doi.org/10.1007/978-3-662-57477-5_6

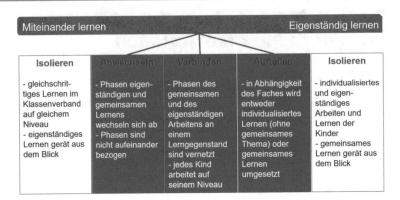

Abb. 6.1 Didaktische Verbindungmöglichkeiten der Pole miteinander und eigenständiges Lernen. (Rathgeb-Schnierer und Feindt 2014, 32)

beiden Pole sowie deren didaktische Verbindungsmöglichkeiten in einem Schaubild dargestellt (Abb. 6.1).

Die äußeren Spalten stellen die beiden Pole „miteinander lernen" und „eigenständig lernen" isoliert dar und es zeigt sich, dass bei der Isolierung jeweils relevante Aspekte verloren gehen: beim isolierten miteinander Lernen die eigenständige Auseinandersetzung auf der Basis der individuellen Lernstände; beim isolierten eigenständigen Lernen der soziale Austausch mit all seinem Potenzial für das Weiterschreiten im Lernprozess. In den drei Mittelfeldern wird eine Verknüpfung der beiden Pole angestrebt: entweder durch das Abwechseln der Ansätze innerhalb eines Faches, das Aufteilen der Ansätze in den verschiedenen Fächern oder das dezidierte Verbinden beider Ansätze, indem Phasen des eigenständigen und gemeinsamen Lernens in einem Fach an einem Lerngegenstand und innerhalb einer Unterrichtseinheit verwirklicht werden. Gerade in dieser Verbindung, die durch einen gemeinsamen Lerngegenstand gekennzeichnet ist, liegt die Chance, Lernprozesse in der Balance zwischen Eigenkonstruktion und sozialem Austausch zu gestalten und eben nicht nur das eine zu tun und das andere zu lassen.

Natürlich stellt sich die berechtigte Frage, ob sich eigenständiges Lernen und ein Miteinander-Lernen überhaupt verbinden lassen oder es sich hierbei nicht um unvereinbare Gegensätze handelt. Wenn dies der Fall wäre, dann wären beide Formen des Lernens nur additiv zu denken, wie das in den oben dargestellten Varianten des Aufteilens und Abwechselns realisiert wird. Bei beiden Varianten spielen das Miteinander-Lernen und das eigenständige Lernen wichtige Rollen und es liegt kein einseitiger Schwerpunkt entweder auf der einen oder der anderen Form. Allerdings durchdringen sich in beiden Varianten die Formen nicht wechselseitig, indem die eigenständige Auseinandersetzung mit einem Sachverhalt auf der Grundlage der individuellen Lernvoraussetzungen dem sozialen Austausch vorausgeht und aus dem Austausch von Ideen, Vorgehensweisen und Entdeckungen wieder Impulse zum individuellen Weiterdenken und -arbeiten erwachsen.

Fragen

Aber lassen sich diese beiden Formen des Lernens tatsächlich so verbinden, dass sie sich wechselseitig befruchten, oder ist es nicht eher so, dass Kinder entweder eigenständig oder gemeinsam lernen können?

Inwieweit das eigenständige Lernen und das Miteinander-Lernen keine unvereinbaren Gegensätze darstellen, sondern gerade durch die Verbindung beider Formen Lernprozesse fruchtbar angeregt werden können, wird im Kontext des Mathematiklernens breit diskutiert (z. B. Benölken et al. 2016; Brandt und Nührenbörger 2009; Gallin und Ruf 1998a, 1998b, 1998c; Häsel-Weide 2016a; Häsel-Weide und Nührenbörger 2017; Hengartner et al. 2006; Hirt und Wälti 2008; Käpnick 2016; Krauthausen und Scherer 2014; Rödler 2016; Matter 2016; Nührenbörger und Pust 2006; Scherer 2015; Schütte 2008; Rathgeb-Schnierer und Rechtsteiner-Merz 2010; Wittmann 1990).

Dabei kommen zwei wichtige Aspekte nachhaltigen Lernens ins Blickfeld: das Lernen auf eigenen Wegen und das Lernen im sozialen Austausch (Kap. 1).

Lernen auf eigenen Wegen

Das Lernen auf eigenen Wegen – als Eigenkonstruktion – ist in den letzten Jahren nicht nur zu einer zentralen didaktischen Leitidee des Grundschulunterrichts geworden (z. B. Krauthausen und Scherer 2014; Nührenbörger und Pust 2006; Schütte 2004c), sondern auch in den Bildungsstandards und Lehrplänen verankert. Kurz gefasst bedeutet es, dass die Kinder die Möglichkeit haben, sich eigenständig und selbstgesteuert mit Sachverhalten auseinanderzusetzen und eigene Ideen und Vorgehensweisen zu entwickeln. Dabei kommt es auf die Qualität des Lösungsprozesses ebenso an wie auf das Endprodukt. Die Umsetzung des Lernens auf eigenen Wegen erfordert eine Veränderung der Aufgaben- und Unterrichtskultur (Walther et al. 2008). Es bedarf kognitiv aktivierender Aufgaben, die alle Kinder zur eigenen Auseinandersetzung anregen (Walther 2004). Damit dies gelingen kann, ist nicht nur ausreichend Zeit notwendig, sondern auch eine adaptive Lernbegleitung (die auch in Phasen des Lernens unverzichtbar ist) durch die Lehrperson (Rechtsteiner 2017b; Schnebel 2014; Haug und Helmerich 2017). Diese kann entsprechend den verschiedenen Teilprozessen, die das Lernen umfasst, nach Schnebel (2014) auf drei verschiedenen Ebenen ansetzen: der kognitiven, der metakognitiven und der emotional-motivationalen Ebene.

Lernen auf eigenen Wegen ist immer auch mit „Irrwegen" verbunden, deshalb ist ein veränderter Umgang mit Fehlern erforderlich: Fehler gehören zum Lernprozess und haben diagnostisches Potenzial. Das explizite Nachdenken über die Fehler und das Ergründen der Ursachen können den Lernprozess voranbringen (Krauthausen und Scherer 2014; Rathgeb-Schnierer und Rechtsteiner-Merz 2010).

Was bedeutet Lernen auf eigenen Wegen für die Unterrichtspraxis? Fordert diese Leitidee nicht zur kompletten Individualisierung des Unterrichts auf?

In der Tat: Unterrichtsformen wie beispielsweise Stationenlernen, Werkstattlernen oder Wochenplanarbeit bieten in der Regel jedem Kind die Gelegenheit, sein Arbeitsfeld und sein Arbeitstempo eigenständig zu bestimmen. Lernprozesse verlaufen – im jeweils gegebenen Rahmen – individualisiert und können deshalb an die Vorkenntnisse und Leistungsvoraussetzungen eines Kindes angepasst werden. Auf diese Weise ist es sicher möglich, jedes Kind in einem bestimmten Rahmen entsprechend seinem Leistungsniveau zu fordern und zu fördern. Aber wenn das Lernen auf eigenen Wegen ausschließlich zur Individualisierung des Unterrichts führt, werden zentrale allgemeine mathematikbezogene Kompetenzen nicht entwickelt wie sprachliche Darstellung, Reflexion oder Argumentieren über mathematische Sachverhalte. Ebenso ist bei einer ausschließlichen Individualisierung der soziale Austausch deutlich erschwert oder gar unmöglich.

Lernen im sozialen Austausch

Das Lernen im sozialen Austausch (Von- und Miteinanderlernen) ist eine weitere zentrale didaktische Leitidee für den Mathematikunterricht (Schütte 2004c). Wird diese ausschließlich als Helfersystem verstanden – das stärkere Kind hilft dem schwächeren beim Lernen –, so geht der eigentliche Sinn verloren. Mit der didaktischen Leitidee des Von- und Miteinanderlernens wird der Blick auf die Kommunikation im Lernprozess gelenkt (Schütte 2004c). Diese bezieht sich auf das Austauschen von vielfältigen Gedanken und konkreten Überlegungen, die die Auseinandersetzung mit einem Lernangebot begleiten. Dazu gehören erste Einfälle und Lösungsideen ebenso wie konkrete Vorgehensweisen, Entdeckungen und vieles mehr (Rathgeb-Schnierer und Rechtsteiner-Merz 2010). Kommunikation baut eine Brücke zwischen dem „singulären" Denken des Einzelnen und dem „divergenten" Denken der anderen, die es ermöglicht, mathematische Einsichten weiterzuentwickeln und im Lernprozess voranzuschreiten (Gallin und Ruf 1998a). Ziel des Von- und Miteinanderlernens besteht also darin, eigene Ideen und Vorgehensweisen mitzuteilen, die der anderen zu verstehen und eignes Wissen weiterzuentwickeln.

Können diese beiden Leitideen miteinander verknüpft werden oder stellen sie nicht vereinbare Gegensätze dar?

Auch wenn es auf den ersten Blick so erscheinen mag, stellen die beiden Leitideen keine unvereinbaren Gegensätze dar, sondern hängen sogar unmittelbar zusammen und sind genau genommen ohne einander nicht denkbar. Denn es bedarf zunächst der intensiven eigenständigen Auseinandersetzung mit einem Thema, bevor ein Austausch darüber an Tiefe gewinnt. Gleichzeitig können das Kennenlernen von und die Erfahrung

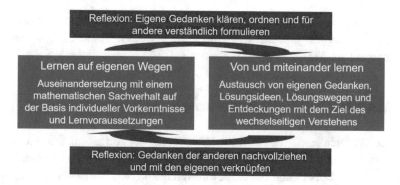

Abb. 6.2 Eigenständiges und miteinander Lernen in Balance. (Rathgeb-Schnierer 2010c, 4)

mit den Ideen der Mitlernenden wieder in den eigenständigen Aneignungsprozess einfließen (Abb. 6.2).

Die eigenständige Beschäftigung mit einem Lernangebot ist Voraussetzung dafür, dass eigene Ideen und Vorgehensweisen entwickelt und danach mit anderen ausgetauscht werden können. Umgekehrt kann die Kommunikation über einen Sachverhalt das eigenständige Lernen in vielerlei Hinsicht anregen und ihm neue Impulse geben. Werden Kinder angeregt, ihre Lösungswege und Entdeckungen auszutauschen, erfordert dies das intensive Nachdenken über eigene und fremde Ideen. Vor dem Austausch müssen die Kinder ihre eigenen Gedanken klären, ordnen und sich dieser bewusst werden. Beim Austausch sind sie herausgefordert, ihr eigenes Denken nachvollziehbar darzustellen. Ebenso müssen sie versuchen, die Gedanken der anderen Kinder zu verstehen. Alle diese Prozesse können zu einer intensiven Durchdringung des zugrunde liegenden mathematischen Sachverhalts führen.

Das eigenständige Lernen setzt voraus, dass ein Lernangebot in seinem Schwierigkeitsniveau an die individuellen Kompetenzen eines Lernenden angepasst ist. Gemeinsames Lernen hingegen erfordert, dass alle Lernenden am selben Lerngegenstand arbeiten. Diese beiden Voraussetzungen sind im Konzept der natürlichen Differenzierung gegeben.

Natürliche Differenzierung
Der Begriff der „natürlichen Differenzierung" wurde von Wittmann (1990, 159) im Zusammenhang mit der Konzeption des aktiv-entdeckenden Lernens geprägt. Hier wird „Lernen und Üben in Sinnzusammenhängen veranlasst" (ebd.) und durch die ganzheitliche Erarbeitung von Themen haben alle Schülerinnen und Schüler die Möglichkeit, an diesen Themen auf ihrem individuellen Schwierigkeitsniveau zu arbeiten. Als konstituierende Merkmale der natürlichen Differenzierung nennen Krauthausen und Scherer (2014, 50 f.) vier Punkte: Natürliche Differenzierung ist dann gegeben, wenn (1) ein gemeinsames Lernangebot für die gesamte Lerngruppe gemacht wird, das sich (2) durch inhaltliche Ganzheitlichkeit und hinreichende Komplexität auszeichnet. Ein solches eröffnet den Lernenden (3) Freiheitsgrade im Hinblick auf die Durchdringungstiefe, die Dokumentationsformen, die genutzten Hilfsmittel und die Lösungswege. Zudem ermög-

licht ein solches Lernangebot (4) das Von- und Miteinanderlernen, das gerade deshalb möglich wird, weil die gesamte Lerngruppe an derselben Thematik bzw. am selben Lerngegenstand arbeitet.

6.1.1 Mathematisch ergiebige Lernangebote

In den letzten Jahren wurde viel über die Veränderung der Aufgabenkultur im Mathematikunterricht nachgedacht und in diesem Kontext das Konzept der natürlichen Differenzierung diskutiert. Dabei stand die Frage im Mittelpunkt, wie Aufgaben gestaltet werden können, um das eigenständige Lernen und das Miteinander-Lernen sinnvoll zu verbinden, um somit die aktive und nachhaltige Auseinandersetzung der Kinder mit Mathematik sowie die allgemeinen mathematischen Kompetenzen zu fördern.

In Anlehnung an Schütte (2008) verwenden wir den Begriff „mathematisch ergiebige Lernangebote" und verbinden damit Aufgabenstellungen mittlerer Komplexität, die eine natürliche Differenzierung implizieren. Das heißt, die Problem- und Aufgabenstellungen sind so konzipiert, dass sie allen Kindern einen Einstieg in die inhaltliche Auseinandersetzung ermöglichen und bei dieser Auseinandersetzung individuelle Lösungswege auf unterschiedlichen Niveaus zulassen. Zudem wird der Austausch über die individuellen Ideen, Zugänge und Lösungswege angeregt. Über diese herausfordernde Komplexität hinaus, die das ganzheitliche Lernen in Sinnzusammenhängen ermöglicht, sind diese Lernangebote durch weitere Merkmale gekennzeichnet (Birnstengel-Höft und Feldhaus 2006; Hengartner et al. 2006; König-Wienand et al. 2006; Krauthausen und Scherer 2007, 2014; Rathgeb-Schnierer und Rechtsteiner-Merz 2010; Schütte 2008):

- Sie sind mathematisch ergiebig, indem sie fachtypische Denk- und Arbeitsweisen fordern und fördern.
- Sie knüpfen an den Interessen und Vorerfahrungen der Kinder an und sind so formuliert, dass alle Kinder – unabhängig von ihrem Leistungsniveau – mit dem Lernangebot beginnen können.
- Sie regen individuelle Lösungswege auf unterschiedlichen Schwierigkeitsniveaus an und ermöglichen somit das eigenständige Lernen.
- Sie sind kognitiv aktivierend und fordern die Kinder zum Weiterschreiten im Lernprozess heraus, da sie nicht routinemäßig gelöst werden können, sondern neue Lösungsansätze und -wege entwickelt werden müssen.
- Sie regen Kommunikation und Argumentation über die individuellen Zugänge an.

Am Lernangebot „Geheimnis der vertauschten Ziffern" (Schütte 2004d, 107; siehe Abschn. 5.2) werden nachfolgend die oben genannten Merkmale differenziert erläutert (Rathgeb-Schnierer 2013). Wie sich diese Merkmale dann tatsächlich in der Auseinandersetzung mit dem Lernangebot zeigen können, veranschaulichen wir am Beispiel von Jannik – einem Schüler zu Beginn der dritten Klasse.

Das Lernangebot „Geheimnis der vertauschten Ziffern"

Beim Lernangebot „Geheimnis der vertauschten Ziffern" geht es darum, viele verschiedene Subtraktionsaufgaben nach einer vorgegebenen Regel zu bilden und deren Ergebnisse im Hinblick auf Muster zu untersuchen. Aus den Ziffern 1 bis 9 werden für jede Aufgabe zwei ausgewählt, daraus die beiden möglichen zweistelligen Zahlen gebildet und deren Differenz bestimmt.

Jannik und das Geheimnis der vertauschten Ziffern

Die drei Auszüge aus Janniks Lerntagebuch (Abb. 6.3, 6.4, 6.5) dokumentieren seine Auseinandersetzung mit dem „Geheimnis der vertauschen Ziffern", die sich über drei Doppelstunden erstreckte. Zwischen den einzelnen Arbeitsphasen fand immer wieder ein Zwischenaustausch statt (Abschn. 6.1.2). Auch während der Arbeitsphasen konnte sich Jannik mit anderen Kindern austauschen.

Jannik (Klasse 3) beginnt seinen Erkundungsprozess damit, dass er verschiedene Aufgaben – wahrscheinlich zufällig – bildet. Nachdem er zwei Mal das Ergebnis 9 bekommen hat, stellt er eine Vermutung auf, der er dann auch gezielt nachgeht (Abb. 6.3). In den beiden weiteren Arbeitsphasen wird durch gezielte Impulse der Blick auf alle möglichen Ergebnisse (Abb. 6.4) und das Entstehen der Ergebnisse (Abb. 6.5) gelenkt. Mit der Frage „Kann man zu einem Ergebnis gezielt Aufgaben finden?" bekommt Jannik in der dritten Arbeitsphase die Gelegenheit, seiner eingangs gestellten Vermutung noch einmal gezielt nachzugehen.

Mathematische Ergiebigkeit

Mathematisch ergiebige Lernangebote beabsichtigen weitaus mehr, als die Schülerinnen und Schüler zum richtigen Lösen von Aufgaben aus unterschiedlichen Inhaltsbereichen

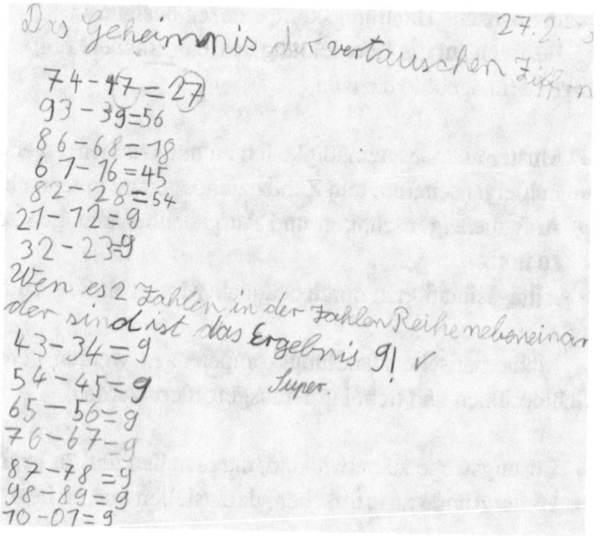

Abb. 6.3 Janniks erste Erkundung. (Rathgeb-Schnierer 2013, 65)

Abb. 6.4 Janniks zweite Erkundung

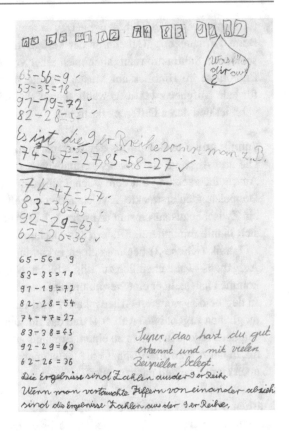

zu befähigen. Mathematisch ergiebig sind Lernangebote dann, wenn durch sie mathematisches Denken und Arbeiten angeregt wird, das sich sowohl auf Inhalte als auch auf mathematische Handlungskompetenzen bezieht.

Bezogen auf die Entwicklung flexibler Rechenkompetenzen regen mathematisch ergiebige Lernangebote dazu an,

- Muster und Gesetzmäßigkeiten zu untersuchen, zu erkennen und zu nutzen.
- Zahleigenschaften und Zahlbeziehungen zu untersuchen, zu erkennen und zu nutzen.
- Aufgabeneigenschaften und Aufgabenbeziehungen zu untersuchen, zu erkennen und zu nutzen.
- Alltagssituationen durch adäquate Modellbildung zu mathematisieren.

Mathematische Handlungskompetenzen werden gefordert und gefördert, indem die Schülerinnen und Schüler herausgefordert werden,

- Lösungswege zu entwickeln, darzustellen und zu begründen.
- Hintergründe zu erforschen, darzustellen und zu begründen.

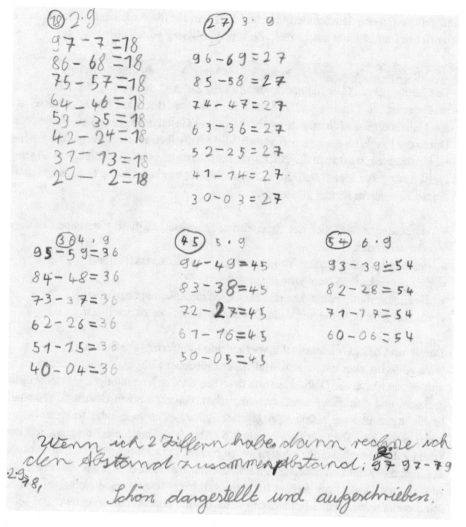

Abb. 6.5 Janniks dritte Erkundung

- Vermutungen aufzustellen, zu bestätigen oder zu verwerfen.
- durch Ordnen, Sortieren und Systematisieren einen Überblick zu gewinnen.
- Aufgaben zu variieren und operativ zu verändern.

Eine geeignete Aufgabenstellung ist eine notwendige, jedoch keine hinreichende Voraussetzung, um mathematisches Denken und Arbeiten anzuregen. Der Lehrperson kommt hierbei eine entscheidende Rolle zu, indem sie durch gezielte Fragen und Impulse den Blick auf mathematische Gesetzmäßigkeiten lenkt und die Schülerinnen und Schüler zur vertieften Durchdringung anregt. Ebenso kann mathematisches Denken und Arbeiten nur dann gelingen, wenn den Schülerinnen und Schülern für die Auseinandersetzung mit einem offenen Lernangebot ausreichend Zeit zur Verfügung gestellt wird.

Was macht das „Geheimnis der vertauschten Ziffern" mathematisch ergiebig?

Das Lernangebot „Geheimnis der vertauschten Ziffern" regt in vielerlei Hinsicht zum mathematischen Denken und Arbeiten an. Mit dem Blick auf die Ergebnisse steht das Untersuchen und Erkennen von Mustern und Gesetzmäßigkeiten im Vordergrund. Durch die Frage, ob ganz gezielt verschiedene Aufgaben zu einem Ergebnis generiert werden können, wird auch das Nutzen dieser Muster und Gesetzmäßigkeiten angeregt. Das Lernangebot bietet vielfältige Möglichkeiten, mathematische Handlungskompetenzen zu fördern: Kinder können …

- Vermutungen bezüglich der Ergebnismuster aufstellen, diese testen und bestätigen oder verwerfen,
- sich durch systematisches Vorgehen einen Überblick verschaffen,
- ihre entwickelten Lösungswege darstellen,
- die Hintergründe erforschen und die Gesetzmäßigkeiten begründen,
- die Aufgabe variieren, um dadurch vertiefte Einblicke zu gewinnen.

Jannik und das „Geheimnis der vertauschten Ziffern" (Fortsetzung)

Nach zunächst eher zufälligem Bilden verschiedener Subtraktionsaufgaben wird bereits in Janniks erster Dokumentation deutlich, dass er Vermutungen aufstellt, diesen nachgeht und sich dabei durch systematisches Vorgehen einen Überblick verschafft: Er sucht gezielt zwei aufeinanderfolgende Zahlen in aufsteigender Reihenfolge und bildet damit Aufgaben mit dem Ergebnis 9 (Abb. 6.3). Durch die Anregung, mit konkreten Ziffernkombinationen Aufgaben zu bilden, kann Jannik weitere Entdeckungen machen; dies zeigt sich in seinem zweiten Dokument (Abb. 6.4). Besonders interessant ist hier, dass Jannik nach seinem Erkundungsprozess sowohl seine Aufgaben als auch seine zusammenfassende Entdeckung noch einmal übersichtlich darstellt. Bei seiner dritten Auseinandersetzung variiert er die Aufgabenstellung so, dass er gezielt Aufgaben mit derselben Zifferndifferenz bildet, um gleiche Ergebnisse zu generieren. Hier knüpft er an seine erste Entdeckung an (Abb. 6.5).

Interessen und Vorerfahrungen einbeziehen

Werden bei Lernangeboten die Interessen und Vorerfahrungen der Kinder berücksichtigt, kann die Motivation aus der Sache heraus erfolgen. Der Aspekt der Motivation ist allerdings nicht der einzige Grund dafür, Lernangebote an Vorerfahrungen und Interessen zu knüpfen. Vielmehr kann Lernen nur dann nachhaltig gelingen, wenn eine solche Verknüpfung stattfindet (Terhart 1999).

Fragen

Wie können die Vorerfahrungen von Kindern im Lernprozess berücksichtigt werden?

Eine Möglichkeit besteht darin, bei der Planung eines Lernangebots das Blickfeld zu erweitern und nicht ausschließlich darauf zu fokussieren, was die Kinder am Ende können sollten. Vielmehr ist es empfehlenswert, der Frage nachzugehen, welche Vorerfahrungen Kinder benötigen, um in die Beschäftigung mit einem Lernangebot einzusteigen. Ein Lernangebot sollte so gestaltet sein, dass alle Kinder der Klasse anfangen können, sich mit ihm auseinanderzusetzen (z. B. Gallin und Ruf 1998a; Hengartner et al. 2006; Schütte 2008; Wittmann 1990). Es sollte keine Schwierigkeiten enthalten, die die Kinder aufgrund ihrer Vorkenntnisse zu Beginn der Arbeit nicht bewältigen können. Zudem bietet es sich im Unterrichtsprozess an, regelmäßig gezielt solche Lernangebote zu machen, die auch die Erkundung der individuellen Lernstände zum Ziel haben, wie beispielsweise das Erfinden und Sortieren von Aufgaben nach subjektiven Kriterien.

Fragen

Wann sind Lernangebote für Kinder interessant?

Die Verknüpfung mit ihrer Erfahrungswelt spielt dabei sicher eine nicht zu unterschätzende Rolle. Allerdings wäre es zu kurz gefasst, davon auszugehen, dass sich Kinder nur dann für mathematische Lernangebote interessieren, wenn sie mit der konkreten Lebens- und Alltagswelt verbunden sind. Damit würde man weder der Mathematik selbst noch den Kindern gerecht werden. Mathematische Aufgaben- und Problemstellungen können anwendungs- oder strukturorientiert sein. Wann immer sich Anwendungsbezüge und damit eine Verknüpfung mit der konkreten Alltagswelt anbieten, lassen sich diese natürlich nutzen. Sie müssen aber keineswegs künstlich durch die Einkleidung von Aufgaben hergestellt werden, da auch Aufgaben aus dem Bereich der Strukturorientierung das Interesse der Kinder wecken können. Die Welt der Zahlen an sich stellt für Kinder zunächst eine große Faszination dar und die forschende und entdeckende Beschäftigung mit Zahlen kann für sie ungemein spannend sein. Gerade Fragestellungen aus der Mathematik interessieren Kinder dann, wenn sie ihnen herausfordernd, bedeutsam und verständlich erscheinen.

Was interessiert Kinder am „Geheimnis der vertauschten Ziffern"?

Das Lernangebot „Geheimnis der vertauschten Ziffern" weist keinerlei Alltagsbezüge auf und ist durch Strukturorientierung gekennzeichnet. Das Anknüpfen an den Vorkenntnissen der Kinder ist dadurch gegeben, dass die Auseinandersetzung auf unterschiedlichen Ebenen und in verschiedenen Durchdringungsgraden ermöglicht wird. Ausgehend vom Rechnen, das niederschwellig für alle Kinder möglich ist, rückt das Forschen an den Zusammenhängen in den Vordergrund, wodurch das Interesse der Kinder geweckt wird. Die Faszination der Aufgabenstellung besteht in den verblüffenden Ergebnismustern, die man durch gezielte Ziffernwahl auch direkt erzeugen kann. Erst einmal gepackt von der Entdeckung der Ergebnismuster sind Kinder intrinsisch für weitere Forschungsfragen motiviert und man kann sie herausfordern, über die Hintergründe nachzudenken.

Jannik und das „Geheimnis der vertauschten Ziffern" (Fortsetzung)

Bei Jannik ist deutlich zu erkennen, dass ihn von Anfang an die Frage fesselt: „Was kannst du bei den Ergebnissen entdecken?" Bereits bei den allerersten Aufgaben kreist er den Einer des Subtrahenden und des Ergebnisses ein, möglicherweise weil er hier schon eine Entdeckung vermutet (Abb. 6.3). Als sich dieses Muster in den nachfolgenden Aufgaben nicht bestätigt, bildet er so lange weitere Aufgaben, bis zwei Mal das Ergebnis 9 auftaucht. Sofort schreibt er die damit verbundene Vermutung auf und überprüft sie. Das Potenzial zur intrinsischen Motivation des ausschließlich strukturorientierten Lernangebots spiegelt sich auch im weiteren Erkundungsprozess von Jannik wider.

Eigene Lösungswege ermöglichen

Ein Lernangebot für alle Kinder ist dann offen bezüglich verschiedener Lösungswege, wenn es natürliche Differenzierung ermöglicht (s. o.). Eine solche Differenzierung geht nicht von der Lehrperson, sondern zunächst von den Kindern aus. Alle Kinder arbeiten an demselben Lernangebot, jedes einzelne entsprechend seinen individuellen Vorkenntnissen und Möglichkeiten. Hierfür muss das Lernangebot so gestaltet sein, dass es auf unterschiedlichen Niveaus bearbeitet und durchdrungen werden kann. Dies kann beispielsweise gelingen, indem

- der zu bearbeitende Zahlenraum nicht vorgegeben, sondern offen ist,
- frei entschieden werden kann, ob ein Arbeitsmittel genutzt wird oder nicht,
- Variationen angeregt werden,
- freie Aufgabenformate zum Erfinden genutzt werden (z. B. leere Zahlenmauern, leere Zahlenhäuser etc.).

Alle in Kap. 5 beschriebenen Aktivitäten lassen sich als offene Lernangebote gestalten. Wie diese im Unterricht konkret umgesetzt werden können, wird an einigen Beispielen in Abschn. 6.2 erläutert.

Welche Lösungswege ermöglicht das „Geheimnis der vertauschten Ziffern"?

Da beim Lernangebot „Geheimnis der vertauschten Ziffern" das Zahlenmaterial und der Umgang damit klar vorgegeben sind, ist die natürliche Differenzierung zunächst nicht ganz so offensichtlich wie beispielsweise bei Erfinderaufgaben (z. B. Aufgaben oder Aufgabenformate erfinden, siehe Kap. 5). Allerdings ist auch hier differenziertes Arbeiten möglich, weil

- unterschiedliche Ziffern genutzt werden können: Durch die Auswahl von Ziffern mit geringem Abstand entstehen beispielsweise Aufgaben, deren Differenz leichter zu bestimmen ist als bei Ziffern, die einen größeren Abstand haben ($21 - 12$, $32 - 23$, $43 - 34$ oder $91 - 19$, $82 - 28$ usw.).

- unterschiedlich viele Subtraktionsaufgaben gebildet werden können. Es gibt kein vorgegebenes Ziel und die Kinder können in ihrem individuellen Tempo arbeiten.
- die Problemstellung auf unterschiedlichen mathematischen Ebenen durchdrungen werden kann. Aufgaben können beispielsweise unsystematisch gebildet werden und am Ende steht die Entdeckung, dass verschiedene Aufgaben dasselbe Ergebnis haben. Ebenso ist es aber auch möglich, von Beginn an systematisch vorzugehen und die Neunerstruktur der Ergebnisse sowie den Einfluss des Ziffernabstands zu ergründen.

Jannik und das „Geheimnis der vertauschten Ziffern" (Fortsetzung)
Jannik entwickelt seinen ganz eigenen Lösungsweg, der komplett anders ist als der seiner Mitschülerin Jenny (Abb. 6.6), die in der ersten Erkundungsphase viele Aufgaben bildet und dabei entdeckt, dass manche Ergebnisse immer wieder vorkommen. Im Vergleich zu Jenny zeigt Jannik in der ersten Auseinandersetzung bereits einen ganz anderen Durchdringungsgrad, da er schon hier Vermutungen aufstellt und den Einfluss des Ziffernabstands ergründet.

Weiterschreiten im Lernprozess
Lernen findet dann statt, wenn die Kinder ihre Konzepte ausdifferenzieren oder neue entwickeln und diese in ihre bisherige Wissensstruktur einbinden (Wittmann 1992). Bei der Beschäftigung mit einem Lernangebot ist das möglich, wenn den Kindern keine Musterlösungen angeboten werden, die sie zur Bearbeitung und Lösung heranziehen können. Ist dies nämlich der Fall, müssen sie ihre vorhandenen mathematischen Mittel kreativ ein-

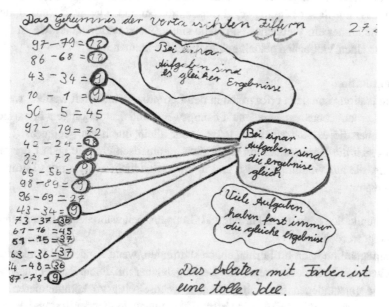

Abb. 6.6 Jennys erste Erkundung (Klasse 3). (Rathgeb-Schnierer 2013, 65)

setzen, kombinieren und eventuell modifizieren, um neue Lösungswege zu entwickeln. Man kann es auch so ausdrücken: Das Anwenden von bereits bekannten Musterlösungen führt bestenfalls zu Festigung von Wissen, das sich ein Kind bereits angeeignet hat. Das Voranschreiten im Lernprozess erfordert Lernangebote, die Kinder nicht mit bekannten Musterlösungen bearbeiten, sondern bei denen sie neue Lösungswege entwickeln müssen (Kap. 1).

Wie wird durch „das Geheimnis der vertauschten Ziffern" Lernen angeregt?

Bei der Beschäftigung mit dem „Geheimnis der vertauschten Ziffern" folgen die Kinder keiner Musterlösung. Sie müssen ihre mathematischen Fertigkeiten und Fähigkeiten gezielt einsetzen und kombinieren, um dem Geheimnis auf die Spur zu kommen. Dabei werden zum einen ihre Rechenfertigkeiten weiter geschult, zum anderen neue Gesetzmäßigkeiten entdeckt und ergründet. In der Auseinandersetzung mit dem Lernangebot wenden Schülerinnen und Schüler also nicht nur bereits vorhandenes Wissen an, sondern entwickeln neue Erkenntnisse, die mit dem bisherigen Wissensnetz verknüpft werden.

Jannik und das „Geheimnis der vertauschten Ziffern" (Fortsetzung)

Jannik nutzt seine Rechenfertigkeiten, um die gebildeten Aufgaben zu lösen. Beim Erkunden kann er auf keine „Mustervorgehensweise" zurückgreifen, wohl aber auf Erfahrungen, die er zuvor schon im Umgang mit offenen Lernangeboten gemacht hat. Wie sich dabei neues Wissen entwickelt, zeigt sich sehr schön in allen drei Dokumenten, die sich jeweils auf eine Erkundungsphase beziehen: Zunächst entdeckt er, wie Aufgaben mit dem Ergebnis Neun generiert werden können. Dann kommt die Einsicht dazu, dass mit dieser Bildungsregel Subtraktionsaufgaben gebildet werden, deren Ergebnisse immer ein Vielfaches von Neun sind. Zuletzt ergründet er, wie Aufgaben zu den einzelnen Vielfachen gezielt gebildet werden können.

Kommunikation

Kommunikation kann dann erfolgreich in den Lernprozess integriert werden, wenn durch gezielte Lernangebote verschiedene Lösungswege und Entdeckungen herausgefordert werden, über die es sich zu reden lohnt. Aber allein durch ein geeignetes Lernangebot stellt sich die Kommunikation noch nicht automatisch ein. Sie bedarf der gezielten Anregung, die auf vielfältige Weise und in unterschiedlichen Phasen des Lernprozesses erfolgen kann:

- Kommunikation kann durch Partner und Gruppenarbeit während des Lösungsprozesses angeregt werden.
- Kommunikation kann im Lerntagebuch stattfinden, wenn Kinder bei konkreten Lernangeboten aufgefordert werden, ihre Lerntagebücher mit einem Partner auszutauschen und die entstandenen Eigenproduktionen wechselseitig zu kommentieren. Ebenso, wenn die Lehrerin/der Lehrer die Verschriftlichungen der Kinder liest und dazu schriftlich Fragen formuliert oder Anmerkungen macht.

- Kommunikation kann in Austausch- und Reflexionsphasen stattfinden, in denen Lösungswege und Ideen in Kleingruppen oder im Klassenplenum präsentiert und reflektiert werden.

Welche Kommunikationsoptionen bietet das „Geheimnis der vertauschten Ziffern"?

Das Lernangebot „Geheimnis der vertauschten Ziffern" beinhaltet vielfältige Möglichkeiten zur Kommunikation. Neben dem Austausch der verschiedenen Entdeckungen nach einer individuellen Arbeitsphase im Plenum kann durch verschiedene Impulse und Fragen zum Weiterforschen im Tandem ein inhaltlicher Austausch während der Arbeitsphasen angeregt werden.

Janniks Erkundungen

Das Potenzial zur Kommunikation lässt sich anhand von Eigenproduktionen nur eingeschränkt veranschaulichen. Bei Jannik zeigt sich in den Dokumenten ausschließlich die Kommunikation mit der Sache (Abschn. 6.1.2.2), die sehr intensiv erfolgt und in Form der schriftlichen Rückmeldungen ein Teil des Austausches mit seiner Lehrerin darstellt.

Rolle des Übens

Mathematikunterricht auf der Basis offener Lernangebote, die eine natürliche Differenzierung implizieren, ist nicht mit einem traditionellen Verständnis von Üben verbunden, wie es beispielsweise von Aebli (1978) beschrieben wurde und den Mathematikunterricht bis heute prägt. In diesem traditionellen Verständnis wird Üben als für sich stehende Phase im Mathematikunterricht verstanden. Sie schließt an die Unterrichtsphase an, in der anhand geeigneter Problemstellungen Begriffe, Operationen und Handlungsschemata aufgebaut und durchgearbeitet wurden. Dem Üben kommt hier die Funktion der „Konsolidierung und Automatisierung" zu (ebd., 248) und der Erfolg des Übens hängt wesentlich mit der „Anzahl der Wiederholungen" (ebd.) zusammen. Wird Üben so verstanden, hängt der individuelle Lernfortschritt mit der Häufigkeit der korrekten Ausführung einer bestimmten Handlung oder eines Aufgabentyps zusammen. Fehler hemmen den Lernfortschritt und sollen möglichst vermieden werden, indem mit leichten Aufgaben begonnen und die Schwierigkeit sukzessive gesteigert wird.

Die Arbeit mit offenen Lernangeboten baut auf dem von Winter (1984, 1987) und Wittmann (1990, 1992) geprägten Verständnis von Üben auf. Ganz anders als bei Aebli wird Üben als integrativer Bestandteil des gesamten Lernprozesses betrachtet und nicht mehr als separate Phase, die sich der Einführung anschließt. Das Ziel des Übens liegt nicht mehr im wiederholenden Einschleifen von Grundwissen oder Verfahren, sondern in der Generierung neuen Wissens, indem Zusammenhänge und Gesetzmäßigkeiten entdeckt und ergründet werden. Im Entdeckungsprozess selbst steckt das Potenzial zum Üben: „Der Entdeckung geht immer ein Suchprozess voraus, der aber nichts anderes bedeutet als ein Durchmustern, Umordnen und Neuordnen von Gedächtnisinhalten, was eine intensive (immanente) Wiederholung darstellt" (Winter 1987, 31). Die Wiederholung im Suchprozess unterscheidet sich deutlich von der Wiederholung, die Aebli

(1978) beschreibt. Im Sinne Winters ist die Wiederholung durch eine herausfordernde und sinnstiftende Aufgabenstellung initiiert. Die kreative Lösung eines Problems oder die Entdeckung von Zusammenhängen steht im Vordergrund und das Üben erfolgt implizit und ist aus der Sache heraus – also intrinsisch – motiviert. Winter und Wittmann prägten die Begriffe „kreatives" und „produktives" Üben. Ihr Verständnis von Üben ist unmittelbar mit der Konzeption des „entdeckenden" beziehungsweise „aktiv-entdeckenden Lernens" verknüpft, in der dem Lernenden eine aktive Rolle der Wissenskonstruktion zukommt (Rathgeb-Schnierer 2013).

Das Übe-Verständnis von Winter und Wittmann ist in der didaktischen Diskussion bis heute aktuell und wird mit Begriffen wie „entdeckendes Üben" (Selter 1995a; Verboom 2004) oder „intelligentes Üben" (Blum und Wiegand 2000; Leuders 2009) verknüpft. Üben wird als integrativer Bestandteil des gesamten Lernprozesses verstanden und spielt in jeder Phase des Mathematikunterrichts explizit oder implizit eine Rolle. Beim Üben werden neue Sachverhalte erschlossen, Vorstellungen aufgebaut, Zusammenhänge entdeckt und über Begriffe und Hintergründe reflektiert (Leuders 2009).

▶ **Leseempfehlungen zum Mathematikunterricht in jahrgangsübergreifenden und inklusiven Settings**

- Fetzer, M. (2016). *Inklusiver Mathematikunterricht: Ideen für die Grundschule.* Hohengehren: Schneider.
- Häsel-Weide, U. & Nührenbörger, M. (2017) (Hrsg.). *Gemeinsam Mathematik lernen – mit allen Kindern rechnen.* Frankfurt a. M.: Grundschulverband e. V.
- Hengartner, E., Hirt, U., Wälti, B., & PRIMARSCHULTEAM, L. (2006). *Lernumgebungen für Rechenschwache bis Hochbegabte.* Leipzig: Klett.
- Hirt, U. & Wälti, B. (2008). *Lernumgebungen im Mathematikunterricht. Natürliche Differenzierung für Rechenschwache bis Hochbegabte.* Seelze: Kallmeyer in Verbindung mit Klett.
- Korff, N. (2016). *Inklusiver Mathematikunterricht in der Primarstufe. Erfahrungen, Perspektiven und Herausforderungen.* Baltmannsweiler: Schneider Verlag Hohengehren.
- Nührenbörger, M. & Pust, S. (2006). *Mit Unterschieden rechnen. Lernumgebungen und Materialien für einen differenzierten Anfangsunterricht Mathematik.* Seelze: Kallmeyer Verlag in Verbindung mit Klett.
- Peter-Koop, A., Rottmann, T. & Lüken. M. M. (Hrsg.) *Inklusiver Mathematikunterricht in der Grundschule.* Offenburg: Mildenberger.
- Rathgeb-Schnierer, E. & Rechtsteiner-Merz, Ch. (2010). *Mathematiklernen in der jahrgangsübergreifenden Eingangsstufe.* München: Oldenbourg Schulbuchverlag.
- Steinweg, A. S. (2016) (Hrsg.). *Inklusiver Mathematikunterricht – Mathematiklernen in ausgewählten Förderschwerpunkten.* Tagungsband des AK Grundschule in der GDM 2016. Bamberg.

Zusammenfassung

Miteinander eigenständig lernen anhand mathematisch ergiebiger Lernangebote
Offene Lernangebote, die mathematisch ergiebig sind und die Kinder zum Finden und
Darstellen eigener Lösungswege sowie zum Untersuchen und Entdecken von Zusammenhängen anregen, sind die Grundvoraussetzung für das eigenständige Miteinander-
Lernen. Um aber die Chance, die in ihnen steckt, nutzen zu können, ist eine Unterrichtskultur notwendig, die eine Balance zwischen dem Lernen auf eigenen Wegen
dem Austausch der Ideen und Lösungswege schafft. Wenn diese Aspekte im Mathematikunterricht zu kurz kommen und im Unterricht Konzepte der ausschließlichen
Individualisierung dominieren, würde dies „zu einem Rückfall in überwunden geglaub-
te Formen des reproduktiven Lernens" (Müller und Wittmann 2005, 5) führen und
somit einen eklatanten Rückschritt für den Mathematikunterricht und damit verbunden für das Rechnenlernen bedeuten.

Die zunehmende Heterogenität in den Klassenzimmern, die sich auf vielfältige
Aspekte wie Ethnie, Alter, Leistung und Beeinträchtigung bezieht (Krauthausen und
Scherer 2014; Largo und Beglinger 2009), stellt für das gemeinsame Lernen an einem Lerngegenstand eine immense Herausforderung dar. So werden beispielsweise
im Zusammenhang mit jahrgangsübergreifenden Klassen Unterrichtsformen wie Frei-
und Wochenplanarbeit verstärkt umgesetzt (Adelmeier und Liebers 2007; Kucharz
und Wagener 2007; Wagener 2013). Diese gehen mit der Individualisierung des Lernens im Form des eigenständigen Arbeitens am individuellen Lerngegenstand einher
(Abb. 6.1).

In jahrgangsübergreifenden Klassen oder inklusiv unterrichteten Klassen muss über
die Gestaltung des eigenständigen Miteinander-Lernens mit dem Ziel, für jedes Kind
ein sinnvolles und adäquates Bildungsangebot zu schaffen, noch einmal auf einer ganz
anderen Ebene nachgedacht werden. In allen Settings mit „besondere[r] Heterogenität"
(Gysin 2017, 55; im Original „besonderen") ist bei der Gestaltung von gemeinsamen Lernangeboten die grundsätzliche Überlegung erforderlich, welche Inhalte sich
parallelisieren lassen und sich somit für das gemeinsame Lernen anbieten (s. u.). Für
Klassen mit Kindern mit sonderpädagogischem Förderbedarf stellt sich die Situation
noch komplexer dar, weil zwischen und innerhalb der einzelnen Förderschwerpunkte
Heterogenität herrscht und zuweilen Kinder mit unterschiedlichen Förderbedarfen in
einer Klasse sind. Hinzu kommt, dass Kinder abhängig vom jeweiligen sonderpädago-
gischen Förderbedarf zieldifferent oder zielgleich unterrichtet werden (Häsel-Weide
2016a; Werner und Wildermuth 2015).

Parallelisierung der Lerninhalte
Grundsätzlich geht es darum zu überlegen, welche Themen sich eignen, um gemeinsames Lernen für Lerngruppen mit besonderer Heterogenität (jahrgangsübergreifend
oder inklusive Settings) anzuregen. Das sind zum einen solche, die keine oder wenig
spezielle Vorkenntnisse erfordern, zum anderen jene, die strukturell ähnlich sind. Wer-

den diese Themen parallelisiert, heißt dies, dass Kinder mit ganz unterschiedlichen Lern- und Leistungsvoraussetzung gleichzeitig daran arbeiten – ihrem Niveau entsprechend (Nührenbörger und Pust 2006; Rathgeb-Schnierer und Rechtsteiner-Merz 2010). Lerninhalte, die sich zur Parallelisierung eignen, beziehen sich auf zentrale Ideen, die dem Spiralprinzip folgend in jedem Schuljahr auf einem anderen Niveau bearbeitet werden. Die unterschiedlichen Niveaus beziehen sich beispielsweise ...

- auf die Zahlenräume oder die Zahlbereiche, in denen gearbeitet wird,
- auf das Arbeiten mit oder ohne Arbeitsmaterial und somit auf den Grad der Abstraktheit,
- auf die Komplexität der Herangehensweise,
- auf den Grad der Durchdringung oder
- auf den Umfang, in der die Thematik bearbeitet wird.

Solche zentrale Ideen der Arithmetik, die sich durch den gesamten Grundschulunterricht ziehen, sind beispielsweise

- das Zählen in Einer-, Zweier- und Zehnerschritten,
- das Strukturieren von Anzahlen,
- das Vergleichen von Mengen,
- das Ordnen und Verorten von Zahlen,
- das Übersetzen zwischen verschiedenen Darstellungsebenen,
- das flexible Zerlegen und Zusammensetzen von Mengen von Dingen, Anzahlen und Zahlen,
- das Erkennen und Nutzen von Beziehungen und Zusammenhängen,
- das Nutzen strategischer Werkzeuge, um schwierige Aufgaben zu vereinfachen,
- das Schließen von bekannten Aufgaben auf unbekannte Aufgaben,
- ...

Offene Lernangebote sind eine Möglichkeit, das gemeinsame Lernen in Balance von eigenständiger Auseinandersetzung und sozialem Austausch in Lerngruppen unterschiedlicher Heterogenitätsgrade zu gestalten. Da ihnen ein hohes Potenzial zur natürlichen Differenzierung innewohnt, bieten sie nicht nur im zielgleichen, sondern auch im zieldifferenten Unterricht die Möglichkeit, unterschiedliche Kompetenzen zu fördern (Rathgeb-Schnierer und Klein 2017).

6.1.2   Unterricht gestalten

Das gemeinsame Lernen auf der Basis offener Lernangebote ist – in Anlehnung an die von Winter (1987) beschriebenen idealtypischen Phasen des entdeckenden Lernens – durch verschiedene Unterrichtsphasen gekennzeichnet. Diese sind nicht als starrer chronologi-

Abb. 6.7 Unterrichtsbausteine des eigenständigen Miteinander-Lernens. (Rathgeb-Schnierer 2006a, 139)

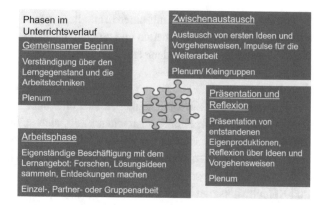

scher Unterrichtsverlauf zu verstehen, sondern stellen einzelne Unterrichtsbausteine dar. Je nach Gestalt des Lernangebots und der Zusammensetzung der Lerngruppe werden sie flexibel miteinander kombiniert. Da der Kommunikation im Sinne eines diskursiven Austauschs und wechselseitigen Verstehens eine wesentliche Rolle beim Mathematiklernen zukommt (Gallin und Ruf 1998b; Gysin und Wessolowski 2010; Schütte 2008; Nührenbörger 2009; Nührenbörger und Schwarzkopf 2010; Winter 1987; siehe Kap. 1), spielt sie in allen vier Unterrichtsbausteinen eine Rolle.

6.1.2.1 Unterrichtsbausteine

Die vier Unterrichtsbausteine, die bei der Gestaltung eines offenen Lernangebots zum Tragen kommen, bezeichnen wir anlehnend an Rathgeb-Schnierer (2006a) als „gemeinsamer Beginn", „Arbeitsphase", „Zwischenaustausch" sowie „Präsentation und Reflexion" (Abb. 6.7). Der gemeinsame Beginn sowie die Präsentations- und Reflexionsphase zum Abschluss sind sozusagen die Rahmung der Gestaltung eines offenen Lernangebots. Die Arbeits- und Zwischenaustauschphasen wechseln sich im Verlauf der Beschäftigung mit dem Lernangebot immer wieder ab. Durch diese Verzahnung können die im Austausch über Lösungswege und Entdeckungen entstandenen neuen Frage- und Problemstellungen direkt in eine weitere Auseinandersetzung münden und dadurch ein produktiver Kreislauf der vertieften Beschäftigung entstehen (Abb. 6.2).

Gemeinsamer Beginn

Die Arbeit an einem Lernangebot beginnt immer gemeinsam, indem dieses den Kindern zunächst in adäquater Weise vorgestellt wird. Ziele sind hierbei, sich über den Lerngegenstand zu verständigen, mit den zu bearbeitenden Aufgaben und Problemstellungen vertraut zu werden und die notwendigen Arbeitstechniken kennenzulernen. In der Phase des „gemeinsamen Beginns" werden alle notwendigen Grundlagen für die eigenständige Auseinandersetzung in der anschließenden Arbeitsphase geschaffen. Darüber hinaus geht es darum, die Kinder intrinsisch – also aus der Aufgabenstellung heraus – zum Erkunden und Forschen anzuregen und ihnen Gelegenheit zu geben, ihre Fragen zu klären. Diese Phase hat nichts gemein mit einer Erarbeitungsphase im traditionellen Sinne. Es geht nicht darum, Inhalte zu erarbeiten und zu klären, sondern darum, die Voraussetzungen für die eigenständige Auseinandersetzung zu schaffen.

Arbeitsphase

An den gemeinsamen Beginn schließen sich eine oder mehrere Arbeitsphasen an. Während dieser haben die Kinder ausreichend Zeit, sich selbstständig mit dem Lernangebot auseinanderzusetzen. Hier ist der Raum für eigenständiges Forschen, Entwickeln von Lösungsideen, Entdecken von Zusammenhängen, Ergründen von Hintergründen etc. Jedes Kind kann dabei selbst bestimmen, auf welcher Ebene und mit welchem Schwierigkeits- und Komplexitätsgrad es sich mit dem Lernangebot auseinandersetzt und den damit verbundenen mathematischen Sachverhalt durchdringt.

Je nach Gestalt des Lernangebotes bieten sich für die Arbeitsphasen verschiedene Arbeitsformen an. Dort, wo es zum Thema und zur Problemstellung passt, bieten sich kooperative Arbeitsformen an, um die Kommunikation schon während der Arbeitsphase anzuregen (Brandt und Nührenbörger 2009).

Es empfiehlt sich, die während der Arbeitsphase entstandenen Ideen, Lösungswege und Entdeckungen von den Kindern dokumentieren zu lassen, damit in den Austauschphasen darauf zurückgegriffen werden kann. Hierfür bieten sich sogenannte Lerntagebücher an, die neben der inhaltlichen Auseinandersetzung auch Möglichkeiten zur Dokumentation persönlicher Lernerfahrungen und zur Kommunikation bieten (Fabricius 2009; Gallin und Ruf 1994; Rathgeb-Schnierer 2005).

Zwischenaustausch

Arbeitsphasen können immer wieder für einen Zwischenaustausch unterbrochen werden. Hier werden offene Fragen geklärt, erste Ideen und Lösungswege diskutiert und Impulse zum Weiterdenken und Weiterarbeiten gegeben. Dadurch findet eine Herausforderung zur bewussten Reflexion statt: Die eigenen Gedanken und Ideen werden geklärt, dargestellt und mit denen der anderen Kinder in Verbindung gebracht; durch die verschiedenen Blickwinkel kann der individuelle Lernprozess bereichert werden.

Anzahl und Gestaltung der Austauschphasen hängen wiederum vom jeweiligen Lernangebot ab. So können während des Arbeitsprozesses auch mehrere Austauschphasen in unterschiedlichen Zusammensetzungen stattfinden: im Tandem, in Kleingruppen oder auch im Klassenplenum.

Präsentation und Reflexion

Die Präsentations- und Reflexionsphase bietet die Möglichkeit, die Arbeit an einem offenen Lernangebot gemeinsam abzuschließen. In dieser Phase können die Lösungsprozesse und -produkte der Kinder gewürdigt werden. Darüber hinaus können in dieser gemeinsamen Abschlussphase die Kinder nochmals gezielt zum inhaltlichen Austausch und damit zur weiteren Vertiefung der Lernprozesse herausgefordert werden.

Wie diese einzelnen Unterrichtsbausteine in Abhängigkeit vom Lernangebot und der Zusammensetzung der Lerngruppe konkret ausgestaltet werden können, beschreiben wir an ausgewählten Lernangeboten im nachfolgenden Kapitel (Abschn. 6.2).

▶   **Leseempfehlungen zur Gestaltung des Mathematiklernens mit offenen Lernangeboten**

- Häsel-Weide, U., Nührenbörger, M., Opitz, E. M., & Wittich, C. (2013). *Ablösung vom zählenden Rechnen: Fördereinheiten für heterogene Lerngruppen.* Seelze: Friedrich Verlag.
- Hengartner, E., Hirt, U., Wälti, B., & PRIMARSCHULTEAM, L. (2006). *Lernumgebungen für Rechenschwache bis Hochbegabte.* Leipzig: Klett.
- Hirt, U. & Wälti, B. (2008). *Lernumgebungen im Mathematikunterricht. Natürliche Differenzierung für Rechenschwache bis Hochbegabte.* Seelze: Kallmeyer in Verbindung mit Klett.
- Nührenbörger, M. & Pust, S. (2006). *Mit Unterschieden rechnen. Lernumgebungen und Materialien für einen differenzierten Anfangsunterricht Mathematik.* Seelze: Kallmeyer Verlag in Verbindung mit Klett.
- Rathgeb-Schnierer, E. & Roos, U. (Hrsg.) (2006d). *Wie rechnen Matheprofis? Ideen und Erfahrungen zum offenen Mathematikunterricht.* Festschrift für Sybille Schütte. München: Oldenbourg Verlag.
- Rathgeb-Schnierer, E., Rechtsteiner-Merz, Ch. & Brugger, B. (2010). *Die Matheprofis 1/2. Offene Lernangebote für heterogene Gruppen.* Lehrermaterialien. München: Oldenbourg Schulbuchverlag.
- Rathgeb-Schnierer, E. & Schütte, S. (2011). Mathematiklernen in der Grundschule. In: Schönknecht, G. (Hrsg.), *Lernen fördern: Deutsch, Mathematik, Englisch, Sachunterricht.* Seelze: Kallmeyer/Klett, 143–208.
- Themenheft „Miteinander eigenständig Lernen". *Die Grundschulzeitschrift* 271/2014.
- Themenheft „Lerntagebücher". *Die Grundschulzeitschrift* 244/2011.

6.1.2.2   Kommunikation

Im Rahmen der vier Unterrichtsbausteine liegt der Schwerpunkt auf der mündlichen Kommunikation, deren verschiedene Formen Schütte (2008, 168) unter dem Begriff „mathematische Gespräche" zusammenfasst. In den einzelnen Bausteinen können mit den mathematischen Gesprächen unterschiedliche Ziele verknüpft sein: beispielsweise die Verständigung über Aufgaben und Fachbegriffe sowie die Erkundung von Lernständen in der Phase des gemeinsamen Beginns, der Austausch von Lösungswegen und das gemeinsame Weiterdenken über mathematische Fragestellungen in Arbeits- und Austauschphasen. Ebenso kann auch schriftliche Kommunikation auf der Basis des Lerntagebuchs in den Unterricht integriert werden.

Kommunikation in der Arbeitsphase

Durch die Gestaltung der Arbeitsphase in Partner- oder Gruppenarbeit kann der gegenseitige Austausch bereits während des Lösungsprozesses angeregt. Auf der Suche nach einem gemeinsamen Lösungsweg sind die Schülerinnen und Schüler herausgefordert, ihre Ideen für den anderen verständlich darzustellen und zu begründen, damit auf dieser Basis eine gemeinsame Vorgehensweise ausgehandelt werden kann.

Neben den inhaltlichen Fragen sind bei kooperativen Lösungsprozessen häufig auch noch weitere Fragen zu klären (Rathgeb-Schnierer und Schütte 2011): Wann werden welche Arbeitsschritte vorgenommen? Welcher Lösungsweg wird beschritten? Wie werden die Lösungsideen und -wege dokumentiert? Und nicht zuletzt: Wer ist für welchen Arbeitsschritt zuständig?

Kommunikation in den Austauschphasen

Die Kommunikation in den Austauschphasen intendiert das wechselseitige Vorstellen von Lösungsideen und Lösungswegen mit dem Ziel, eine Brücke zwischen dem „singulären" eigenen Denken und dem „divergenten" Denken der anderen zu schlagen, um Wissen zu reflektieren und zu erweitern. Für diesen Austausch werden die Begriffe „Mathekonferenz" (Kurhofer 2005) und „Rechenkonferenz" (Sundermann und Selter 2006) genutzt. Sundermann und Selter (2006) haben das Konzept der Schreibkonferenzen (Spitta 1989) auf den Mathematikunterricht übertragen. Die Durchführung von Mathekonferenzen fordert die Schülerinnen und Schüler auf der inhaltlichen und sozialen Ebene gleichermaßen heraus: Es müssen Lösungsideen und Entdeckungen nachvollziehbar präsentiert werden, was eine hohe sprachliche Kompetenz erfordert. Ebenso kann der Austausch nur gelingen, wenn die Schülerinnen und Schüler die Fähigkeit zum aktiven Zuhören und zur Diskussion mitbringen. Aufgrund der komplexen Anforderungen bedarf es einer behutsamen Heranführung an den Austausch im Rahmen von Mathekonferenzen. Dies kann durch gezielte Aufgabenstellungen ebenso erfolgen wie durch sprachliche Unterstützung.

▶   **Lesetipp zum Durchführen von Mathekonferenzen** Brandt, B. & Nührenbörger, M. (2009). Strukturierte Kooperationsformen im Mathematikunterricht der Grundschule. *Die Grundschulzeitschrift*, Heft 222.223.

Kommunikation im Lerntagebuch

Im Lerntagebuch dokumentieren die Kinder ihre Beschäftigung mit mathematisch ergiebigen Lernangeboten. Diese Dokumentationen können Anlass für eine schriftliche Kommunikation zwischen der Lehrperson und den einzelnen Kindern sein, wenn die Lehrperson die Dokumentationen der Kinder regelmäßig kommentiert und ihnen Gelegenheit gibt, auf Rückmeldungen zu reagieren. Die Kommentare der Lehrperson können anregen zur Weiterarbeit, zur Kontrolle, zum Nachdenken über Zusammenhänge, zum Erklären eines Lösungswegs oder zum Austausch mit einem anderen Kind (Rathgeb-Schnierer 2005).

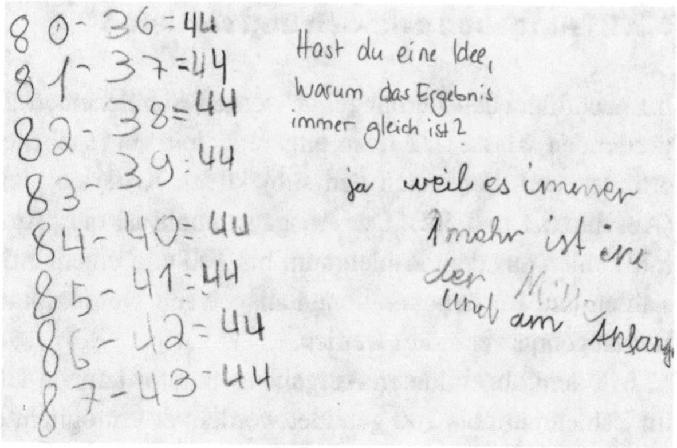

Abb. 6.8 Jessicas schriftlicher Austausch mit ihrer Lehrerin. (Rathgeb-Schnierer 2005, 175)

In Jessicas Lerntagebuch (Klasse 2) finden sich verschiedene Beispiele für ihren schriftlichen Austausch mit der Lehrerin (Abb. 6.8). Eines davon bezieht sich auf eine operativ strukturierte Aufgabenserie, die Jessica im Rahmen eines entsprechenden Lernangebots erfand. Angestoßen durch die Frage der Lehrerin begründet sie das gleich bleibende Ergebnis, indem sie ein grundlegendes mathematisches Prinzip in eigene Worte fasst.

▶   **Lesetipps zur Entwicklung der Kommunikation im Mathematikunterricht**

- Götze, D. (2015). *Sprachförderung im Mathematikunterricht*. 1. Auflage. Berlin: Cornelsen Schulbuchverlage GmbH.
- Themenheft *Mathematik differenziert: Mathematik und Sprache – Sprachliche Lernziele definieren und erreichen*. Heft 2/2016.
- Themenheft *Grundschule Mathematik: Sprachförderung*, Heft 39/2013.

6.2   Lernangebote zur Entwicklung flexibler Rechenkompetenzen

Anhand der nachfolgenden Lernangebote wird exemplarisch aufgezeigt, wie die in Kap. 4 und 5 dargestellten Aktivitäten zur Förderung flexibler Rechenkompetenzen konkret im Unterricht umgesetzt werden können. Die ausgewählten Aktivitäten beziehen sich auf grundlegende Aufgabenformate, die – entsprechend modifiziert – in den Klassenstufen 1 bis 4 eingesetzt werden können. Die einzelnen dargestellten Lernangebote wurden in unterschiedlichen Settings erprobt: in jahrgangsübergreifenden Klassen 1/2, in denen auch Kinder mit dem Förderschwerpunkt „Lernen und geistige Entwicklung" unterrichtet werden, sowie in einer Jahrgangsklasse der Stufe 3. Mit den differenzierten Einblicken in die einzelnen Lernangebote möchten wir zeigen, wie vielfältig die beschriebenen Aktivitäten von den Kindern im Unterricht umgesetzt werden können.

6.2.1   Aufgaben erfinden und sortieren

Im nachfolgenden Lernangebot werden Schülerinnen und Schüler einer jahrgangsübergreifenden Klasse 1/2 dazu angeregt, mit vorgegebenen Zahlen Additionsaufgaben zu
erfinden und diese nach den subjektiven Kriterien „leicht" und „schwer" zu sortieren
(Abschn. 5.1 und 5.2). Der Ausgangspunkt ist ein „Aufgabengenerator" (vgl. Abb. 6.9)
mit Zahlen aus dem Zahlenraum bis 100 und einem Additionszeichen. Je nachdem, wie
Zahlen und Rechenoperationen ausgewählt werden, kann das Schwierigkeitsniveau des
Lernangebots verändert werden.

Mit dem abgebildeten Aufgabengenerator können alle Typen von Additionsaufgaben
im Zahlenraum bis 100 gebildet werden; er ermöglicht somit natürliche Differenzierung
(Details in Abschn. 5.2 zur Aktivität „Aufgaben sortieren").

Lernchancen

Die Kinder haben bei diesem Lernangebot die Möglichkeit, Einblicke in Aufgabentypen, Gemeinsamkeiten und Unterschiede von Aufgaben zu bekommen. Sie beschäftigen
sich mit unterschiedlich schweren Additionsaufgaben und können Ursachen für Schwierigkeitsgrade ergründen. Dabei entwickeln sie ein Gespür für Aufgaben und konkrete
Kenntnisse darüber, was eine Aufgabe leicht und schwer macht. Insgesamt kann dieses
Lernangebot wesentlich zu einem reflektierten Umgang mit Zahlen und Aufgaben beitragen.

Die mit dem Lernangebot verknüpften Lernchancen gehen über den mathematisch-
inhaltlichen Bereich hinaus. Die Kinder werden auf vielfältige Weise angeregt, ihre Erkenntnisse und Entdeckungen auszudrücken und auszutauschen:

- Was ist für dich leicht, was ist für mich leicht?
- Was ist für dich schwer, was ist für mich schwer?

Abb. 6.9 Aufgabengenerator
Addition. (Modifiziert nach
Schütte 2004d, 28)

- Wo gibt es Gemeinsamkeiten bei unseren sortierten Aufgaben? Wo bestehen Unterschiede?
- Warum sortieren wir die Aufgaben unterschiedlich?

Aufgrund der Heterogenität der Lerngruppe bietet der Austausch besondere Möglichkeiten für Entdeckungen: beispielsweise die, dass im Zahlenraum bis 20 strukturähnliche Aufgaben ebenso schwer oder leicht sind wie im Zahlenraum bis 100.

Problemstellung und möglicher Verlauf
Gemeinsamer Beginn Zum Einstieg bietet sich der Aufgabengenerator (Abb. 6.9) als stiller Impuls an, der auf einem Plakat oder an der Tafel präsentiert wird. Die Schülerinnen und Schüler haben dann zunächst die Möglichkeit, ihre Assoziationen frei zu äußern und erste Aufgaben zu erfinden. Ist das Prinzip des Aufgabengenerierens klar geworden, kann in die erste Arbeitsphase übergeleitet werden.

Erste Arbeitsphase *Erfinde verschiedene Plusaufgaben und sortiere sie in leichte und schwere Aufgaben. Wenn du möchtest, kannst du die Aufgaben auch ausrechnen.*
Es bietet sich an, diese Aufgabenstellung in Einzelarbeit bearbeiten und im Lerntagebuch dokumentieren zu lassen (vgl. Abb. 6.10). Hierfür sollte ausreichend Zeit eingeplant werden.

Zwischenaustausch Der erste Zwischenaustausch erfolgt zunächst im Tandem. Die Kinder vergleichen ihre erfundenen Aufgaben und können dabei ganz verschiedene Aspekte in den Blick nehmen:

- die Verschiedenheit der Aufgaben, die gebildet werden konnten,
- die Ähnlichkeit (Strukturgleichheit) mancher Aufgaben oder
- die unterschiedliche Einschätzung des Schwierigkeitsgrads bei einzelnen Aufgaben.

Der Zwischenaustausch kann mit einer kurzen Plenumsphase abgeschlossen werden, in der jedes Tandem die Möglichkeit hat, seine „wichtigste" Entdeckung der Klasse mitzuteilen.

Zweite Arbeitsphase *Wähle aus deinen Aufgaben eine leichte und eine schwere aus. Begründe, warum du sie leicht oder schwer findest.*
Durch diese Aufgabenstellung wird eine intensive Beschäftigung mit zwei individuell ausgewählten Aufgaben angeregt: einer leichten und einer schweren. Hierbei sollen die Kinder überlegen, aus welchen Gründen die gewählten Aufgaben für sie leicht beziehungsweise schwer sind. Da die Einschätzungen der Aufgaben begründet werden müssen, sind die Kinder herausgefordert, ihr Zahl- und Operationswissen zu nutzen.
In dieser Arbeitsphase ist es günstig, wenn jede Aufgabe und die dazugehörige Begründung auf einer Karte notiert wird (Abb. 6.13). Diese Karten können im anschließenden Plenumsaustausch präsentiert und zur Diskussion gestellt werden.

Austausch und Reflexion Im Plenum werden die Aufgaben und Begründungen vorgestellt. Dabei können folgende Fragen diskutiert werden:

- Warum ist für dich eine Aufgabe leicht?
- Warum ist für dich eine Aufgabe schwer?
- Gibt es Aufgaben, die für viele Kinder leicht sind? Haben diese Aufgaben Ähnlichkeiten?
- Gibt es Aufgaben, die für viele Kinder schwer sind? Haben diese Aufgaben Ähnlichkeiten?
- Warum gibt es Aufgaben, die für manche Kinder leicht und für manche Kinder schwer sind?
- Warum finden nicht alle Kinder alle Aufgaben gleichermaßen leicht oder schwer?

Für die Präsentation und den Austausch sollte so viel Zeit eingeplant werden, dass jedes Kind mindestens eine seiner Aufgaben – wenn möglich, sogar beide Aufgaben – vorstellen kann.

Anschlussaktivitäten Aktivitäten zum Erfinden und Sortieren von Aufgaben spielen beim Rechnenlernen und der Entwicklung flexibler Rechenkompetenzen eine wichtige Rolle und werden mit verschiedenen Schwerpunktsetzungen in den unterschiedlichen Zahlenräumen immer wieder angeboten (Kap. 3 und 5). Das vorgestellte Lernangebot kann für die Klassen 3 und 4 modifiziert werden und folgende Anschlussaktivitäten sind möglich:

- Subtraktionsaufgaben erfinden und nach den Kategorien „leicht" und „schwer" sortieren.
- Additions- und Subtraktionsaufgaben nach den objektiven Kriterien „springt zum Zehner", „springt über (unter) den Zehner" und „bleibt im Zehner" sortieren.
- Aufgaben, die „über (unter) den Zehner springen", auf Schwierigkeitsgrade untersuchen.
- Schätzkästchen anlegen (Abschn. 5.1).

Beispiele aus der Unterrichtspraxis
Bei verschiedenen Erprobungen entstanden verschiedene Eigenproduktionen, die Einblicke in das Vorgehen und die individuellen Vorstellungen der Kinder ermöglichen.

Simone und Jessica erfinden Aufgaben Simone gehört zu den fortgeschrittenen Kindern der Klasse. Sie nutzt beim Erfinden vorwiegend zweistellige Zahlen, sodass ihre Ergebnisse oft nahe an die Hundert herangehen und teilweise auch darüber hinaus (Abb. 6.10). Simone scheint beim Addieren von Aufgaben mit und ohne Zehnerübergang gleichermaßen sicher zu sein. Gelegentlich verwendet sie dieselben Summanden, darüber

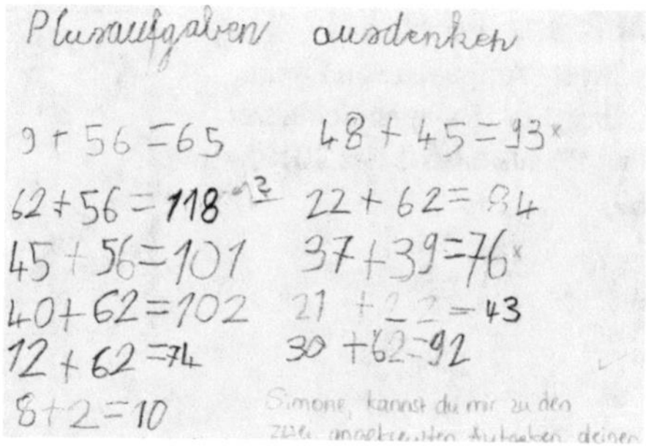

Abb. 6.10 Simones Aufgaben. (Rathgeb-Schnierer und Rechtsteiner-Merz 2010, 69)

hinaus lässt sich keine Systematik erkennen. Auf die Frage, ob sie sich beim Erfinden der Aufgaben etwas Bestimmtes gedacht hat, antwortet sie:

Ich habe versucht, die 100 zu treffen.

Jessica, auch ein fortgeschrittenes Kind, bildet zunächst eine Vielzahl verschiedener Aufgaben, die alle zu ihrem vertrauten Terrain gehören (Abb. 6.11). Darunter finden sich Aufgaben mit

- ein- und zweistelligen Zahlen ohne Zehnerübergang,
- einstelligen Zahlen mit und ohne Zehnerübergang,
- Zehnerzahlen und
- eine Aufgabe mit drei Summanden.

Bei ihren letzten beiden Aufgaben wagt sie sich dann bis an die Grenzen ihres vertrauten Zahlenraums und sogar darüber hinaus. Sie zeigt, dass sie mit verschiedenen

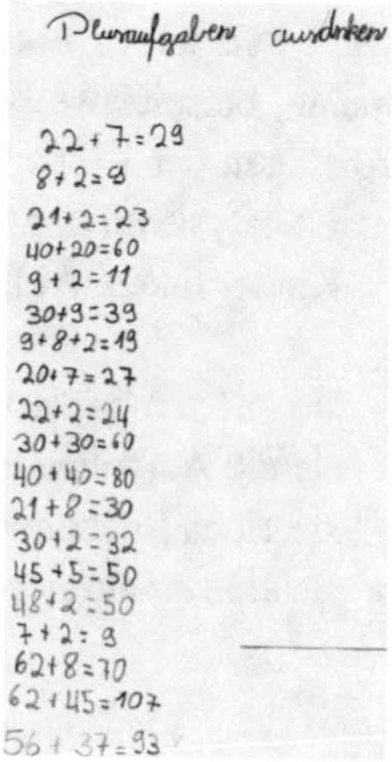

Abb. 6.11 Jessicas Aufgaben. (Rathgeb-Schnierer und Rechtsteiner-Merz 2010, 69)

Abb. 6.12 Leichte und
schwere Aufgaben von Lena
(Klasse 1). (Rathgeb-Schnierer
und Rechtsteiner-Merz 2010,
69)

Aufgabentypen umgehen und auch richtig schwierige Aufgaben lösen kann. Umso erstaunlicher ist es, dass sich bei zwei so leichten Aufgaben wir „8 + 2" und „21 + 8" Fehler einschlichen. Es ist anzunehmen, dass diese nicht in Jessicas Rechenfähigkeiten begründet sind.

Lena sortiert und begründet Aufgaben Lena gehört zu der Gruppe der Anfängerkinder. Der kompetenzorientierte Blick auf ihre Aufgaben ermöglicht Aufschluss darüber, was Lena alles schon kann (Abb. 6.12).

Im Gespräch begründet Lena eindrücklich, warum sie „5 + 4 = 9" leicht findet:

> Weil die 5 hab ich ja und dann, wenn ich ja noch 5 hätte, dann hätte ich ja 10 (*zeigt mit Fingern*) und eine weg, dann hab ich 9.

Dass Lena bereits über strategische Werkzeuge verfügt und diese auch nutzen kann, wird in der Begründung deutlich. Sie argumentiert mit einer Verdopplungsaufgabe, die sie kennt und als Hilfe für das Lösen nutzt. Dadurch wird die Aufgabe für Lena zu einer leichten Aufgabe.

Verschiedene Kinder – verschiedene Begründungen Die Begründungen für leichte und schwere Aufgaben fallen ganz unterschiedlich aus. Und auffällig ist, dass die Qualität der Begründung nicht vom Alter der Kinder abhängt. Es werden allgemeine Argumente wie „weil ich es noch nicht gelernt habe" ebenso angeführt wie mathematische Argumente, beispielsweise beim Begründen auf der Basis der dekadischen Analogie. Viele Aussagen der Kinder (Abb. 6.13) weisen auf differenzierte Fähigkeiten zum Betrachten und Analysieren der Aufgaben hin.

Kinder finden Aufgaben dann leicht, wenn

- sie mit den Zahlen vertraut sind,
- sie die Aufgaben auswendig wissen,
- sie einen Rechenweg kennen,
- sie eine Analogieaufgabe zum Lösen nutzen können.

Abb. 6.13 Begründungen für leichte und schwere Aufgaben. (Rathgeb-Schnierer und Rechtsteiner-Merz 2010, 70 f)

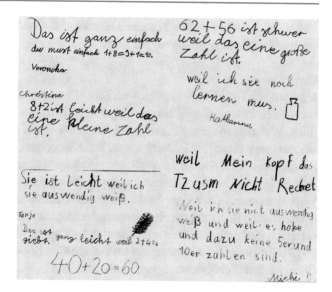

Schwer sind die Aufgaben für Kinder dann, wenn

- die Zahlen groß und sie mit ihnen noch nicht vertraut sind,
- sie den Umgang mit den Aufgaben noch lernen müssen,
- sie die Aufgaben nicht auswendig können,
- die Aufgaben keine prägnanten Merkmale wie beispielsweise 5er- und 10er-Struktur enthalten.

6.2.2 Rechengeschichten erfinden

Das Erfinden von Rechengeschichten erfordert einen intermodalen Transfer und stellt somit eine Möglichkeit zur Förderung des Operationsverständnisses dar (Abschn. 5.1). Zudem bietet sich die Möglichkeit, Kinder von Anfang an sukzessive an das Sachrechnen heranzuführen. Das eigene Erfinden von Rechengeschichten erfordert dabei ganz andere Fähigkeiten als das Bearbeiten vorgefertigter. Beim Bearbeiten geht es um das Erschließen und Verstehen des Sachkontextes sowie das Übersetzen von diesem in die passende Rechenoperation. Auch beim Erfinden spielt der Übersetzungsprozess eine Rolle. Darüber hinaus müssen die Schülerinnen und Schüler aber überlegen, welche Informationen für die Geschichte relevant sind, wie sie formuliert sein muss, mit welchen Worten eine Rechenoperation beschrieben werden kann und welche Zahlen nötig sind.

Statt der Frage „Was muss ich rechnen?" steht nun die Frage im Vordergrund: „Was soll bei meiner Geschichte gerechnet werden und wie drücke ich dies verständlich in Worten aus?"

Bei dem nachfolgend beschriebenen Lernangebot erfinden die Kinder Rechengeschichten zu einer selbst ausgewählten Aufgabe.

Lernchancen
Jede Aufgabe erzählt viele Geschichten. Diese Kernidee steht hinter dem Erfinden von Rechengeschichten zu vorgegebenen Aufgaben und eröffnet den Kindern einen ganz neuen Blick. Während zu einer Rechengeschichte in der Regel genau eine Aufgabe passt, passen zu einer Aufgabe viele Geschichten. Die Kinder lernen selbst ausgewählte Aufgaben als Ausgangspunkt für Rechengeschichten kennen und erkunden, wie sich die jeweilige Rechenoperation auf die Konstruktion der Geschichte auswirkt. Beim Erfinden stellen sie Verbindungen zwischen einer Rechenaufgabe und der dazugehörigen Geschichte – also einer möglichen Bedeutung der Rechenaufgabe – her. Dadurch kann das Verständnis für die einzelnen Rechenoperationen angebahnt und vor allem vertieft werden. Beim Austausch von Rechengeschichten wird auf der Metaebene über Konstruktionskriterien nachgedacht. Dabei werden Einblicke ermöglicht in die

- Bedingungen, die eine Rechengeschichte erfüllen muss.
- Möglichkeiten, wie eine Rechengeschichte sinnvoll formuliert werden kann.
- Schwierigkeiten, die in Rechengeschichten stecken können, und vieles mehr.

Diese Erfahrungen wirken sich nachhaltig auf das Verstehen von Rechengeschichten aus und erleichtern den Kindern auch den Umgang mit vorgegebenen Sachaufgaben.

Problemstellung und möglicher Verlauf
Gemeinsamer Beginn Das Erzählen von Rechengeschichten stellt den Einstieg in das Lernangebot dar. Durch Aufgabenkarten und die Aussage „Jede Aufgabe erzählt viele Geschichten" werden die Kinder zum freien Erzählen herausgefordert (Abb. 6.14). Nach unserer Erfahrung ist zunächst etwas Anlaufzeit nötig; ist aber erst einmal eine Geschichte erzählt, dann fallen den Kindern noch viele weitere ein. Durch passende offene Anregungen kann die Lehrperson darauf einwirken, dass verschiedenartige Geschichten auftauchen.

Fällt den Schülerinnen und Schülern das spontane Erzählen schwer, kann als Alternative eine Überlegungs- und Planungsphase in Partnerarbeit eingeschoben werden: Zwei Kinder suchen sich zusammen eine Aufgabe aus und überlegen dazu eine passende Geschichte. Anschließend werden die Geschichten im Plenum erzählt.

Das Erzählen als gemeinsamer Beginn dient der Ideensammlung und dem Vertrautwerden mit der Aufgabe.

| $8 + 4 = 12$ | $5 * 4 = 20$ | $14 - 6 = 8$ | $35 : 7 = 5$ |

Abb. 6.14 Jede Aufgabe erzählt viele Geschichten

Erste Arbeitsphase *Erfinde eine Rechenaufgabe und schreibe dazu eine Geschichte. Kannst du auch ein Bild dazu malen?*

Nun ist jedes Kind herausgefordert, zu einer eigenen Aufgabe eine Geschichte zu erfinden. Die Problemstellung ermöglicht natürliche Differenzierung, da die Zahlbereiche und Rechenoperationen selbst gewählt werden können. Für manche Kinder stellt es eine Hilfe dar, wenn sie mit einem Partner zusammenarbeiten können, außerdem ist dadurch jederzeit ein Austausch möglich. Da die Aufgabenstellung nicht unbedingt Partnerarbeit erfordert, kann den Kindern die Arbeitsform freigestellt werden. Für die Dokumentation bekommt jedes Kind eine Blankokarte und ein Blankoblatt. Auf der Karte wird die Aufgabe und auf dem Blatt die Geschichte notiert.

Zwischenaustausch Die Kinder stellen ihre Rechengeschichte einem Partner vor. Dieser hat den Auftrag, genau zu überlegen, ob er die Aufgabe aus der Geschichte heraushören kann und ob er das Bild versteht. Bei dem Zwischenaustausch können sich die Kinder wechselseitig Tipps zur Verbesserung geben.

Zweite Arbeitsphase Jetzt bekommen die Kinder noch einmal Gelegenheit, ihre Rechengeschichten zu überarbeiten und sich auf die Abschlusspräsentation vorzubereiten.

Austausch und Reflexion In die Mitte des Sitzkreises werden die Aufgabenkarten gelegt. Während ein Kind seine Rechengeschichte vorliest, bekommen die Zuhörer den Auftrag, die passende Aufgabe zu finden.

„Woran hast du erkannt, dass diese Aufgabe zu der vorgelesenen Geschichte passt?" Diese Frage eignet sich, um die Kinder zum Nachdenken über die Zuordnung und zum Begründen anzuregen. Zusätzlich können durch die oben dargestellten Fragen auch noch weitergehende Überlegungen initiiert werden.

Anschlussaktivitäten
- Rechengeschichte zu einer weiteren Aufgabe mit neuer Rechenoperation erfinden
- Rechengeschichten austauschen und wechselseitig lösen
- Rechengeschichtenbuch oder Rechengeschichtenkartei erstellen

Beispiele aus der Unterrichtspraxis
Wenn Kinder Geschichten zu Rechenoperationen erfinden, ermöglicht dies der Lehrerin einen Einblick in deren momentanes Verständnis. Die folgenden Beispiele machen deutlich, wie unterschiedlich und vielfältig das Lernangebot bearbeitet werden kann. Es tauchen verschiedene Rechenoperationen und Zahlen auf, die teilweise auch über den vertrauten Zahlraum der Schülerinnen und Schüler hinausgehen.

Pauls Rehe Pauls Geschichte zu der Aufgabe „$15 - 6 = 9$" (Abb. 6.15) weist die typische Gestaltungsstruktur von Subtraktionsaufgaben auf. Dennoch regt sie zum Schmunzeln an: Paul erzählt nämlich, warum die Rehe wegrennen – eine Information, die zum Übersetzen

Abb. 6.15 Pauls Rechenge-
schichte (Klasse 2). (Rathgeb-
Schnierer und Rechtsteiner-
Merz 2010, 77)

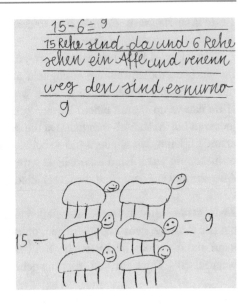

der Geschichte in die passende Rechenoperation unnötig ist, aber den Reiz der Geschichte
ausmacht.

Auch Pauls Bild ist spannend und man könnte aufgrund der Gestaltung zwei Rückschlüsse ziehen:

- Erstens: Paul hat noch kein Operationsverständnis bezüglich der Subtraktion entwickelt.
- Zweitens: Subtraktionsaufgaben lassen sich nur schwer bildlich umsetzen.

Aufgrund der Geschichte, die Paul zur Aufgabe erfunden hat, erscheint der erste Rückschluss unwahrscheinlich.

Tims Fußballspiel Tim verknüpft seine Rechengeschichte mit Erfahrungen aus der Alltagswelt (Abb. 6.16). Grundlage ist die Verdopplungsaufgabe „3 + 3 = 6", der er durch die
Verbindung zum Fußballspiel eine korrekte Bedeutung zuordnet: Tim erzählt, dass er in
der ersten und zweiten Halbzeit jeweils drei Tore, insgesamt also sechs Stück geschossen

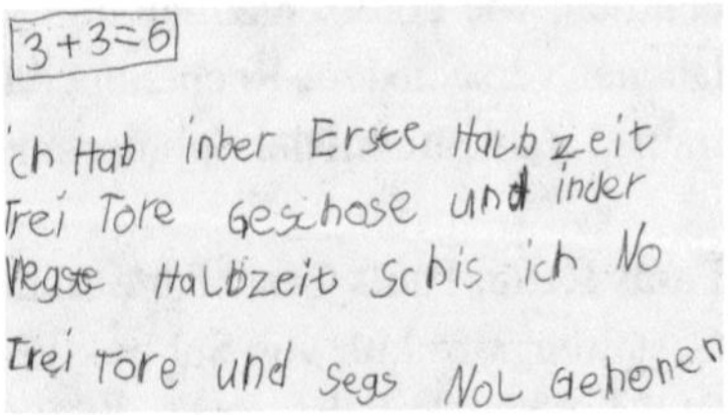

Abb. 6.16 Tims Rechenge-
schichte (Klasse 1). (Rathgeb-
Schnierer und Rechtsteiner-
Merz 2010, 78)

Abb. 6.17 Elians Geschichte
(Klasse 1). (Rathgeb-Schnierer
und Rechtsteiner-Merz 2010,
78)

hat. Tims Geschichte gibt Aufschluss über seine Fähigkeiten. Als Anfängerkind verfügt er über Operationsverständnis im Bereich der Addition und kann eine Aufgabe mit einer passenden Geschichte verbinden. Noch nicht ganz leicht fällt ihm das Aufschreiben der Geschichte. Dennoch schafft er es, mit den ihm zur Verfügung stehenden Mitteln seine Gedanken zu verschriftlichen.

Elians Jagdgeschichte Bei Elian – auch ein Anfängerkind – fallen dieselben Aspekte auf wie bei Tim: Er kann die Subtraktionsaufgabe „$15 - 6$" lösen und ihr eine Bedeutung zuordnen (Abb. 6.17). Die größte Anstrengung besteht nicht im Erfinden, sondern im Aufschreiben der Geschichte.

Samuel und die Bonbons Welch' riesige Anzahl von Bonbons! Samuel, ein fortgeschrittener Lerner, scheint von großen Zahlen fasziniert zu sein. Er bewegt sich mit seiner Geschichte (Abb. 6.18) in einem Zahlenraum, der ihm zumindest aus schulischem Kontext noch nicht vertraut ist. Aber wie kommt er in diesem Zahlenraum zurecht? Es ist anzunehmen, dass er sich auf das strategische Werkzeug der Analogie stützt.

Abb. 6.18 Samuels Ge-
schichte (Klasse 2). (Rathgeb-
Schnierer und Rechtsteiner-
Merz 2010, 79)

Abb. 6.19 Jakobs Geschichte (Klasse 2). (Rathgeb-Schnierer und Rechtsteiner-Merz 2010, 80)

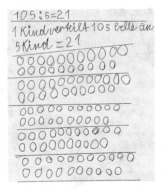

Samuels Geschichte entstammt der Fantasiewelt. Ganz spannend ist die offene Formulierung an der Stelle, wo beschrieben wird, dass die Kinder die Bonbons abholen. Aus der Rechenaufgabe wird deutlich, dass jedes Kind wohl nur ein Bonbon abholt und somit 900 übrig bleiben. Diese Stelle kann in der Austauschphase aufgegriffen und zum Weiterdenken genutzt werden: Was passiert, wenn jedes Kind zwei, drei, … Bonbons abholt? Wie muss dann die passende Aufgabe heißen?

Jakobs Kurzgeschichte Jakobs Geschichte (Abb. 6.19) ist kurz – fast so kurz, dass man gar nicht von einer Geschichte sprechen möchte. Mit der Auswahl einer Divisionsaufgabe entscheidet sich Jakob für eine Rechenoperation, die für ihn – als fortgeschrittenes Kind – auch noch ganz neu ist. Überraschend ist die ikonische Darstellung der Aufgabe. Unabhängig davon, ob diese vor oder nach dem Lösen entstanden ist, zeugt sie auf jeden Fall von einem ausgebildeten Verständnis für die Bedeutung der Division.

Alle Beispiele zeigen, dass jedes Kind sich entsprechend seinem Lernniveau mit dem Erfinden von Rechengeschichten auseinandergesetzt hat. Die unterschiedlichen Kompetenzen von Anfängerkindern und fortgeschrittenen Kindern werden weniger im Operationsverständnis als im Schreibprozess sichtbar. Deshalb ist es sinnvoll, die Kinder wählen zu lassen, ob sie ihre Rechengeschichte alleine oder im heterogen zusammengesetzten Tandem erfinden möchten.

6.2.3 Ein Punktebild – viele Zahlensätze

Das Lernangebot „Ein Punktebild – viele Zahlensätze" ermöglicht natürliche Differenzierung durch die Anzahl und Anordnung der ausgewählten Punkte sowie durch die zugeordneten Zahlensätze (Details in Abschn. 5.2).

Lernchancen
Wenn Kinder passende Aufgaben zu einem Punktefeld entdecken und aufschreiben, sind damit verschiedene Lernchancen verbunden: Es ist nötig, das Punktbild genau zu be-

trachten, die eigene Sichtweise auszudrücken und dabei in Zahlensprache zu übersetzen. Dieser Übersetzungsprozess des gesehenen Bildes in den Zahlensatz und umgekehrt muss von den Kindern ständig geleistet werden. Er entspricht einem intermodalen Transfer von der ikonischen (bildhaften) auf die symbolische Ebene. Eine wesentliche Erfahrung, die die Kinder beim Austausch ihrer gefundenen Aufgaben machen, ist die, dass viele Aufgaben gefunden werden können und es nicht nur eine einzige richtige Lösung gibt.

Das vielperspektivische Betrachten und Interpretieren von Punktebildern erfordert und fördert mentales Gruppieren und Umgruppieren der Punkte. Dadurch können Teile-Ganzes-Konzepte weiterentwickelt werden. Ebenso wird der Aufbau von Operationsvorstellungen und operativen Beziehungen durch die vielfältige Verknüpfung von Bild und Aufgabe gefördert (Kap. 3).

Problemstellung und möglicher Verlauf

Gemeinsamer Beginn Für einen gemeinsamen Einstieg in das Lernangebot bietet es sich an, ein zweifarbig gestaltetes Punktebild mit 20 Punkten zu untersuchen (Abb. 5.19 in Abschn. 5.2). Dieses Punktebild kann als stiller Impuls mit großen Wendeplättchen im Stuhlkreis auf den Boden gelegt werden. Die Schülerinnen und Schüler haben dann die Möglichkeit, ihre Ideen zu äußern. Dabei sind ganz verschiedene Aussagen möglich:

- „Ich sehe vier Reihen, in jeder Reihe liegen fünf Punkte."
- „Ich entdecke die Aufgabe ‚12 + 8'."
- „Es sind zusammen 20 Punkte."

Sukzessive wird angeregt, Aufgaben im Punktebild zu finden, die auf Blankokarten notiert werden.

Arbeitsphase *Findet viele verschiedene Aufgaben zu einem eigenen Punktebild.*

Dieser Arbeitsauftrag wird im heterogenen Tandem durchgeführt. Zunächst wird ein eigenes Punktebild gelegt und auf ein DIN-A3-Papier gezeichnet. Schon beim Legen der Punktebilder sind gemeinsame Aushandlungsprozesse nötig, da es so gestaltet sein muss, dass beide Kinder damit zurechtkommen und es genügend Potenzial zum Entdecken von verschiedenen Aufgaben bietet. Ist das Bild gelegt und gezeichnet, werden zusammen oder wechselweise passende Zahlensätze gesucht und auf demselben Papierbogen notiert. Auch hierbei findet Kommunikation statt, nämlich dann, wenn

- der Partner die gefundene Aufgabe nicht sehen kann.
- der Partner die zugeordnete Rechenoperation noch nicht kennt.
- begründet werden muss, warum die Aufgabe zum Punktebild passt.
- ausgehandelt wird, ob immer das gesamte Punktebild betrachtet werden muss.
- mögliche Notationsformen besprochen werden.
- ...

Die Kinder benötigen in der Arbeitsphase so viel Zeit, dass mindestens ein Punkte-feld eingehend untersucht werden kann. Als Differenzierung bietet es sich an, schneller arbeitende Tandems zum Untersuchen weiterer Punktebilder anzuregen.

Austausch und Reflexion Die Eigenproduktionen aus der Partnerarbeitsphase sind der Ausgangspunkt für den Ideenaustausch sowie für das Weiterdenken und Weiterarbeiten. Im Stuhlkreis bekommen die einzelnen Tandems die Gelegenheit, ihre Punktefelder und gefundenen Aufgaben vorzustellen. Damit die Präsentation über das Beschreiben der Punktebilder und das Nennen der Aufgaben hinausgeht, kann der Blick auf die Vorge-hensweise beim Suchen gelenkt werden. Darüber hinaus lassen sich durch gezielte Fragen weitere Überlegungen zu verschiedenen Aspekten anregen.

- Überlegungen zur Passung der Aufgaben: Welche Aufgaben passen gut zu dem Punk-tebild, welche nicht so gut? Warum?
- Überlegungen zur Perspektive: Wie kann die Aufgabe im Punktebild gesehen werden?
- Überlegung zu operativen Zusammenhängen: Gibt es Aufgaben, die zusammenpassen? Welche Aufgaben sind das? Warum passen sie zusammen?
- Überlegungen zum Verändern von Punktebildern: Welche Aufgabe passt auf den ersten Blick nicht zu einem Punktebild? Wie könnte das Bild verändert werden, damit es genau zu einer Aufgabe passt?
- Überlegungen zur Vorgehensweise: Wie seid ihr beim Untersuchen des Punktebildes vorgegangen? Wie sind die Mitschülerinnen und Mitschüler vorgegangen?

Einige dieser Fragestellungen könnten aber auch Impuls für eine weitere Arbeitsphase darstellen.

Anschlussaktivitäten
- Tandems tauschen Plakate aus und untersuchen die Eigenproduktion unter einer der folgenden Fragestellungen: Passen alle Aufgaben zum Punktebild? Kann man noch weitere Aufgaben finden? Haben sich Fehler eingeschlichen? Gibt es Aufgaben auf dem Plakat, die zusammenpassen?
- Tandems tauschen Plakate aus und schreiben sich wechselseitig Kommentare.
- Jedes Tandem erweitert sein Punktebild und verändert die gefundenen Aufgaben ent-sprechend.

Beispiele aus der Unterrichtspraxis
Die entstandenen Eigenproduktionen geben Aufschluss über die vielfältigen Herange-hensweisen und Lösungswege, die die Aufgabenstellung beinhaltet. Unterschiede fallen nicht nur in der Qualität und Quantität der gefundenen Aufgaben auf, sondern auch in der Form der Dokumentation.

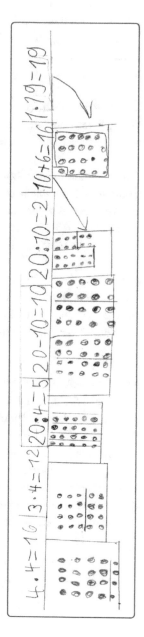

Abb. 6.20 Justus und Jakob (Klasse 1/2). (Rathgeb-Schnierer und Rechtsteiner-Merz 2010, 85)

Justus und Jakob Justus und Jakob (Klasse 1/2) gestalten ihr Punktebild einfarbig (Abb. 6.20). Sie entdecken Aufgaben zu allen Rechenoperationen, wobei sie nicht immer das gesamte Feld in den Blick nehmen, sondern teilweise nur einen Ausschnitt davon. Durch die offene Formulierung der Aufgabenstellung wird dieses Vorgehen ermöglicht.

Die Dokumentation der beiden Jungen ist einzigartig: Während bei den anderen Kindern immer nur ein Punktefeld auftaucht, zeichnen Justus und Jakob zu jeder gefundenen Aufgabe ein solches. Damit verdeutlichen sie jeweils ganz genau ihre Sichtweise auf das Punktebild.

Justus und Jakob haben sich bei ihrer Arbeit deutlich von der Arbeitsweise im Stuhlkreis abgelöst und sind eigene Wege gegangen: zum einen im Hinblick auf die einfarbige Punktebildgestaltung, zum anderen bezüglich der Dokumentation.

Larissa und Luana Larissa und Luana finden in ihrem zweifarbigen Punktebild (Abb. 6.21) Aufgaben zu allen Rechenoperationen – auch solche mit wiederholter Addition gleicher Summanden tauchen auf. Viele Aufgaben beziehen sich entweder auf das gesamte Punktefeld oder auf die farbig gekennzeichneten Teile. Allerdings wurden ebenfalls Aufgaben wie „$8 + 12 + 10 = 30$" oder „$4 \cdot 4 = 16$" notiert, die sich nicht so ohne Weiteres im Punktefeld finden lassen.

„Wie habt ihr diese Aufgaben gefunden?" Mit der Frage könnten die beiden Mädchen während der Austauschphase herausgefordert werden, den anderen Kindern zu zeigen, wie sie das Punktefeld betrachtet und die Aufgaben gefunden haben. Dadurch werden sie noch einmal angeregt, ihre eigene Arbeit aus der Metaperspektive zu betrachten und zu reflektieren.

Laura und Sarah Nach einem kurzen Hinweis auf den Arbeitsauftrag legten und untersuchten die beiden Anfängerinnen Laura und Sarah im Lernprozess das blaue Punktebild. Interessant ist hierbei die Achtergruppierung der 24 Plättchen und die passende Multiplikationsaufgabe (Abb. 6.22). Sie weist auf vorhandenes Operationsverständnis hin, auch wenn das Ergebnis zunächst nicht richtig notiert wird. Die beiden Mädchen interpretieren – möglicherweise durch die Art der Gruppierung – das Bild nicht additiv, sondern multiplikativ. Der zweite Blick scheint dann additiv zu sein, denn nun entsteht die Aufgabe „$4 + 4 + 4 + 4 + 4 + 4 = 24$". Möglicherweise haben Laura und Sarah beim Lösen dieser Aufgabe gemerkt, dass ihr oberes Ergebnis nicht richtig sein kann, und dieses

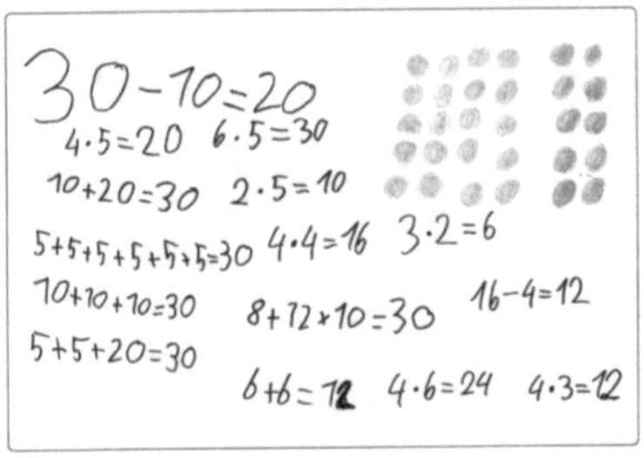

Abb. 6.21 Larissa und Luana (Klasse 1/2). (Rathgeb-Schnierer und Rechtsteiner-Merz 2010, 86)

Abb. 6.22 Laura und Sarah (Klasse 1/2). (Rathgeb-Schnierer und Rechtsteiner-Merz 2010, 87)

dann entsprechend verbessert. Im nächsten Schritt finden sie dann auch noch die passende Multiplikationsaufgabe „6 · 4". Wie diese Aufgabe im Zusammenhang mit dem Punktebild entstand, kann nicht rekonstruiert werden. Beim Lösen der Aufgabe addieren die beiden Mädchen – möglicherweise, weil 6 + 6 ein prägnanter, automatisierter Zahlensatz ist, der ihnen aufgrund der optischen Ähnlichkeit einfällt, und weil sie 6 · 6 noch nicht kennen und automatisiert haben (vgl. 4 · 4 = 8).

Warum zu dem zweifarbigen Punktebild keine Aufgaben notiert wurden, lässt sich nicht mehr rekonstruieren – möglicherweise reichte die Zeit nicht. Allerdings wäre es interessant gewesen zu sehen, welche Aufgaben die beiden Mädchen dazu finden.

6.2.4 Strukturierte Aufgabenserien untersuchen und erfinden

Bei diesem Lernangebot steht das Untersuchen verschiedener strukturierter Aufgabenserien – hauptsächlich Subtraktionsserien – im Vordergrund (Kap. 3 und 5).

Die eingesetzten Aufgabenserien umfassen zwei unterschiedliche Zahlenräume und sind bereits gelöst. Der Blick wird auf die Zusammenhänge zwischen den Aufgaben und den Ergebnissen gelenkt. Mit dem Zurückstellen des Rechnens zugunsten der Beschäftigung mit den Aufgaben aus einer Metaperspektive soll der Einblick in Zahl- und Aufgabenbeziehungen gefördert werden. Dadurch, dass in die strukturierten Aufgabenserien Fehler eingebaut wurden, kann die Aufmerksamkeit der Kinder auf typische Fehler bei der Subtraktion gelenkt werden:

- Kinder vermeiden den Zehnerübergang, indem sie die Einer vertauschen und deren Differenz bilden:

    $17 - 8 = 11$ oder $47 - 8 = 51$ (vgl. 1. Zeile in Abb. 6.23)

Aufgabenserien aus dem „kleinen" Zahlenraum	Aufgabenserien aus dem „großen" Zahlenraum
18 – 9 = 9 17 – 8 = 11 16 – 7 = 9 15 – 6 = 9 ...	48 – 9 = 39 47 – 8 = 41 46 – 7 = 39 45 – 6 = 39 ...
14 – 4 = 10 △ 13 – 4 = 9 12 – 4 = 7 11 – 4 = 7 ...	54 – 4 = 50 △ 55 – 4 = 49 54 – 9 = 47 53 – 9 = 47
100 – 80 = 20 ○ 100 – 70 = 30 100 – 60 = 40 100 – 50 = 150 ...	1000 – 800 = 200 ○ 1000 – 700 = 300 1000 – 600 = 400 1000 – 500 = 1500
18 – 6 = 12 □ 17 – 5 = 12 16 – 4 = 12 15 – 3 = 21 ...	68 – 26 = 42 □ 67 – 25 = 42 66 – 24 = 42 65 – 23 = 24 ...

Abb. 6.23 Strukturgleiche Aufgabenserien aus verschiedenen Zahlenräumen. (Rathgeb-Schnierer und Rechtsteiner-Merz 2010, 89)

- Kinder verrechnen sich um eins:
  $16 - 9 = 6$, weil $16 - 10$ gerechnet wurde.
- Kinder invertieren bei der Notation der Zahlen:
  $15 - 3 = 21$ oder $65 - 23 = 24$ (vgl. 4. Zeile in Abb. 6.23)
- Kinder verwechseln die Rechenoperation:
  $100 - 50 = 150$ oder $1000 - 500 = 1500$ (vgl. 3. Zeile in Abb. 6.23)
- Innerhalb einer strukturierten Aufgabenserie können die Kinder solche typischen Fehler auf verschiedenen Wegen finden: durch Nachrechnen einzelner Aufgaben oder indem Muster erkannt werden und der Fehler als Abweichung davon auffällt.

Lernchancen

Die Intention des Lernangebots liegt darin, dass die Kinder solche Aufgabenserien untersuchen, ihre Gesetzmäßigkeiten entdecken, beschreiben und begründen. Dabei können Subtraktionsaufgaben als spannendes „Forschungsfeld" kennengelernt und Einblicke in Zahl- und Aufgabenbeziehungen gefördert werden.

Untersuchen Kinder einer jahrgangsübergreifenden Klasse strukturierte Aufgabenserien, kommen sie unterschiedlich schnell an ihre Grenzen. Es geht nicht darum, dass alle Kinder gleichermaßen alle möglichen Zusammenhänge entdecken, nachvollziehen und verstehen können: Jedes Kind soll entsprechend seinen individuellen Vorkenntnissen Aufgabenserien untersuchen, Beobachtungen notieren und diese mit anderen Kindern austauschen. Die Vollständigkeit der Entdeckungen steht dabei nicht im Vordergrund, vielmehr die Lust am forschenden Mathematiktreiben und am Entdecken von Muster und Strukturen.

Eine weitere Lernchance liegt in der Beschäftigung mit den Fehlern. Die Kinder können hierbei nicht nur mögliche Ursachen ergründen, sondern auch erkennen, dass Fehler selten unsinnig sind. Häufig beruhen sie auf falschen Überlegungen, sie haben also einen „rationalen Kern" (Spiegel 1996, 14). Dieser muss erkannt werden, damit Fehler zukünftig nicht mehr auftreten. Das gezielte Thematisieren von Fehlern kann zu einem veränderten Umgang mit ihnen führen:

- Kinder erfahren Fehler als normale Erscheinung im Lernprozess – sie können als Lernchance gesehen und nicht als Stigma.
- Kinder bauen eine prüfende Haltung gegenüber den eigenen Ergebnissen auf.

Wie bei allen anderen Lernangeboten wird auch bei diesem großen Wert auf den Austausch von Lösungsideen und Entdeckungen gelegt.

Problemstellung und möglicher Verlauf
Gemeinsamer Beginn Zu Beginn bietet sich das gemeinsame Untersuchen von zwei strukturgleichen Aufgabenserien an (Abb. 6.23). Bei den ersten beiden Aufgabenserien der oberen Abbildung sind dies:

- Die Minuenden werden (von oben nach unten) um 1 kleiner;
- die Subtrahenden werden um 1 kleiner;
- die Ergebnisse bleiben gleich;
- ein Ergebnis passt nicht beziehungsweise ist falsch;
- die erste Aufgabe ist eine Halbierungsaufgabe;
- es gibt leichte und schwierige Aufgaben im Entdeckerpäckchen;
- die beiden Entdeckerpäckchen haben eine ähnliche Struktur;
- …

Im weiteren Verlauf kann durch verschiedene Fragen das Erforschen der Hintergründe angeregt werden:

- Warum sind die Ergebnisse immer gleich?
- Woran erkennt man die Halbierungsaufgabe?
- Welche Aufgaben sind leichter und warum?
- Wie könnte der Fehler passiert sein?

Erste Arbeitsphase *Wähle ein Entdeckerpäckchen aus und untersuche es. Was kannst du entdecken?*

Jetzt bekommt jedes Kind die Gelegenheit, mindestens eine Aufgabenserie aus seinem bekannten Zahlenraum (bis 20 und bis 100) zu untersuchen. Dazu steht jeweils ein Forscherheft zur Verfügung, aus dem Aufgabenserien frei ausgewählt und untersucht werden können[1] (Rathgeb-Schnierer 2007b). Das Untersuchen kann wahlweise alleine oder mit einem Partner ausgeführt werden, der dasselbe Forscherheft hat. Die Forscherhefte enthalten strukturgleiche Aufgabenserien aus zwei verschiedenen Zahlenräumen. Die einzelnen Serien eines Heftes unterscheiden sich im Schwierigkeitsgrad und ermöglichen somit Differenzierung.

Zweite Arbeitsphase *Vergleicht eure Forscherhefte.*

In dieser Phase vergleichen die Kinder im jahrgangsübergreifenden Tandem strukturgleiche Aufgabenserien. Die Entdeckungen werden von beiden Partnern auf der Rückseite ihres Forscherheftes notiert. Bei der Arbeit in dieser Konstellation erhalten die Kinder einen Einblick in mathematische Strukturen und es wird deutlich, dass diese unabhängig von Zahlenräumen sind.

Austausch und Reflexion Für diese Phase bietet sich eine Rechenkonferenz im Plenum an. Als gemeinsamer Einstieg in den Austausch kann von der Lehrperson eine Aufgabenserie aus dem kleinen Zahlenraum ausgewählt werden, die von möglichst vielen Kindern der Klasse untersucht wurde. Nach einer freien Sammlung von Entdeckungen wird durch gezielte Fragen der Blick auf verschiedene Sachverhalte gelenkt:

- Was passiert mit den Ergebnissen der Aufgaben?
- Gibt es Aufgaben im Entdeckerpäckchen, die leichter (schwerer) sind als andere? Warum findest du sie leichter (schwerer)?
- Woran kann man den Fehler erkennen? Wie könnte er passiert sein?
- Findet ihr Entdeckerpäckchen, die ähnlich sind? Warum findet ihr sie ähnlich?
- …

Jede dieser Fragestellungen könnte einen Impuls für das Weiterarbeiten und Weiterdenken sein.

Anschlussaktivitäten
- Jedes Kind erfindet ein Entdeckerpäckchen. Dieses wird mit einem Partner getauscht und wechselseitig untersucht; Entdeckungen werden notiert und verglichen.

---

[1] Kopiervorlagen zu den Forscherheften sind zu finden in: Rathgeb-Schnierer, E., Rechtsteiner-Merz, C. & Brugger, B. (2010). *Die Matheprofis 1/2 – Offene Lernangebote für heterogene Gruppen.* Lehrermaterialien. Oldenbourg Schulbuchverlag 2010, 83–86, und Rathgeb-Schnierer, E. (2007b). Kinder erforschen arithmetische Muster – Zur Gestaltung anregender Forschungsaufträge. In: *Grundschulunterricht* 2/2007, 11–19.

- Im jahrgangsübergreifenden Tandem werden strukturgleiche „kleine" und „große" Entdeckerpäckchen erfunden (Abschn. 5.1.3).
- Weitere Forschungsfragen werden bearbeitet wie beispielsweise: Wie kannst du eine Plusaufgabe/Minusaufgabe so verändern, dass das Ergebnis gleich bleibt? (Kap. 5)

Beispiele aus der Unterrichtspraxis
Die nachfolgenden Eigenproduktionen geben einen Einblick dahingehend, was passiert, wenn sich Kinder mit unterschiedlichen Lernvoraussetzungen mit operativ strukturierten Aufgabenserien beschäftigen. Die Vielfältigkeit und die Verschiedenartigkeit der Ideen und Entdeckungen haben uns immer wieder gezeigt, wie substanziell das Format „Aufgabenserie" sein kann.

Kinder untersuchen Entdeckerpäckchen Während der ersten Arbeitsphase haben Carola (Klasse 1) und Daniel (Klasse 2) unabhängig voneinander zwei Entdeckerpäckchen ausgewählt.

Carola (Abb. 6.24) hat das Päckchen fortgesetzt und sich dann auf den Fehler konzentriert. Sie begründet stichhaltig, warum das Ergebnis nicht stimmen kann. Dabei bezieht sich Carola aber nicht auf das Ergebnismuster, sondern auf die Rechenoperation.

Auch Daniel hat den Fehler verbessert und weitere passende Aufgaben zu der Serie gefunden (Abb. 6.25). Beim Untersuchen gilt seine Aufmerksamkeit aber nicht dem Fehler, sondern dem Ergebnismuster. Spannend wäre es, Daniel zu fragen, was er denn mit „der Reihe nach unten" meint. Außerdem könnte man ihn anregen zu überlegen, warum die Ergebnisse sich um 100 verändern. Beide Fragen kann man im Rahmen eines Plenumsaustauschs stellen.

Abb. 6.24 Carola (Klasse 1).
(Rathgeb-Schnierer und Rechtsteiner-Merz 2010, 94)

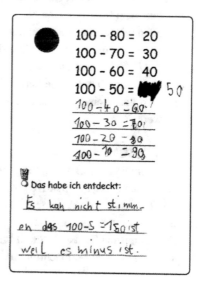

Abb. 6.25 Daniel (Klasse 2).
(Rathgeb-Schnierer und Rechtsteiner-Merz 2010, 95)

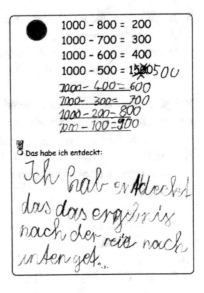

Kinder vergleichen Entdeckerpäckchen Während der zweiten Arbeitsphase sollten die Kinder die Aufgabenserien in ihren Forscherheften vergleichen und Beobachtungen notieren.

Elian und Christoph haben sich die Serie mit dem Punkt ausgesucht (Abb. 6.17). Ihnen fiel auf, dass sich die beiden Serien in der Zahlengröße unterscheiden.

Sarah und Annika (Abb. 6.26) haben dieselbe Serie ausgewählt wie Elian und Christoph. Auch ihnen sind die unterschiedlichen Zahlen aufgefallen. Allerdings beschreiben sie diese so, dass der Blick mehr auf Gemeinsamkeiten gelenkt wird: Bei den großen Aufgaben ist immer nur eine Null dazugesetzt (die Begriffe „kleine und große Katzen" verwenden wir für die Anfänger und Fortgeschrittenen).

Samuel hat zusammen mit Tim die erste Seite der beiden Forscherhefte verglichen (Abb. 6.27). Sie haben die Ergebnisse in den Blick genommen und festgestellt, dass sie sich jeweils um 40 unterscheiden.

Die Art und Weise, wie die Kinder ihre Entdeckungen notiert haben, ist einen genauen Blick wert:

- Elisa und Christoph haben ihre Aufgabenserie verglichen und unabhängig voneinander ihre gemeinsame Beobachtung aufgeschrieben. Dies wird daran deutlich, dass jeder der beiden seine Perspektive notiert hat.
- Bei Tim und Samuel hat nur Samuel – der fortgeschrittene Lerner – die gemeinsame Beobachtung aufgeschrieben.
- Der identische Text von Sarah und Annika lässt vermuten, dass ein Kind die durchaus gemeinsame Beobachtung in Worte gefasst hat, die dann beide in ihr Forscherheft schrieben.

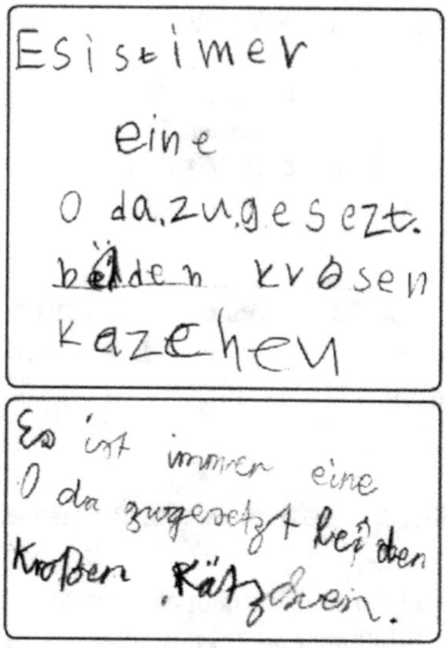

Abb. 6.26 Sarah und Anni-
ka (Klassen 1/2). (Rathgeb-
Schnierer und Rechtsteiner-
Merz 2010, 95)

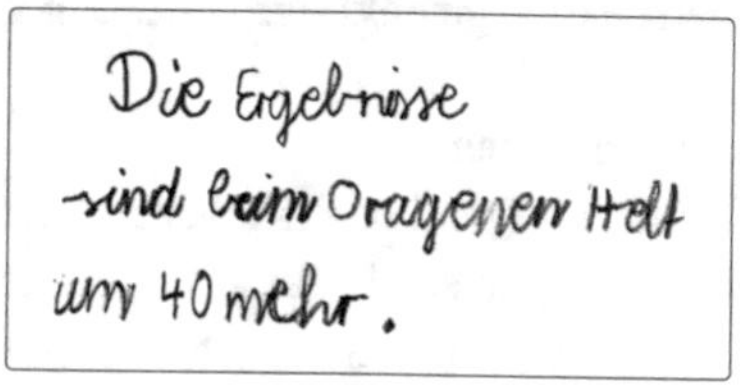

> ESist imer
> eine
> O da,zu,ges ezt.
> beiden kvosen
> kazeheu

> Es ist immer eine
> O da zugesetzt bei den
> Kroßen Kätzchen.

Abb. 6.27 Samuel (Klasse 2).
(Rathgeb-Schnierer und Rechtsteiner-Merz 2010, 96)

> Die Ergebnisse
> sind beim Oragenen Heft
> um 40 mehr.

Kinder erfinden strukturgleiche Entdeckerpäckchen Die Eigenproduktionen von Lena und Laura sowie Philipp und Jakob sind im Rahmen einer Anschlussaktivität entstanden. Im heterogenen Tandem haben die Kinder strukturgleiche Aufgabenserien in
unterschiedlichen Zahlenräumen erfunden. An den Dokumenten der Kinder ist zu sehen,
dass „ähnliche Entdeckerpäckchen" auf ganz unterschiedliche Weise erstellt werden können.

Lena und Laura (Abb. 6.28) nutzen die Analogie von Einer- und Zehnerzahlen. Aus
der Aufgabenserie mit den Einersummanden generieren sie eine ähnliche Serie, indem sie
aus beiden Einersummanden zwei Zehnersummanden machen.

Philipp und Jakob (Abb. 6.29) erweitern jeweils nur den ersten Summanden zu einer
Zehner- Einer-Zahl.

Abb. 6.28 Strukturgleiche
Aufgabenserien von Lena und
Laura (Klassen 1/2). (Rathgeb-
Schnierer und Rechtsteiner-
Merz 2010, 97)

Plech.
$5+5=10$ $5+9=14$
$5+6=11$ $5+10=15$
$5+7=12$
$5+8=13$

Abb. 6.29 Strukturgleiche
Aufgabenserien von Phi-
lipp und Jakob (Klassen 1/2).
(Rathgeb-Schnierer und Rechtsteiner-Merz 2010, 97)

Im Rahmen eines Klassengesprächs können die Kinder die erfundenen Entdeckerpäckchen vergleichen und dabei unterschiedliche Formen der dekadischen Analogie entdecken.

6.2.5 Kombi-Gleichungen erfinden

Bei diesem Lernangebot werden ganz bewusst Gleichungen mit zwei Termen in den
Mittelpunkt gerückt, wodurch der Blick auf die Betrachtung und Analyse aus einer Metaperspektive gelenkt wird (Abschn. 5.1).

Lernchancen
Im nachfolgend beschriebenen Lernangebot liegt der Schwerpunkt auf dem Erfinden von
Gleichungen sowie auf strukturierten Gleichungsserien.

Die mit dem Lernangebot „Kombi-Gleichungen erfinden" verfolgten Lernchancen sind
vielfältig und betreffen fachliche und überfachliche Aspekte:

- Anbahnung algebraischen Denkens, speziell
  – Deutung des Gleichheitszeichens als Konzept der Gleichwertigkeit zweier Terme
  – Zahl, Term- und Gleichungsbeziehungen erkennen und nutzen
  – Einblicke in Muster und Gesetzmäßigkeiten
- Selbstständige Auseinandersetzung mit einer Problemstellung
- Explikation und Austausch eigener Entdeckungen

Problemstellung und möglicher Verlauf
Gemeinsamer Beginn Als Einstieg kann als „sinnfällige[s] Vorstellungsbild" (Schütte
2008, 126) eine Waage mit Steckwürfeln in vier verschiedenen Farben genutzt werden.
Ziel ist es, auf beide Seiten so viele Steckwürfel in jeweils zwei Farben zu legen, dass die
Waage ins Gleichgewicht kommt. Mit den Ziffernkarten und Operationszeichen wird der
passende Zahlensatz[2] gelegt (Abb. 6.30).

---

[2] Für die gemeinsame Kommunikation ist es zentral, auch eine gemeinsame Sprache zu verwenden,
die den Austausch erleichtert, sachgerecht ist und gleichzeitig den Kindern eine Vorstellung ermöglicht. Daher haben wir uns dazu entschieden, in Anlehnung an Schütte (2008) vom „Zahlensatz" als
Gleichung zu sprechen. Entsprechend ist ein Term ein „Zahlenwort". Diese werden aus „Zahlzeichen", also aus Ziffern und Rechenzeichen gebildet. Und schließlich werden aus Zahlwörtern dann
Zahlensätze gebildet, bei denen es sinnvoll ist, nach ihrem Wahrheitsgehalt zu fragen.

Abb. 6.30 Zahlenwaage und
Kombi-Gleichung

In der Plenumsphase werden zunächst alle möglichen Entdeckungen gesammelt und danach versucht, durch gezielte Fragen das Nachdenken über Hintergründe anzuregen. Mögliche Entdeckungen sind,

- das Gleichheitszeichen als Zeichen der Gleichwertigkeit zweier Terme zu deuten.
- verschiedene Möglichkeiten zu erkennen, wie die Gleichwertigkeit festgestellt werden kann (durch Ausrechnen oder Nutzen von Zusammenhängen).

Durch Fragen der Art „Wie kannst du herausfinden, welches Zahlenwort auf eine Seite kommt?“, „Warum ist das so?“, „Ist das auch durch Ableiten möglich?“ oder „Welche anderen Zahlenwörter würden auch passen?“ soll das Erforschen der Hintergründe angeregt werden. Ein natürlicher Zugang der Kinder liegt im Berechnen beider Gleichungsseiten. Im Sinne der Förderung des algebraischen Denkens soll dieser Zugang durch alternative Vorgehensweisen erweitert werden.

Das Ziel der Plenumsphase liegt darin, die Schülerinnen und Schüler exemplarisch mit der Problemstellung vertraut zu machen, damit sie in der darauffolgenden Arbeitsphase eigene Zahlensätze erfinden können.

Erste Arbeitsphase *Erfinde verschiedene Kombi-Gleichungen, die auf beiden Seiten des Gleichheitszeichens ein Zahlenwort wie beispielsweise 5 + 3 haben.*

In dieser Phase erfinden die Schülerinnen und Schüler selbstständig Gleichungen, wahlweise in Einzel- oder Partnerarbeit. Dazu stehen ihnen Ziffernkarten und Operationszeichen zur Verfügung. Das Legen hat im Vergleich zum sofortigen Notieren den Vorteil, dass die Kinder flexibel ausprobieren und variieren können. „Fertige“ Gleichungen werden ins Heft notiert. Die Problemstellung ist so gewählt, dass sie zahlreiche Möglichkeiten der natürlichen Differenzierung bietet. So können der Zahlenraum sowie die Rechenoperationen frei gewählt und kombiniert werden. Ebenso sind verschiedene Vorgehensweisen beim Erstellen der Gleichungen oder Gleichungsserien möglich. Den Kindern muss in dieser Arbeitsphase ausreichend Zeit fürs Erfinden und Ausprobieren gegeben werden.

Zwischenaustausch Im Zwischenaustausch stellen einige Kinder exemplarisch ihre Gleichungen vor und erklären ihre Vorgehensweisen. Diese können an der Waage oder dem Abaco™ visualisiert werden, was einerseits die Darstellung des eigenen Denkens, andererseits das Verstehen für die Zuhörer erleichtert. Beim Darstellen am Abaco™ kann die Ergebniszahl (im oberen Beispiel die Acht als $5+3$) eingestellt werden. Durch Hineindeuten einer anderen Zerlegung (im oberen Beispiel $6+2$) wird deutlich, dass keine Verschiebung stattfinden muss, sondern der zweite Term aus dem ersten gebildet werden kann.

Zweite Arbeitsphase *Kannst du durch kleine Veränderungen aus einem Zahlensatz einen anderen machen? Wähle einen Zahlensatz aus, den du bereits gefunden hast, und versuche weitere zu erfinden, die dazu passen.*

Während die Kinder in der ersten Arbeitsphase frei ausprobieren konnten, wird durch die zweite Aufgabenstellung nun der Blick gezielt auf Term- und Gleichungsbeziehungen gerichtet. Besonderes Augenmerk liegt auf der Betrachtung von Zusammenhängen und dem systematischen Ausprobieren. Für die Entwicklung der strukturierten Gleichungsserien bieten sich verschiedene Möglichkeiten an:

Möglichkeiten für strukturierte Gleichungsserien

Beispiel: $3+5=6+2$

- durch gegen- und gleichsinniges Verändern: $4+4=7+1$
- durch Bilden von Nachbarn: $4+5=7+2$

Diese Arbeitsphase wird in Partnerarbeit durchgeführt, damit die Kinder über mögliche Erweiterungen diskutieren und sich somit wechselseitig in ihrem Erkenntnisprozess voranbringen können.

Durch die freie Wahl des Zahlenraums, der Operationen und der Art der Gleichungsserie ergeben sich auch hier wiederum verschiedene Möglichkeiten für die Kinder, die Schwierigkeit der Aktivität ihren Kompetenzen anzupassen.

Austausch und Reflexion Aus der Gestaltung der beiden Arbeitsphasen folgt, dass am Ende ganz unterschiedliche Erfahrungen ausgetauscht werden können. Damit die Kinder wechselseitig von ihren Erfahrungen profitieren können, bietet es sich an, gezielt zwei bis drei erfundene Gleichungsserien genauer in den Blick zu nehmen. Die Kinder können diese vorstellen und an einem Anschauungsmittel visualisieren. Spannend ist hierbei, Gleichungsserien mit unterschiedlichen Konstruktionsprinzipien (s. o.) zu vergleichen.

Anschlussaktivitäten
- Komplexere Serien sind denkbar: solche mit verschiedenen Operationen, mit Variablen, in erweiterten Zahlenräumen und mit unterschiedlichen Beziehungen.

- Neben der Entwicklung strukturierter Gleichungsserien lassen sich auch funktionale Zusammenhänge beobachten, indem Veränderungen auf der einen Seite zu Veränderungen auf der anderen Seite führen (Abschn. 5.1.1).

Beispiele aus der Unterrichtspraxis
Bei der Durchführung eines Lernangebots entstehen viele Eigenproduktionen, die Einblicke in das Vorgehen, die individuelle Vorstellung und den Lernstand der Kinder ermöglichen. Die hier beschriebenen Produkte der Kinder stammen aus einer jahrgangsgemischten Eingangsklasse mit inklusivem Setting gegen Ende des Schuljahres.

Kerem bringt die Waage ins Gleichgewicht und zählt die Steckwürfel ab Kerem (Klasse 2, Förderbedarf geistige Entwicklung) arbeitet während der Unterrichtseinheit an der Waage mit Steckwürfeln. In einem ersten Schritt befüllt er die Waage und versucht sie ins Gleichgewicht zu bringen (Abb. 6.30). Anschließend zählt er die Steckwürfel ab und notiert die Anzahl.
Kerem ist dabei, seinen Zahlbegriff im Zahlenraum bis Zehn zu entwickeln. Dabei erfasst er die Anzahl einer Menge mit Abzählen. Er kann im Rahmen dieser Problemstellung auf seinem Niveau arbeiten und Lernfortschritte erzielen.

Selina und Saskia erfinden Kombi-Gleichungen Selina (Klasse 1) und Saskia (Klasse 1) erfinden während der ersten Arbeitsphase verschiedene Kombi-Gleichungen, die zunächst einmal sehr willkürlich wirken (Abb. 6.31). Betrachtet man sie genauer, fällt auf, dass die Terme einer Gleichung jeweils durch einfache Umformung ineinander überführt werden können. Beim Beobachten der beiden Kinder wird deutlich, dass sie versuchen, entweder aus einer Zahl zwei Summanden zu machen, und dann, um die Anzahl der Summanden zu erhalten, die beiden anderen Summanden zu einem Summanden zusammenfassen oder genau umgekehrt vorgehen. Selina und Saskia wählen damit erste Zugänge, durch die Umformung eines Terms einen neuen zu bilden, wodurch ihr Blick auf Zusammenhänge zwischen diesen gerichtet ist.

Dragana erfindet Kombi-Gleichungen durch Tauschen, Zerlegen und Verändern
Auch Dragana (Klasse 2) entwickelt Kombi-Gleichungen, indem sie die Summanden zerlegt und tauscht (Abb. 6.32). Dabei spielt sie regelrecht mit den Zahlen. Dies wird beispielsweise in den Gleichungen deutlich, in denen sie zunächst viele Zehner notiert und diese dann in Fünfer umwandelt. Dabei berücksichtigt sie die fehlenden Fünfer im letzten Summanden. In anderen Gleichungen, z. B. bei $10 + 10 + 9 = 10 + 11 + 8$, wird

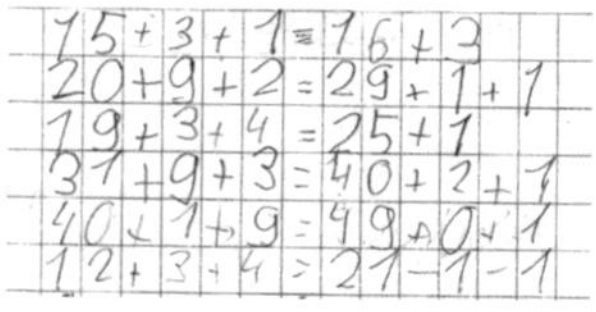

Abb. 6.31 Selina und Saskia erfinden Kombi-Gleichungen

Abb. 6.32 Dragana erfindet Kombi-Gleichungen durch Tauschen, Zerlegen und Verändern

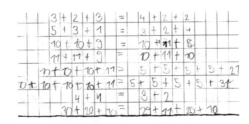

deutlich, dass sie die Terme gegensinnig verändert und damit recht schnell einen neuen erhält. Es wird deutlich, dass Dragana nicht beide Terme rechnerisch löst, sondern hierfür Zahl-, Term- und Aufgabenbeziehungen nutzt. Damit nimmt sie Strukturen in den Blick, die über das arithmetische Lösen von Aufgaben hinausgehen und damit den Zahlenblick schulen.

Atilla erfindet strukturierte Aufgabenserien mit Nachbarschaftsbeziehungen Atilla (Klasse 2, Förderbedarf Lernen) erfindet während der zweiten Arbeitsphase Kombi-Gleichungen, indem er die Vorgängergleichung jeweils nach demselben Prinzip verändert: Der erste Summand jeder Gleichung wird um eins verringert (Abb. 5.12 in Abschn. 5.1.3). Seine erste Gleichung erzielt er durch die einfache Zerlegung der Zehner in zweimal 5 + 5. Als bei der sechsten Gleichung im ersten Summanden auf der rechten Seite die Null auftaucht, kann er seine strukturierte Aufgabenserie nicht mehr fortsetzen. Auf die Frage, ob er nun beim zweiten Summanden „eins" wegnehmen könne, antwortet er: „Vielleicht, aber dann ist es nicht mehr schön!"

Auch Atilla erkennt die Beziehungen zwischen den von ihm entwickelten Gleichungen, kann diese erklären und beim Bilden der nächsten Gleichung nutzen. Es wird also deutlich, dass Atilla weit über das Ausrechnen von Aufgaben hinausgeht.

Rares und Daniel erfinden strukturierte Gleichungsserien mit verschiedenen Operationen Rares (Klasse 2) und Daniel (Klasse 2) erfinden unabhängig voneinander strukturierte Gleichungsserien (Abb. 6.33 und 6.34), in denen sie ausgehend von einem multiplikativen Term einen additiven Ausdruck suchen. Durch das Bilden der Nachbarschaftsaufgabe muss auch der zweite Term entsprechend angepasst werden, wodurch multiplikative Strukturen sichtbar werden. Während Rares in dem ihm bekannten Zahlenraum verweilt, arbeitet Daniel in dem der vierten Klasse. Dabei überträgt er sein Wissen über

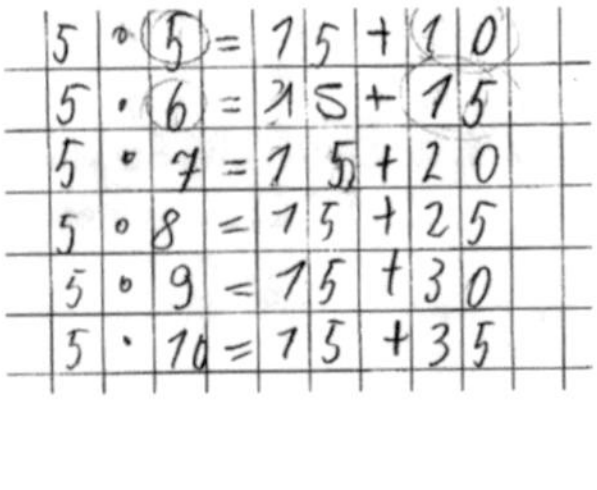

Abb. 6.33 Rares erfindet multiplikative Gleichungsserien im Zahlenraum bis 100

$$5 \cdot 5 = 15 + 10$$
$$5 \cdot 6 = 15 + 15$$
$$5 \cdot 7 = 15 + 20$$
$$5 \cdot 8 = 15 + 25$$
$$5 \cdot 9 = 15 + 30$$
$$5 \cdot 10 = 15 + 35$$

Abb. 6.34 Daniel erfindet multiplikative Gleichungsserien im Zahlenraum bis zur Million

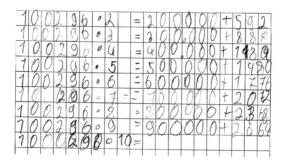

Stellenwerte, Teile-Ganzes-Beziehungen und Regeln zur Multiplikation auf den höheren Zahlenraum. Dies gelingt ihm sehr gut, bis er bei der Multiplikation mit Zehn an seine momentanen Grenzen stößt.

Im anschließenden Austausch entsteht zwischen beiden eine intensive Diskussion über die Gemeinsamkeiten und Unterschiede ihrer strukturierten Kombi-Gleichungen. Dabei können beide Kinder über ihre eigenen Serien hinweg Gemeinsamkeiten und strukturelle Zusammenhänge entwickeln. Ausgehend davon lassen sich weitere ähnliche Serien entwickeln.

Deutlich wird in allen Schülerdokumenten, dass nicht das Ausrechnen von Aufgaben im Vordergrund steht, sondern die Strukturierung von Gleichungen. Damit wird der Blick auf die Zusammenhänge zwischen diesen und den Termen innerhalb einer Gleichung gerichtet, wodurch flexible Rechenkompetenzen entwickelt werden können. Darüber hinaus wird deutlich, wie alle Kinder einer Klasse, ihrem Niveau entsprechend an der Problemstellung arbeiten können. Auseinandersetzungen wie die von Daniel zeigen, dass auch Kinder mit bereits weiter fortgeschrittenen mathematischen Kompetenzen in der Auseinandersetzung mit Kombi-Gleichungen spannende Herausforderungen finden können.

6.2.6 Aufgabenfamilien strukturieren und erfinden

Bei Aufgabenfamilien werden benachbarte – „verwandte" – Aufgaben so um einen bekannten Zahlensatz angeordnet, dass Beziehungen zwischen diesen sichtbar werden (Abschn. 5.1) (Rechtsteiner-Merz 2011a).

Lernchancen

Durch die Reichhaltigkeit des Formats „Aufgabenfamilien" lassen sich mit einem Lernangebot zum Strukturieren und Erfinden von Aufgabenfamilien zahlreiche Ziele verfolgen. Kinder können …

- additive und multiplikative Beziehungen zwischen Aufgaben entdecken, nutzen und beschreiben.
- Aufgaben erfinden, die in Beziehung zu bereits vorhandenen Aufgaben stehen.

- Aufgabenfamilien mit verschiedenen Operationen und in unterschiedlichen Zahlenräumen erfinden und strukturieren.
- Beziehungen mithilfe eines Anschauungsmittels visualisieren und begründen.

Problemstellung und möglicher Verlauf
Gemeinsamer Beginn Als Einstieg wird gemeinsam mit den Kindern im Sitzkreis kurz überlegt und diskutiert, wie verschiedene Aufgabenkarten zu einem bereits gelösten Zahlensatz passen und um diesen angeordnet werden könnten. Folgende Fragen und Impulse unterstützen die Diskussion:

- Passt die Aufgabe … zu dem Zahlensatz? Warum?
- An welchen Platz könnten wir die Aufgabe legen?
- Warum passt sie genau hierher?
- Wäre auch ein anderer Platz denkbar? Warum?
- Erkläre (am Material) genau, woran man erkennen kann, dass diese Aufgaben zusammenpassen.

Erste Arbeitsphase *Ordne die Aufgabenkarten so um den vorgegebenen Zahlensatz an, dass die Beziehungen sichtbar werden.*
Die Kinder erhalten Karten mit einem bereits ausgerechneten Zahlensatz und verschiedenen Aufgabenkarten, auf denen sowohl Nachbaraufgaben als auch ergebnisgleiche Aufgaben (gegen- oder gleichsinnig verändert) notiert sind. Sie werden angeregt, unterschiedliche Anordnungen vorzunehmen und parallel dazu die Aufgabenbeziehungen an einem Anschauungsmittel (beispielsweise dem Abaco™ im Zahlenraum bis 20 oder einem Hunderterfeld im Zahlenraum bis 100) zu visualisieren.

Zwischenaustausch In dieser Phase diskutieren die Kinder in Partnerarbeit über ihre verschiedenen Strukturierungen. Im Anschluss lässt sich daraus direkt die Problemstellung für die zweite Arbeitsphase ableiten.

Zweite Arbeitsphase *Versucht euch auf eine Struktur zu einigen. Lassen sich eure beiden Anordnungen verbinden?*
Ausgehend vom Austausch in der vorigen Phase versuchen die Kinder nun aus den beiden Strukturierungen eine gemeinsame zu entwickeln. Dabei müssen sie über die verschiedenen Beziehungen und deren Bedeutungen für die Anordnung diskutieren und sich gegenseitig durch ihre Begründungen überzeugen. Das Argumentieren spielt in dieser Phase eine zentrale Rolle.

Zwischenaustausch Im Plenum werden nun verschiedene Strukturierungsmöglichkeiten der Aufgabenfamilien, deren Unterschiede und Gemeinsamkeiten besprochen. Um alle Kinder einzubeziehen und fundierte Argumentationen herauszufordern, ist es wichtig, die Überlegungen an der Tafel auf bildlicher oder handelnder Ebene darstellen zu lassen. Mit der Frage, ob und wie viele weitere Kärtchen angebaut werden könnten, kann der Aspekt der unendlichen Erweiterung auf der Basis von Aufgabenbeziehungen ins Bewusstsein gebracht werden.

Dritte Arbeitsphase *Wählt einen eigenen Zahlensatz und erfindet dazu eine Aufgabenfamilie. Wie viele „Familienmitglieder" gibt es?*

Nach dem Strukturieren bereits vorhandener Aufgabenkarten wird die Aufgabenstellung umgekehrt: Die Kinder können nun Aufgabenfamilien frei erfinden. Hierfür erhalten sie leere Kärtchen, die sie beschriften. Auch bei dieser Problemstellung ist es wichtig, die Kinder zum Visualisieren von Zusammenhängen anzuregen. So kann sichergestellt werden, dass nicht nur auf symbolischer Ebene Zahlenreihen betrachtet werden, ohne deren Auswirkungen zu bedenken.

Dabei bieten sich zahlreiche Möglichkeiten der natürlichen Differenzierung, z. B. bezüglich . . .

- der Wahl des Zahlenraums,
- der Wahl der Operationen,
- des Nutzens verschiedener Rechengesetze bei der Erstellung der Aufgabenkarten,
- der Frage der Unendlichkeit von Aufgabenfamilien,
- der Frage nach der Darstellung der Beziehungen,
- der Möglichkeiten zur Argumentation von Strukturen.

Austausch und Reflexion Im Plenum können zwei bis drei Kinder ihre Aufgabenfamilien und die zugrunde liegenden Überlegungen vorstellen. Damit dies nicht über die Köpfe der anderen hinweg geschieht, bietet es sich an, dass die Klasse versucht, die erfundene Aufgabenfamilie gemeinsam zu strukturieren. Bereits dabei werden zahlreiche Diskussionen entstehen, wodurch das Ergründen der Struktur herausgefordert wird.

Anschlussaktivitäten

- Die Kinder können angeregt werden, auch Aufgabenfamilien mit anderen Operationen zu erfinden.
- Die von den Kindern erfundenen Aufgabenfamilien können in einer Kiste den anderen Kindern zur Verfügung gestellt werden. Indem diese versuchen, die Aufgabenfamilie eines anderen Kindes zu strukturieren und anschließend mit der Struktur des Erfinder-Kindes zu vergleichen, können weitere intensive Diskussionen entstehen.

▶   **Tipp zum Weiterlesen** Rechtsteiner-Merz, C. (2014). Kinder strukturieren und er-
finden Aufgabenfamilien. *Die Grundschulzeitschrift*, Heft 271, 40–43.
In diesem Artikel wird das Strukturieren und Erfinden von Aufgabenfamilien am
Beispiel der Multiplikation beschrieben. Es werden verschiedene Zugänge und
Argumentationen von Kindern in einer heterogenen Lerngruppe dargestellt.

Beispiele aus der Unterrichtspraxis
Dieses Lernangebot ist in allen Klassenstufen in unterschiedlichen Zahlenräumen und mit
verschiedenen Operationen möglich. Die hier beschriebenen Schülerdokumente stammen
aus einer zweiten und dritten Klasse.

Johann legt alle gleichwertigen Terme zusammen Johann sucht alle gleichwertigen
Terme und legt diese übereinander (Abb. 6.35). Er beschreibt, dass diese zusammengehören, weil sie gleich groß sind. und erklärt: „Man kann das gleich erkennen, weil eine Zahl
immer gleich weit unter 300 sein muss, wie die andere über 300 ist."

Annas Aufgabenfamilie Anna gruppiert zunächst die wertgleichen Terme zu 300 + 300
(Abb. 6.36). Später legt sie obendrüber diejenigen, bei denen ein Summand über 300 ist
und darunter solche, die für sie eindeutig unter 300 + 300 liegen, da beide Summanden
kleiner als 300 sind. Terme, die größer als 300 + 300 sind, kann sie in ihrer Struktur zunächst nicht geschickt anlegen und platziert sie links daneben (z. B. 300 + 305).

Paulas Aufgabenfamilie Paula versucht sowohl die wertgleichen Terme als auch deren
Nachbarschaftsbeziehungen zu anderen Termen darzustellen und legt hierfür schräg an
(Abb. 6.37). Sie erklärt später, dass ja alle Aufgaben irgendwie zusammengehören.

Abb. 6.35 Johann legt gleich-
wertige Terme zusammen

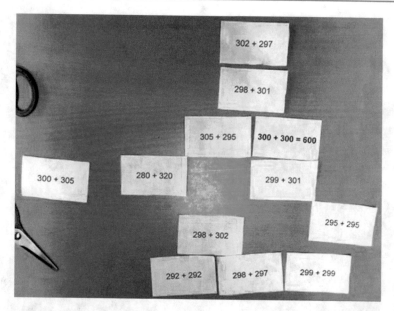

Abb. 6.36   Annas Aufgabenfamilie zu $300 + 300 = 600$

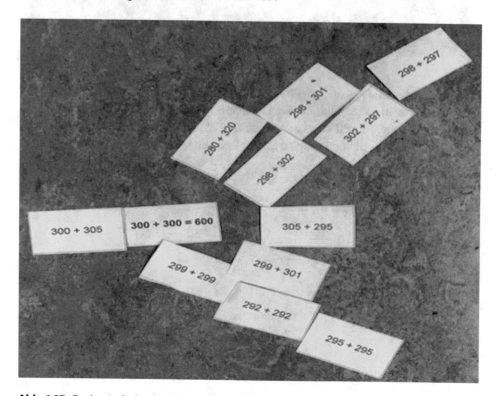

Abb. 6.37   Paulas Aufgabenfamilie zu $300 + 300 = 600$

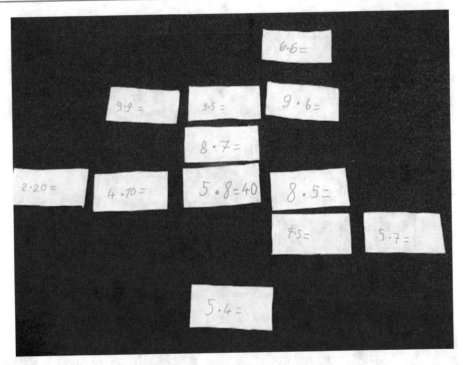

Abb. 6.38 Bastian erfindet eine Aufgabenfamilie. (Rechtsteiner-Merz 2014, 41)

Bastian erfindet eine eigene Aufgabenfamilie Während der dritten Arbeitsphase wählt Bastian (Abb. 6.38) einen multiplikativen Zahlensatz und erfindet zu diesem verschiedene „verwandte" Terme. Er geht dabei zwar in einen kleineren Zahlenraum, überträgt jedoch sein Wissen über die Addition auf eine andere Operation.

Ausblick

Intuitiv zu verstehen, heißt gewissermaßen, etwas zu „sehen". Aber man sieht nur, was man weiß (Köhler 2008, 177).

Wird mit flexiblem Rechnen das Sehen und Nutzen von Zahl- und Aufgabenmerkmalen verbunden (Kap. 2), so lässt sich das Eingangszitat gut übertragen und könnte folgendermaßen umformuliert werden: „Flexibel rechnen heißt gewissermaßen, etwas zu ,sehen'. Aber man sieht nur, was man weiß."

Die Schulung des Zahlenblicks – ein Ansatz zum Rechnenlernen

Fragen

Wie kann der Zahlenblick geschult werden?

In den vorausgehenden Kapiteln haben wir aus verschiedenen Perspektiven verdeutlicht, dass auf dem Weg zum flexiblen Rechnen *in der Auseinandersetzung* mit den arithmetischen Inhalten das „Sehen" von Zusammenhängen und Strukturen entwickelt werden muss. Zu diesen Inhalten gehören eine umfassende Zahlbegriffsentwicklung, der Aufbau von Operationsverständnis sowie die Entwicklung strategischer Werkzeuge in Kombination mit Faktenwissen (Kap. 2 und 3). Damit Zusammenhänge und Strukturen tatsächlich auch gesehen werden können, ist es zentral, den Blick gezielt darauf zu lenken. Dies geschieht, sobald der Rechendrang aufgehalten wird und damit nicht mehr die Lösungsfindung im Mittelpunkt steht, sondern Zahl-, Term- und Aufgabenbeziehungen. Der sogenannte Zahlenblick kann geschult werden, wenn die relevanten Inhalte des Rechnenlernens mit Tätigkeiten des (strukturierenden) Sehens, des Sortierens und des Strukturierens einhergehen (Kap. 3).

© Springer-Verlag GmbH Deutschland, ein Teil von Springer Nature 2018
E. Rathgeb-Schnierer und C. Rechtsteiner, *Rechnen lernen und Flexibilität entwickeln*, Mathematik Primarstufe und Sekundarstufe I + II,
https://doi.org/10.1007/978-3-662-57477-5_7

Fragen
Ab wann kann der Zahlenblick geschult werden?

Bezüglich der Frage, ab wann Aktivitäten zur Zahlenblickschulung wichtig sind, plä-
dieren wir dafür, diese von Anfang an und durchgängig anzuregen. Das hat verschiedene
Gründe:

Zum einen zeigt sich, dass Kinder nur dann die Ablösung vom zählenden Rechnen
bewältigen, wenn sie zumindest in einer Phase des Lernprozesses einen Blick für Beziehungen entwickeln (Abschn. 2.2.1). Kinder, denen das Lernen von Mathematik leichtfällt,
entwickeln dieses Maß an Beziehungsorientierung oftmals auch ohne gezielte Anregungen. Kinder, denen sich die Welt der Zahlen nicht so einfach erschließt, benötigen hierbei
gezielte Unterstützung durch Aktivitäten, die diesen Blick fördern. Das bedeutet, dass für
schwache Kinder Aktivitäten zur Zahlenblickschulung auf dem Weg zum Rechnen nicht
nur lernförderlich, sondern unabdingbar sind.

Zum anderen ermöglicht die Schulung des Zahlenblicks die Entwicklung flexibler Rechenkompetenzen bei allen Kindern (Abschn. 2.2.1). Die hierfür nötigen Inhalte spielen
bereits zu Beginn der ersten Klasse eine zentrale Rolle und ziehen sich durch den gesamten Arithmetikunterricht der Grundschule.

Aus diesen Gründen verstehen wird die Schulung des Zahlenblicks als durchgängiges
und kumulatives Konzept der Grundschule (Kap. 3).

Fragen
Bei welchen Kindern kann der Zahlenblick geschult werden?

Ist Zahlenblickschulung nur mit leistungsstarken Kindern oder mit allen Kindern möglich? Zunächst einmal ist die Entwicklung flexibler Rechenkompetenzen *das* zentrale Ziel
des Arithmetikunterrichts der Grundschule. Hierfür ist es Auftrag des Unterrichts, diese
Kompetenzen bei *allen* Kindern anzuregen und sie auf diesem Weg konstruktiv zu begleiten. Es wäre geradezu tragisch, im Vorfeld zu entscheiden, welchem Kind dieser Weg
offenstehen soll und welchem eben nicht – insbesondere deshalb, weil empirisch gezeigt
werden konnte, dass jedes Kind auf dem Weg zum Rechnen einen grundlegenden Blick
für Beziehungen entwickeln muss. In den vorangegangenen Ausführungen haben wir zu
verdeutlichen versucht, dass die Aktivitäten zur Zahlenblickschulung alle Kinder in ihrem
Lernprozess voranbringen: Schwache Kinder werden bei der Ablösung vom zählenden
Rechnen unterstützt und können darüber hinaus auch flexible Rechenkompetenzen entwickeln (Abschn. 2.2.1), gute und leistungsstarke Kinder werden kompetent im flexiblen
Rechnen.

Die Schulung des Zahlenblicks – auch beim multiplikativen Rechnen?
Zunächst kann angemerkt werden, dass sich dieses Buch ausschließlich mit dem additiven
Rechnen befasst und auf die Entwicklung multiplikativer Rechenkompetenzen lediglich

Abb. 7.1 Multiplikative Kombi-Gleichungen erfinden

an ein paar Stellen hingewiesen wird. Ebenso wie sich Operationsverständnis und strategische Werkzeuge für die Addition und Subtraktion beschreiben lassen, ist dies natürlich auch für die Multiplikation und Division möglich. Und selbstverständlich ist es ebenso wie beim additiven auch beim multiplikativen Rechnen ein zentrales Ziel, den Blick für Beziehungen und Zusammenhänge in den Mittelpunkt zu rücken und damit auch bei diesen Rechenoperationen die Entwicklung flexibler Rechenkompetenzen zu fördern. Aus diesem Grund ist es uns wichtig zu betonen, dass sich die Aktivitäten zum Rechnen (Kap. 5) in der Regel gut auf die Multiplikation und Division übertragen bzw. auch weitere für diesen Bereich entwickeln lassen (Schütte 2005a, 2006). Dass die Tätigkeiten zum (strukturierenden) Sehen, Sortieren und Strukturieren ebenso im Bereich der Multiplikation und Division angeregt werden können, wird im Folgenden an drei Beispielen skizziert.

Kombi-Gleichungen Das Erfinden von Kombi-Gleichungen (Abschn. 5.1 und 5.2) verlangt geradezu nach Erweiterungen in andere Zahlenräume und auf alle Operationen (Abb. 7.1) (siehe dazu auch Abschn. 6.2.5). Ebenso kann diese Aktivität auf andere Zahlbereiche übertragen und somit auch in der Sekundarstufe genutzt werden. Dabei lassen sich weiterhin Fragen zum funktionalen Zusammenhang und zur Entwicklung von Aufgabenserien anregen wie beispielsweise:

- Was passiert, wenn … ?
- Ist das immer so?
- Wie lässt sich durch kleine Veränderungen ein neuer Zahlensatz entwickeln?
- Lässt sich dieses Prinzip fortsetzen?
- Wie lautet die Regel dafür?

Sortieren in „weiß ich auswendig", „kenne ich einen Trick" und „muss ich noch zählen" Ebenso wie beim kleinen Einspluseins ist auch beim kleinen Einmaleins die Automatisierung der Aufgaben das langfristige Ziel. Dieses Ziel sollte jedoch keinesfalls durch reines Auswendiglernen oder Aufsagen der Einmaleinsreihen verfolgt werden (Gaidoschik 2014). Vielmehr gilt es auch hier strategische Werkzeuge zu entwickeln: Ausgehend von den Königsaufgaben ($1 \cdot \ldots, 2 \cdot \ldots, 5 \cdot \ldots, 10 \cdot \ldots$) können Nachbaraufgaben und Verdopplungen abgeleitet werden. Durch das Heranziehen von Bezügen zwischen

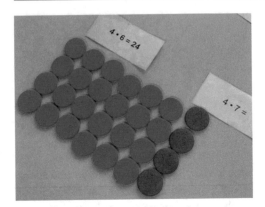 

Abb. 7.2 Kinder stellen multiplikative Zusammenhänge bildlich dar

den Einmaleinsreihen erfolgt der Aufbau eines multiplikativen Netzwerks. Ebenso kann die Idee des gegensinnigen Veränderns auf die Multiplikation übertragen werden.

Um den Blick für Zahl- und Aufgabenbeziehungen zu fördern, bietet sich das Aufgabenformat des Sortierens auch bei der Entwicklung multiplikativer Lösungswege an. Im Bereich des kleinen Einmaleins kann also wiederum in „weiß ich auswendig", „kenne ich einen Trick" und „muss ich noch zählen" sortiert werden (Abschn. 5.1). Wobei unter „muss ich noch zählen" das Zählen im Sinne des Aufsagens der Einmaleinsreihen zu verstehen ist. Da dieses Lösungswerkzeug keine Einblicke in Zusammenhänge ermöglicht, kommt er dem zählenden Rechnen gleich.

Wie in den Abschn. 5.1.2 und 5.2.2 beschrieben, können ausgehend von den Sortierungen der Kinder Beziehungen zwischen bereits auswendig gekonnten Aufgaben und solchen, die noch zählend gelöst werden müssen, entwickelt werden. Dabei ist das Nutzen von bildlichen Darstellungen beim Erklären und Beweisen zentral. Hierdurch lässt sich ein vertieftes Verstehen entwickeln (Abb. 7.2).

Aufgabenfamilien Für die Entwicklung von Aufgabenfamilien werden Terme rund um einen Zahlensatz so angeordnet, dass Bezüge zwischen ihnen sichtbar werden (Abschn. 5.1.3 und 6.2.4). Bei dieser Aktivität zum Strukturieren stehen also Aufgabenbeziehungen im Mittelpunkt. Auch diese Aktivität lässt sich gut für das multiplikative Rechnen modifizieren (Abb. 7.3).

Ebenso wie beim Sortieren von Aufgaben ist es auch hier wiederum wichtig, die Beziehungen zwischen den Aufgaben bildlich darstellen zu lassen (Abb. 7.2). Dies ermöglicht einen Austausch zu den verschiedenen Überlegungen und Möglichkeiten der Darstellung und regt zum Argumentieren an (Abschn. 6.1.2.2).

Zahlenblickschulung – was sagen Kinder?

Mit dem Buch haben wir zwei Ziele verfolgt: Erstens sollte verdeutlicht werden, wie wichtig die Entwicklung eines Zahlenblicks – also das Erkennen und Nutzen von Zahl- und

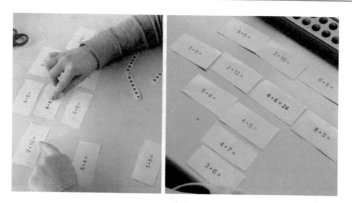

Abb. 7.3 Multiplikative Aufgabenfamilien legen und erfinden

Aufgabenbeziehungen – für das Rechnenlernen und die Entwicklung flexibler Rechenkompetenzen ist. Zweitens sollte durch die Beschreibung der zahlreichen Aktivitäten dazu
motiviert werden, diese im Unterricht umzusetzen ... und möglichst gleich morgen damit
zu beginnen!

Denn mehr als unsere theoretischen und praktischen Ausführungen es vermögen, können die Kinder selbst Überzeugungsarbeit leisten. Die Erfahrungen beim Arbeiten mit den
Kindern faszinieren, erstaunen, ermutigen und machen deutlich, wie wichtig es ist, Kinder
herauszufordern und damit adäquat zu fördern. Aus diesem Grund haben auch die Kinder
selbst das „letzte Wort" am Ende unseres Buches.

Samuel Samuel wird von der Lehrerin als sehr schwaches „Mathekind" bezeichnet.
Während einer Unterrichtsstunde der ersten Klasse im Juni soll er unter anderem die Aufgabe „7 + 8" rechnen. Da die Lehrerin überzeugt ist, dass verschiedene Rechenwege für
die Kinder zu kompliziert sind, wurde in der Klasse ausschließlich das Ergänzen zur Zehn
behandelt: Die Kinder werden angeregt, „Hasenohren" über den zweiten Summanden zu
malen und dort die passende Zerlegung einzutragen.

(Samuel sitzt vor seinem Arbeitsblatt und es scheint, als ob er nichts machen würde.)

Ich: *Weißt du, was du machen musst?*
Samuel: *Hm ...*
Ich: *Hilft es dir, wenn du die Hasenohren malst?*
Samuel: *Wenn du's keinem verrätst: Ich rechne da immer 7 + 7 + 1, und das geht mit den*
Ohren nicht.

Lena Lena war Mitte der ersten Klasse ein sehr schwaches Kind. In ihrem Mathematikunterricht wurden während des gesamten ersten Schuljahres Aktivitäten zur Zahlenblickschulung durchgeführt (Abb. 7.4). Der folgende Dialog fand zu Beginn der zweiten Klasse
statt.

Abb. 7.4 Lena sortiert Aufgaben in leicht und schwer

8 + 5

8 + 8

4 + 9

Ich: *Warum sind die so leicht für dich?*

Lena: *Weil die fast gleich sind (zeigt auf 8 + 7, 8 + 5, 8 + 8). Und hier kommt's Gleiche raus (zeigt auf 8 + 5 und 4 + 9).*

Ich: *Warum?*

Lena: *Weil hier ist's eins weniger (zeigt auf die Vier) und hier eins mehr (zeigt auf
die Neun).*

Johannes Bei einem Unterrichtsbesuch der dritten Klasse im Oktober kommt Johannes
auf einmal auf mich zu und erklärt:

Johannes: *Weißt du, die mit den richtig großen Zahlen sehen richtig schwer aus, und
viele können die ja auch nicht. Aber ich hab da einen Trick und dann ist's
ganz leicht und alle glauben, dass ich super rechnen kann. Du darfst ihn aber
niemand verraten.*

Ich: *Hm. Welchen?*

Johannes: *Weißt du, vor den richtig großen Zahlen haben doch alle Angst. Und ich mach
da aus der, sagen wir 398, einfach die 400, und schon ist's leicht. Das kann ich
auch mit der 788, 999 usw. machen.*

Bisher erschienene Bände der Reihe Mathematik Primarstufe und Sekundarstufe I + II

Herausgegeben von
Prof. Dr. Friedhelm Padberg, Universität Bielefeld
Prof. Dr. Andreas Büchter, Universität Duisburg-Essen

Bisher erschienene Bände (Auswahl):

Didaktik der Mathematik

P. Bardy: Mathematisch begabte Grundschulkinder – Diagnostik und Förderung (P)

C. Benz/A. Peter-Koop/M. Grüßing: Frühe mathematische Bildung (P)

M. Franke/S. Reinhold: Didaktik der Geometrie (P)

M. Franke/S. Ruwisch: Didaktik des Sachrechnens in der Grundschule (P)

K. Hasemann/H. Gasteiger: Anfangsunterricht Mathematik (P)

K. Heckmann/F. Padberg: Unterrichtsentwürfe Mathematik Primarstufe, Band 1 (P)

K. Heckmann/F. Padberg: Unterrichtsentwürfe Mathematik Primarstufe, Band 2 (P)

F. Käpnick: Mathematiklernen in der Grundschule (P)

G. Krauthausen: Digitale Medien im Mathematikunterricht der Grundschule (P)

G. Krauthausen: Einführung in die Mathematikdidaktik (P)

G. Krummheuer/M. Fetzer: Der Alltag im Mathematikunterricht (P)

F. Padberg/C. Benz: Didaktik der Arithmetik (P)

E. Rathgeb-Schnierer/C. Rechtsteiner: Rechnen lernen und Flexibilität entwickeln (P)

P. Scherer/E. Moser Opitz: Fördern im Mathematikunterricht der Primarstufe (P)

A.-S. Steinweg: Algebra in der Grundschule (P)

G. Hinrichs: Modellierung im Mathematikunterricht (P/S)

A. Pallack: Digitale Medien im Mathematikunterricht der Sekundarstufen I + II (P/S)

R. Danckwerts/D. Vogel: Analysis verständlich unterrichten (S)

C. Geldermann/F. Padberg/U. Sprekelmeyer: Unterrichtsentwürfe Mathematik Sekundarstufe II (S)

G. Greefrath: Didaktik des Sachrechnens in der Sekundarstufe (S)

G. Greefrath: Anwendungen und Modellieren im Mathematikunterricht (S)

© Springer-Verlag GmbH Deutschland, ein Teil von Springer Nature 2018
E. Rathgeb-Schnierer und C. Rechtsteiner, *Rechnen lernen und Flexibilität entwickeln*,
Mathematik Primarstufe und Sekundarstufe I + II,
https://doi.org/10.1007/978-3-662-57477-5

G. Greefrath/R. Oldenburg/H.-S. Siller/V. Ulm/H.-G. Weigand: Didaktik der Analysis für die Sekundarstufe II (S)

K. Heckmann/F. Padberg: Unterrichtsentwürfe Mathematik Sekundarstufe I (S)

K. Krüger/H.-D. Sill/C. Sikora: Didaktik der Stochastik in der Sekundarstufe (S)

F. Padberg/S. Wartha: Didaktik der Bruchrechnung (S)

H.-J. Vollrath/H.-G. Weigand: Algebra in der Sekundarstufe (S)

H.-J. Vollrath/J. Roth: Grundlagen des Mathematikunterrichts in der Sekundarstufe (S)

H.-G. Weigand/T. Weth: Computer im Mathematikunterricht (S)

H.-G. Weigand et al.: Didaktik der Geometrie für die Sekundarstufe I (S)

Mathematik

M. Helmerich/K. Lengnink: Einführung Mathematik Primarstufe – Geometrie (P)

F. Padberg/A. Büchter: Einführung Mathematik Primarstufe – Arithmetik (P)

F. Padberg/A. Büchter: Vertiefung Mathematik Primarstufe – Arithmetik/Zahlentheorie (P)

K. Appell/J. Appell: Mengen – Zahlen – Zahlbereiche (P/S)

A. Filler: Elementare Lineare Algebra (P/S)

S. Krauter/C. Bescherer: Erlebnis Elementargeometrie (P/S)

H. Kütting/M. Sauer: Elementare Stochastik (P/S)

T. Leuders: Erlebnis Algebra (P/S)

T. Leuders: Erlebnis Arithmetik (P/S)

F. Padberg/A. Büchter: Elementare Zahlentheorie (P/S)

F. Padberg/R. Danckwerts/M. Stein: Zahlbereiche (P/S)

A. Büchter/H.-W. Henn: Elementare Analysis (S)

B. Schuppar: Geometrie auf der Kugel – Alltägliche Phänomene rund um Erde und Himmel (S)

B. Schuppar/H. Humenberger: Elementare Numerik für die Sekundarstufe (S)

G. Wittmann: Elementare Funktionen und ihre Anwendungen (S)

P: Schwerpunkt Primarstufe

S: Schwerpunkt Sekundarstufe

Literatur

Adelmeier, C., & Liebers, K. (2007). Umsetzung der pädagogischen Elemente „jahrgangsüber-greifender Unterricht" und „rhythmisierter Tagesverlauf" in den Stundenplänen in flexiblen Eingangsklassen. In Landesinstitut für Schule und Medien Berlin-Brandenburg (LISUM) (Hrsg.), *Evaluation der flexiblen Schuleingangsphase FLEX im Landen Brandenburg in den Jahren 2004–2006* (S. 245–257). Ludwigsfelde: LISUM.

Aebli, H. (1978). *Grundformen des Lehrens. Eine Allgemeine Didaktik auf kognitionspsychologischer Grundlage.* Stuttgart: Klett-Cotta.

Aeschbacher, U. (1994). Verstehen als operatorische Beweglichkeit und Einsicht. In K. Reusser & M. Reusser-Weyeneth (Hrsg.), *Verstehen. Psychologischer Prozess und didaktische Aufgabe* (S. 127–141). Bern, Göttingen, Toronto, Seattle: Huber.

Akinwunmi, K. (2012). *Zur Entwicklung von Variablenkonzepten beim Verallgemeinern mathematischer Muster.* Wiesbaden: Vieweg+Teubner, Springer.

Akinwunmi, K. (2017). Algebraisch denken – Arithmetik erforschen. Lernprozesse langfristig gestalten. *Die Grundschulzeitschrift, 306/2017,* 6–11.

Almeida, R., & Bruno, A. (2015). A study on the changes in the use of number sense in secondary students. In K. Krainer & N. Vondrová (Hrsg.), *Proceedings of the Ninth Congress of the European Society for Research in Mathematics Education.* Prague. (S. 238–244). hal-01281839.

Anghileri, J. (2001). Intuitive approaches, mental strategies and standard algorithms. In J. Anghileri (Hrsg.), *Principles and Practices in Arithmetic Teaching: Innovative approaches for the primary classroom* (S. 79–94). Suffolk: St Edmundsbury Press.

Baireuther, P. (1999). *Mathematikunterricht in den Klassen 1 und 2.* Donauwörth: Auer.

Baireuther, P., & Kucharz, D. (2007). Mathematik in jahrgangsheterogenen Lerngruppen. *Grundschulunterricht Mathematik, 11/2007,* 25–30.

Baireuther, P. (2011). *Aufbau von arithmetischen Grundvorstellungen. Unveröffentlichtes Skript aus dem Sommersemester 2011.* PH Weingarten. Weingarten. http://mathematik.ph-weingarten.de/~baireuther/. Zugegriffen: 4. Nov. 2012.

Baroody, A. J. (2003). The development of adaptive expertise and flexibility: the integration of conceptual and procedural knowledge. In A. J. Baroody & A. Dowker (Hrsg.), *The development of arithmetic concepts and skills. Constructing adaptive expertise* (S. 1–33). Mahwah: Lawrence Erlbaum.

Baroody, A. J., & Dowker, A. (2003). *The development of arithmetic concepts and skills. Constructing adaptive expertise.* Mahwah: Lawrence Erlbaum.

Bauer, L. (1998). Schriftliches Rechnen nach Normalverfahren – wertloses Auslaufmodell oder überdauernde Relevanz? *Journal für Mathematik-Didaktik, 19*(2/3), 179–200.

Bauersfeld, H. (2000). Radikaler Konstruktivismus, Interaktionismus und Mathematikunterricht. In E. Begemann (Hrsg.), *Lernen verstehen – Verstehen lernen. Zeitgemäße Einsichten für Lehrer und Eltern. Mit Beiträgen von Heinrich Bauersfeld* (S. 117–145). Frankfurt am Main, Berlin, Bern, Bruxelles, New York, Wien: Peter Lang.

Bauersfeld, H. (2002). Interaktion und Kommunikation. *Grundschule, 3/2002*, 10–14.

Bauersfeld, H., & Seeger, F. (2003). Semiotische Wende – Ein neuer Blick auf das Sprachspiel vom Lehren und Lernen. In M. Hoffmann (Hrsg.), *Mathematik verstehen – Semiotische Perspektiven* (S. 20–33). Hildesheim: Franzbecker.

Beck, E., Guldimann, T., & Zutavern, M. (1994). Eigenständiges Lernen verstehen und fördern. In K. Reusser & M. Reusser-Weyeneth (Hrsg.), *Verstehen: psychologischer Prozess und didaktische Aufgabe* (S. 207–225). Berlin, Göttingen, Toronto, Seattle: Huber.

Beishuizen, M. (2001). Different approaches to mastering mental calculation strategies. In J. Anghileri (Hrsg.), *Principles and practices in arithmetic teaching: innovative approaches for the primary classroom* (S. 119–130). Suffolk: St Edmundsbury Press.

Beishuizen, M., & Klein, T. (1997). Eine Aufgabe – viele Strategien. Zweitklässler lernen mit dem leeren Zahlenstrahl. *Grundschule, 3*(1997), 22–24.

Benölken, R., Berlinger, N., & Käpnick, F. (2016). Offene substanzielle Aufgaben und Aufgabenfelder. In F. Käpnick (Hrsg.), *Verschieden verschiedene Kinder. Inklusives Fördern im Mathematikunterricht der Grundschule* (S. 157–172). Seelze: Kallmeyer Klett.

Benz, C. (2005). Erfolgsquoten, Rechenmethoden, Lösungswege und Fehler von Schülerinnen und Schülern bei Aufgaben zur Addition und Subtraktion im Zahlenraum bis 100. *Journal für Mathematik-Didaktik, 26*(3), 295–296.

Benz, C. (2007). Die Entwicklung der Rechenstrategien bei Aufgaben des Typs ZE±ZE im Verlauf des zweiten Schuljahres. *Journal für Mathematik-Didaktik, 28*(1), 49–73.

Benz, C. (2010). *Minis entdecken Mathematik.* Braunschweig: westermann, Schroedel, Diesterweg, Schöningh, Winklers.

Berch, D. B. (2005). Making sense of number sense: implications for children with mathematical disabilities. *Journal for Learning Disabilities, 38*, 333–339.

Birnstengel-Höft, U., & Feldhaus, A. (2006). Gute Aufgaben in der Lehrerausbildung und -weiterbildung. In S. Ruwisch & A. Peter-Koop (Hrsg.), *Gute Aufgaben im Mathematikunterricht der Grundschule* (S. 196–210). Offenburg: Mildenberger.

Blöte, A. W., Klein, A. S., & Beishuizen, M. (2000). Mental computation and conceptual understanding. *Learning and Instruction, 10*(3), 221–247.

Blöte, A. W., van der Burg, E., & Klein, A. S. (2001). Students' flexibility in solving two-digit addition and subtraction problems: instruction effects. *Journal of Educational Psychology, 93*(3), 627–638.

Blum, W., & Wiegand, B. (2000). *Vertiefen und Vernetzen. Intelligentes Üben im Mathematikunterricht. Üben und Wiederholen.* Friedrich Jahresheft 2000. (S. 106–108).

Bönig, D. (1993). Empirische Untersuchungen zum Transfer zwischen verschiedenen medialen Repräsentationsformen am Beispiel multiplikativer Operationen. In J. H. Lorenz (Hrsg.), *Mathematik und Anschauung* (S. 25–43). Köln: Aulis Verlag Deubner.

Brandt, B., & Nührenbörger, M. (2009). Strukturierte Kooperationsformen im Mathematikunterricht der Grundschule. *Die Grundschulzeitschrift, 222/223*, 1–32. Materialheft, 222.223.

Bruce, R. A. (2004). One, two, three and counting. *Educational Studies in Mathematics, 55*(1/3), 3–26.

Carpenter, T. P., & Lehrer, R. (1999). Teaching and learning mathematics with understanding. In E. Fennema & T. A. Romberg (Hrsg.), *Mathematics classrooms that promote understanding* (S. 19–32). London: Lawrence Erlbaum.

Carpenter, T. P., & Moser, J. M. (1982). The development of addition and subtraction problem-solving skills. In T. P. Carpenter, J. M. Moser & T. A. Romberg (Hrsg.), *Addition and subtraction: a cognitive perspective* (S. 9–24). Hillsdale: Lawrence Erlbaum.

Dehaene, S. (1992). Varieties of numerical abilities. *Cognition, 44*, 1–42.

Dehaene, S. (1999). *Der Zahlensinn oder Warum wir rechnen können*. Basel: Birkhäuser.

Dihlmann, G., & Lorenz, J. H. (1998). Materialien zur Entwicklung mathematischer Vorstellungen. In Landesinstitut für Erziehung und Unterricht Stuttgart (Hrsg.), *Materialien Grundschule. GS 2*. Stuttgart: Landesinstitut für Erziehung und Unterricht Stuttgart.

Dinter, F. (1998). Zur Diskussion des Konstruktivismus im Instruktionsdesign. Unterrichtswissenschaft. *Zeitschrift für Lernforschung, 26*(3), 254–287.

Dornheim, D. (2008). *Prädiktion von Rechenleistung und Rechenschwäche: Der Beitrag von Zahlen-Vorwissen und allgemein-kognitiven Fähigkeiten*. Berlin: Logos.

Dubs, R. (1995). Konstruktivismus: Einige Überlegungen aus der Sicht der Unterrichtsgestaltung. *Zeitschrift für Pädagogik, 41*(6), 889–903.

Duit, R. (1995). Zur Rolle der konstruktivistischen Sichtweise in der naturwissenschaftlichen Lehr- und Lernforschung. *Zeitschrift für Pädagogik, 41*(6), 905–923.

Eckstein, B. (2011). *Mit 10 Fingern zum Zahlverständnis. Optimale Förderung für 4- bis 8-jährige*. Göttingen: Vandenhoeck & Ruprecht.

van Eimeren, L., & Ansari, D. (2009). Rechenschwäche – eine neurokognitive Perspektive. In A. Fritz, G. Ricken & S. Schmidt (Hrsg.), *Handbuch Rechenschwäche. Lernwege, Schwierigkeiten und Hilfen bei Dyskalkulie* (S. 25–33). Weinheim, Basel: Beltz.

Einsiedler, W. (1996). Wissensstrukturierung im Unterricht. Neuere Forschung zur Wissensrepräsentation und ihre Anwendung in der Didaktik. *Zeitschrift für Pädagogik, 42*(2), 167–191.

Ernest, P. (1991). *The philosophy of mathematics education*. London, New York, Philadelphia: The Falmer Press.

Ernest, P. (1994). Constructivism: which form provides the most adequate theory of mathematics learning? *Journal für Mathematik-Didaktik, 15*(3/4), 327–342.

Fabricius, S. (2009). *Lerntagebücher im Mathematikunterricht: wie Kinder in der Grundschule auf eigenen Wegen lernen*. Schulbuchverlag: Oldenbourg.

Fast, M. (2016). *Wie Kinder addieren und subtrahieren: Längsschnittliche Analysen in der Primarstufe*. Wiesbaden: Springer.

Fetzer, M. (2016). *Inklusiver Mathematikunterricht: Ideen für die Grundschule*. Hohengehren: Schneider.

Floer, J. (2000). *Üben und Entdecken – Beispiele, Erfahrungen, Anmerkungen*. Beiträge zum Mathematikunterricht: Vorträge auf der 34. Tagung für Didaktik der Mathematik, Potsdam, 28.–3. März 2000. (S. 197–200). Hildesheim: Franzbecker.

Freudenthal, H. (1973). *Mathematik als pädagogische Aufgabe*. Bd. 1. Stuttgart: Klett.

Freudenthal, H. (1991). *Revisiting mathematics education. China lectures*. Dordrecht: Kluwer.

Fuson, K. C. (1982). An analysis of the counting-on solution procedure in addition. In T. P. Carpenter, J. M. Moser & T. A. Romberg (Hrsg.), *Addition and subtraction: a cognitive perspective* (S. 67–82). Hillsdale: Lawrence Erlbaum.

Gaidoschik, M. (2006). *Rechenschwäche-Dyskalkulie: Eine unterrichtspraktische Einführung für LehrerInnen und Eltern (3. Ausg.)*. Horneburg: Persen.

Gaidoschik, M. (2007). *Rechenschwäche vorbeugen. Das Handbuch für LehrerInnen und Eltern. 1. Schuljahr: Vom Zählen zum Rechnen*. Wien: Öbv &hpt.

Gaidoschik, M. (2008). Automatisierung arithmetischer Basisfakten: Zur Notwendigkeit eines strategie-zentrierten Erstunterrichts. In É. Vásárhelyi (Hrsg.), *Beiträge zum Mathematikunterricht 2008* (S. 401–404). Münster: WTM.

Gaidoschik, M. (2009). Didaktogene Faktoren bei der Verfestigung des „zählenden Rechnens". In A. Fritz, G. Ricken & S. Schmidt (Hrsg.), *Handbuch Rechenschwäche. Lernwege, Schwierigkeiten und Hilfen bei Dyskalkulie* (S. 166–180). Weinheim, Basel: Beltz.

Gaidoschik, M. (2010). Die Entwicklung von Lösungsstrategien zu den additiven Grundaufgaben im Laufe des ersten Schuljahres. Wien. http://othes.univie.ac.at/9155/1/2010-01-18_8302038. pdf. Zugegriffen: 17. März 2017.

Gaidoschik, M. (2014). *Einmaleins verstehen, vernetzen, merken. Strategien gegen Lernschwierigkeiten.* Seelze: Kallmeyer.

Gaidoschik, M. (2016). *Rechenschwäche verstehen – Kinder gezielt fördern. Ein Leitfaden für die Unterrichtspraxis (1.–4. Klasse).* Hamburg: Persen.

Gaidoschik, M., Fellmann, A., & Guggenbichler, S. (2015). Computing by counting in first grade: It ain't necessarily so. In K. Krainer & N. Vondrová (Hrsg.), *CERME 9 – Proceedings of the Ninth Congress of the European Society for Research in Mathematics Education.* Prague. (S. 259–265). hal-01281842.

Gallin, P., & Ruf, U. (1994). Ein Unterricht mit Kernideen und Reisetagebuch. *mathematik lehren, 64*(1994), 51–57.

Gallin, P., & Ruf, U. (1998a). *Sprache und Mathematik in der Schule. Auf eigenen Wegen zur Fachkompetenz.* Seelze-Velber: Kallmeyer.

Gallin, P., & Ruf, U. (1998b). *Austausch unter Ungleichen. Grundzüge einer interaktiven und fächerübergreifenden Didaktik.* Dialogisches Lernen in Sprache und Mathematik, Bd. 1. Seelze-Velber: Kallmeyer.

Gallin, P., & Ruf, U. (1998c). *Spuren legen – Spuren lesen. Unterricht mit Kernideen und Reisetagebüchern.* Dialogisches Lernen in Sprache und Mathematik, Bd. 2. Seelze-Velber: Kallmeyer.

Gallistel, C. R., & Gelman, R. (1992). Preverbal and verbal counting and computation. *Cognition, 44,* 43–74.

Gasteiger, H., & Paluka-Grahm, S. (2013). Strategieverwendung bei Einmaleinsaufgaben – Ergebnisse einer explorativen Interviewstudie. *Journal für Mathematik-Didaktik, 34*(1), 1–20.

Geary, D. C. (2003). Learning disabilities in arithmetic: problem-solving differences and cognitive deficits. In H. L. Swanson, K. R. Harris & S. Graham (Hrsg.), *Handbook of learning disabilities* (S. 199–212). New York: Guilford.

Gelman, R., & Gallistel, C. R. (1978). *The child's understanding of number.* Cambridge, Massachusetts, London: Harvard University Press.

Gersten, R., & Chard, D. (1999). Number sense: rethinking arithmetic instruction for students with mathematical disabilities. *The Journal of Special Education, 33*(1), 18–28.

Gerstenmaier, J., & Mandl, H. (1995). Wissenserwerb unter konstruktivistischer Perspektive. *Zeitschrift für Pädagogik, 41*(6), 867–8<i>67<888.

Gerster, H.-D. (2007). *Wissenswertes zum Thema Rechenschwäche/ Dyskalkulie.* Osnabrück: Arbeitskreis des Zentrums für angewandte Lernforschung. http://www.zahlbegriff.de/PDF/Gerster. pdf. Zugegriffen: 21. Okt. 2017.

Gerster, H. D. (1994). Arithmetik im Anfangsunterricht. Handbuch zur Grundschulmathematik 1. In A. Abele & H. Kalmbach (Hrsg.), *Handbuch zur Grundschulmathematik* (S. 35–102). Stuttgart: Klett.

Gerster, H. D., & Schultz, R. (1998). *Schwierigkeiten beim Erwerb mathematischer Konzepte im Anfangsunterricht. Bericht zum Forschungsprojekt Rechenschwäche – Erkennen, Beheben, Vorbeugen.* Freiburg i. B: Pädagogische Hochschule Freiburg.

von Glasersfeld, E. (1987). *Wissen, Sprache und Wirklichkeit. Arbeiten zum radikalen Konstruktivismus.* Braunschweig: Vieweg.

von Glasersfeld, E. (1995). A constructivist approach to teaching. In L. P. Steffe & J. Gale (Hrsg.), *Constructivism in education* (S. 3–15). Hillsdale, NJ: Lawrence Erlbaum.

von Glasersfeld, E. (1997). *Wege des Wissens: Konstruktivistische Erkundungen durch unser Denken.* Heidelberg: Carl-Auer-Systeme.

von Glasersfeld, E. (1998). *Radikaler Konstruktivismus: Ideen, Ergebnisse, Probleme.* Frankfurt am Main: Suhrkamp.

Götze, D. (2015). *Sprachförderung im Mathematikunterricht.* Berlin: Cornelsen.

Grassmann, M., Eichler, K.-P., Mirwald, E., & Nitsch, B. (2010). *Mathematikunterricht.* Baltmannsweiler: Schneider-Verlag Hohengehren.

Gray, E. M. (1991). Analysis of diverging approaches to simple arithmetic: preference and its consequences. *Educational Studies in Mathematics, 22,* 551–570.

Gray, E. M., & Tall, D. O. (1994). Duality, ambiguity, and flexibility: a "Proceptual" view of simple arithmetic. *Journal for Research in Mathematics Education, 25*(2), 116–140.

Greeno, J. G. (1991). Number sense as situated knowing in a conceptual domain. *Journal for Research in Mathematics Education, 22*(3), 170–218.

Grüßing, M., Schwabe, J., Heinze, A., & Lipowsky, F. (2013). The effects of two instructional approaches on 3rd-graders' adaptive strategy use for multi-digit-addition and subtraction. In A. M. Lindmeier & A. Heinze (Hrsg.), *Proceedings of the 37th Conference of the International Group for the Psychology of Mathematics Education* (Bd. 2, S. 193–400). Kiel: PME.

Gysin, B. (2017). *Lerndialoge von Kindern in einem jahrgangsgemischten Anfangsunterricht Mathematik. Chancen für eine mathematische Grundbildung.* Empirische Studien zur Didaktik der Mathematik, Bd. 31. Münster, New York: Waxmann.

Gysin, B., & Wessolowski, S. (2010). Lerndialoge von Kindern in einem jahrgangsgemischten Anfangsunterricht Mathematik – Chancen für eine mathematische Grundbildung. In H. Hahn & B. Berthold (Hrsg.), *Altersmischung als Lernressource. Impulse aus Fachdidaktik und Grundschulpädagogik* (S. 223–240). Baltmannsweiler: Schneider Verlag Hohengehren.

Haberzettl, N. (2016). *Neue Wege des Diagnostizierens und Förderns im mathematischen Anfangsunterricht: Interviewbasierte Diagnose und Förderung von Kindern mit besonderen Kompetenzausprägungen im Bereich arithmetischer Bildung im 1./2. Schuljahr als Teil der Lehrerbildung der Universität Kassel.* kassel university press GmbH.

Hahn, H. (2006). *Mathematikunterricht in der 3. Jahrgangsstufe-ein Einstellungsbild Thüringer Lehrerinnen und Lehrer.* Schriften zur Bildungsforschung des Projektes „Kompetenztest.de". Jena: Friedrich-Schiller-Universität.

Haller, W., & Schütte, S. (2004). *Die Matheprofis 1.* München: Oldenbourg.

Harries, T., & Spooner, M. (2000). *Mental mathematics for the numeracy hour.* London: David Fulton Publishers.

Häsel-Weide, U. (2014). Additionsaufgaben verändern. *Die Grundschulzeitschrift, 28*(280), 42–45.

Häsel-Weide, U. (2015). Replacing persistent counting strategies with cooperative learning. In K. Krainer & N. Vondrová (Hrsg.), *Proceedings of CERME 9 – Ninth Congress of the European Society for Research in Mathematics Education.* Prague. (S. 274–280). hal-01281844.

Häsel-Weide, U. (2016a). Mathematik gemeinsam lernen. Lernumgebungen für den inklusiven Mathematikunterricht. In A. S. Steinweg (Hrsg.), *Inklusiver Mathematikunterricht – Mathematiklernen in ausgewählten Förderschwerpunkten.* Bamberg: University of Bamberg Press.

Häsel-Weide, U. (2016b). *Vom Zählen zum Rechnen. Struktur-fokussierende Deutungen in kooperativen Lernumgebungen.* Wiesbaden: Springer.

Häsel-Weide, U., & Nührenbörger, M. (2017). Grundzüge des inklusiven Mathematikunterrichts. Mit allen Kindern rechnen. In U. Häsel-Weide & M. Nührenbörger (Hrsg.), *Gemeinsam Mathematik lernen – mit allen Kindern rechnen* (S. 8–21). Frankfurt a. M.: Grundschulverband e. V..

Häsel-Weide, U., Nührenbörger, M., Opitz, E. M., & Wittich, C. (2013). *Ablösung vom zählenden Rechnen: Fördereinheiten für heterogene Lerngruppen.* Seelze: Friedrich Verlag.

Hasemann, K. (2007). *Anfangsunterricht Mathematik.* München: Elsevier.

Hasemann, K., & Gasteiger, H. (2014). *Anfangsunterricht Mathematik.* Berlin, Heidelberg: Springer.

Hatano, G. (2003). Foreword. In A. J. Baroody & A. Dowker (Hrsg.), *The development of arithmetic concepts and skills. Constructing adaptive expertise* (S. xi–xiii). Mahwah: Lawrence Erlbaum.

Haug, R., & Helmerich, M. A. (2017). „Ich weiß nicht, wie es weitergeht." Anregungen aus der Sicht der Praxis für eine individuelle Lernbegleitung. *Die Grundschulzeitschrift, 31*(305), 7–12.

Heinze, A., Marschik, F., & Lipowsky, F. (2009). Addition and Subtraction of three-digit numbers: adaptive strategy use and the influence of instruction in German third grade. *ZDM Mathematics Education, 41*, 591–604.

Heinze, A., Schwabe, J., Grüßing, M., & Lipowsky, F. (2015). Effects of instruction on strategy types chosen by German 3rd-graders for multi-digit addition and subtraction tasks: an experimental study. In K. Beswick, T. Muir & J. Wells (Hrsg.), *Proceedings of the 39th Confernce of the International Group for the Psychology of Mathematics Education, 3* (S. 49–56). Hobart: PME.

Heirdsfield, A. M., & Cooper, T. J. (2002). Flexibility and inflexibility in accurate mental addition and subtraction: two case studies. *Journal of Mathematical Behavior, 21*(1), 57–74.

Heirdsfield, A. M., & Cooper, T. J. (2004). Factors affecting the process of proficient mental addition and subtraction: case studies of flexible and inflexible computers. *Journal of Mathematical Behavior, 23*(2004), 443–463.

Hejl, P. M. (1988). Konstruktion der sozialen Konstruktion: Grundlinien einer konstruktivistischen Sozialtheorie. In S. J. Schmidt (Hrsg.), *Der Diskurs des radikalen Konstruktivismus* (S. 303–339). Frankfurt am Main: Suhrkamp.

Hengartner, E. (Hrsg.). (1999). *Mit Kindern rechnen. Standorte und Denkwege im Mathematikunterricht.* Zug: Klett Balmer.

Hertling, D., Rechsteiner, K., Stemmer, J., & Wullschleger, A. (2015). Kriterien mathematisch gehaltvoller Regelspiele für den Elementarbereich. In B. Hauser, E. Rathgeb-Schnierer, R. Stebler & F. Vogt (Hrsg.), *Mehr ist mehr. Mathematische Frühförderung mit Regelspielen.* Seelze: Kallmeyer, Klett.

Hess, K. (2012). *Kinder brauchen Strategien. Eine frühe Sicht auf mathematisches Verstehen.* Seelze: Klett, Kallmeyer.

Van den Heuvel-Panhuizen, M. (2008). Introduction. In M. van den Heuvel-Panhuizen (Hrsg.), *Children learn mathematics: a learning-teaching trajectory with intermediate attainment targets for calculation with whole numbers in primary school* (S. 9–21). Rotterdam: Sense.

Hiebert, J., & Lefevre, P. (1986). Conceptual and procedural knowledge: an introductory analysis. In J. Hiebert (Hrsg.), *Conceptual and procedural knowledge: the case of mathematics* (S. 1–27). Hillsdale: Erlbaum.

Hiebert, J., & Wearne, D. (1986). Procedures over concepts: the acquisition of decimal number knowledge. In J. Hiebert (Hrsg.), *Conceptual and procedural knowledge: the case of mathematics* (S. 199–221). Hillsdale: Erlbaum.

Hirt, U., & Wälti, B. (2008). *Lernumgebungen im Mathematikunterricht. Natürlich differenzieren für Rechenschwache bis Hochbegabte.* Seelze: Kallmeyer.

Hoenisch, N., & Niggemeyer, E. (2007). *Mathe-Kings. Junge Kinder fassen Mathematik an* (2. Aufl.). Weimar, Berlin: Das Netz.

Hoffmann, M. H.-G. (2001a). Skizze einer semiotischen Theorie des Lernens. *Journal für Mathematik-Didaktik, 22*(3/4), 231–251.

Hoffmann, M. H.-G. (2001b). *Skizze einer semiotischen Theorie des Lernens. Beiträge zum Mathematikunterricht.* Vorträge auf der 35. Tagung für Didaktik der Mathematik, Ludwigsburg, 5.–9. März 2001. (S. 293–296). Hildesheim: Franzbecker.

Höhtker, B., & Selter, C. (1999). Normal verfahren? Viertklässler reflektieren über Rechenmethoden. *Die Grundschulzeitschrift, 13*(125), 19–21.

Hoops, W. (1998). Konstruktivismus. Ein neues Paradigma für Didaktisches Design? Unterrichtswissenschaft. *Zeitschrift für Lernforschung, 26*(3), 229–253.

Hope, J. A. (1987). A case study of a highly skilled mental calculator. *Journal for Research in Mathematics Education, 18*(5), 331–342.

Hörmann, H. (1983). Über einige Aspekte des Begriffs „Verstehen". In L. Montada, K. Reusser & G. Steiner (Hrsg.), *Kognition und Handeln* (S. 13–22). Stuttgart: Klett-Cotta.

Huhmann, T., & Spiegel, H. (2016). Kinder haben ein Recht auf guten Geometrieunterricht. *Die Grundschulzeitschrift, 291*, 25–27.

Käpnick, F. (2016). *Verschieden verschiedene Kinder. Inklusives Fördern im Mathematikunterricht der Grundschule.* Seelze: Kallmeyer/ Klett.

Kaufmann, S. (2003). *Früherkennung von Rechenstörungen in der Eingangsklasse der Grundschule und darauf abgestimmte remediale Maßnahmen.* Frankfurt am Main: Peter Lang.

Kaufmann, S. (2010). *Handbuch für die frühe mathematische Bildung.* Braunschweig: Schroedel.

Kaufmann, S., & Wessolowski, S. (2006). *Rechenstörungen. Diagnose und Förderbausteine.* Seelze: Kallmeyer.

Kilpatrick, J., Swafford, J., & Findell, B. (Hrsg.). (2001). *Adding it up: helping children learn mathematics. National Research Council.* Washington: National Academy Press.

Kittel, A. (2011). *Rechenstörung: Merkmale, Diagnose und Hilfen.* Braunschweig: Westermann.

Klaudt, D. (2005). *Zahlvorstellung und Operieren am mentalen Zahlenstrahl. Eine Untersuchung im mathematischen Anfangsunterricht zu computergestützten Eigenkonstruktionen mit Hilfe einer LOGO-Umgebung.* Ludwigsburg: Pädagogische Hochschule Ludwigsburg.

Klaudt, D. (2007). Kinder strukturieren ihren Zahlenraum. In A. Filler & S. Kaufmann (Hrsg.), *Kinder fördern – Kinder fordern. Festschrift für Jens Holger Lorenz zum 60. Geburtstag* (S. 69–76). Hildesheim, Berlin: Franzbecker.

Klein, A., & Beishuizen, M. (1998). The empty number line in Dutch. Second grades: realistic versus gradual program design. *Journal for Research in Mathematics Education, 29*(4), 443–464.

Köhler, H. (2008). Autonome Intuition statt veranstalteter Instruktion. Blicke auf das Unterrichtsgeschehen unter besonderer Berücksichtigung des Mathematikunterrichts. In A. Neider (Hrsg.), *Autonom lernen – intuitiv verstehen. Grundlagen kindlicher Entwicklung* (S. 162–197). Stuttgart: Freies Geistesleben.

König-Wienand, A. (2001). Individuelle Lernwege im Rahmen von Strategiespielen – erste Unterrichtsreihe zum „NIM-Spiel" im 2. Schuljahr. *Grundschulunterricht, 48*(11), 48–51.

König-Wienand, A., Langer, K.-H., & Lewe, H. (2006). Selbständiges Lernen fördern! Gute Aufgaben können dabei helfen. In S. A. Ruwisch& Peter-Koop (Hrsg.), *Gute Aufgaben im Mathematikunterricht der Grundschule* (S. 40–55). Offenburg: Mildenberger.

Korff, N. (2016). *Inklusiver Mathematikunterricht in der Primarstufe. Erfahrungen, Perspektiven und Herausforderungen.* Baltmannsweiler: Schneider Verlag Hohengehren.

Krajewski, K. (2003). *Vorhersage von Rechenschwäche in der Grundschule.* Hamburg: Kovac.

Krajewski, K. (2008). Prävention der Rechenschwäche. The Early Prevention of Math Problems. In W. Schneider & M. Hasselhorn (Hrsg.), *Handbuch der Pädagogischen Psychologie* (S. 360–370). Göttingen: Hogrefe.

Kramarski, B., Weisse, I. & Kololshi-Minsker, I. (2010). How can self-regulated learning support the problem solving of third-grade students with mathematics anxiety? *ZDM Mathematics Education, 42*, 179–193.

Krauthausen, G. (1993). Kopfrechnen, halbschriftliches Rechnen, schriftliche Normalverfahren, Taschenrechner: Für eine Neubestimmung des Stellenwertes der vier Rechenmethoden. *Journal für Mathematik-Didaktik, 14*(3/4), 189–219.

Krauthausen, G. (1995). Die „Kraft der Fünf" und das denkende Rechnen. Zur Bedeutung tragfähiger Vorstellungsbilder im mathematischen Anfangsunterricht. In G. N. Müller & E. C. Wittmann (Hrsg.), *Mit Kindern rechnen* (Bd. 96, S. 87–108). Frankfurt am Main: Arbeitskreis Grundschule – Der Grundschulverband – e. V..

Krauthausen, G., & Scherer, P. (2007). *Einführung in die Mathematikdidaktik.* Heidelberg: Spektrum.

Krauthausen, G., & Scherer, P. (2014). *Natürliche Differenzierung im Mathematikunterricht. Konzepte und Praxisbeispiele aus der Grundschule.* Seelze: Kallmeyer Klett.

Kucharz, D., & Wagener, M. (2007). *Jahrgangsübergreifendes Lernen. Eine empirische Studie zu Lernen, Leistung und Interaktion von Kindern in der Schuleingangsphase.* Hohengehren: Schneider.

Kühnel, J. (1922). *Vier Vorträge über den neuzeitlichen Rechenunterricht.* Leipzig: Julius Klinkhardt.

Kurhofer, D. (2005). Mathekonferenzen. *Grundschule Mathematik, 4,* 39–41.

Largo, R. H., & Beglinger, M. (2009). *Schülerjahre. Wie Kinder besser lernen.* München: Piper.

Lehtinen, E. (1994). Institutionelle und motivationale Rahmenbedingungen und Prozesse des Verstehens im Unterricht. In K. Reusser & M. Reusser-Weyeneth (Hrsg.), *Verstehen. Psychologischer Prozess und didaktische Aufgabe* (S. 143–162). Bern, Göttingen, Toronto, Seattle: Huber.

Leuders, T. (2009). Intelligent üben und Mathematik erleben. In T. Leuders, L. Hefendehl-Hebeker & H.-G. Weigand (Hrsg.), *Mathemagische Momente* (S. 130–143). Berlin: Cornelsen.

Leuders, T. (2012). *Erlebnis Arithmetik zum aktiven Entdecken und selbstständigen Erarbeiten.* Heidelberg: Spektrum Akademischer Verlag.

Leuders, T., & Philipp, K. (2015). Differenzierung. In J. Leuders & K. Philipp (Hrsg.), *Mathematik – Didaktik für die Grundschule* (S. 12–43). Berlin: Cornelsen.

Linchevski, L., & Livneh, D. (1999). Structure sense: the relationship between algebraic and numerical contexts. *Educational Studies in Mathematics, 40*(2), 173–196.

Lorenz, J. H. (1993). Veranschaulichungsmittel im arithmetischen Anfangsunterricht. In J. H. Lorenz (Hrsg.), *Mathematik und Anschauung* (S. 122–146). Köln: Aulis Verlag Deubner.

Lorenz, J. H. (1997a). Is mental calculation just strolling around in an imaginary number space? In M. Beishuizen, K. P. E. Gravenmeijer & E. C. D. M. van Lishout (Hrsg.), *The role of contexts and models in the development of mathematical strategies and procedures* (S. 199–213). Utrecht: Freudenthal Institute.

Lorenz, J. H. (1997b). Über Mathematik reden – Rechenstrategien von Kindern. *Sache – Wort – Zahl, 25*(10), 22–28.

Lorenz, J. H. (1998). Das arithmetische Denken von Grundschulkindern. In A. Peter-Koop (Hrsg.), *Das besondere Kind im Mathematikunterricht der Grundschule* (S. 59–81). Offenburg: Mildenberger.

Lorenz, J. H. (2002). Kinder reden über ihre Rechenwege. *Grundschule, 3,* 25–27.

Lorenz, J. H. (2003). *Lernschwache Rechner fördern. Ursachen der Rechenschwäche. Frühhinweise auf Rechenschwäche. Diagnostisches Vorgehen.* Berlin: Cornelsen Scriptor.

Lorenz, J. H. (2006). Grundschulkinder rechnen anders. Die Entwicklung mathematischer Strukturen und des Zahlensinns von „Matheprofis". In E. Rathgeb-Schnierer & U. Roos (Hrsg.), *Wie rechnen Matheprofis. Ideen und Erfahrungen zum offenen Mathematikunterricht.* München: Oldenbourg.

Lorenz, J. H. (2007a). *Mathematikus 1. Lehrermaterialien.* Braunschweig: westermann.

Lorenz, J. H. (2007b). *Mathematikus 2. Lehrermaterialien.* Braunschweig: westermann.

Lorenz, J. H. (2008). *Mathematikus 3. Lehrermaterialien.* Braunschweig: westermann.

Lorenz, J. H. (2011). Die Macht der Materialien (?). Anschauungsmittel und Zahlenrepräsentation. In A. S. Steinweg (Hrsg.), *Medien und Materialien. Tagungsband des AK Grundschule in der GDM 2011* (S. 39–54). Bamberg: University of Bamberg Press.

Lüken, M. (2010). Ohne „Struktursinn" kein erfolgreiches Mathematiklernen – Ergebnisse einer empirischen Studie zur Bedeutung von Muster und Strukturen am Schulanfang. In A. Lindmeier & S. Ufer (Hrsg.), *Beiträge zum Mathematikunterricht 2010* (S. 573–576). Münster: WTM.

Lüken, M. (2012). *Muster und Strukturen im mathematischen Anfangsunterricht. Grundlegung und empirische Forschung zum Struktursinn von Schulanfängern.* Münster: Waxmann.

Macintyre, T., & Forrester, R. (2003). Strategies of mental calculation. *Proceedings of the British Society for Research into Learning Mathematics, 23*(2), 49–54.

Maier, H. (1990). *Didaktik des Zahlbegriffs. Ein Arbeitsbuch zur Planung des mathematischen Erstunterrichts.* Hannover: Schroedel.

Manturana, H. R. (1988). Kognition. In S. J. Schmidt (Hrsg.), *Der Diskurs des radikalen Konstruktivismus* (S. 89–118). Frankfurt am Main: Suhrkamp.

Matter, B. (2016). *Lernen in heterogenen Lerngruppen: Erprobung und Evaluation eines Konzepts für den jahrgangsgemischten Mathematikunterricht.* Wiesbaden: Springer.

Max, C. (1997). Verstehen heißt Verändern. Conceptual change als didaktisches Prinzip des Sachunterrichts. In R. Meier, H. Unglaube & G. Faust-Siehl (Hrsg.), *Sachunterricht in der Grundschule* (S. 62–89). Frankfurt a. Main: Arbeitskreis Grundschule.

Menninger, K. (1940). *Rechenkniffe. Lustiges und vorteilhaftes Rechnen. Ein Lehr- und Handbuch für das tägliche Rechnen.* Stuttgart: Klett.

Moeller, K., & Nuerk, H.-C. (2012). Zählen und Rechnen mit den Fingern: Hilfe, Sackgasse oder bloßer Übergang auf dem Weg zu komplexen arithmetischen Kompetenzen? *Lernen und Lernstoerungen, 1*(1), 33–53.

Möller, K. (1997). Untersuchungen zum Aufbau bereichsspezifischen Wissens in Lehr-Lernprozessen des Sachunterrichts. In W. Köhnlein u. a. (Hrsg.), *Kinder auf dem Wege zum Verstehen der Welt* (S. 247–262). Bad Heilbrunn: Klinkhardt.

Möller, K. (1999). Konstruktivistisch orientierte Lehr- Lernprozeßforschung im naturwissenschaftlich-technischen Bereich des Sachunterrichts. In W. Köhnlein & a (Hrsg.), *Vielperspektivisches Denken im Sachunterricht* (S. 125–191). Bad Heilbrunn: Klinkhardt.

Möller, K. (2000). Konstruktivistische Sichtweisen für das Lernen in der Grundschule? In K. Czerwenka, K. Nölle & H. G. Roßbach (Hrsg.), *Forschungen zu Lehr- und Lernkonzepten für die Grundschule.* Jahrbuch Grundschulforschung, (Bd. 4, S. 16–31). Opladen: Leske & Budrich.

Moser Opitz, E. (2001). Mathematical knowledge and progress in the mathematical learning of children with special needs in their first year of school. In M. Van den Heuvel-Panhuizen (Hrsg.), *Proceedings of the 25th Conference of the International Group for the Psychology of Mathematics Education.* Utrecht. (Bd. 1, S. 207–210).

Moser Opitz, E. (2007). Erstrechnen. In U. Heimlich & F. B. Wember (Hrsg.), *Didaktik des Unterrichts im Förderschwerpunkt Lernen. Ein Handbuch für Studium und Praxis* (S. 253–265). Stuttgart: Kohlhammer.

Müller, K. (1996a). Erkenntnistheorie und Lerntheorie. Geschichte ihrer Wechselwirkung vom Repräsentationalismus über den Pragmatismus zum Konstruktivismus. In K. Müller (Hrsg.), *Konstruktivismus. Lehren – Lernen – Ästhetische Prozesse* (S. 24–70). Neuwied, Kriftel, Berlin: Luchterhand.

Müller, K. (1996b). Wege konstruktivistischer Lernkultur. In K. Müller (Hrsg.), *Konstruktivismus. Lehren – Lernen – Ästhetische Prozesse* (S. 71–115). Neuwied, Kriftel, Berlin: Luchterhand.

Müller, G. N., & Wittmann, E. C. (2005). *Mathematiklernen in jahrgangsbezogenen und jahrgangsgemischten Klassen mit dem ZAHLENBUCH.* Leipzig: Klett.

Müller, G. N., & Wittmann, E. C. (2007). *Das kleine Zahlenbuch. Teil 1: Spielen und Zählen*. Seelze Velber: Kallmeyer Friedrich.

NCTM – National Council of Teachers of Mathematics (1989). *Curriculum and evaluation standards for school mathematics*. Reston: National Council of Teachers of Mathematics.

Nührenbörger, M. (2009). Interaktive Konstruktionen mathematischen Wissens – Epistemologische Analysen zum Diskurs von Kindern im jahrgangsgemischten Anfangsunterricht. *Journal für die Mathematik-Didaktik, 30*(2), 147–172.

Nührenbörger, M., & Pust, S. (2006). *Mit Unterschieden rechnen. Lernumgebungen und Materialien für einen differenzierten Anfangsunterricht Mathematik*. Seelze: Klett Kallmeyer.

Nührenbörger, M., & Schwarzkopf, R. (2010). Diskurse über mathematischer Zusammenhänge. In C. Böttinger, K. Bräuning, M. Nührenbörger, R. Schwarzkopf & E. Söbbeke (Hrsg.), *Mathematik im Denken der Kinder. Anregungen zur mathematikdidaktischen Reflexion* (S. 169–215). Seelze: Klett Kallmeyer.

Nührenbörger, M., Schwarzkopf, R., Bischoff, M., Götze, D., & Heß, B. (2017). *Das Zahlenbuch 1*. Stuttgart, Leipzig: Klett.

Padberg, F., & Benz, C. (2011). *Didaktik der Arithmetik. Für Lehrerausbildung und Lehrerfortbildung* (4. Aufl.). Heidelberg: Spektrum.

Peltenburg, M., van den Heuvel-Panhuizen, M., & Robitsch, A. (2011). Sepcial education students' use of indirect addition in solving subtraction problems up to 100 – A proof of the didactical potential of an ignored procedure. *Educational Studies in Mathematics, 79*(3), 351–369.

PIKAS. Deutsches Zentrum für Lehrerbildung Mathematik. https://pikas.dzlm.de/material-pik/ ausgleichende-f%C3%B6rderung/haus-3-fortbildungs-material/modul-34-entwicklung-des. Zugegriffen: 16. Sept. 2018.

Plunkett, S. (1987). Wie weit müssen Schüler heute noch die schriftlichen Rechenverfahren beherrschen? *mathematik lehren, 21*, 43–46.

Posner, G. J., Strike, K. A., Hewson, P. W., & Gertzog, W. A. (1982). Accommodation of a scientific conception: toward a theory of conceptual change. *Science Education, 2*(66), 211–227.

Hengartner, E., Hirt, U., Wälti, B., & PRIMARSCHULTEAM (2006). *Lernumgebungen für Rechenschwache bis Hochbegabte*. Leipzig: Klett.

Radatz, H., Schipper, W., Dröge, R., & Ebeling, A. A. (1996). *Handbuch für den Mathematikunterricht. 1. Schuljahr*. Hannover: Schroedel.

Radatz, H., Schipper, W., Dröge, R., & Ebeling, A. (1998). *Handbuch für den Mathematikunterricht. 2. Schuljahr*. Hannover: Schroedel.

Rasch, R. (2007a). *Offene Aufgaben für individuelles Lernen im Mathematikunterricht der Grundschule. Aufgabenbeispiele und Schülerbearbeitungen, 1/2*. Seelze: Friedrich.

Rasch, R. (2007b). *Offene Aufgaben für individuelles Lernen im Mathematikunterricht der Grundschule: Aufgabenbeispiele und Schüleranleitungen, 3/4*. Seelze: Friedrich.

Rathgeb-Schnierer, E. (2004a). Wege zum flexiblen Rechnen: Mathematikunterricht im Kontext offener Lernangebote. *Erziehung und Unterricht, 3-4*, 235–245.

Rathgeb-Schnierer, E. (2004b). Was passiert eigentlich, wenn …? Lernangebote zum Erforschen von Additions- und Subtraktionsaufgaben. *Die Grundschulzeitschrift, 177*, 12–16.

Rathgeb-Schnierer, E. (2005). Kommunikation als zentrales Element im Mathematikunterricht – Kinder artikulieren Entdeckungen und Lösungswege. In J. Engel, R. Vogel & S. Wessolowski (Hrsg.), *Strukturieren – Modellieren – Kommunizieren. Leitbilder mathematischer und informatischer Aktivitäten. Festschrift für Karl Dieter Klose, Siegfried Krauter, Herbert Löthe und Heinrich Wölpert*. Hildesheim: Franzbecker.

Rathgeb-Schnierer, E. (2006a). *Kinder auf dem Weg zum flexiblen Rechnen. Eine Untersuchung zur Entwicklung von Rechenwegen von Grundschulkindern auf der Grundlage offener Lernangebote und eigenständiger Lösungsansätze*. Hildesheim, Berlin: Franzbecker.

Rathgeb-Schnierer, E. (2006b). Aufgaben sortieren. *Mathematik Grundschule, 4,* 10–15.

Rathgeb-Schnierer, E. (2006c). Wie rechnen Matheprofis? In E. Rathgeb-Schnierer & U. Roos (Hrsg.), *Wie rechnen Matheprofis? Ideen und Erfahrungen zum offenen Mathematikunterricht* (S. 7–14). München: Oldenbourg.

Rathgeb-Schnierer, E. (2007a). Rechenschwache Kinder arbeiten mit Zahlbildern im Zehnerfeld. In A. Filler & S. Kaufmann (Hrsg.), *Kinder fördern – Kinder fordern. Festschrift für Jens Holger Lorenz zum 60. Geburtstag* (S. 103–115). Hildesheim, Berlin: Franzbecker.

Rathgeb-Schnierer, E. (2007b). Kinder erforschen arithmetische Muster – Zur Gestaltung anregender Forschungsaufträge. *Grundschulunterricht, 2,* 11–19.

Rathgeb-Schnierer, E. (2008). Zahlenblick als Voraussetzung für flexibles Rechnen. Ich schau mir die Zahlen an, dann sehe ich das Ergebnis. *Grundschulmagazin, 4/2008,* 8–12.

Rathgeb-Schnierer, E. (2010a). Entwicklung flexibler Rechenkompetenzen bei Grundschulkindern des 2. Schuljahrs. *Journal für Mathematik-Didaktik, 31*(2), 257–283.

Rathgeb-Schnierer, E. (2010b). „In der zweiten Reihe geht es immer 100 runter." Kinder untersuchen strukturierte Aufgabenserien. *Grundschule Mathematik, 25,* 24–27.

Rathgeb-Schnierer, E. (2010c). Lernen auf eigenen Wegen. Eine Herausforderung für den Mathematikunterricht. *Grundschulunterricht Mathematik, 1,* 4–8.

Rathgeb-Schnierer, E. (2011a). Warum noch rechnen, wenn ich die Lösung sehen kann? Hintergründe zur Förderung flexibler Rechenkompetenzen bei Grundschulkindern. In R. Haug & L. Holzäpfel (Hrsg.), *Beiträge zum Mathematikunterricht 2011* (S. 15–22). Münster: WTM.

Rathgeb-Schnierer, E. (2011b). „Ich kann schwere Aufgaben leichter machen … ". *Die Grundschulzeitschrift, 248.249,* 39–43.

Rathgeb-Schnierer, E. (2012). Mathematische Bildung. In D. Kucharz (Hrsg.), *Bachelor ! Master: Elementarbildung* (S. 50–85). Weinheim, Basel: Beltz.

Rathgeb-Schnierer, E. (2013). Mathe üben, aber wie? *Die Grundschulzeitschrift, 265.266,* 62–65.

Rathgeb-Schnierer, E. (2014a). Flexibel Rechnen lernen. *Die Grundschulzeitschrift, 280,* 28–33.

Rathgeb-Schnierer, E. (2014b). *Sortieren und Begründen als Indikator für flexibles Rechnen? Eine Untersuchung mit Grundschülern aus Deutschland und den USA.* Beiträge zum Mathematikunterricht. WTM.

Rathgeb-Schnierer, E., & Feindt, A. (2014). 24 Aufgaben für 24 Kinder oder eine Aufgabe für alle? *Die Grundschulzeitschrift, 271,* 30–35.

Rathgeb-Schnierer, E., & Green, M. (2013). Flexibility in mental calculation in elementary students from different math classes. In B. Ubuz, Ç. Haser & M. A. Mariotti (Hrsg.), *Proceedings of the eighth congress of the European Society for Research in Mathematics Education* (S. 353–362). Ankara: Middle East Technical University.

Rathgeb-Schnierer, E., & Green, M. (2015). Cognitive flexibility and reasoning patterns in American and German elementary students when sorting addition and subtraction problems. In K. Krainer & N. Vondrová (Hrsg.), *Proceedings of CERME 9 – Ninth Congress of the European Society for Research in Mathematics Education.* Prague. (S. 339–345). hal-01281858.

Rathgeb-Schnierer, E., & Klein, T. (2017). Aufgaben sortieren und vereinfachen. Ein Lernangebot zur Förderung des adaptiven Rechnens im erweiterten Zahlenraum. In U. Häsel-Weide & M. Nührenbörger (Hrsg.), *Gemeinsam Mathematik lernen – mit allen Kindern rechnen* (S. 195–206). Frankfurt a. M.: Grundschulverband e. V..

Rathgeb-Schnierer, E., & Rechtsteiner-Merz, C. (2010). *Mathematiklernen in der jahrgangsübergreifenden Eingangsstufe. Gemeinsam, aber nicht im Gleichschritt.* München: Oldenbourg.

Rathgeb-Schnierer, E., & Roos, U. (Hrsg.). (2006d). *Wie rechnen Matheprofis? Ideen und Erfahrungen zum offenen Mathematikunterricht. Festschrift für Sybille Schütte.* München: Oldenbourg.

Rathgeb-Schnierer, E., & Schütte, S. (2011). Mathematiklernen in der Grundschule. In G. Schönknecht (Hrsg.), *Lernen fördern: Deutsch, Mathematik, Englisch, Sachunterricht* (S. 143–208). Seelze: Kallmeyer Klett.

Rathgeb-Schnierer, E., & Wessolowski, S. (2009). Diagnose und Förderung – ein zentraler Baustein der Ausbildung von Mathematiklehrerinnen und -lehrern im Primarbereich. In *Beiträge zum Mathematikunterricht* (S. 803–806). WTM.

Rathgeb-Schnierer, E., Rechtsteiner-Merz, C., & Brugger, B. (2010). *Die Matheprofis 1/2. Offene Lernangebote für heterogene Gruppen. Lehrermaterialien*. München: Oldenbourg.

Rechtsteiner, C. (2017a). Den Zahlenblick schulen und Rechnen lernen – Entwicklung und Förderung von Rechenkompetenzen bei Kindern, die Schwierigkeiten beim Rechnenlernen zeigen. In L. Huck & A. Schulz (Hrsg.), *Lerntherapie und inklusive Schule* (S. 44–55). Berlin: Dudenverlag.

Rechtsteiner, C. (2017b). Mittel zum Zweck. *Grundschule, 6*, 13–15.

Rechtsteiner, C., & Rathgeb-Schnierer, E. (2017). „Zahlenblickschulung" as Approach to Develop Flexibility in Mental Calculation in all Students. *Journal of Mathematics Education, 10*(1), 1–16.

Rechtsteiner, C., & Sprenger, J. (2018). Ich hab's im Kopf gerechnet. Kinder reflektieren ihre Lösungswege. *Fördermagazin, 2/2018*, 8–12.

Rechtsteiner-Merz, C. (2008). Große Mengen geschickt darstellen. Sind wir eigentlich Kastanienmillionäre? *Grundschulmagazin, 4*, 13–18.

Rechtsteiner-Merz, C. (2011a). Den Zahlenblick schulen. Flexibles Rechnen entwickeln. *Die Grundschulzeitschrift, 248.249*, 1. Materialbeilage.

Rechtsteiner-Merz, C. (2011b). „Nimm doch die Rechenmaschine" – das Arbeitsmittel als Allheilmittel? *Die Grundschulzeitschrift, 248.249*, 44–47.

Rechtsteiner-Merz, C. (2012). Die Schulung des Zahlenblicks in Klasse 1 – Gut, wenn man einen Blick dafür hat. In Landesinstitut für Schulentwicklung (Hrsg.), *Förderung gestalten. Kinder und Jugendliche mit besonderem Förderbedarf und Behinderungen. Modell B – Besondere Schwierigkeiten in Mathematik* (S. 85–100). Stuttgart: Landesinstitut für Schulentwicklung (LS).

Rechtsteiner-Merz, C. (2013). *Flexibles Rechnen und Zahlenblickschulung. Entwicklung und Förderung von Rechenkompetenzen bei Erstklässlern, die Schwierigkeiten beim Rechnenlernen zeigen*. Münster: Waxmann.

Rechtsteiner-Merz, C. (2014). Kinder strukturieren und erfinden Aufgabenfamilien. *Die Grundschulzeitschrift, 271*, 40–43.

Rechtsteiner-Merz, C. (2015a). Rechnen entwickeln – Flexibilität fördern. In A. S. Steinweg (Hrsg.), *Entwicklung mathematischer Fähigkeiten von Kindern im Grundschulalter*. Tagungsband des AK Grundschule in der GDM 2015. (S. 55–70). Bamberg: University of Bamberg Press.

Rechtsteiner-Merz, C. (2015b). Rechnenlernen im Prozess beobachten und begleiten. *Grundschulzeitschrift, 285.286*, 30–33.

Rechtsteiner-Merz, C. (2015c). Einen Blick für Zahl- und Aufgabenbeziehungen entwickeln – (gerade) auch mit schwachen Kindern. *Fördermagazin, 4*, 10–14.

Rechtsteiner-Merz, C., & Rathgeb-Schnierer, E. (2009). Wir erfinden Zahlenhäuser. Ein offenes Lernangebot im jahrgangsübergreifenden Unterricht. *Praxis Grundschule, 2/2009*, 13–27.

Reinmann-Rothmeier, G., & Mandl, H. (1997). Lehren im Erwachsenenalter. Auffasung vom Lehren und Lernen, Prinzipien und Methoden. In F. E. Weinert & H. Mandl (Hrsg.), *Psychologie der Erwachsenenbildung* (S. 355–403). Göttingen, Bern, Toronto, Seattle: Hogrefe.

Rinkes, H. D., Rottmann, T., & Träger, G. (Hrsg.). (2015). *Welt der Zahl 2*. Hannover: Schroedel.

Röder, F. J. (1941). *Der Rechenunterricht in der Unterstufe nach der Fingerzahlbildmethode* (2. Aufl.). Bochum i. W: Ferdinand Kamp.

Rödler, K. (2016). *Mathe inklusiv: Ratgeber für die 1./2. Klasse.* Hamburg: AOL-Verlag.

Ruwisch, S. (2003). Gute Aufgaben im Mathematikunterricht der Grundschule – Einführung. In S. Ruwisch & A. Peter-Koop (Hrsg.), *Gute Aufgaben im Mathematikunterricht der Grundschule* (S. 5–14). Offenburg: Mildenberger.

Ruwisch, S. (2014). „Mal kann ich auch schon.". *Die Grundschulzeitschrift, 280,* 46–49.

Ruwisch, S., & Peter-Koop, A. (Hrsg.). (2003). *Gute Aufgaben im Mathematikunterricht der Grundschule.* Offenburg: Mildenberger.

Sayers, J., & Andrews, P. (2015). Foundational number sense: Summarising the development of an analytical framework. In K. Krainer & N. Vondrová (Hrsg.), *Proceedings of CERME 9 – Ninth Congress of the European Society for Research in Mathematics Education*, Prag, 02.2015. (S. 361–367). Prague: Charles University. hal-01286842.

Scherer, P. (1999). *Entdeckendes Lernen im Mathematikunterricht der Schule für Lernbehinderte. Theoretische Grundlegung und evaluierte unterrichtspraktische Erprobung* (2. Aufl.). Heidelberg: Winter.

Scherer, P. (2015). Inklusiver Mathematikunterricht der Grundschule. Anforderungen und Möglichkeiten aus fachdidaktischer Perspektive. In T. Häcker & M. Walm (Hrsg.), *Inklusion als Entwicklung. Konsequenzen für Schule und Lehrerbildung.* Bad Heilbrunn: Klinkhardt.

Scherer, P., & Opitz, M. E. (2010). *Fördern im Mathematikunterricht der Primarstufe.* Heidelberg: Spektrum Akademischer Verlag.

Schipper, W. (2002). Thesen und Empfehlungen zum schulischen und außerschulischen Umgang mit Rechenstörungen. *Journal für Mathematik-Didaktik, 23*(3/4), 243–261.

Schipper, W. (2005). *Lernschwierigkeiten erkennen – verständnisvolles Lernen fördern.* SINUS-Transfer Grundschule Mathematik, Modul G 4.

Schmidt, S. J. (1988). Der Radikale Konstruktivismus. Ein neues Paradigma im interdisziplinären Diskurs. In S. J. Schmidt (Hrsg.), *Der Diskurs des radikalen Konstruktivismus* (S. 11–88). Frankfurt am Main: Suhrkamp.

Schnebel, S. (2014). Individualisiertes und gemeinsames Lernen begleiten. *Die Grundschulzeitschrift: Miteinander eigenständig lernen, 28*(271), 36–39.

Schuler, S. (2009). Was können Spiele zur frühen mathematischen Bildung beitragen? Chancen, Bedingungen und Grenzen. In M. Neubrand (Hrsg.), *Beiträge zum Mathematikunterricht 2010* (S. 399–402). Münster: WTM.

Schuler, S. (2015). Zahlen und Operationen. In J. Leuders & K. Philipp (Hrsg.), *Mathematikdidaktik für die Grundschule* (S. 12–43). Berlin: Cornelsen.

Schulz, A. (2014). *Fachdidaktisches Wissen von Grundschullehrkräften. Diagnose und Förderung bei besonderen Problemen beim Rechnenlernen.* Wiesbaden: Springer.

Schütte, S. (2001). Offene Lernangebote – Aufgabenlösungen auf verschiedenen Niveaus. *Grundschulunterricht, 11,* 4–8.

Schütte, S. (2002a). Die Schulung des „Zahlenblicks" als Grundlage für flexibles Rechnen. In S. Schütte (Hrsg.), *Die Matheprofis 3. Lehrerband* (S. 3–7). München: Oldenbourg.

Schütte, S. (2002b). Aktivitäten zur Schulung des „Zahlenblicks". *Praxis Grundschule, 2,* 5–12.

Schütte, S. (2004a). Rechenwegsnotation und Zahlenblick als Vehikel des Aufbaus flexibler Rechenkompetenzen. *Journal für Mathematik-Didaktik, 25*(2), 130–148.

Schütte, S. (2004b). *Die Matheprofis 1. Lehrermaterialien.* München: Oldenbourg.

Schütte, S. (2004c). Den Mathematikunterricht aus der Kinderperspektive aufbauen. In W. Haller & S. Schütte (Hrsg.), *Die Matheprofis 1. Lehrermaterialien* (S. 3–7). München, Düsseldorf, Stuttgart: Oldenbourg.

Schütte, S. (2004d). *Die Matheprofis 2.* München, Düsseldorf, Stuttgart: Oldenbourg.

Schütte, S. (2005a). *Die Matheprofis 3.* München, Düsseldorf, Stuttgart: Oldenbourg.

Schütte, S. (2005b). *Die Matheprofis 3. Arbeitsheft.* München, Düsseldorf, Stuttgart: Oldenbourg.

Schütte, S. (2006). *Die Matheprofis 4*. München, Düsseldorf, Stuttgart: Oldenbourg.

Schütte, S. (2008). *Qualität im Mathematikunterricht der Grundschule sichern. Für eine zeitgemäße Unterrichts- und Aufgabenkultur*. München: Oldenbourg.

Schweiter, M., & von Aster, M. (2005). Neuropsychologie kognitiver Zahlenrepräsentationen. In M. von Aster & J. H. Lorenz (Hrsg.), *Rechenstörungen bei Kindern. Neurowissenschaft, Psychologie, Pädagogik* (S. 34–53). Göttingen: Vandenhoeck & Ruprecht.

Selter, C. (1995a). Entdeckend üben- übend entdecken. *Grundschule, 5/1995*, 30–33.

Selter, C. (1994). *Eigenproduktionen im Arithmetikunterricht der Primarstufe. Grundsätzliche Überlegungen und Realisierungen in einem Unterrichtsversuch zum multiplikativen Rechnen im zweiten Schuljahr*. Wiesbaden: Deutscher Universitäts Verlag.

Selter, C. (1995b). Entwicklung von Bewußtheit – eine zentrale Aufgabe der Grundschullehrerbildung. *Journal für Mathematik-Didaktik, 16*(1-2), 115–144.

Selter, C. (2000). Vorgehensweisen von Grundschüler(inne)n bei Aufgaben zur Addition und Subtraktion im Zahlenraum bis 1000. *Journal für Mathematik-Didaktik, 21*(3/4), 227–258.

Selter, C. (2003a). *Rechnen – im Kopf und mit Köpfchen*. Vorträge auf der 37. Tagung für Didaktik der Mathematik, Dortmund, 3.–7. März 2003. Beiträge zum Mathematikunterricht 2003. (S. 33–40). Hildesheim, Berlin: Franzbecker.

Selter, C. (2003b). Flexibles Rechnen – Forschungsergebnisse, Leitideen, Unterrichtsbeispiele. *Sache – Wort – Zahl, 57/2003*, 45–50.

Selter, C. (2009). Creativity, flexibility, adaptivity, and strategy use in mathematics. *ZDM Mathematics Education, 41*, 619–625.

Selter, C., & Spiegel, H. (2000). *Wie Kinder rechnen*. Leipzig, Stuttgart, Düsseldorf: Klett.

Siebert, H. (1999). *Pädagogischer Konstruktivismus. Eine Bilanz der Konstruktivismusdiskussion für die Bildungspraxis*. Neuwied, Kriftel: Luchterhand.

Sjuts, J. (1999). *Mathematik als Werkzeug zur Wissensrepräsentation. Theoretische Einordnung, konzeptionelle Abgrenzung und interpretative Auswertung eines kognitions- und konstruktivismustheoriegeleiteten Mathematikunterrichts*. Bd. 35. Osnabrück: Forschungsinstitut für Mathematikdidaktik e. V..

Sjuts, J. (2001). Metakognition beim Mathematiklernen: das Denken über das Denken als Hilfe zur Selbsthilfe. *Der Mathematikunterricht, 47*(1), 61–68.

Sjuts, J. (2003). Metakognition per didaktisch-sozialem Vertrag. *Journal für Mathematik-Didaktik, 24*(1), 18–40.

Spiegel, H. (1996). Lernen, wie Kinder denken. *Grundschulunterricht, 6*, 13–16.

Spitta, G. (1989). Schreibkonferenzen. *Die Grundschulzeitschrift, 30*, 5–9.

Star, J. R., & Newton, K. J. (2009). The nature and development of experts' strategy flexibility for solving equations. *ZDM – The International Journal on Mathematics Education, 41*(5), 557–567.

Steinweg, A. S. (2013). *Algebra in der Grundschule. Muster und Strukturen – Gleichungen – funktionale Beziehungen*. Heidelberg: Springer Spektrum.

Stern, E. (1992). Die spontane Strategieentdeckung in der Arithmetik. In H. Mandl & H. F. Friedrich (Hrsg.), *Lern- und Denkstrategien. Analyse und Intervention* (S. 101–123). Göttingen: Hogrefe.

Stern, E. (1998). *Die Entwicklung des mathematischen Verständnisses im Kindesalter*. Lengerich: Pabst Science Publishers.

Stern, E. (2003). Lernen ist der mächtigste Mechanismus der kognitiven Entwicklung: Der Erwerb mathematischer Kompetenzen. In W. Schneider & M. Knopf (Hrsg.), *Entwicklung, Lehren und Lernen* (S. 207–217). Göttingen: Hogrefe.

Sundermann, B., & Selter, C. (2006). *Beurteilen und Fördern im Mathematikunterricht: gute Aufgaben, differenzierte Arbeiten, ermutigende Rückmeldungen*. Cornelsen Scriptor.

Terhart, E. (1999). Konstruktivismus und Unterricht: Gibt es einen neuen Ansatz in der Allgemeinen Didaktik? *Zeitschrift für Pädagogik, 45*(5), 629–647.

Thompson, I. (1994). Young children's idiosyncratic written algorithms for addition. *Educational Studies in Mathematics, 26*, 323–345.

Thompson, I. (2008). From counting to deriving number facts. In I. Thompson (Hrsg.), *Teaching and learning early number* (S. 97–101). Maidenhead: Open University Press.

Threlfall, J. (2002). Flexible mental calculation. *Educational Studies in Mathematics, 50*(1), 29–47.

Threlfall, J. (2008). Development in oral counting, enumeration, and counting for cardinality. In I. Thompson (Hrsg.), *Teaching and learning early number* (S. 61–71). Maidenhead: Open University Press.

Threlfall, J. (2009). Strategies and flexibility in mental calculation. *ZDM – The International Journal on Mathematics Education, 41*(5), 541–555.

Torbeyns, J., Verschaffel, L., & Ghesquière, P. (2004). Efficiency and adaptiveness of multiple school-taught strategies in the domain of simple addition. In M. J. Høines & A. B. Fuglestad (Hrsg.), *Proceedings of the 28th PME International Conference* (Bd. 4, S. 321–328).

Torbeyns, J., Verschaffel, L., & Ghesquière, P. (2005). Simple addition strategies in a first-grade class with multiple strategy instruction. *Cognition and Instruction, 23*(1), 1–21.

Torbeyns, J., De Smedt, B., Ghesquière, P., & Verschaffel, L. (2009a). Acquisition and use of shortcut strategies by traditionally schooled children. *Educational Studies in Mathematics, 71*(1), 1–17.

Torbeyns, J., De Smedt, B., Ghesquière, P., & Verschaffel, L. (2009b). Jump or compensate? Strategy flexibility in the number domain up to 100. *ZDM Mathematics Education, 41*(5), 581–590.

Verboom, L. (2004). Entdeckend üben will gelernt sein! *Die Grundschulzeitschrift, 177*, 6–11.

Verschaffel, L., & De Corte, E. (1996). Number and arithmetic. In A. Bishop & al (Hrsg.), *International handbook of mathematics education. Part one* (S. 99–137). Dordrecht: Kluwer Academic Publisher.

Verschaffel, L., Torbeyns, J., De Smedt, B., Luwel, K., & Van Dooren, W. (2007). Strategy flexibility in children with low achievement in mathematics. *Educational and Child Psychology, 24*(2), 16–27.

Verschaffel, L., Luwel, K., Torbeyns, J., & Van Dooren, W. (2009). Conceptualizing, investigating, and enhancing adaptive expertise in elementary mathematics education. *European Journal of Psychology of Education, 24*(3), 335–359.

Versin, S., Wettels, B., Beerbaum, J., Göttlicher, A., & Zippel, S. (2014). *Flex und Flo, Mathematik 3. Addieren und Subtrahieren*. Braunschweig: Diesterweg.

Wagener, M. (2013). *Gegenseitiges Helfen: Soziales Lernen im jahrgangsgemischten Unterricht*. Bd. 57. Wiesbaden: Springer.

Walther, G. (2004). *SINUS-Transfer Grundschule – Mathematik. Modul G 1: Gute und andere Aufgaben*. Kiel: IPN.

Walther, G., Selter, C., & Neubrand, J. (2008). Die Bildungsstandards Mathematik. In G. Walther, M. van den Heuvel-Panhuizen, D. Granzer & O. Köller (Hrsg.), *Bildungsstandards für die Grundschule: Mathematik konkret* (S. 16–41). Berlin: Cornelsen.

Wartha, S., & Schulz, A. (2014). *Rechenproblemen vorbeugen*. Berlin: Cornelsen.

Werner, B., & Klein, T. (2012). „Ich rechne immer mit den Fingern, aber heute hab' ich das mal im Kopf gemacht". Flexibilität bei der Lösung von Additions- und Subtraktionsaufgaben im Zahlenraum bis 100 bei Förderschülern. *Zeitschrift für Heilpädagogik, 63*(4), 162–170.

Werner, B., & Wildermuth, A. (2015). Inklusion konkret: Evaluation von Maßnahmen zur Lern- und Entwicklungsbegleitung in integrativ arbeitenden Grundstufenklassen – Ein Erfahrungs- und Projektbericht. In D. Blömer, M. Lichtblau, A. K. Jüttner, K. Koch, M. Krüger & R. Werning

(Hrsg.), *Perspektiven auf inklusive Bildung*. Jahrbuch Grundschulforschung, 18. (S. 181–188). Wiesbaden: Springer.

Wessolowski, S. (2010). Vom Zählen zum Rechnen. *Mathematik differenziert, 4*, 20–23.

Whitebread, D. & Coltman, P. (2010). Aspects of pedagogy supporting metacognition and self-regulation in mathematical learning of young children: evidence from an observational study. *ZDM Mathematics Education, 42*, 163–178.

Wilson, A. J., & Dehaene, S. (2007). Number sense and developmental dyscalculia. In D. J. Coch, G. Dawson & K. W. Fischer (Hrsg.), *Human behavior, learning, and the developing brain: atypical. Development* (S. 212–238). New York, London: Guildford Press.

Winter, H. (1972). Vorstellungen zur Entwicklung von Curricula für den Mathematikunterricht in der Gesamtschule. *Beiträge zum Lernzielproblem*, (16), 67–95.

Winter, H. (1984). Begriff und Bedeutung des Übens im Mathematikunterricht. *mathematik lehren, 2/1984*, 4–16.

Winter, H. (1987). *Mathematik entdecken. Neue Ansätze für den Unterricht in der Grundschule*. Frankfurt am Main: Cornelsen Verlag Scriptor.

Winter, H. (2003). *Sachrechnen in der Grundschule. Problematik des Sachrechnens; Funktionen des Sachrechnens; Unterrichtsprojekte* (6. Aufl.). Berlin: Cornelsen Scriptor.

Wittmann, E. Ch. (1990). Wider die Flut der „bunten Hunde" und der „grauen Päckchen": Die Konzeption des aktiven-entdeckenden Lernens und des produktiven Übens. In G. N. Müller & E. C. Wittmann (Hrsg.), *Handbuch produktiver Rechenübungen* (Bd. 1, S. 152–166). Stuttgart, Düsseldorf: Klett.

Wittmann, E. Ch. (1991). Mathematikunterricht zwischen Skylla und Charybdis. *Mitteilungen der mathematischen Gesellschaft in Hamburg – Festschrift zum 300jährigen Bestehen der Gesellschaft. Dritter Teil, 12*(3), 663–679.

Wittmann, E. Ch. (1992). Üben im Lernprozeß. In E. C. Wittmann & G. N. Müller (Hrsg.), *Vom halbschriftlichen zum schriftlichen Rechnen*. Handbuch produktiver Rechenübungen, (Bd. 2, S. 175–182). Stuttgart, Düsseldorf, Berlin, Leipzig: Klett.

Wittmann, E. Ch. (1996). Offener Mathematikunterricht in der Grundschule – vom FACH aus. *Grundschulunterricht, 6*, 3–7.

Wittmann, E. Ch. (1998). Design und Erforschung von Lernumgebungen als Kern der Mathematikdidaktik. *Beiträge zur Lehrerinnen-und Lehrerbildung, 16*(3), 329–342.

Wittmann, E. Ch. (1999). Die Zukunft des Rechnens im Grundschulunterricht: Von schriftlichen Rechenverfahren zu halbschriftlichen Strategien. In E. Hengartner (Hrsg.), *Mit Kindern lernen. Standorte und Denkwege im Mathematikunterricht* (S. 88–93). Zug: Klett.

Wittmann, E. C., & Müller, G. N. (1990). *Vom Einspluseins zum Einmaleins*. Handbuch produktiver Rechenübungen, Bd. 1. Stuttgart, Düsseldorf, Berlin, Leipzig: Klett.

Wittmann, E. C., & Müller, G. N. (1992). *Vom halbschriftlichen zum schriftlichen Rechnen*. Handbuch produktiver Rechenübungen, Bd. 2. Stuttgart, Düsseldorf, Berlin, Leipzig: Klett.

Wittmann, E. C., & Müller, G. N. (2012a). *Das Zahlenbuch 1*. Stuttgart, Leipzig: Klett.

Wittmann, E. C., & Müller, G. N. (2014). *Das Zahlenbuch 1*. Stuttgart: Klett.

Wittmann, E. Ch. , & Müller, G. N. (2009). *Das Zahlenbuch. Handbuch zum Frühförderprogramm*. Stuttgart: Klett.

Wittmann, E. Ch. , & Müller, G. N. (2012b). *Das Zahlenbuch 1. Begleitband*. Stuttgart: Klett.

Wittmann, E. Ch. , & Müller, G. N. (2012c). *Das Zahlenbuch 3*. Stuttgart, Leipzig: Klett.

Wollring, B. (2009). Zur Kennzeichnung von Lernumgebungen für den Mathematikunterricht in der Grundschule. In A. Peter-Koop, G. Lilitakis & B. Spindeler (Hrsg.), *Lernumgebungen – Ein Weg zum kompetenzorientierten Mathematik in der Grundschule* (S. 9–23). Offenburg: Mildenberger Verlag.

Yackel, E. (2001). Perspectives on arithmetic from classroom-based research in the united states of America. In J. Anghileri (Hrsg.), *Principles and practices in arithmetic teaching: innovative approaches for the primary classroom* (S. 15–31). Suffolk: St Edmundsbury Press.

Weiterführende Literatur

Blitzrechnen 1. Programm Mathe 2000+. Kartei Klasse 1. Stuttgart: Ernst Klett Verlag.

Brügelmann, H. (2011). Den Einzelnen gerecht werden – in der inklusiven Schule. Mit einer Öffnung des Unterrichts raus aus der Individualisierungsfalle. *Zeitschrift für Heilpädagogik, 9*, 355–361.

Brugger, B. (2008). Gemeinsames Lernen in heterogenen Gruppen. *Lebendiger Mathematikunterricht für alle*. In *Das SINUS-Programm in Baden-Württemberg* Bd. M77. Stuttgart: Landesinstitut für Schulentwicklung.

Peschel, F. (2010). *Offener Unterricht. Idee – Realität – Perspektive und ein praxiserprobtes Konzept in der Evaluation. Teil I*. Baltmannsweiler: Schneider Verlag Hohengehren.

Sekretariat der Ständigen Konferenz der Kultusminister der Länder in der Bundesrepublik Deutschland (2004). *Beschlüsse der Kultusministerkonferenz. Bildungsstandards im Fach Mathematik für den Primarbereich. Beschluss vom 15.10.2004*. München, Neuwied: Luchterhand.

Selter, C. (1999). Flexibles Rechnen statt Normierung auf Normalverfahren. *Die Grundschulzeitschrift, 125*, 6–11.

Steffe, L. P., & Thompson, P. W. (2000). Teaching experiment methodology: underlining principles and essential elements. In R. Lesh & A. E. Kelly (Hrsg.), *Research design in mathematics and science education* (S. 267–355). Hillsdale: Erlbaum.

Thomas, R., & Peter-Koop, A. (2015). Gemeinsames Lernen am gemeinsamen Gegenstand als Ziel inklusiven Mathematikunterrichts. In A. Peter-Koop, T. Rottmann & M. M. Lüken (Hrsg.), *Inklusiver Mathematikunterricht in der Grundschule*. Offenburg: Mildenberger.

Thompson, I. (2000). Mental calculation strategies for addition and subtraction. Part 2. *Mathematics in School, 1*, 24–26.

Wittmann, E. Ch. (2003). Was ist Mathematik und welche pädagogische Bedeutung hat das wohlverstandene Fach auch für den Mathematikunterricht in der Grundschule? In M. Baum & H. Wielpütz (Hrsg.), *Mathematik in der Grundschule* (S. 18–46). Hannover: Kallmeyer.

Sachverzeichnis

Printed in the United States
By Bookmasters